国家出版基金项目
NATIONAL PUBLICATION FOUNDATION

食品加工过程安全控制丛书
Safety Control in Food Processing Series

食品加工过程安全优化与控制

Optimization and Control
of Food Safety in Food Processing

胡小松　谢明勇　等编著

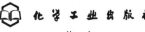

化学工业出版社
·北京·

热加工是极其重要的食品加工工艺之一，对食品的色、香、味、形等都有重要的影响，但是在加工过程中会生成多种对人体健康具有直接影响或潜在危害的化合物。本书共分9章，在理论研究的基础上，重点选取了食品加工过程中形成的丙烯酰胺、呋喃、杂环胺类化合物、氯丙醇酯、反式脂肪酸、羟甲基糠醛、亚硝酸盐及亚硝胺、食品中晚期糖基化终末产物，介绍了这些危害物在食品中的存在状况、分析方法、毒性及毒性作用机制、形成途径及控制措施等的研究进展，对推动本领域的科学研究具有一定的指导意义。本书将科学研究的理论成果和食品企业生产实践紧密结合，具有很强的理论性和实践价值。

　　本书可作为从事食品科学、食品工程、粮油加工、食品检验、卫生检验、外贸商检等相关工作人员的参考书。亦可作为农业、食品、生物、环境等各学科方向的有关研究人员、专业技术工作者、食品监督检验和管理人员及相关专业院校师生的参考资料。

图书在版编目（CIP）数据

食品加工过程安全优化与控制/胡小松，谢明勇等编著. —北京：化学工业出版社，2016.10
国家出版基金项目
"十三五"国家重点图书
（食品加工过程安全控制丛书）
ISBN 978-7-122-27958-3

Ⅰ.①食… Ⅱ.①胡…②谢… Ⅲ.①食品加工-生产过程控制 Ⅳ.①TS205

中国版本图书馆 CIP 数据核字（2016）第 206786 号

责任编辑：赵玉清　　　　　　　　　文字编辑：周　侗
责任校对：王素芹　　　　　　　　　装帧设计：尹琳琳

出版发行：化学工业出版社（北京市东城区青年湖南街 13 号　邮政编码 100011）
印　　刷：北京永鑫印刷有限责任公司
装　　订：三河市胜利装订厂
710mm×1000mm　1/16　印张 20¾　字数 362 千字　2017 年 3 月北京第 1 版第 1 次印刷

购书咨询：010-64518888（传真：010-64519686）　售后服务：010-64518899
网　　址：http://www.cip.com.cn
凡购买本书，如有缺损质量问题，本社销售中心负责调换。

定　　价：78.00 元

《食品加工过程安全控制丛书》
编委会名单

主任委员： 陈　坚

副主任委员： 谢明勇　李　琳　胡小松　孙远明　孙秀兰
　　　　　　王　硕　孙大文

编委会委员： （按汉语拼音排序）

陈　芳	陈　坚	陈　奕	陈　颖	邓启良
邓婷婷	方　芳	胡松青	胡小松	雷红涛
李　冰	李　昌	李　琳	李晓薇	李　耘
刘英菊	聂少平	皮付伟	尚晓虹	申明月
石吉勇	苏健裕	孙大文	孙秀兰	孙远明
王俊平	王　盼	王鹏璞	王　娉	王　硕
王周平	吴　青	吴世嘉	肖治理	谢明勇
辛志宏	熊振海	徐　丹	徐小艳	徐振波
徐振林	杨艺超	袁　媛	张银志	张　英
张继舟	钟青萍	周景文	邹小波	

本书编写人员名单

（按汉语拼音排序）

陈　芳　　中国农业大学

陈　奕　　南昌大学

胡小松　　中国农业大学

李　昌　　南昌大学

聂少平　　南昌大学

申明月　　南昌大学

王　盼　　中国农业大学

王鹏璞　　中国农业大学

谢明勇　　南昌大学

袁　媛　　吉林大学

张　英　　浙江大学

我国食品工业已进入快速扩张与高速发展的战略期，但在连接农田与餐桌的食品加工过程中，丙烯酰胺（油炸烘烤食品，如薯片、方便面等）、呋喃（罐制食品、婴儿食品等）、杂环胺类化合物（肉制品）、反式脂肪酸（烘焙–烧烤食品、植脂末）等食品加工过程产生的化合物的安全问题逐渐成为世界各国关注的热点。这些化合物的共同特点是：在加工过程产生，特别是在易发生美拉德反应的高碳水化合物、高蛋白质食品、易产生油脂氧化以及异构化的高油脂食品和易产生胺（氨）类代谢物的发酵食品等加工体系中尤为突出。同时，这些化合物均具有不同程度的毒性，对消费者身体健康具有潜在风险或直接影响。因此，食品加工过程已经成为保障食品安全各个环节中最薄弱也是最迫切需要加强的环节。

本书从食品加工过程中典型危害物的存在、毒性及毒性作用机制、分析方法、形成途径及控制措施等角度解决食品加工过程中的关键问题，突出理论与食品生产实践相结合，具有极强的理论性和实用性，同时可为保障我国食品安全做出积极指导。本书可作为从事食品科学、食品工程、粮油加工、食品检验、卫生检验、外贸商检等相关工作人员的参考书。亦可作为农业、食品、生物、环境保护等各学科方向的有关研究人员、专业技术工作者、食品监督检验和管理人员及相关专业院校师生的参考资料。

本书编写人员均为食品化学安全领域的研究者，在食品加工危害物研究方面具有丰富的研究和教学经验。各章节编写分工如下：第1章由胡小松、陈芳编写；第2章由胡小松、袁媛编写；第3章由聂少平、申明月编写；第4章由陈芳、王盼编写；第5章由谢明勇、陈奕编写；第6章由谢明勇、李昌编写；第7章由袁媛、王鹏璞编写；第8章由袁媛编写；第9章由张英、袁媛编写。

限于编写人员的学识和写作水平，加之时间仓促，难免存在不足之处，恳请广大读者随时提出宝贵意见和建议，以便我们今后改正和进一步完善。

编著者
2016 年 5 月于北京

目录
CONTENTS

3　呋喃

④ 杂环胺类化合物

5　氯丙醇酯

6　反式脂肪酸

7　羟甲基糠醛

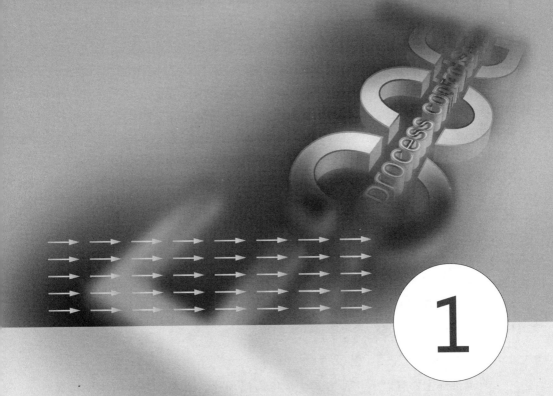

1

绪论

1.1 食品热加工过程的工艺特点

1.1.1 食品油炸加工过程的工艺特点

1.1.1.1 油炸

油炸（frying）过程就是在高温下将食物浸在油中，油中的高温为食物提供热量，使得食物表面温度升高，食物内部的水分迅速汽化并且从食物的内部向食物外部转移，同时食物内部的孔隙被煎炸油取代的过程。油炸过程中，以油脂作为传热介质，热量先从热源传递到油炸容器中，容器表面的热量通过油脂的吸收再传递到食物表面；食物表面的热量一部分是以传导的形式由食物表面传递到内部，另一部分则是由油脂直接带入食物内部，从而使食品发生蛋白质变性、淀粉糊化和水分蒸发等变化，进而使食品受热成熟。

1.1.1.2 食品油炸加工工艺及特点

食品油炸主要有以下几种方式：常压高温油炸、水油混合常压油炸和真空油炸。

常压高温油炸是指在常压下进行油炸加工，一般油炸温度在 160℃ 以上。这种油炸方式存在一定的缺陷：首先，持续高温下煎炸用油很快发生氧化、水解和聚合反应而使其变质，色泽、黏度以及风味等方面均会发生变化，导致油脂品质劣化，且固体残渣长时间滞留在油中会加速油脂的劣变；其次，长时间高温下的炸油易生成不饱和脂肪酸的过氧化物，影响产品中蛋白质的吸收，且在氧化了的油脂中煎炸，产品品质会受到影响；另外，常压高温油炸过程中产生的一些有毒有害物质会伴随油烟一起冒出或滞留在产品内部，对消费者健康存在一定的风险。

水油混合常压油炸工艺是指在同一容器内加入油和水（图 1-1），相对密度较大的水在容器的底端，相对密度较小的油在容器上部，在油层中部水平安装加热管，当加热管开始作用，调温器、温控器自动调整温度，使油温控制在预设温度，这样可有效地控制炸制过程中上下层油温的变化。在传统的常压高温油炸过程中，会产生大量的食品残渣，这些残渣不仅使煎炸油变得浑浊，同时也会污染油炸食品。而水油混合油炸过程中，油炸食品一直在滤网上方的榨油中，食品残渣会沉入底部的水中，底部的水经散热管散热后处于低温状态，残渣从高温榨油到低温水中的同时，残渣上的油可与残渣分离处于油层中，因此可以缓解油脂的氧化。这种油炸方式的特点是：炸制食品质量高，风味好；炸制过程中产生的固体残渣从高温油中沉入低温水中并随水排出，因此炸制的食品不会出现焦化和炭化的现象，保证了产品的品质；另外，水油混合油炸方式可有效延缓炸油的劣变，从而延长炸油的使用时间。

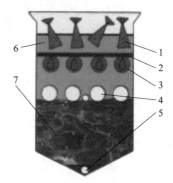

图 1-1　水油混合油炸机原理图
1—食品；2—滤网；
3—加热管；4—散热管；
5—放水阀；6—油；
7—水

真空油炸是将油炸和脱水作用有机地结合在一起，其原理主要是在真空状态下食品中的水分沸点降低。食物与油在负压条件下加热，当油温达到水的沸点时，原料中的水分变成蒸汽大量逸出，在此过程中，随压力的下降，水的沸点逐渐下降。通过该加工过程，即使油温不是很高，也能使食物在短时间内脱水。在 1330～13300Pa 真空度下，纯水的沸点在 10～55℃范围之内。因此，与前两种油炸方式相比，低温真空油炸有以下优势：低温下油炸可使食物中营养成分损失减少。一般常压油炸温度在160℃以上，而真空油炸温度一般在100℃左右，可使食物中的营养成分尤其是热敏性成分得到较好的保留。低温真空油炸可延缓油脂的劣变。由于温度较低且煎炸体系中缺少氧气，因此炸油与氧接触较少，发生氧化、聚合等反应过程相对缓慢，可有效延缓油脂劣变，延长油脂使用时间，同时还可以尽量避免使用抗氧化剂等添加剂。低温真空油炸还可以有效保留食物的颜色和风味。低温和缺氧的条件下使得油炸食品不易发生褐变，可保持其本身的色泽；同时在密封条件下油炸，由于原料中的呈味成分大多为水溶性，不溶于油脂，随原料的脱水，这些呈味成分进一步浓缩。另外，真空可以形成压力差，能加速物料中分子的运动和气体的扩散，从而提高对物料的处理速度，在减压状态下，物料中的水分急剧汽化膨胀，产生一定的膨松结构，因此经低温真空油炸的食物复水性很好（张治国，2010；马涛，2011）。

1.1.1.3　油炸过程中的化学变化

（1）油脂的变化

油脂在煎炸过程中经过长时间的高温加热，会发生一系列的化学变化，其中最主要的是油脂的水解、氧化和聚合反应等。油脂的水解是指当食物在油脂中煎炸时，食物中的水分进入到油中，攻击油脂中三酰甘油的酯链，然后产生单酰甘油、二酰甘油、甘油和游离脂肪酸的过程。油脂在煎炸过程中与空气中的氧发生反应，在高温环境下空气中的氧和油脂中的不饱和脂肪酸的双键直接结合，易于生成氢过氧化物，并且生成的氢过氧化物对热不稳定，容易分解成醛类、酮类和低级脂肪酸。目前普遍认可的油脂的自动氧化机理是不饱和脂肪与基态氧发生的自由基反应。油脂经过高温加热后，黏度增大、起泡性增加，并且状态由稀逐渐变稠，这种现象是由油脂的聚合作用引起的。油脂在高温下的聚合形式有两种：一种是高温缺氧的热聚合；另一种是高温下的热氧化聚合。油脂通过发生以上这些化学反应会产生脂肪酸、醛类、酮类、醇类、酸类和碳氢化合物，并且导致油脂的劣变（Datta et al，1999；邓云等，2003）。

（2）蛋白质的变化

油炸的高温会使蛋白质变性，从而使蛋白质水合作用和溶解性降低，蛋白质的酶活性、激素活性钝化或者完全丧失。蛋白质的变性会使制品的结构发生变化。此外，蛋白质中的含氮化合物与淀粉水解产生的羰基化合物在高温下发生的美拉德反应和高温下淀粉分子发生的焦糖化反应分别产生棕褐色产物和焦糖的色泽，为油炸制品提供适宜的色泽。美拉德反应和油脂的氧化、水解、聚合反应会产生一些醛、酮等羰基化合物以及一些酯类物质，这些物质多是一些香气成分，为产品提供特殊的香味。高温下淀粉的糊化和蛋白质的变性有利于制品定型（邓云等，2003）。

1.1.2 食品焙烤加工工艺特点

1.1.2.1 焙烤

焙烤（baking）的过程就是热气改变食品品质的过程：热从烤炉内的热表面和空气中传递到食品中，水分从食品中传递到其周围空气中再逸出烤炉外。当把用原料制成的生坯放入高温烤炉后，由于炉中空气的含水量低，形成了一个水蒸气压梯度，使食品表面的水分蒸发，而食物内部的水分又向表面移动。当水分从表面汽化的速度高于其从内部向表面移动的速度时，食品的表面被干透且温度升高至热气的温度（110～240℃），形成焦皮。外部水分逐渐转变为气态向坯内转移，使生坯熟化，形成疏松状态（李里特等，2010）。

1.1.2.2 焙烤食品加工工艺

焙烤食品（baked food）是以粮、油、糖、蛋、乳等为主料，添加适量辅料，并经调制、成型、焙烤工序制成的食品。焙烤食品按其加工工艺的不同，可分为饼干、面包、糕点等。

一般饼干类的加工工艺流程及使用机械如图1-2所示。

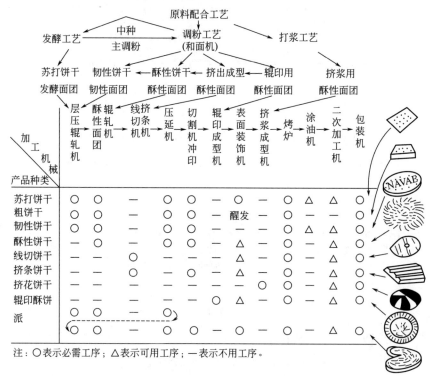

图 1-2　饼干类加工工艺流程及使用机械

各种饼干焙烤炉温与焙烤时间见表 1-1。

表 1-1　各种饼干焙烤炉温与焙烤时间

品种	焙烤炉温/℃	焙烤时间/min
韧性饼干	240~260	3.5~5
酥性饼干	240~260	3.5~5
苏打饼干	260~270	4~5
粗饼干	200~210	7~10

面包的基本制作工艺流程如图 1-3 所示。

糕点的总加工工艺流程可归纳为：原料的选择和配比→面团（糊）的调制→成型→熟制→冷却→装饰→成品。

蛋糕大小与焙烤炉温、焙烤时间的关系见表 1-2。

表 1-2　蛋糕大小与焙烤炉温、焙烤时间的关系

蛋糕质量/g	焙烤炉温/℃	焙烤时间/min	上下火控制
<100	200	12~18	上下火相同
100~450	180	18~40	下火较上火大
450~1000	170	40~60	下火大、上火小

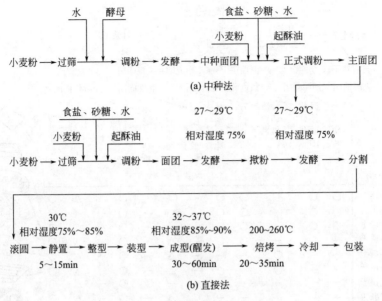

图 1-3　面包的基本制作工艺流程

不同糕点的焙烤温度见表 1-3。

表 1-3　不同糕点的焙烤温度

糕点	天使蛋糕	海绵蛋糕	水果蛋糕	奶油空心饼	桃酥	福建礼饼	烘糕
焙烤温度/℃	205～218	170～180	150～170	210～220	150～220	160～190	100～110

1.1.2.3　焙烤过程中的化学变化

焙烤过程中制品发生的化学变化主要有：膨松剂的分解、酵母死灭（约60℃）、酶失活、淀粉糊化（56～100℃）、面筋的热凝固（75～120℃）以及表面褐变反应（美拉德反应：高于150℃；焦糖化反应：190～220℃）、糊精变化（190～260℃）等。

（1）膨松剂、酵母和酶的变化

饼干中的小苏打分解温度为 60～150℃，碳酸氢铵或碳酸铵的分解温度为30～60℃。所以在刚一进炉的几十秒内，碳酸氢铵或碳酸铵首先分解产生大量气体，产生极强的压力，但是当它的气压冲破面团抗张力的束缚而膨胀，饼干的面筋蛋白还未凝固，会造成已膨胀的组织又塌陷下去。所以，碳酸铵一般都与小苏打配合使用，使得气体的产生和膨胀持续到面筋凝固。另外，饼干的焙烤中常用发酵产生二氧化碳气体，使组织膨松。当面坯内部温度达到80℃时，酵母就会死灭，在进炉1～2min内酵母和酶因蛋白质变性都会失去活力。疏松剂的分解以及酵母死灭和酶失活，使得面筋凝固，保持饼干的品质。

（2）淀粉、蛋白质和糖的变化

小麦面粉中淀粉糊化温度在 53℃ 以上，当淀粉糊化时吸水膨润为黏稠的胶体，淀粉出炉后经降温冷凝成凝胶体，使饼干具有光滑的表面。当温度达到 80℃ 时，饼坯的蛋白质凝固，失去其胶体的特性，一般进炉后 1min，饼坯中心层就能达到蛋白质凝固温度，这时气体膨胀，面筋蛋白的网络结构因蛋白质的凝固而固定下来，因此成型。焙烤制品外表的色泽是因为原料中蛋白质中的氨基和糖中的羰基在高温下发生美拉德反应形成褐色物质以及在没有氨基的情况下糖类物质在高温下发生焦糖化反应产生的焦糖色所致。同时在焙烤过程中由于这些反应还会产生一些挥发性的醛、酮等物质，形成焙烤食品特有的香气和风味。面包的外表由于烘烤开始的水凝固和后来的温度升高会生成大量的糊精状物质，这些糊精状物质在高温下不仅使面包色泽光润，而且也是面包香味的成分之一。

1.1.3　食品挤压膨化加工工艺特点

1.1.3.1　食品挤压膨化技术

膨化（puffing）是利用相变和气体的热压效应原理，通过外部能量的供应，使加工对象——物料内部的液体迅速升温汽化，物料内部压力增加，并通过气体的膨胀力带动组分中高分子物质发生变形，从而使物料成为具有蜂窝状组织结构特征的多孔性物质的过程。挤压膨化是借助挤压机螺杆的推动力，将物料向前挤压，物料受到混合、搅拌和摩擦以及高剪切力作用而获得和积累能量达到高温高压，并使物料膨化的过程。

食品挤压膨化技术是食品挤压加工技术的一个分支，食品挤压加工技术的特点主要是物料被送入挤压机后，在螺杆、螺旋的推动下，物料向前呈轴向移动；同时，物料被强烈地挤压、搅拌、剪切，螺杆与物料、物料与机筒以及物料内部的相互摩擦，其结果使物料进一步细化、混匀；随着机腔内部压力的逐渐增大，相应地温度不断升高，在高温、高压、高剪切力的条件下，物料物性发生变化，由粉状或粒状变成糊状，淀粉发生糊化、裂解，蛋白质发生变形、重组，纤维发生部分降解、细化，微生物被杀死，酶及其他生物活性物质失活。挤压膨化技术就是当糊状物料在接近模孔时温度达到最高、压力达到最大，由模孔喷出的瞬间，在强大的压力差作用下，水分急骤汽化，物料被膨化，形成疏松、多孔的结构（尚永彪等，2007；石彦国，2010）。

1.1.3.2　挤压膨化食品加工工艺流程

原料粉碎→混合→喂料→输送→压缩→粉碎→混合加热→熔融→升压→挤出→切断→烘干（冷却）→调味→成品包装

将各种不同配比的原料预先充分混合均匀，然后送入挤压机，在挤压机中加入适量水（控制总水量在15％左右）。挤压机螺杆转速为 $200\sim350r/min$，温度为 $120\sim160℃$，机内最高工作压力为 $0.8\sim1.0MPa$，食品在挤压机内停留时间为 $10\sim20s$。食品经模孔后因水蒸气迅速外溢而使食品体积急剧膨胀，此时食品中水分可下降8％～10％。为便于储存并获得较好的风味质构，需经烘焙、油炸等处理使水分降到3％以下；为获得不同风味的膨化食品，还需进行调味处理。然后在较低的空气湿度下，使膨化调味后的产品经传送带冷却以除去部分水分再立即进行包装。

1.1.3.3　挤压膨化过程中的化学变化

（1）淀粉的变化

挤压膨化过程中淀粉在低水分状态下发生糊化。淀粉糊化的本质是淀粉分子间氢键的断裂。挤压膨化过程中高温、高压及强大的机械剪切力，很容易使淀粉分子间的氢键断裂，进而淀粉发生糊化。另外，淀粉在挤压、剪切等作用下会发生力降解，导致氢键断裂，大分子降解。实际上，由于淀粉的裂解作用，还原糖含量增加，会促进还原糖与蛋白质发生美拉德反应，产生褐色物质，同时也使游离氨基酸的含量减少，降低了人体对蛋白质和氨基酸的消化吸收。

（2）蛋白质的变化

挤压膨化过程中原料中的蛋白质经过高温、高压、高剪切力的作用，其二级、三级、四级结构的结合力变弱，蛋白质分子结构伸展、重组，表面电荷重新分布并趋向均匀化，分子间部分氢键、二硫键断裂，致使蛋白质变性。蛋白质和还原糖发生美拉德反应会使氨基酸的含量下降，引起蛋白质的生物学效价和消化率下降。另外，蛋白质在膨化过程中的作用是维持含水量和网络结构，蛋白质的含量高低影响物料膨化程度的高低。

1.1.4　食品烤制加工工艺特点

1.1.4.1　烤制

烤制（roasting/grilling/broiling），是将各种烹饪原料经腌渍或制坯或半熟加工等初加工后，利用以柴、煤、炭、煤气、电等为能源的烤炉或烤箱等的热辐射，直接使其成熟的一种烹调方法。烤制的原理是在烤炉、烤箱或火盆的密封、准密封、半密封或开放空间，将待烤原料放置或悬挂其间，利用烤箱的底部（或两侧、四周、炉门处）产生的辐射热，使原料烘烤成熟。在此过程中，原料的热传递不借助水或油，而只借助空气。烤制温度一般在80～250℃，耗时一般30～60min。不同性质的原料烤制会有差别。

1.1.4.2　烤制的方法

根据烤炉不同将烤制分为挂炉烧烤法和明炉烧烤法两大类，又根据是否与火直接接触分为直火烧烤法和间火烧烤法。

挂炉烧烤法，也称暗炉烧烤法，用一种特制的可以关闭的烧烤炉进行烧烤，炉呈密封状态，有炉门。方法是把原料挂在铁钩上或放进烤盘里，再送进烤炉（箱）中，关上炉门进行烤制。一般烤炉温度为200～220℃，但实际烤制温度和时间视原料性质而定。挂炉烧烤法的优点是对环境污染少、温度可控并尽量保持稳定，密封状态下原料受热较恒定。但缺点是温度不均匀，由于水分和油脂的消耗低于明烤，所以外表没有明烤光泽、酥脆。代表性食物有北京烤鸭和上海挂炉烤肉等。

明炉烧烤法是用铁制的、不封闭的烤炉进行烧烤。在炉内烧红木炭，然后把腌好的原料肉用烧烤用的铁叉叉住，放在烤炉上进行烤制。这种烤法的优点是设备简单，比较灵活，温度较均匀，成品质量较好。代表性食物有烤羊肉串。

国外将肉类烤制方法分为烘烤（roasting）、烤架烧烤（grilling）和高温烧烤（broiling）等几种。烘烤是一种传统的在烤炉里面进行的热加工方式。这种烤制方法温度一般最高达到200℃，慢烤的温度低一点，在160℃左右，一般适宜的温度在170～180℃之间。烤架烧烤是一种快速干热的肉类加工方法，主要通过直火或热辐射进行热传递。这种加热方式温度一般在260℃以上。高温烧烤是一种直接将食物与热源（炭、煤气或电炉）接触的加热方法，这种加热方式温度比烘烤和烤架加热高，家庭用高温烧烤温度一般是288℃，而商业用则一般在371～538℃之间。

1.1.4.3　烤制过程中的化学变化

（1）蛋白质和糖的变化

以烤肉制品为例，肉中的蛋白质可分为三类：肌原纤维蛋白、肌浆蛋白和结缔组织蛋白。肌浆蛋白中的肌红蛋白与肉的颜色形成有关。肉制品颜色变化之一是因肌红蛋白中的铁离子的价态和与氧结合的位置不同而不同。在活体组织中，肌红蛋白呈还原态，动物被宰杀后中断了氧的供给，鲜肉颜色是肌红蛋白的颜色，呈紫红色；当放置一段时间后，肉中肌红蛋白与氧形成氧和肌红蛋白，呈鲜红色；当放置时间延长或处于低氧分压条件下时，肌红蛋白与氧发生强烈作用，使其中的二价铁变为三价铁，生成高铁肌红蛋白，肉呈褐色。热加工过程中的高温会促进氧化，使肉制品很快达到棕褐色。另外，高温下肉中的羰基化合物与氨基酸发生的美拉德反应生成的棕褐色物质以及糖类的焦糖化反应生成的焦糖色都是烤肉制品产生美观色泽的原因。美拉德反应中形成的醛类、酮类、醚类、酯类等化合物，为肉制品提供诱人的香味。蛋白质分解产生的谷氨酸则使制品带有一定的鲜味。

（2）脂肪的变化

烤制过程中肉制品中的脂肪在高温下发生分解、氧化、脱水等变化，形成的醛类、酮类、醇类、酸类和酯类等挥发性物质是烤制肉制品的特殊香味来源。肉类脂肪中的不饱和脂肪酸在烤制的高温下先通过自由基链式反应生成氢过氧化物，当温度超过150℃时，氢过氧化物极不稳定，容易分解形成一些挥发性和非挥发性物质，这些物质对烤制肉制品的呈味有重要作用。

1.1.5　食品蒸煮加工工艺特点

1.1.5.1　蒸煮

蒸就是把成型的生坯置于笼屉内，架在水锅上，通过加热锅中的水使蒸汽发生热传导，从而使制品成熟的过程。蒸汽把热量传给生坯，生坯受热后，淀粉受热开始膨胀糊化，吸收水分变为黏稠的胶体，当从锅上取下后，随温度下降则逐渐变为凝胶体，使制品表面光滑。蛋白质受热变性凝固，使制品形态固定。由于蒸制品多使用酵母和化学膨松剂，受热时会产生大量气体，使生坯中的面筋网络形成了大量的气泡，从而形成多孔结构和富有弹性的海绵膨松状态。蒸制过程的热量传递主要是热传导和热对流。

煮制就是把成型的生坯投入沸水锅中，利用水受热后所产生的对流作用，使制品成熟。煮制食品有两个特点：一是煮制食品的过程靠水传热，而水的沸点较低，在正常气压下，沸水温度100℃，是各种热加工中温度最低的一种方式，加之水仅靠对流传热导致制品受高温影响较小，成熟较慢，加热时间较长；二是制品在水中受热，直接与大量水分接触，淀粉颗粒在受热的同时充分吸水膨胀。因此，煮制食品熟后重量增加（马涛，2010）。

1.1.5.2　蒸煮过程中的化学变化

（1）温度

在蒸煮（steaming/boiling）过程中，由于水温最高只有100℃，因此，蒸煮一段时间后，制品的各部分温度都可能达到近 100℃，但都不会超过 100℃，因此，国内外研究报道与煎炸、烧烤、焙烤等方式相比，蒸煮制品中生成的污染物没有或很少。

（2）淀粉和蛋白质

蒸煮过程中，随着温度的升高，淀粉逐渐吸水膨胀，当温度升高至 55℃以上时，淀粉颗粒大量吸水到完全糊化。淀粉的糊化程度越高，熟制品的可消化性就越好。另外，当温度升高至 70℃左右时，面坯中的蛋白质开始变形凝固，形成蒸制面食的骨架，使产品形状固定。面筋蛋白在 30℃左右时胀润性最大，进一步提高温度，胀润性下降，当温度达到 80℃左右时，面筋蛋白变性凝固。

（3）风味

蒸煮面食的风味除了保留原料特殊的风味外，发酵作用产生的醇和酯等成分也会赋予蒸煮制品诱人的香气。另外，淀粉酶水解形成甜味；蛋白酶水解产生游离氨基酸具有芳香口味等。

1.2　热加工过程食品中成分的变化及易生成的污染物

1.2.1　碳水化合物、蛋白质、脂肪——非酶褐变反应

非酶褐变反应是在热的作用下碳水化合物通过发生一系列化学反应而产生大量有色成分和无色成分、挥发性和非挥发性成分，这些成分的产生使食品具有褐色和香气。食品热加工中的非酶褐变反应主要有美拉德反应和焦糖化反应。虽然美拉德反应可改善食品的色泽和风味，但是仍然会给食品带来一些潜在的污染物。

1.2.1.1　美拉德反应

1912 年，法国化学家 L. C. Maillard 发现将氨基酸和糖类水溶液混合加热后会产生黄棕色物质。1953 年，Hodge 等把这个反应正式命名为美拉德反应（Maillard reaction），并提出反应过程，如图 1-4 所示。美拉德反应主要分为三个阶段（汪东风，2007）。

起始阶段，是还原糖与氨基化合物缩合生成 N-葡萄糖基胺，经过 Amadori 重排，形成 Amadori 重排产物 1-氨基-1-脱氧-2-酮糖。

中间阶段，即 Amadori 重排产物发生不同程度的降解，形成不同气味的中间体分子。1-氨基-1-脱氧-2-酮糖根据 pH 值不同发生降解，当 pH 值小于或等于

7时，主要发生1,2-烯醇化反应形成糠醛或羟甲基糠醛（戊糖形成糠醛，己糖形成羟甲基糠醛）。当pH值大于7、温度较低时，1-氨基-1-脱氧-2-酮糖主要发生2,3-烯醇化反应形成还原酮类，进而异构成二羰基化合物脱氢还原酮。当pH值大于7、温度较高时，1-氨基-1-脱氧-2-酮糖易裂解为丙酮醛、二乙酰基等很多高活性中间体，继续参与反应。其中主要的一个反应是Strecker降解，即α-氨基酸与羰基化合物反应通过形成亚胺中间体转变为相应的醛，这也是形成丙烯酰胺的其中一条途径。

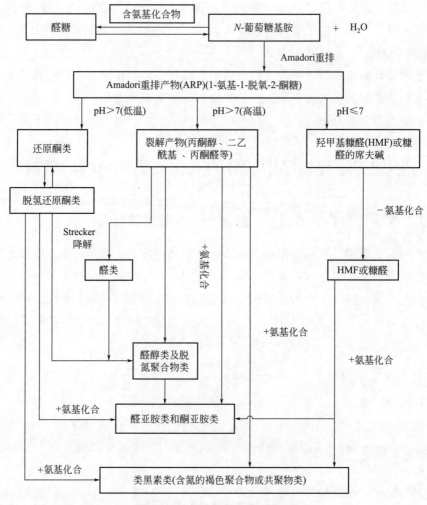

图1-4　美拉德反应过程示意图

最后阶段，是褐变反应的发生，即棕黑色物质的形成。由于反应过程中的醛、酮等物质都不稳定，因此在氨基存在时，与氨基发生缩合、脱氢、重排、异构化等，进一步缩合，最终形成含氮的棕色共聚物或聚合物，统称为类黑素（melanoidin）。

1.2.1.2 焦糖化反应

糖在没有氨基化合物存在的情况下被加热到熔点以上，也会产生黑褐色的物质，这种作用称为焦糖化作用（caramelization），也称为卡拉密尔作用。焦糖化反应一般产生两类物质：一类是糖脱水后的聚合产物，即焦糖或酱色（caramel）；另一类是一些热降解产物，如挥发性的醛、酮、酚类等物质。这些物质的进一步反应也可形成一些深色物质。

1.2.1.3 非酶褐变对食品品质的影响

非酶褐变反应中可产生有色物质，对食品的色泽产生影响；反应过程中的中间产物和终产物如醛类、酮类和酸类等，是构成食品风味的重要成分；这些醛类或酮类物质具有还原性，有一定的抗氧化能力，可防止食品中油脂的氧化；随褐变的发生食品中的营养成分如糖、氨基酸、脂类等损失，降低食品的营养性；高温下发生的非酶褐变反应虽可起到防腐的作用，但是过程中易形成一些有毒有害物质，如丙烯酰胺、呋喃、杂环胺类化合物、羟甲基糠醛和晚期糖基化末端终产物等。

（1）丙烯酰胺（acrylamide）

丙烯酰胺是一种不饱和酰胺，2002 年 4 月，瑞典国家食品管理局（Swedish National Food Adiministration，SNFA）和斯德哥尔摩大学共同宣布在一些经高温（>120℃）加工或焙烤的淀粉类食品中有较高含量的丙烯酰胺，并且其含量远超世界卫生组织规定的饮用水中丙烯酰胺的最大允许量 $0.5\mu g/kg$（WHO，1993）。这一发现迅速引起了世界各地科学家的重视，原因是丙烯酰胺在 1994 年被国际癌症研究中心（IARC）列为 2A 类致癌物（很可能对人类有致癌性）（IARC，1994）；并且，丙烯酰胺对人和动物都具有神经毒性（Tilson，1981；Lopachin et al，1994），对动物具有生殖毒性（Dearfield et al，1988；Costa et al，1992）、致突变性和潜在的致癌性（Dearfield et al，1995）。富含碳水化合物的食物中丙烯酰胺主要由还原糖和天冬酰胺在高温条件下发生美拉德反应形成（Mottram et al，2002，Stadler et al，2002）；在少糖、多油脂的食物中丙烯酰胺的主要形成途径是通过丙烯醛或丙烯酸（Gertz et al，2002；Yasuhara et al，2003）。2012 年，欧洲食品安全局（European Food Safety Authority，EFSA）更新了 2007 年至 2010 年间食物中丙烯酰胺含量的变化，如表 1-4 所示。2013 年，欧盟委员会（European Commission，EC）对 10 类食品中丙烯酰胺含量公布了其指示性指标，如表 1-5 所示，该值仅用于调查研究的指示，而非安全阈值，也不能用于不同食品之间的比较，但是这些数据却为设定丙烯酰胺的限值提供了依据。

表 1-4　EFSA 公布的 2007—2010 年食品中丙烯酰胺含量的分布（EFSA，2012）

食品种类	2007 年		2008 年		2009 年		2010 年	
	均值 /(μg/ kg)	最大值 /(μg/ kg)	均值 /(μg/ kg)	最大值 /(μg/ kg)	均值 /(μg/ kg)	最大值 /(μg/ kg)	均值 /(μg/ kg)	最大值 /(μg/ kg)
法式炸薯条（即食食品）	356	2668	277	2466	342	3380	338	2174
鲜切法式炸薯条	237	1443	251	1276	278	2030	325	2174
复合法式炸薯条	—	—	406	406	—	—	150	150
未指定法式炸薯条	410	2668	306	2466	371	3380	382	1800
炸薯片	551	4180	580	4382	639	4804	675	4533
鲜切炸薯片	570	3300	541	2449	619	4686	758	4533
复合炸薯片	402	938	361	2167	409	1572	435	1000
其他炸薯片	564	4180	612	4382	670	4804	481	4039
家庭自制预煮法式炸薯条/炸薯片	306	2175	223	3025	270	2762	331	3955
烤薯条	365	941	256	1439	333	1665	690	3955
深度油炸薯条	395	1661	229	1220	220	1238	198	1155
家庭自制的其他马铃薯制品	272	2175	213	3025	253	2762	270	1295
软面包	75	2175	53	565	46	1460	30	425
其他面包	1044	2565	—	—	104	720	—	—
谷物早餐	149	1600	155	2072	139	1435	138	1290
饼干、面包脆片	326	4200	272	3307	247	4095	333	5849
饼干	237	1526	168	432	172	902	178	1062
面包脆片	232	2430	228	1538	208	999	249	1863
华芙	230	1378	256	2353	206	725	389	1300
姜料面包	387	3615	355	3307	359	4095	415	3191
其他饼干和面包脆片	309	4200	196	1940	180	2650	289	5849
咖啡和咖啡代替物	373	4700	393	7095	463	4300	527	8044
烤咖啡	256	1158	197	1524	235	2223	256	1932
速溶咖啡	229	1047	298	2300	551	1470	1123	8044
咖啡替代物	890	4700	1033	7095	1594	4300	1350	4200
其他咖啡	455	1084	615	2520	679	2929	441	1800
除谷物之外的婴儿食品	29	162	22	180	38	677	69	1107
谷物婴儿和儿童食品	119	1215	69	1200	72	710	51	578
婴儿和儿童食品（饼干和甜面包干）	174	1215	94	1200	88	521	86	470
其他加工的婴儿和儿童谷物制品	69	353	31	410	41	710	31	578
其他食物	232	2529	144	2592	185	4380	225	3972
麦片粥	241	1315	33	112	58	487	80	420
糕点和蛋糕	140	910	163	2592	108	651	146	890
非马铃薯风味小吃	275	2110	238	2120	208	621	192	1910
其他食物	242	2529	120	1780	248	4380	293	3972

表 1-5   欧盟委员会公布的 10 类食品中丙烯酰胺含量的指示性指标（EC，2013）

食品种类	指示值/(μg/kg)
法式炸薯条（即食食品）	600
鲜切炸薯片和复合炸薯片	1000
马铃薯饼干	1000
软面包	
（a）小麦面包	80
（b）除小麦面包以外的其他面包	150
谷物早餐（除麦片粥外）	
（a）糠、全谷物、膨化谷物	400
（b）以小麦和黑麦为原料的产品	300
（c）玉米、燕麦、斯佩耳特小麦、大麦和大米产品	200
饼干和华芙	500
除马铃薯饼干外的其他饼干	500
面包脆片	450
姜料面包	1000
与这一类食品类似的其他类食品	500
烤咖啡	450
速溶咖啡	900
咖啡替代物	
（a）以谷物为主的咖啡替代物	2000
（b）其他咖啡替代物	4000
婴儿食品（除谷物外的其他食品）	
（a）不含西梅	50
（b）含西梅	80
婴儿和儿童食品（饼干和甜面包干）	200
除饼干和甜面包干之外的以谷物为主的婴儿和儿童食品	50

（2）呋喃（furan）

呋喃是一种具有高度亲脂性和挥发性的五元环状烯醚，低沸点（31℃），用于化学制造工业，比如耐温度结构层的制作以及用于洗碗机产品的共聚物制备等。早在 1979 年，Maga 在咖啡中就发现有呋喃存在；在 2004 年初，美国食品与药品管理局（US Food and Drug Administration，FDA）的科学家意外地从一些食品中检测出呋喃；2004 年 5 月，FDA 发布在很多经过加热处理的食品中检测出了呋喃，这些食品主要有婴幼儿食品、罐装食品以及营养饮料、咖啡和啤酒等；继 FDA 之后，欧洲食品安全局（EFSA）等也在十一个大类食品中检出了污染物呋喃，含量较多的食品主要是咖啡、婴幼儿食品和调味料（如酱油）以及焙烤食品，含量在 $0\sim5000\mu$g/kg。EFSA 在 2011 年的一份报道显示，在关于食品中呋喃含量以及暴露量的评价中，来自 20 个国家的 5050 份分析结果中，烘焙咖啡中呋喃的浓度是最高的，其中烘焙咖啡豆中呋喃平均含量达到 3660μg/kg，

最大值高达 $11000\mu g/kg$，如表 1-6 所示。上述这些发现引起了消费者对呋喃的
关注。研究表明呋喃易通过生物膜被肺或肠吸收，对大鼠和小鼠产生肝脏和肾脏
毒性，目前对于呋喃毒性的研究还不完整，还没有呋喃致生殖和发育毒性的资
料，只有研究表明人尿中的呋喃与肝脏毒性的标志物——血浆中 γ-谷氨酰转肽
酶具有相关性（Jun et al，2008），还没有呋喃对人具体致癌机理的流行病学报
道，因此 IARC 将呋喃归为 2B 类致癌物（可能对人类致癌）（IARC，1995）。食
品中呋喃的形成主要有以下几种方式（Mariotti et al，2013）：碳水化合物（葡
萄糖、乳糖和果糖）的热降解或特定氨基酸与还原糖加热发生的美拉德反应；丝
氨酸、丙氨酸和苏氨酸的热降解；多不饱和脂肪酸的氧化；抗坏血酸及其衍生物
的分解；类胡萝卜素的热氧化。Nie 等（2013）对中国超市中的 11 类热加工食品
进行呋喃含量的测定，各类食品中呋喃的平均含量为：婴儿配方食品 15.0ng/g，
面包类 4.0ng/g，咖啡类 60.6ng/g，果汁类 5.3ng/g，乳制品 1.5ng/g，营养饮
品 16.2ng/g，罐藏果酱 30.4ng/g，香料 9.3ng/g，醋 38.3ng/g，啤酒 4.9ng/g，
酱油 128.8ng/g。

表 1-6　EFSA 公布的一些食品中呋喃的含量（EFSA，2011）

食品种类	呋喃含量均值/($\mu g/kg$)	呋喃含量最大值/($\mu g/kg$)
速溶咖啡	394	2200
咖啡(烘焙咖啡豆)	3660	11000
咖啡(烘焙磨碎)	1936	6900
其他咖啡	2016	6588
冲泡咖啡	42~45	360
婴儿食品	31~32	233
婴儿食品(谷物食品)	23~25	96
婴儿食品(果蔬)	10~12	66
婴儿食品(水果)	2.5~5.3	58
婴儿食品(肉和蔬菜)	40	169
婴儿食品(蔬菜)	48~49	233
婴儿食品(无特定类别)	29~30	215
婴儿配方食品	0.2~3.2	2.2~10
烘焙豆类	22~24	80
啤酒	3.3~5.2	28
谷物制品	15~18	168
鱼	17	172
果汁	2.2~4.6	90
水果	2~6.4	36
肉制品	13~17	160
牛奶制品	5~5.6	80
调味汁	8.3~11	175
汤	23~24	225
酱油	27	78

续表

食品种类	呋喃含量均值/(μg/kg)	呋喃含量最大值/(μg/kg)
蔬菜汁	2.9～9	60
蔬菜	6.9～9.6	74
其他类	14～15	164
其他类(可可粉)	9～10	40
其他类(零食和薯片)	9.6～10	47
其他类(软饮料)	0.8～1.2	4.5
其他类(豆制品)	6.7	28
其他类(甜食)	5～6	34
其他类(茶)	1～1.7	3.7
其他类(植物油)	1.5～1.7	10
其他类(酒)	1.3	6.5

（3）杂环胺类化合物（heterocylic amines，HAs）

杂环胺是富含蛋白质的食品在热加工过程中由蛋白质、氨基酸热解产生的。杂环胺最早是在 1977 年被 Sugimur 等从普通家庭烹饪的肉中发现的（Nagao et al，1977），目前已知的杂环胺超过 30 种，根据化学结构的不同杂环胺可分为两类（Alaejos et al，2011）：一是氨基咪唑氮杂环胺（AIA），也叫热反应杂环胺或 IQ 型杂环胺，是氨基酸、肌酸（酰）、糖在 100～300℃ 下通过美拉德等复杂反应形成的，主要包括 IQ、MeIQ、IQx、MeIQx 等；二是氨基咔啉类杂环胺，也叫热解杂环胺或非 IQ 型杂环胺，是氨基酸和蛋白质在大于 300℃ 下分解产生的，主要包括 AαC、MeAαC、Norharman、Harman 等。长期的动物实验表明杂环胺具有致癌性，且因在体内能与 DNA 形成加合物而具有强烈的致突变性（Ohgaki et al，1991；Wu et al，1997）。1993 年 IARC 将 IQ 列为 2A 类致癌物（很可能对人类有致癌性）（IARC，1993），将 MeIQ、8-MeIQx、PhIP、AαC、MeAαC、Trp-P-1、Trp-P-2、Glu-P-1 归为 2B 类致癌物（可能对人类致癌）。肉类制品是我们饮食中不可缺少的一种营养物质来源，富含蛋白质、铁、锌和维生素等。研究表明肉制品经过高温（>160℃）加热后会产生大量杂环胺，且随温度的增加其形成越多。肉类制品常用的加热方式有以下四种：烘烤（roasting），是一种传统的在烤炉里面进行的热加工方式，这种烤制方法温度一般最高达到 200℃，慢烤的温度低一点，在 160℃ 左右，一般适宜的温度在 170～180℃ 之间；炭火烧烤（charcoal grilled），是一种快速干热的肉类加工方法，主要通过热辐射进行热传递，这种加热方式温度一般在 260℃ 以上；深度油炸（deep-frying），是将肉浸没在高温的油中进行煎炸，虽然这种加热方式的温度依据食物种类不同而不同，但是通常情况下在 175～190℃ 之间；平锅油炸（pan-frying），是一种快速的加热方式，将肉放在平锅中加少量油进行加热，通常情况下是180℃加热5～10min。这四种加热方式下鸡胸肉和鸭胸肉中杂环胺含量如表1-7和表1-8（Liao et al，2010）。结果表明用炭火烧烤这种方法加热鸡肉产生的杂环胺最多，总量达到112ng/g；而对于鸭胸肉来说，平锅油炸产生的杂环胺最多，达到53.3ng/g；而用烘烤加热两种肉之后产生的杂环胺最少。鸡肉和鸭肉之间的杂环胺含量差异由于前体物的不同而不同，但是不同加热方式导致的同种肉之间杂环胺含量差异表明温度对杂环胺形成影响较大。

表1-7　鸡胸肉和鸭胸肉中极性杂环胺的含量

种类	加工方式	极性杂环胺含量/(ng/g)			
		IQ	MeIQx	4,8-DiMeIQx	PhIP
鸡胸肉	平锅油炸	1.76±0.68	1.83±0.86	1.05±0.40	18.33±3.63
	深度油炸	ND	0.77±0.19	0.38±0.15	2.16±0.60
	炭火烧烤	ND	1.16±0.55	3.55±1.03	31.06±4.53
	烘烤	ND	ND	ND	0.04±0.01
鸭胸肉	平锅油炸	5.20±1.0	3.44±1.26	2.02±0.46	21.88±3.13
	深度油炸	ND	0.68±0.14	1.76±0.54	1.47±0.35
	炭火烧烤	2.74±0.69	2.40±0.69	1.34±0.38	11.80±1.66
	烘烤	ND	ND	ND	ND

注：ND表示未检测到；所有数据均以平均值±标准偏差表示。

表1-8　鸡胸肉和鸭胸肉中非极性杂环胺的含量

种类	加工方式	非极性杂环胺含量/(ng/g)					
		Norharman	Harman	Trp-P-2	Trp-P-1	AαC	MeAαC
鸡胸肉	平锅油炸	1.41±0.20	2.77±0.40	ND	ND	0.23±0.06	0.02±0.01
	深度油炸	5.39±1.04	12.32±1.83	ND	ND	0.27±0.11	0.02±0.00
	炭火烧烤	32.18±3.76	31.67±3.23	3.58±0.62	1.46±0.06	5.58±1.02	1.57±0.54
	烘烤	3.05±0.40	0.69±0.06	0.02±0.00	0.02±0.01	0.05±0.01	0.05±0.01
鸭胸肉	平锅油炸	6.15±1.26	12.90±2.09	0.20±0.04	0.05±0.00	1.26±0.21	0.21±0.04
	深度油炸	3.77±0.78	6.03±1.48	ND	ND	0.14±0.03	0.04±0.01
	炭火烧烤	4.95±1.25	7.81±1.23	0.13±0.04	0.04±0.01	0.62±0.02	0.13±0.02
	烘烤	6.12±1.19	0.56±0.04	0.02±0.00	0.01±0.01	0.06±0.01	0.05±0.01

注：ND表示未检测到；所有数据均以平均值±标准偏差表示。

（4）5-羟甲基糠醛（5-hydroxmethylfurfural，HMF）

5-羟甲基糠醛，也称为羟甲基糠醛，是含有一个呋喃环结构的糠醛化合物。研究表明，一定剂量的羟甲基糠醛被机体吸收后，对眼睛、上呼吸道、皮肤及黏膜等具有细胞毒性。羟甲基糠醛对啮齿类动物具有潜在致癌性、促进癌前病变发生，通过损害细胞中酶活性而导致肝脏功能失调（Glatt et al，2005）。另外，在体内和体外羟甲基糠醛都会转化为一种硫酸酯——5-硫氧甲基糠醛（5-sulphoxy-methylfurfural，SMF），5-硫氧甲基糠醛具有很强的基因毒性和致突变性（Surh and Liem et al，1994；Surh and Tannenbaum et al，1994）。食物加工过程中羟甲基糠醛的形成主要通过两条途径（Locas et al，2008）：一是由己糖在酸性催化剂作用下经加热分解脱去三分子水后形成；二是通过还原糖与氨基酸发生美拉德反应，Amadori 重排产物经过烯醇化后形成中间体 3-脱氧己糖酮，然后脱水生成羟甲基糠醛。羟甲基糠醛具有增香调色功能，在美拉德反应过程中，羟甲基糠醛产生后还会继续反应产生很多棕色物质及呈香物质。在很多热加工的食物中都会产生羟甲基糠醛，如焙烤食品、果汁、咖啡等。表 1-9 是不同种类食物中羟甲基糠醛的含量（Capuano et al，2011）。事实上，国际法典委员会（Codex Alimentarius）和欧盟（European Union，EU）规定蜂蜜和苹果汁中羟甲基糠醛分别以 40mg/kg 和 50mg/kg 作为腐败和热处理的指标水平。研究表明食品加工过程中羟甲基糠醛含量受加热温度和时间影响较大，模拟体系焙烤曲奇中，焙烤10min 后，曲奇中羟甲基糠醛含量随焙烤温度的升高而显著增大（Gökmen et al，2007）。由于一般的饼干烘烤温度均高于200℃，因此，降低温度是控制热加工食品中羟甲基糠醛的有效手段。

表 1-9　一些典型食物中羟甲基糠醛的含量

食物种类	HMF 含量/(mg/kg)	食物种类	HMF 含量/(mg/kg)
咖啡	100～1900	曲奇	0.5～74.5
速溶咖啡	400～4100	白面包	3.4～68.8
脱去咖啡因的咖啡	430～494	烤面包	11.8～87.7
菊苣	200～22500	快餐面包	2.2～10.0
麦芽制品	100～6300	谷物早餐	6.9～240.5
大麦	100～1200	婴儿食品(牛奶制品)	0.18～0.25
蜂蜜	10.4～58.8	婴儿食品(谷物制品)	0～22.0
啤酒	3.0～9.2	果干	25～2900
果酱	5.5～37.7	烤杏仁	9
果汁	2.0～22.0	白酒醋	0～21.5
红酒	1.0～1.3	香醋	316.4～35251.3

（5）晚期糖基化终末产物

晚期糖基化终末产物（advanced glycation end-products，AGEs）是蛋白质或氨基酸、脂肪和还原糖通过发生非酶糖基化反应或美拉德反应形成的一类终产物的总称。目前已发现的 AGEs 种类有 20 种，结构复杂，种类繁多。AGEs 对人体的危害主要体现在其通过与细胞表面的受体结合以及与体内蛋白质交联来促进氧化应激和诱发炎症，过多地摄取富含 AGEs 的食品会促进动脉粥样硬化的发生，导致糖尿病、肾病和阿尔茨海默病等疾病。从来源上可以分为外源性的（食物中摄取）和内源性的（体内生成）两大类。食品中最主要的一种 AGEs 是羧甲基赖氨酸（carboxymethyllysine，CML），它的含量与食品中 AGEs 类物质的总量直接相关。CML 主要通过三种方式生成：果糖和赖氨酸交联产物的氧化分解（Ahmed et al，1986）、抗坏血酸的氧化（Dunn et al，1990）以及非酶糖基化反应和美拉德反应的中间产物二羰基化合物与赖氨酸的反应（Al-Abed et al，1995）。与其他 AGEs 相比，CML 对酸较稳定，因此常作为食品体系中 AGEs 的指标。食物中 AGEs 含量与食物中营养成分种类和含量有关，对 549 种食品中的 AGEs 进行测定，结果如表 1-10 所示。对于日常生活中饮食来源，肉类食品因富含蛋白质而其中的 AGEs 含量最高；高脂肪的奶酪中 AGEs 含量比低脂肪中食物高；与前二者相比，富含碳水化合物的食物中 AGEs 含量较低。

表 1-10   不同种类食物中 AGEs 含量（Uribarri et al，2010）

食物种类（固体）	AGEs 含量/(kU/100g)	食物种类（液体）	AGEs 含量/(kU/100mL)
脂肪类		**脂肪类**	
坚果	380～11210	奶油	2167
黄油	23340～26480	植物油	0～21680
奶油芝士	8720～10883	沙拉酱	0～740
人造奶油	4000～17520	**牛奶及牛奶制品**	
蛋黄酱	200～9400	冰激凌	34
肉类、肉制品及其替代品		牛奶	1～34
牛肉	199～11270	布丁	1～17
鸡肉	769～18520	酸奶	3～4
火鸡	4388～8938	**果蔬汁**	
猪肉	633～91577	果汁	0～6
羔羊肉	826～2431	蔬菜汁	2
鱼	452～8774	**其他**	
奶酪	1453～16900	汤类	0.40～3.60
豆制品	67～5877	调味品	0～80.0
鸡蛋	43～2749	咖啡	1.60～13.60
碳水化合物		可乐	1.20～6.40
面包	23～1470	茶	0.40～2.00
谷物早餐	13～2000	酒	0～32.88
早餐食物	243～2870		
谷粒/豆类蔬菜	9～298		
淀粉质类蔬菜	17～1522		
咸饼干/零食	33～3217		
曲奇/蛋糕/派/点心	1～3220		
水果	9～2663		
蔬菜及加工蔬菜	10～256		
糖果	197～3440		

研究表明食物经过加热以后其中 AGEs 含量明显增高。Chen 等（2015）对不同热处理方式（油炸：204℃，烤：232℃，焙烤：177℃，三种方式肉中内部

温度为 63～74℃）的肉制品中 AGEs 含量（以 CML 含量计：μg/g）测定结果见表 1-11 和表 1-12 所示。由表 1-11 可以看出，与原料肉相比，经过油炸、烤制以及焙烤的肉外皮中 CML 含量均有不同程度的增加，且由于油炸和烤制的温度均高于 200℃，其中 CML 含量增加更多。表 1-12 中的结果则显示煎炸肉外层（204℃）中 CML 含量显著高于中间层（71℃）的。乙二醛（glyoxal，GO）和甲基乙二醛（methylglyoxal，MGO）是美拉德反应过程中的重要中间体，与赖氨酸和精氨酸反应可分别形成 AGEs，有研究表明煎炸面团温度高于 170℃时，GO 和 MGO 的含量显著增加，温度为 200℃时面团中 GO 和 MGO 的含量约为 160℃时的 2 倍（Liu et al，2014）。以上结果表明对热加工过程中温度的调节是控制肉制品中 AGEs 含量的主要方式。

表 1-11   不同烤制方式下肉中 CML 的含量   μg/g

肉种类	处理方式				
	原料肉(未处理)(对照)	油炸(外层)204℃	油炸(中心)63～74℃	高温烤制232℃	焙烤177℃
牛排	2.05±0.40	20.03±0.83	3.13±0.68	21.84±0.28	14.31±1.04
猪里脊	1.98±0.97	17.53±1.48	1.09±0.53	20.35±1.64	12.53±1.19
鸡胸	1.48±0.77	17.16±1.43	2.99±0.89	19.69±0.78	13.58±0.63
鲑鱼	1.92±0.61	12.20±1.68	2.05±0.63	12.23±1.13	8.59±1.07
罗非鱼	1.07±0.38	12.53±1.19	3.43±1.10	11.24±1.25	9.72±1.33

表 1-12   原料肉和油炸肉中 CML 的含量   μg/g

处理方式	肉种类				
	牛排	猪里脊	鸡胸	鲑鱼	罗非鱼
原料肉(未处理)(对照)	2.05±0.40	1.98±0.97	1.48±0.77	1.92±0.61	1.07±0.38
油炸(外层)204℃	3.13±0.68	1.09±0.53	2.99±0.89	2.05±0.63	3.43±1.10
油炸(中心)63～74℃	20.03±0.83	17.53±1.48	17.16±1.43	12.20±1.68	12.53±1.19

1.2.2   油脂——氢化、精炼

由于天然来源的固体脂肪很有限，难以满足需要，因而将油脂中的酰基甘油上的不饱和脂肪酸双键在镍或铂等金属的催化作用下与氢气在高温条件下发生加成反应，使酰基甘油的不饱和度降低，把室温下呈液态的油转化成半固态的油脂，这一过程称为油脂的氢化（hydrogenation）。氢化后，油脂的熔点提高、颜色变浅且稳定性提高。在食品工业通常用部分氢化的油脂制造起酥油和人造奶油。在油脂的氢化过程中会产生一定量的共轭酸和不饱和脂肪酸双键的位移，使部分顺式酸转变为反式酸，产生反式异构体，形成反式脂肪酸（trans fatty acid）。

采用有机溶剂浸提、压榨、熬炼、机械分离等方法从油料作物、动物脂肪组织中得到的油脂一般是毛油。毛油中含有各种杂质，如游离脂肪酸、磷脂、糖类、蛋白质、水和色素等，这些杂质不但会影响油脂的色泽、风味和稳定性，还会影响到食用的安全性（如花生油中的黄曲霉毒素和棉籽油中的棉酚等），而去除这些杂质的加工过程就是油脂的精炼（refining）。油脂精炼过程中的一个工序是脱臭，就是在高温、减压条件下向油脂中通入过热蒸汽去除油脂中含有异味的化合物，用这种方法去除挥发性异味化合物的同时，非挥发性异味物质可用过热分解转变成挥发性物质被水蒸气蒸馏除去。在脱臭过程中，油中的多不饱和脂肪酸在高温下易发生热聚合反应，进而发生异构化，一些脂肪酸的顺式双键转化成相反的形式使反式脂肪酸的含量增加。

氯丙醇酯（chloropropanol esters）是在路易斯酸存在下，油脂水解产物三酰甘油形成的中间体环酰氧𬭩离子与氯离子反应形成的。而路易斯酸就是在油脂精炼的过程中被引入的，有文献报道氯丙醇酯主要是在精炼的脱臭工序中形成的，酸种类、脱臭时间和脱臭温度等都会影响氯丙醇酯的形成。

（1）反式脂肪酸（trans fatty acid）

反式脂肪酸属于不饱和脂肪酸，其化学结构中含有一个或多个双键。反式脂肪酸的双键比顺式脂肪酸的双键性质稳定，因此其化学性质更接近于饱和脂肪酸，但是其对人体的危害却比饱和脂肪酸要大得多。Mozaffarian 等（2009）综述了反式脂肪酸与人体健康的关系，研究表明大量摄入反式脂肪酸与心脏病有一定联系，它通过提高低密度脂蛋白胆固醇、降低高密度脂蛋白胆固醇来改变血胆固醇，从而加大心脑血管疾病发生的可能性。反式脂肪酸的风险还体现在导致内皮功能失调和促进机体发炎，研究表明大量摄入氢化植物油会使肿瘤坏死因子-α活性、白细胞介素-6 和 C-活性蛋白的值升高。反式脂肪酸还可能导致机体产生抗胰岛素性、体重增加以及糖尿病的发生，但此结果还需要进一步验证。由于反式脂肪酸可通过胎盘或母乳传递给胎儿，因此，其还会对胎儿的正常生长发育造成一定影响。食品加工过程中反式脂肪酸的形成一方面是由于使用了氢化植物油，另一方面是由于在焙烤和油炸过程中油中脂肪酸在高温和氧气的存在下顺式结构易转变为反式异构体。Tsuzuki 等（2008）研究甘油三油酸酯、甘油三亚油酸酯和甘油三亚麻酸酯在加热过程中顺反异构体的变化时得出当油在 180℃ 加热 8h 后其中反式脂肪酸的变化如图 1-5 所示，并且当温度升高到 220℃ 时，经过 4h 后反式脂肪酸的变化如图 1-6 所示。

近几年的研究表明摄入来自反刍动物脂肪组织的天然反式脂肪酸可降低机体

心脑血管的风险（Lichtenstein et al，2014）。但是关于氢化植物油中反式脂肪酸与动物中的天然脂肪酸在对心脑血管疾病的风险影响机制的区别却没有相关研究，因此还需要进一步验证。

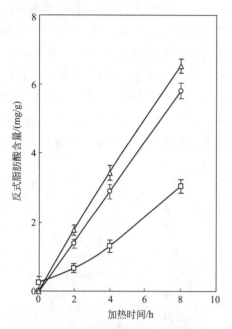

图 1-5   180℃下每克甘油三油酸酯（○）、甘油三亚油酸酯（□）和甘油三亚麻酸酯（△）加热 8h 后反式脂肪酸的形成量

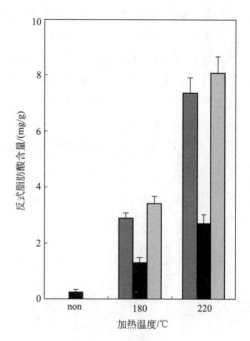

图 1-6   加热温度下每克甘油三油酸酯（■）、甘油三亚油酸酯（■）和甘油三亚麻酸酯（▨）中反式脂肪酸的形成量

（2）氯丙醇酯（chloropropanol esters）

氯丙醇酯是氯丙醇类化合物与脂肪酸的酯化产物。氯丙醇酯的分类按照氯丙醇的分类而定，主要分为 3-氯-1,2-丙二醇酯（3-MCPD 酯）、2-氯-1,3-丙二醇酯（2-MCPD 酯）、1,3-二氯-2-丙醇酯（1,3-DCP 酯）和 2,3-二氯-1-丙醇酯（2,3-DCP 酯）四大类。目前，氯丙醇酯化合物的毒性机制尚不明确，人们对氯丙醇酯的安全性考虑是基于有体外实验证明氯丙醇酯在肠道胰脂酶的催化作用下会释放出游离的 MCPD（Myher et al，1986）。由于没有现成的 3-MCPD 酯的毒理学证据，德国联邦风险评估机构（BfR）、EFSA 以及国际生命科学学会（ILSI）等目前对 MCPD 酯的毒理学评价根据是氯丙醇（3-MCPD）的毒理学数据而定，即假设 3-MCPD 酯在体内 100％ 转化为 MCPD，且 3-MCPD 100％ 来源于 3-MCPD 酯。很显然这种评价不能准确评估 MCPD 酯的安全性，因为 MCPD 酯分为单酯和双酯，二者在体内的代谢和毒性均不相同，而测定的 3-MCPD 是一个

总量。因此，还须将 3-MCPD 酯和 3-MCPD 进行单独评价，从而给出氯丙醇酯的准确毒理学数据。其实早在 30 年前就有研究报道油脂精炼过程中会形成 MCPD 酯。2004 年，Svejkovská 等（2004）首次在食品中检测到 3-MCPD，并且其存在的形式不仅是游离态，还与脂肪酸结合成酯类形式存在，且后者的含量远高于前者，至此，食品中 MCPD 酯得到广泛关注。Zelinková 等（2009）对马铃薯制品中 3-MCPD 酯进行测定，结果表明食用植物油中的 3-MCPD 酯是污染食品的主要来源。研究表明食物油脂中被检测到含有大量 3-MCPD 酯，并且植物油精炼过程中的脱臭是大量形成 3-MCPD 酯的关键步骤（如图 1-7）（金青哲等，2011）。研究表明当温度高于 200℃时 3-MCPD 酯大量形成，当温度从 240℃上升到 270℃时，3-MCPD 酯含量上升将近 2 倍（Franke et al，2009）。如表 1-13 所示。

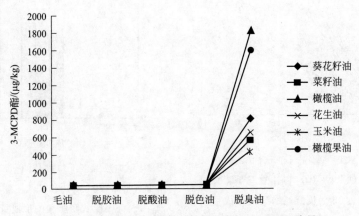

图 1-7   6 种油脂在各精炼工序中形成的 3-MCPD 酯量

表 1-13   脱臭条件对菜籽油中 3-MCPD 酯的含量影响

温度/℃	时间/min	酸价 /(mg KOH/g)	含量		
			单甘酯 /(g/100g)	双甘酯 /(g/100g)	3-MCPD 酯 /(mg/kg)
180	20	0.22	<0.1	2.09	<0.4
210	20	0.25	<0.1	2.16	0.58±0.11
240	20	0.17	<0.1	2.03	1.07±0.02
270	20	0.19	<0.1	1.91	1.94±0.03
240	40	0.13	<0.1	1.87	1.03±0.01
240	60	0.15	<0.1	1.85	1.43±0.13

1.2.3   肉制品——腌制

腌制（curing）是肉制品保藏和加工的一类重要方法，原理是利用食盐、糖等腌制材料处理肉制品原料，使其渗入食品组织内，以提高其渗透压，降低水分活度，从而有选择性地抑制微生物的活动，促进有益微生物的生长，达到防止食品腐败、改善食品品质的目的（马长伟等，2010）。肉制品经过腌制后会产生独特的颜色和风味，是腌肉的重要食品品质。肉类制品在腌制过程中的颜色形成主要通过加入发色剂，发色剂与肉中的色素物质作用形成稳定的鲜红色或粉红色，以提高其可接受性。亚硝酸盐能够作为一种发色剂在肉腌制过程中使肉产生诱人的色泽（Haldane，1901；Moller et al，2002），而且 Christiansen 等（1975）和 Gerald 等（1973）的研究表明，亚硝酸盐可抑制肉毒梭状芽孢杆菌产生毒素，从而达到防腐目的，因此在腌肉制品中亚硝酸盐被广泛使用。但是有研究表明在腌制的低 pH 值条件下，亚硝酸盐所形成的亚硝酸首先转化为氮氧化物 N_2O_3，之后在一个适宜的酸性范围内（一般 pH 值为 2～4）形成亚硝胺（N-nitrosamine）类化合物。在油炸或烟熏之后会形成更多亚硝胺，即便是不添加亚硝酸盐的情况下，温度对亚硝胺的形成有很大影响。亚硝胺类物质是毒性极高的化合物之一，动物实验表明亚硝胺类化合物有致突变、致畸和致癌作用，主要表现在肝脏损伤和破坏血小板两个方面，但是目前还没有直接的人类流行病学数据表明亚硝胺类化合物具有致癌性。目前肉制品中常见的亚硝胺类化合物主要有 N-二甲基亚硝胺（NDMA）、N-二乙基亚硝胺（NDEA）、N-吡咯烷亚硝胺（NPYR）、N-亚硝基哌啶（NPIP）、N-亚硝基二丁基胺（NDBA）等。亚硝胺类化合物形成的两个重要前体物就是肉制品腌制过程中添加的亚硝酸盐和肉中蛋白质降解形成的仲胺。表 1-14 列举了不同焙烤温度对鱼肉中亚硝胺形成的影响（Yurchenko et al，2006）。如表 1-14 所示，当温度高于 200℃时，烤鱼中亚硝胺大量形成。

表 1-14　焙烤温度对油和鱼中的挥发性亚硝胺形成的影响

温度/℃		亚硝胺含量平均值($n=3$)/(μg/g)					总亚硝胺含量/(μg/g)
		NDMA	NDEA	NPYR	NPIP	NDBA	
用菜籽油烤鱼	50	0.19	0.10	0.11	0.10	ND	0.50
	100	0.19	0.10	0.12	0.11	ND	0.52
	150	0.20	0.10	0.14	0.11	ND	1.56
	200	0.61	0.48	0.93	0.72	0.12	2.86
	250	0.61	0.48	0.94	0.74	0.12	2.91
用菜籽油烤鱼的多余的脂肪	50	0.45	0.30	0.23	0.20	ND	1.18
	100	0.45	0.32	0.24	0.20	ND	1.21
	150	0.48	0.32	0.24	0.21	ND	1.25
	200	1.31	0.90	1.64	1.31	0.32	5.48
	250	1.31	0.91	1.66	1.30	0.34	5.52

续表

温度/℃		亚硝胺含量平均值($n=3$)/($\mu g/g$)					总亚硝胺含量/($\mu g/g$)
		NDMA	NDEA	NPYR	NPIP	NDBA	
菜籽油	50	0.38	0.19	0.11	0.10	ND	0.78
	100	0.38	0.21	0.11	0.12	ND	0.82
	150	0.40	0.21	0.12	0.10	ND	0.83
	200	1.20	0.81	1.52	1.15	0.20	4.88
	250	1.21	0.82	1.52	1.16	0.20	4.91
反复烘烤的菜籽油	50	0.41	0.22	0.15	0.12	ND	0.90
	100	0.42	0.24	0.17	0.14	ND	0.97
	150	0.42	0.24	0.17	0.15	ND	0.98
	200	1.24	0.85	1.60	1.25	0.26	5.20
	250	1.24	0.86	1.60	1.25	0.26	5.21
用橄榄油烤鱼	50	0.23	0.16	ND	ND	ND	0.39
	100	0.23	0.16	ND	ND	ND	0.39
	150	0.25	0.18	ND	ND	ND	0.43
	200	0.41	0.37	0.81	0.63	ND	2.22
	250	0.43	0.38	0.81	0.62	ND	2.24
用橄榄油烤鱼的多余的脂肪	50	0.60	0.50	0.17	0.15	ND	1.42
	100	0.61	0.50	0.18	0.17	ND	1.46
	150	0.61	0.52	0.19	0.17	ND	1.49
	200	0.99	0.81	1.21	0.84	0.21	4.06
	250	1.00	0.81	1.23	0.85	0.21	4.10
橄榄油	50	0.52	0.46	0.12	0.11	ND	1.21
	100	0.52	0.48	0.13	0.11	ND	1.24
	150	0.53	0.48	0.12	0.12	ND	1.25
	200	0.90	0.71	1.10	0.75	0.11	3.57
	250	0.91	0.71	1.09	0.75	0.11	3.58
不用油烤的鱼	50	0.13	0.10	0.15	0.10	ND	0.48
	100	0.12	0.10	0.15	0.11	ND	0.48
	150	0.13	0.11	0.20	0.11	ND	0.55
	200	0.34	0.24	0.71	0.53	0.10	1.92
	250	0.34	0.25	0.72	0.53	0.11	1.95

注：ND 表示未检测到。

　　虽然人们对于腌制肉制品的健康威胁概念源于亚硝胺类化合物的毒性，但是要想降低腌肉中亚硝胺类化合物的形成，减少亚硝酸盐的添加量是一个重要的手段。美国农业部规定了肉和家禽类食品的腌制中亚硝酸盐的最大允许添加量（表 1-15）。

表 1-15　美国对肉和家禽类食品的腌制中亚硝酸盐的
最大允许添加量（Sindelar et al，2012）

腌制剂	最大允许添加量/(mg/kg)			
	浸泡腌制	泵注射腌制	粉碎腌制	干腌
亚硝酸钠	200	200	156	625
亚硝酸钾	700	700	1718	2187

但是，近几年有研究表明亚硝酸盐对生物体有益。一氧化氮（NO）是常见的一种空气污染物，构成香烟的烟雾和汽车排出的有毒尾气，会导致酸雨、破坏臭氧层。但是有研究表明 NO 在细胞信号转导机制中对免疫、心血管疾病以及神经系统具有重要作用，是生物体内重要的信号分子，对生物体内几乎所有的器官都有调节作用（Arnold et al，1977；Moncada et al，1991；Foster et al，2003）。NO 的缺乏会导致机体发生高血压、动脉粥样硬化、外周动脉疾病、心力衰竭和心脏血栓。但是有研究表明摄入含有亚硝酸盐的饮食对上述情况有一定的干预作用（Lundberg et al，2008）。这种干预作用基于亚硝酸盐在体内可形成 NO，这使得 NO 的来源不只是传统的 L-精氨酸-NO 通路。虽然腌肉中亚硝酸盐可导致强致癌物亚硝胺的形成，可是对于体内缺乏 NO 的人们，亚硝酸盐的摄入对其机体 NO 的平衡却是一个重要补充。因此，应该合理看待食物中的亚硝酸盐，一方面加工过程中应该通过适当选择原料肉、改善加工方式、降低加工温度和时间来减少亚硝胺类化合物的形成；另一方面，对于体内缺乏 NO 的人们，应合理摄入含亚硝酸盐的食物，维持机体健康。

参 考 文 献

邓云，戴岸青，杨铭铎，等. 2003. 油炸过程中食品与油脂的相互作用. 哈尔滨商业大学学报：自然科学版，19（2）：197-201.

金青哲，王兴国. 2011. 氯丙醇酯——油脂食品中新的潜在危害因子. 中国粮油学报，2（11）：119-123.

李里特，江正强. 2010. 焙烤食品工艺学. 北京：中国轻工业出版社.

马涛，李哲. 2011. 烧烤食品生产工艺与配方. 北京：化学工业出版社.

马涛. 2011. 煎炸食品生产工艺与配方. 北京：化学工业出版社.

马涛. 2010. 蒸煮食品生产工艺与配方. 北京：化学工业出版社.

马长伟，曾名湧. 2010. 食品工艺学导论. 北京：中国农业大学出版社.

尚永彪，唐浩国. 2007. 膨化食品加工技术. 北京：化学工业出版社.

石彦国. 2010. 食品挤压与膨化技术. 第二版. 北京：化学工业出版社.

汪东风. 2007. 食品化学. 北京：化学工业出版社.

张国治. 2010. 油炸食品生产技术. 第二版. 北京：化学工业出版社.

Ahmed M U，Thorpe S R，Baynes J. 1986. Identification of N^ε-carboxymethyllysine as a degradation product of fructoselysine in glycated protein. Journal of Biological Chemisry，261：4889-4894.

Al-Abed Y，Bucala R. 1995. N^ε-carboxymethyllysine formation by direct addition of glyoxal to lysine during the Maillard reaction. Bioorganic and Medicinal Chemistry Letters，5：2161-2162.

Alaejos M S，Afonso A M. 2011. Factors that affect the content of heterocyclic aromatic amines in foods. Comprehensive Reviews in Food Science and Food Safety，10：52-108.

Arnold W P，Mittal C K，Katsuki S，et al. 1977. Nitric oxide activates guanylate cyclase and increases guanosine $3'$,$5'$-cyclic monophosphate levels in various tissue preparations. Proceedings of the National Academy of Sciences of the United States of America，74：3203-3207.

Capuano E，Fogliano V. 2011. Acrylamide and 5-hydroxymethylfurfural（HMF）：A review on metabolism，toxicity，occurrence in food and mitigation strategies. LWT- Food Science and Technology，44：793-810.

Chen G J，Smith S. 2015. Determination of advanced glycation endproducts in cooked meat products. Food Chemistry，168：190-195.

Christiansen L N，Tompkin R B，Sharparis A B，et al. 1975. Effect of sodium nitrite and nitrate on *Clostridium botulinum* growth and toxin production in a summer style sausage. Journal of Food Science，40：488-490.

Costa L G，Deng H，Greggotti C，et al. 1992. Comparative studies on the neuro and reproductive toxicity of acrylamide and its epoxide metabolite glycidamide in the rat. Neurotoxicology，13：219-224.

Datta A K. 1999. Moisture，Oil and Energy Transport During Deep-Fat Frying of Food Materials. Food and Bioproducts Processing，77：194-204.

Dearfield K L，Abernathy C O，Ottley M S，et al. 1988. Acrylamide：its metabolism，developmental and reproductive effects，genotoxicity，and carcinogenicity. Mutation Research/Review in Genetic Toxicology，195：45-77.

Dearfield K L，Douglas G R，Ehling U H，et al. 1995. Acrylamide：a review of its genotoxicity and an assessment of heritable genetic risk. Mutation Research/Fundamental and Molecular Mechanisms of Mutagenesis，330：71-99.

Dunn J A，Ahmed M U，Murtiashaw M H，et al. 1990. Reaction of ascorbate with lysine and protein under autoxidizing conditions：formation of N^{ε}-carboxymethyllysine by reaction between lysine and products of autoxidation of ascorbate. Biochemistry，29：10964-10970.

EC. 2013. Commission recommendation of 8 November 2013 on investigations into the levels of acrylamide in foods. Offical Journal of the European Union，L 301：15-17.

EFSA. 2012. Update on acrylamide levels in food from monitoring years 2007 to 2010. EFSA Journal，10（10）：6-22.

EFSA. 2011. Update on furan levels in food from monitoring years 2004 to 2010 and exposure assessment. EFSA Journal，9（9）：8-18.

Foster M W，McMahon T J，Stamler J S. 2003. *S*-nitrosylation in health and disease. Trends in Molecular Medicine，9：160-168.

Gerald O H，Cerveny J G，Trenk H，et al. 1973. Effect of sodium nitrite and sodium nitrate on botulinal toxin production and nitrosamine formation in wieners. Applied and Environmental Microbiology，26：22-26.

Gertz A，Klostermann S. 2002. Analysis of acrylamide and mechanisms of its formation in deep-fried products. European Journal of Lipid Science and Technology，104：762-771.

Glatt H，Schneider H，Liu Y. 2005. V79-hCYP2E1-hSULT1A1，a cell line for the sensitive detection of genotoxic effects induced by carbohydrate pyrolysis products and other food-borne chemicals. Mutation Research-Genetic Toxicology and Environmental Mutagenesis，580：41-52.

Gökmen V，AçarÖÇ，Köksel H，et al. 2007. Effects of dough formula and baking conditions on acrylamide and hydroxymethylfurfural formation in cookies. Food Chemistry，104：1136-1142.

Haldane J. 1901. The red colour of salted meat. Journal of Hygiene，1：115-122.

IARC. 1993. International Agency for Research on Cancer. Some naturally occurring substances: food items and constituents, heterocyclic aromatic amines and mycotoxins. IARC Monographs on the Evaluation of Carcinogenic Risk for Chemicals to Humans, vol. 56: 186.

IARC. 1994. International Agency for Research on Cancer. Dry cleaning, some chlorinated solvents and other industrial chemicals. IARC Monographs on the Evaluation of Carcinogenic Risk for Chemicals to Humans, vol. 63: 404.

IARC. 1994. International Agency for Research on Cancer. Some industrial chemicals. IARC Monographs on the Evaluation of Carcinogenic Risk for Chemicals to Humans, vol. 60: 435.

Jun H J, Lee K G, Lee Y K, et al. 2008. Correlation of urinary furan with plasma γ-glutamyltranspeptidase levels in healthy men and women. Food and Chemical Toxicology, 46: 1753-1759.

Liao G Z, Wang G Y, Xu X L, et al. 2010. Effect of cooking methods on the formation of heterocyclic aromatic amines in chicken and duck breast. Meat Science, 85: 149-154.

Lichtenstein A H. 2014. Dietary trans fatty acids and cardiovascular disease risk: past and present. Current Atherosclerosis Reports, 16: 433.

Liu H C, Li J X. 2014. Changes in glyoxal and methylglyoxal content in the fried dough twist during frying and storage. European Food Research and Technology, 238: 323-331.

Locas C P, Yaylayan V A. 2008. Isotope labeling studies on the formation of 5-(Hydroxymethyl)-2-furaldehyde (HMF) from sucrose by pyrolysis-GC/MS. Journal of Agricultural and Food Chemistry, 56: 6717-6723.

Lopachin R M, Lehning E J. 1994. Acrylamide induced distal axon degeneration. A proposed mechanism of action. Neurotoxicology, 15: 247-260.

Lundberg J O, Weitzberg E, Gladwin M T. 2008. The nitrate-nitrite-nitric oxide pathway in physiology and therapeutics. Nature Reviews Drug Discovery, 7: 156-167.

Mariotti M S, Granby K, Rozowski J, et al. 2013. Furan: a critical heat induced dietary contaminant. Food and Function, 4: 1001-1015.

Moller J K S, Skibsted L H. 2002. Nitric oxide and myoglobins. Chemical Reviews, 102: 1167-1178.

Moncada S, Palmer R M J, Higgs E A. 1991. Nitric oxide: physiology, pathophysiology, and pharmacology. Pharmacological Reviews, 43: 109-142.

Mottram D S, Wedzicha B L, Dodson A T. 2002. Acrylamide is formed in the Maillard reaction. Nature, 419: 448-449.

Mozaffarian D, Aro D, Willett A, et al. 2009. Health effects of trans-fatty acids: experimental and observational evidence. European Journal of Clinical Nutrition, 63: S5-S21.

Myher J, Kuksis A, Marai L, et al. 1986. Stereospecific analysis of fatty acid esters of chloropropanediol isolated from fresh goat milk. Lipids, 21: 309-314.

Nagao M, Honda M, Seino Y, et al. 1977. Mutagenicities of smoke condensates and the charred surface of fish and meat. Cancer Letters, 2: 221-226.

Nie S P, Huang J G, Zhang Y N, et al. 2013. Analysis of furan in heat-processed foods in China by automated headspace gas chromatography-mass spectrometry (HS-GC-MS). Food Control, 30: 62-68.

Ohgaki H, Takayama S, Sugimura T, et al. 1991. Carcinogenicities of heterocyclic amines in cooked food.

Mutation Research/Genetic Toxicology，259：399-410.

Sindelar J J，Milkowski A L. 2012. Human safety controversies surrounding nitrate and nitrite in the diet. Nitric Oxide-Biology and Chemistry，26：259-266.

Stadler R H，Blank I，Varga N，et al. 2002. Acrylamide from Maillard reaction products. Nature，419：449-450.

Surh Y J，Liem A，Miller J A，et al. 1994. 5-Sulfooxy-methylfurfural as a possible ultimate mutagenic and carcinogenic metabolite of the Maillard reaction product，5-hydroxy-methylfurfural. Carcinogenesis，15：2375-2377.

Surh Y J，Tannenbaum S R. 1994. Activation of the Maillard reaction product 5- (hydroxymethyl) furfural to strong mutagens via allylic sulfonation and chlorination. Chemical Research in Toxicology，15：2375-2377.

Svejkovská B，Novothy O，Divinova V，et al. 2004. Esters of 3-chloropropane-1，2-diol in foodstuffs. Czech Journal of Food Science，22：190-196.

Tilson H A. 1981. The neurotoxicity of acrylamide：an overview. Neurobehavioral Toxicology and Teratology，3：445-461.

Tsuzuki W，Nagata R，Yunoki R，et al. 2008. *cis/trans*-Isomerisation of triolein，trilinolein and trilinolenin induced by heat treatment. Food Chemistry，108：75-80.

Uribarri J，Woodruff S，Goodman S，et al. 2010. Advanced glycation end products in foods and a practical guide to their reduction in the diet. Journal of the American Dietetic Association，110：911-916.

WHO. 1993. Guidelines for drinking water quality recommendations，vol. 1，World Health Organizations，Geneva p. 72.

Wu J，Lee H K，Wong M K，et al. 1997. Determination of carcinogenic heterocyclic amines in satay by liquid chromatography. Environmental Monitoring and Assessment，44：405-412.

Yasuhara A，Tanaka Y，Hengel M，et al. 2003. Gas chromatographic investigation of acrylamide formation in browning model systems. Journal of Agricultural and Food Chemistry，51：3999-4003.

Yurchenko S，Molder U. 2006. Volatile *N*-Nitrosamines in various fish products. Food Chemistry，96：325-333.

Zelinková Z，Doležal M，Velíšek J，et al. 2009. 3-Chloropropane-1,2-diol fatty acid esters in potato products. Czech Journal of Food Science，27：S421-S424.

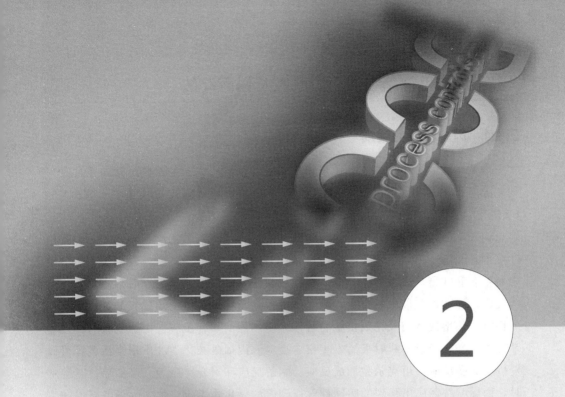

2

丙烯酰胺

2.1   热加工食品中的丙烯酰胺及暴露评估

2.1.1   丙烯酰胺的性质

丙烯酰胺，分子式为 $CH_2CHCONH_2$，其纯品为白色晶体有机固体，是一种 α,β-不饱和酰胺，无臭，有毒，常温下能升华，结构式如图 2-1。CAS 编号（美国化学文摘服务社编号）：79-06-1，相对分子质量为 71.09，密度为 $1.122g/cm^3$，熔点为 85.5℃，沸点为 125℃，可溶解于甲醇、水、乙酸乙酯、乙醇及丙酮等极性溶剂，微溶于苯、甲苯，不溶于苯和庚烷中，在乙醇、乙醚、丙酮等有机溶剂中易聚合和共聚，在工业中具有广泛应用。丙烯酰胺加热至熔点时很容易发生聚合反应，在酸性溶液中稳定，在碱性溶液中易发生分解。丙烯酰胺的晶体在室温下稳定，热熔或者与氧化剂接触时可以发生剧烈的聚合反应。丙烯酰胺对光线非常敏感，暴露于紫外线时极易发生聚合反应。丙烯酰胺化学性质相当活泼，可以发生霍夫曼反应、迈克尔型加成反应、水解反应和聚合反应等。当加热使其溶解时，丙烯酰胺释放出强烈的腐蚀性气体和氮的氧化物类化合物。丙烯酰胺可被生物降解，不会在环境中积累（张志清等，2008）。丙烯酰胺还是一种重要的有机合成原料，可以作为医药、农药、染料和涂料等物质合成的中间体。目前，丙烯酰胺主要用于制作高分子量的聚合物，其中 90% 为聚丙烯酰胺，这些聚合物被广泛用于工业领域中。丙烯酰胺不仅可以作为水处理中的絮凝剂，还可以用作石油回收操作和造纸工业的交联剂，可用来生产食品包装材料，而且丙烯酰胺的聚合产物之一的 N-甲基聚丙烯酰胺（NAC）还可以用来生产防水性的混凝土（吴晓云等，2002）。

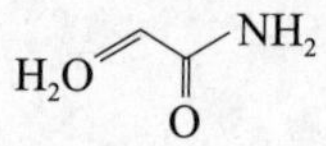

$$H_2C = \overset{\displaystyle \overset{NH_2}{|}}{\underset{\displaystyle \underset{O}{\|}}{C}}$$

图 2-1   丙烯酰胺结构式

2.1.2   热加工食品中丙烯酰胺的含量及其分布

2002 年 4 月，瑞典国家食品管理局（Swedish National Food Administration，SNFA）和瑞典斯德哥尔摩大学向全世界范围内的学者们公布了他们的研究结果，一些普通食品，尤其是碳水化合物食品，在经过煎炸烤等高温加工处理时会产生含量不等的丙烯酰胺，而且随着加工温度的升高，其含量也越高（SNFA，2002）。

随后瑞典国家食品管理局向欧盟、WHO 和其他国际食品组织进行了通报，该结果的发布，立即引起世界卫生组织（World Health Organization，WHO）和联合国粮农组织（Food and Agriculture Organization，FAO）的高度重视，并于 2002 年 6 月在瑞士日内瓦召开了一次紧急会议，23 名科学家参加了会议。与会专家一致认为研讨食物中丙烯酰胺的问题十分重要，但现有资料尚不足以确定食物中丙烯酰胺对人类的具体影响。

在 WHO/FAO 召开紧急会议后，各国纷纷开始对食品中丙烯酰胺进行了深入的研究。表 2-1 是 WHO/FAO 根据挪威、瑞士、瑞典、英国和美国等测定数据整理出的食品中丙烯酰胺含量（WHO，2002）。可以看出，丙烯酰胺几乎存在于所分析的所有食品中，其中，薯条、谷物等富含碳水化合物的食品原料经油炸、焙烤等高温加工后产生较高含量的丙烯酰胺，而富含蛋白质的禽、蛋、肉、鱼等食品本身不含有丙烯酰胺，在经过同样的高温烹制后，也无明显的丙烯酰胺增加的现象，含量在 $5\sim50\mu g/kg$ 范围内，其他食品中丙烯酰胺含量均较低或不易检出。

表 2-1　挪威、瑞士、瑞典、英国和美国等国不同食品中丙烯酰胺含量

食　品	丙烯酰胺含量/（µg/kg）			
	平均值	中值	最小值～最大值	样品数
炸薯条（crisps,potato）	1312	1343	170～2287	38
炸薯片（chips,potato）	537	330	50～3500	39
焙烤食品（bakery products）	112	<50	50～450	19
饼干，薄饼，烤面包，面包条（biscuits, crackers,toast,bread crisps）	423	142	30～3200	58
谷物早餐类食品（breakfast cereals）	298	150	30～1346	29
炸薯片，玉米（crisps,corn）	218	167	34～416	7
软面包（bread,soft）	50	30	30～162	41
鱼和海产品（fish and seafood products, crumbed,battered）	35	35	30～39	4
禽（poultry or game,crumbed,battered）	52	64	39	2
速溶麦片（instant malt drinks）	50	50	50～70	3
巧克力粉（chocolate powder）	75	75	50～100	2
咖啡粉（coffee powder）	200	200	170～230	3
啤酒（beer）	<30	<30	<30	1

在 2005 年联合国粮农组织和世界卫生组织下的食品添加剂联合专家委员会（Joint FAO/WHO Expert Committee on Food Additives，JECFA）第 64 次会议上，从 24 个国家获得的食品中丙烯酰胺的检测数据共 6752 个，数据来源包含早餐谷物、土豆制品、咖啡及其类似制品、奶类、糖和蜂蜜制品、蔬菜和饮料等主要消费食品，其中含量较高的三类食品分别是：高温加工的土豆制品（包括薯

片、薯条等），平均含量为 0.477mg/kg，最高含量为 5.312mg/kg；咖啡及其类似制品，平均含量为 0.509mg/kg，最高含量为 7.300mg/kg；早餐谷物类食品，平均含量为 0.313mg/kg，最高含量为 7.834mg/kg；其他种类食品的丙烯酰胺含量基本在 0.1mg/kg 以下。此外美国食品与药品管理局（U. S. Food and Drug Administration，FDA）还验证了婴儿食品中也有含量不等的丙烯酰胺，WHO 对从饮水中摄入的丙烯酰胺标准为成人<1.0μg/d，而饮用水中丙烯酰胺的限量仅为 0.1μg/L。

中国疾病预防控制中心营养与食品安全研究所提供的资料显示，在抽取被监测的 100 余份样品中，丙烯酰胺含量为：谷物类烘烤食品的平均含量为 0.13mg/kg，最高含量达到 0.59mg/kg；谷物类油炸食品中平均含量为 0.15mg/kg，最高含量达到 0.66mg/kg；薯类油炸食品平均含量为 0.78mg/kg，最高含量达到 3.21mg/kg；其他食品，如速溶咖啡为 0.36mg/kg、大麦茶为 0.51mg/kg、玉米茶为 0.27mg/kg 等（中华人民共和国卫生部，2005 年）。钟崇泳等测定表明，我国传统食品油条中丙烯酰胺含量为 310μg/kg（钟崇泳等，2004）。

近年来，我国科学家对食品中丙烯酰胺的含量也进行了系统研究，Chen 等对中国传统食品中的 349 种食品中丙烯酰胺含量进行了调查，结果表明，丙烯酰胺存在于除饮用水和茶饮料中的所有检测样品中，根据原料和加工方法的不同，丙烯酰胺的含量有很大差别。马铃薯类产品中发现了最高含量的丙烯酰胺，含量达到 1468μg/kg，具体结果见表 2-2（Chen et al，2008）。

表 2-2　中国食品中丙烯酰胺含量

食品种类	平均值 /(μg/kg)	含量范围 /(μg/kg)	中值 /(μg/kg)	样品数
饮用水(drinking water)	ND	ND	ND	9
传统西式谷物食品(traditional western grain products)	878	ND～520	69	85
传统中式谷物食品(traditional Chinese grain products)	83	ND～400	61	79
红薯食品(sweet potato products)	83	34～156	68	6
马铃薯食品(potato products)	1468	339～3 763	619	11
肉制品(meat products)	126	ND～376	39	9
乳制品(milk products)	9	ND～23	11	10
坚果类(nuts)	191	3～447	158	17
茶制品(tea products)	23	ND～95	17	31
水果蔬菜产品(fruit and vegetable products)	20	1～140	2	28
糖果(candies)	24	ND～87	12	14
巧克力(chocolate)	27	ND～92	19	10
蜂产品(bee products)	50	27～72	57	3
食用菌类(edible fungi products)	213	1～540	150	13
咖啡类(coffee)	164	71～246	171	6
调味品类(seasonings)	135	10～460	102	18
				349

注：ND 表示未检测到。

Zhou 等于 2007 年对中国 144 种食品中丙烯酰胺含量研究表明 43.7％的食品中可以检测到丙烯酰胺的存在。在所有的样品中，丙烯酰胺变化范围为 ND（未检出）～526.6μg/kg；糖中的丙烯酰胺最高，平均值达到 72.1μg/kg，变化范围为 ND（未检出）～526.6μg/kg；马铃薯制品中的丙烯酰胺含量也较高，平均值为 31.0μg/kg，变化范围为 2.4～109.0μg/kg；蔬菜类产品中丙烯酰胺含量平均值为 22.3μg/kg，变化范围为 3.6～101.5μg/kg；肉制品中丙烯酰胺含量平均值为 12.3μg/kg，变化范围为 2.2～44.0μg/kg；水产品中丙烯酰胺含量平均值为 11.4μg/kg，变化范围为 ND～48.5μg/kg；豆制品和坚果中丙烯酰胺含量平均值为 10.6μg/kg，变化范围为 ND～45.7μg/kg；谷物类产品中丙烯酰胺含量平均值为 6.0μg/kg，变化范围为 ND～33.0μg/kg；蛋制品、乳制品、水果、水、饮料及酒精饮品中未检测出丙烯酰胺含量（Zhou et al，2013）。

2.1.3 各国人群丙烯酰胺暴露评估

由于丙烯酰胺具有神经毒性、遗传毒性和潜在的致癌性，许多国家或地区的研究人员在测定本国市场上大量食品中丙烯酰胺含量的基础上，进行了食品中丙烯酰胺的暴露量评估，来评价丙烯酰胺带来的健康危害，由于膳食结构和评估方法的差异，各国或地区的评估结果偏差加大，其结果见表 2-3。

表 2-3 不同国家或地区丙烯酰胺的暴露评估数据

评估国家或地区	人群	均值/中位数(P50)/[μg/(kg bw·d)]	P95,P97.5,P99/[μg/(kg bw·d)]	主要膳食贡献
澳大利亚	整体人群（>2 岁） 婴儿（2～6 岁）	0.4～0.5 1.0～1.3	1.4～1.5 3.2～3.3	主要膳食贡献:谷物类(25%～39%),根茎类(17%～39%)
比利时	青少年,男(13～18 岁) 青少年,女(13～18 岁)	0.6(P50) 0.5(P50)	1.3 0.9	主要膳食贡献:谷物类(20%～30%),根茎类(30%～50%)
中国香港	成人（>18 岁） 学生	0.3 0.4		
捷克	整体人群（>1 岁）	0.3		
法国	成人（>15 岁） 婴幼儿（3～14 岁） 婴幼儿（3～14 岁）	0.5 1.0 0.7(P50)	1.3 2.5 1.7～2.0	主要膳食贡献:谷物类(55%),根茎类(34%)
德国	成人（18～79 岁） 儿童（15～18 岁） 婴幼儿（4～6 岁） 青年（19～24 岁）	0.6 0.9 1.2 0.7	3.2～5.1	
荷兰	整体人群（1～97 岁） 儿童（1～6 岁） 儿童（7～18 岁）	0.5 1.0 0.7	0.6 1.1 0.9	主要膳食贡献:谷物类(30%),根茎类(52%)

续表

评估国家或地区	人群	均值/中位数(P50)/[μg/(kg bw·d)]	P95，P97.5，P99/[μg/(kg bw·d)]	主要膳食贡献
新西兰	整体人群(>15岁) 整体人群，仅为消费者(>15岁)	0.3～0.5 0.4～0.5	1.2～1.4	主要膳食贡献：谷物类(43%)，根茎类(55%)
挪威	成人男性(16～79岁) 成人女性(16～79岁) 婴幼儿(9岁和13岁)	0.5 0.5 0.3～0.5	1.5 1.6 1.1～2.9	主要膳食贡献：咖啡(30%)，谷物类(30%)，根茎类(30%)
瑞典	整体人群(18～74岁)	0.4	0.9	主要膳食贡献：谷物类(25%)，根茎类(36%)
瑞士	成人(16～57岁)	0.5		双份饭膳食研究；主要膳食贡献：咖啡(22%)，根茎类(39%)
阿联酋	成人(>20岁) 青少年(12～20岁) 婴幼儿(<12岁)	2.6～3.0 8.1 6.7		主要膳食贡献：谷物类(34%)，根茎类(60%)
英国	成人(19～65岁) 青少年(4～18岁) 婴幼儿(1.5～4.5岁)	0.3～0.4 0.5～1 1	0.6～0.7 0.9～1.6 1.8	
美国	整体人群(>2岁) 婴幼儿(2～5岁)	0.4～0.5 1.1～1.3	0.8～0.9(P90) 2.2～2.3(P90)	主要膳食贡献：谷物类(29%)，根茎类(35%)

评估结果显示，一般人群平均摄入量为 $0.3\sim2.0\mu g/(kg\ bw\cdot d)$，$90\%\sim97.5\%$ 分位数的高消费人群摄入量为 $0.6\sim3.5\mu g/(kg\ bw\cdot d)$，$99\%$ 分位数的高消费人群摄入量为 $5.1\mu g/(kg\ bw\cdot d)$。按体重计，儿童丙烯酰胺的摄入量为成人的 $2\sim3$ 倍。JECFA 根据各国或地区丙烯酰胺的摄入量，认为人类的平均摄入量大致为 $1\mu g/(kg\ bw\cdot d)$，而高消费者大致为 $4\mu g/(kg\ bw\cdot d)$，其中包括儿童。不同国家或地区由于膳食消费特点、饮食习惯的不同，暴露丙烯酰胺的贡献率有很大差异，如在挪威，30% 的丙烯酰胺来源于咖啡；而在瑞典，来源于咖啡的贡献率为 22%。

Chen 等根据调查的中国食品丙烯酰胺含量数据，也进行了中国食品中丙烯酰胺暴露的初步研究，根据 2002 年全国居民的膳食摄入量调查，表明我国人群丙烯酰胺的平均暴露量为 $0.38\mu g/(kg\ bw\cdot d)$，其结果对比于 WHO/FAO 的结果要明显低。丙烯酰胺所造成的神经毒性、生殖毒性和致癌性的暴露边界（margin of exposure，MOE）分别为 1318、5280 及 787（Chen et al，2008）。

Zhou 等根据 2007 年的调查数据，也对中国人群中丙烯酰胺暴露进行了研究，其中 12 个省份丙烯酰胺暴露量从 $0.056\mu g/(kg\ bw\cdot d)$ 变化至 $0.645\mu g/(kg\ bw\cdot d)$，平均丙烯酰胺暴露量为 $0.286\mu g/(kg\ bw\cdot d)$，P95 的暴露量为 $0.490\mu g/(kg\ bw\cdot d)$。在各种食品类型中，蔬菜所占的丙烯酰胺暴露贡献率最大，达到 48.4％，其次为谷物食品，为 27.1％，具体见图 2-2。而在实验动物中产生癌症风险的 MOE 分别为 1069 和 621，而高暴露人群的 MOE 为 633 和 367，说明中国人群中丙烯酰胺的暴露还可能是一种健康隐患，食品专家仍应继续通过科学有效的办法减少食品中的丙烯酰胺含量，以减少可能产生的膳食暴露和健康风险（Zhou et al，2013）。

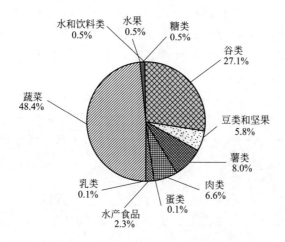

图 2-2　中国不同类型食品对丙烯酰胺暴露量的贡献率

2.2　丙烯酰胺的毒性

2.2.1　丙烯酰胺的吸收与代谢

人体可通过消化道、呼吸道、皮肤黏膜等多种途径接触并吸收丙烯酰胺。饮水是其中的一种重要接触途径，食物可作为人体丙烯酰胺的主要来源之一。人体接触丙烯酰胺的途径还可能通过吸烟、化妆品和机体自身合成等。不论通过何种途径被吸收，丙烯酰胺都可迅速分布于全身各组织（于素芳等，2005）。有研究报道认为丙烯酰胺在人体内的主要代谢途径和实验动物相似，即 90％的丙烯酰胺通过生物转化的结合反应，在肝脏谷胱甘肽转移酶（GST）的作用下，与谷胱甘肽结合，生成 N-乙酸基-S-半胱氨酸，使丙烯酰胺的极性增强，再降解生成硫醇尿酸化合物（AAMA），利于排泄，起到了解毒作用；另外 10％进入体内的丙烯酰胺会在细胞色素 P450 中 CYP2E1 酶的催化下，转化生成环氧丙酰胺（glycidamide，GA）（Melanie et al，2006）。在研究丙烯酰胺的毒动力学时，常以生物体尿液内的 AAMA 和 GAMA 作为生物学标志物进行评判。环氧丙酰胺是一种具有强遗传毒性的物质，不仅能攻击 DNA 分子，引发突变，而且其基因毒性也具有明显的累积效应。此外，有研究表明环氧丙酰胺会造成人体细胞中氧化压力的急剧上升，会增加其他疾病的发病风险。与此同时，环氧丙酰胺在众多体外实验中也表现了强致突变性，环氧丙酰胺形成血红蛋白加合物和 DNA 加合物的能力也远远大于丙烯酰胺（Doerge et al，2005）。因此许多研究者认为丙烯酰胺所具有的致癌性、致突变性等几乎都与其体内的代谢产物——环氧丙酰胺有密切关系（Paulsson et al，2001，2002）。在动物实验中，丙烯酰胺通过生物转化很快被清除，只有＜2%的丙烯酰胺以原型经尿或胆汁排出，约 90% 以代谢物形式排出。体内丙烯酰胺代谢途径见图 2-3。

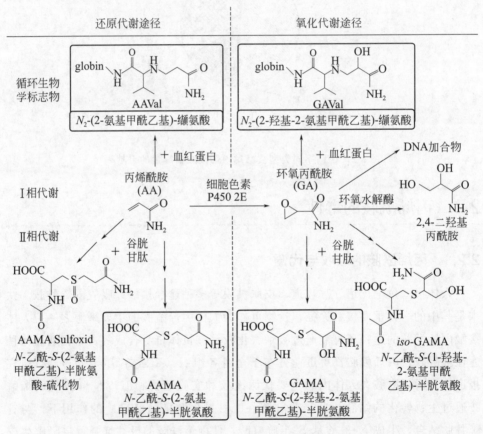

图 2-3 体内丙烯酰胺代谢途径

2.2.2 急性毒性

丙烯酰胺属中等毒性物质，对眼睛、皮肤有一定的刺激作用，可经皮肤、呼吸道和消化道吸收，具有神经、生殖、遗传毒性和致癌效应等。丙烯酰胺在体内有蓄积作用，进入人体后可引起急性、亚急性和慢性中毒。与甲状腺、肾上腺、乳腺和生殖系统等癌症的发病率存在一定的剂量-反应关系。然而，许多研究表明环氧丙酰胺作为丙烯酰胺的体内代谢物，与丙烯酰胺的多种毒性、致癌致突变性均存在着很大的联系。

目前对于丙烯酰胺的急性毒性研究尚不算多，在人类经呼吸道的丙烯酰胺急性暴露中，观察到中枢和周围神经系统损伤的症状，如头晕、幻觉等。大鼠的急性经口暴露也可引起神经中毒症状。通过对实验动物小鼠、兔、大鼠等的急性毒性实验表明，丙烯酰胺的经口半数致死量 LD_{50} 为 $100\sim150\mathrm{mg/kg}$（邓海等，1997），而目前尚未有环氧丙酰胺急性毒性相关的研究。

2.2.3 慢性毒性

动物慢性（长期）经口给予丙烯酰胺，可以观察到腿脚麻木、无力等神经损伤表现，而经皮肤的长期暴露则可导致人的皮肤产生红疹。长期低浓度接触丙烯酰胺可引起慢性中毒，中毒者出现头痛、头晕、疲劳、嗜睡、手指刺痛、麻木感，还可伴有两掌发红、脱屑，手掌、足心多汗，进一步发展可出现四肢无力、肌肉疼痛以及小脑功能障碍等。

在连续一个月以 $50\mathrm{mg/(kg\ bw \cdot d)}$ 丙烯酰胺和环氧丙酰胺对小鼠进行灌胃后发现，小鼠血液中的谷丙转氨酶（ALT）和谷草转氨酶（AST）活性都发生了不同程度的明显升高。谷丙转氨酶和谷草转氨酶是两个很敏感但不是很特异的指标。在肝功能受损时，酶释放进入血液导致酶活性增加，是肝细胞损伤的灵敏指标，并可根据转氨酶的具体数值判断预后情况，作为肝炎病情的观测指标及预后判断；同时在脂肪肝、心功能不全、骨骼肌损伤、肌炎及药物性肝损时也可引起谷丙转氨酶、谷草转氨酶的升高。研究中发现丙烯酰胺处理后谷丙转氨酶和谷草转氨酶的上升趋势均大于同浓度的环氧丙酰胺处理带来的改变，说明丙烯酰胺和环氧丙酰胺均对小鼠的肝功能造成了一定的损伤，且在该浓度下丙烯酰胺对肝的毒性作用大于环氧丙酰胺的作用。实验中同时考察了肾功能指标乳酸脱氢酶（LDH）和肌酐（Cr）的变化。乳酸脱氢酶升高时可见肝脏病变、急性肾小管坏死、慢性肾小球肾炎等，而血清肌酐的浓度变化主要由肾小球的滤过能力（肾小球滤过率）来决定，滤过能力下降，则肌酐浓度升高。血肌酐高出正常值多数意味肾脏受损，血肌酐能较准确地反映肾实质受损的情况。实验发现当丙烯酰胺和环氧丙酰胺分别作用后，乳酸脱氢酶和血液中肌酐含量明显升高，表明丙烯酰胺和环氧丙酰胺造成了小鼠肾功能系统的损伤，具有一定的肾毒性（Zhang et al，

2012，2013）。

另外在同一实验中，研究者还对丙烯酰胺和环氧丙酰胺造成的炎症损伤进行了研究，主要对白细胞介素 1（IL-1）、白细胞介素 6（IL-6）、白细胞介素 10（IL-10）、肿瘤坏死因子 α（TNF-α）等含量进行了考察。结果显示丙烯酰胺和环氧丙酰胺对小鼠的免疫系统有一定的炎症损害作用，具体表现在两种物质均能够不同程度地增加白细胞介素 1、白细胞介素 6 和肿瘤坏死因子的含量，而减少白细胞介素 10 的含量。白细胞介素是由多种细胞产生并作用于多种细胞的一类细胞因子，白细胞介素在传递信息，激活与调节免疫细胞，介导 T、B 细胞活化、增殖与分化及在炎症反应中起重要作用。其中白细胞介素 1 可协同刺激 APC 和 T 细胞活化，促进 B 细胞增殖和分泌抗体，诱导肝脏急性期蛋白合成，引起发热和恶病质；白细胞介素 6 可刺激肝细胞合成急性期蛋白，参与炎症反应；白细胞介素 10 可限制炎症反应，调节免疫细胞的分化和增殖。而肿瘤坏死因子是一种涉及系统性炎症的细胞因子，同时也是属于引起急性反应的众多细胞因子中的一员，主要由巨噬细胞分泌，不过有一些其他类型的细胞也能产生。肿瘤坏死因子 α 的主要作用是调节免疫细胞的功能，作为一种内源性致热原，它能够促使发热，引起细胞凋亡，通过诱导产生白细胞介素 1 和白细胞介素 6，进而引发败血症，同时阻止肿瘤发生和病毒复制。由此可知，丙烯酰胺和环氧丙酰胺均具有降低小鼠免疫系统、引发炎症损伤的作用。此外在考察丙烯酰胺和环氧丙酰胺对小鼠体内的抗氧化损伤的影响时，发现丙烯酰胺和环氧丙酰胺均能够增加小鼠体内的活性氧（ROS）、脂质氧化产物丙二醛（MDA）、髓过氧化物酶（MPO）、超氧化物歧化酶（SOD）、谷胱甘肽转移酶（GST）、谷胱甘肽（GSH）的含量，表明了其对小鼠体内抗氧化系统均造成了一定的氧化损伤，增加了体内活性氧和自由基的含量及其攻击 DNA 的功能，增加了脂质氧化产物，而且造成了 DNA 损伤指标 8-羟基脱氧鸟苷（8-OHdG）的上升，不同程度地造成了小鼠的免疫损伤和各个组织的损伤。

2.2.4   神经毒性

丙烯酰胺可引起急性、亚急性、慢性中毒，主要表现为神经系统的损害，出现感觉、运动型周围神经和中枢神经病变。丙烯酰胺对各种动物均有不同程度的神经毒性作用。在饮水中加入丙烯酰胺可导致大鼠的神经异常，最小有作用剂量为 2mg/（kg bw·d），最大无作用剂量为 0.5mg/（kg bw·d）。有研究表明大鼠每日摄入 1mg/（kg bw·d）剂量的丙烯酰胺连续 90d 可导致神经系统的慢性毒性作用。以每日 10mg/（kg bw·d）剂量的丙烯酰胺饲养猴子 12 周，可出现周围神经损伤相应的周围神经病临床症状，以四肢的症状尤其明显。针对我国从事丙烯酰胺和丙烯腈作业 2 年以上的工人进行调查，结果显示，当丙烯酰胺的每日暴露量超过 1mg/(kg bw·d)，可引起机体周围神经系统的毒性作用，主要症状为四肢麻木、乏力、手足多汗、头痛头晕、远端触觉减退等，累及小脑时还会出现步履蹒跚、四肢震颤、深反射减退等症状。通常非职业人群摄入量比较少，一般不会出现神经毒性作用。四十年前丙烯酰胺的神经毒性作用已被肯定，但其作用机制和作用位点尚未完全确定。毒动力学研究表明丙烯酰胺进入体内后，分布于体液中，主要在细胞色素 P450 的作用下生成环氧丙酰胺，那么就提出了丙烯酰胺的神经毒性是其本身的作用，还是其代谢产物的作用的问题？通过观察染毒大鼠的生长、行为、生化和病理改变来比较丙烯酰胺和环氧丙酰胺的神经毒性，结果表明丙烯酰胺的神经毒性主要是其本身的作用，其代谢产物环氧丙酰胺的影响较小。因此在丙烯酰胺所引起的小鼠的神经损害中，环氧丙酰胺基本上没有起作用（秦非等，2006）。

在丙烯酰胺造成的逆行性坏死神经病理改变过程中，典型的早期表现为神经末梢退行性变，持续的毒作用可出现近侧轴突退行性变。病变过程中轴突的结构和功能都有明显改变：中毒的神经末梢早期可见突触小泡和线粒体的密度降低，神经丝堆积；在远侧轴突的病变中可见多个成焦点样堆积的膜小体、线粒体和神经丝。细胞轴浆运输系统出现障碍，快速的轴突顺行性和逆行性运输以及慢速的顺行性运输都被丙烯酰胺所抑制。早在 1981 年，就有学者指出丙烯酰胺能选择性抑制外周和中枢神经系统中的 3-磷酸甘油醛脱氢酶、磷酸果糖激酶和神经元特异烯醇酶的活性，导致糖代谢障碍，干扰能量代谢过程。经过几十年的研究，对于丙烯酰胺如何引起神经系统损害的认识在不断加深，但仍然存在争议。研究表明，膜小体、线粒体等细胞器的运输是由快速轴浆双向运输的，而细胞骨架蛋白与慢速运输有关，这些物质的改变能引起运输障碍，然而，对于轴浆运输系统障碍是轴突病变的原因还是结果尚不清楚。另外，对于丙烯酰胺最先侵犯神经胞体还是轴突也存在分歧。为了更好地阐明丙烯酰胺作用机制，现有资料试图从以下几个方面论证。

大多数研究者认为神经丝的改变和堆积是导致病变的主要原因，但也有研究者质疑，如报道用丙烯酰胺处理无神经丝的转基因小鼠和正常小鼠，经同位素标记视神经蛋白质以检测两种小鼠蛋白质转运数量的改变，结果显示未见明显差异（分别为 68.4% 和 46.2%），说明神经丝的改变并不是引起快速轴突运输异常的主要原因。目前认为，可能由于实验设计和各指标测量方法不同而造成了观察结果的差异（秦非等，2006）。

有的学者认为神经细胞内钙离子浓度以及钙离子和钙结合蛋白激酶体系的改变对轴突病变起到了重要作用。有学者采用 0.25mg/L 丙烯酰胺处理 SH-SY5Y 成神经细胞瘤细胞后发现，细胞内钙离子浓度上升 49%，受体介导的 Ca^{2+} 内流上升 21%，有特殊的病理改变出现，运用肌钙蛋白（CaM）抑制剂可以降低丙烯酰胺引发的神经轴突退行性变。另有资料显示，雄性大鼠经腹腔注射 0.7mg/kg 环氧丙酰胺后，脑和脊髓神经细胞 Ca/CaM 激酶体系介导的神经丝三联蛋白磷酸化和 CaM 激酶Ⅱ的自主磷酸化都有增加。可以看出，作为细胞内信号传导的重要物质，Ca^{2+} 和 CaM 可能在导致神经轴突病变过程中的某一环节中起一定作用（秦非等，2006）。

丙烯酰胺是一种亲电子试剂，因而突触前膜含有硫醇的蛋白质就有可能成为其结合的靶位点。这些蛋白质是形成可溶性 N-乙基马来酰亚胺敏感融合蛋白受体复合物（SNARE）的重要组件，因此，有学者假设，含硫醇的蛋白质一旦与丙烯酰胺形成加合物，即破坏了 SNARE 的融合中心复合物的组装，引起膜翻转延长，神经传输能力下降，导致神经末梢的肿胀和恶变。神经病变是一个复杂的过程，全面阐释其发展变化的机制尚需时日（秦非等，2006）。

2.2.5 生殖毒性

随着丙烯酰胺研究的逐渐深入，研究者发现丙烯酰胺及其体内代谢产物环氧丙酰胺均具有较强的生殖毒性。研究发现，丙烯酰胺对雄性的生殖毒性有明显的形态学影响。用剂量分别为 0、5mg/(kg bw·d)、15mg/(kg bw·d)、30mg/(kg bw·d)、45mg/(kg bw·d) 和 60mg/(kg bw·d) 的丙烯酰胺对雄性大鼠连续 5d 灌胃染毒，发现最高剂量组体重和睾丸重量都减轻，全部组中都可观察到附睾重量减轻，且附睾尾精子数量以剂量依赖性显著下降，最高剂量组的曲细精管形态上可见：管内皮加厚、层数增加、生殖细胞退化、许多多核巨细胞形成，这充分说明丙烯酰胺对雄性生殖系统具有毒性作用。通过雄性大鼠饮水染毒丙烯酰胺 8 周后发现：10mg/(kg bw·d) 剂量组附睾尾精子数量显著下降，出现组织病理变化；5mg/(kg bw·d) 剂量组个别生精小管坏死，生精细胞损失；10mg/(kg bw·d) 剂量组支持细胞凋亡坏死，细胞间隙变大，间质细胞数量明显增多，管腔出现大量空泡，且形态不规则。间质细胞的增多意味着机体的激素水平发生变化，生精功能可能受到影响。另有研究表明，将丙烯酰胺加入到饮水中对受试动物进行亚慢性染毒发现：高剂量组（丙烯酰胺 1.2mmol）出现精子数量减少，精子形态异常的现象，如无钩、无定形、自我折叠、香蕉头样和双尾等，主要是精子头部的异常，而头部的异常属于原发性精子异常。原发性是发生于睾丸内的精子发生、释放等过程，这说明丙烯酰胺主要影响睾丸内的精子发生、释放等过程。用 20mg/（kg bw·d）剂量的丙烯酰胺对雄性大鼠连续染毒 4 周后发现，精子数下降，畸形率升高。这些都是丙烯酰胺造成的生殖形态学损伤的直接证据（马宇昕等，2007）。

丙烯酰胺可以通过多种途径导致生殖毒性，它能和睾丸中鱼精蛋白形成加合物，造成染色体损害，同时影响生殖系统中的支持细胞、睾丸间质细胞的正常功能，干扰睾丸素、卵泡刺激素、黄体生成素等激素的分泌，造成睾丸内分泌和外分泌系统功能紊乱，造成雄性生殖系统损害，进而引起生殖系统肿瘤、生殖细胞染色体变异、精子数量减少、精子活动度降低和畸形率增加等。

动物实验研究结果显示，丙烯酰胺或环氧丙酰胺与生殖细胞鱼精蛋白结合后，可导致生殖细胞的显性致死和精子的形态异常。在精子鱼精蛋白中半胱氨酸巯基的烷化是丙烯酰胺导致生殖细胞染色体损害的重要表现。通过腹腔注射途径给予小鼠丙烯酰胺后，从小鼠的睾丸和附睾中获取鱼精蛋白，水解后再进行氨基酸分析，在睾丸内发现了两种放射性加合物，一种加合物是 S-羧乙基半胱氨酸，它是丙烯酰胺使鱼精蛋白中的半胱氨酸巯基键烷化形成 S-甲酰胺乙基半胱氨酸后加酸水解产生的；另一种加合物是 S-2-羧基-2-羧乙基半胱氨酸，它是环氧丙酰胺和鱼精蛋白反应产生的 S-2-甲酰胺基-2-羟乙基半胱氨酸经加酸水解后生成的。这提示鱼精蛋白是丙烯酰胺对生殖细胞造成损害的重要目标。因此，丙烯酰胺和环氧丙酰胺与鱼精蛋白反应产生的 S-羧乙基半胱氨酸和 S-2-甲酰胺基-2-羟乙基半胱氨酸均可以作为丙烯酰胺生殖毒性的接触性生物学标志物（马宇昕等，2007）。

同时，丙烯酰胺也可能会影响动物睾丸中的氧化应激状态，例如，它可以影响雄性生殖器官和其他器官中超氧化物歧化酶、谷胱甘肽过氧化物酶（GSH-Px）和过氧化氢酶（CAT）的活性，这些酶都是可以清除组织中有害细胞活性氧（ROS）的重要的抗氧化物酶。丙烯酰胺可以激活细胞色素酶 P450 并释放细胞活性氧，由于超氧化物歧化酶、谷胱甘肽过氧化物酶和过氧化氢酶的活性受到影响，导致大量的细胞活性氧不能及时清除，体内累积的过量细胞活性氧会损害细胞功能，导致 DNA 损害、脂质过氧化和蛋白质降解等。因此，丙烯酰胺导致睾丸内的氧化应激状态的改变也可以作为丙烯酰胺生殖毒性的效应性生物学标志物。丙烯酰胺还可通过对一些睾丸支持细胞及其附近的连接蛋白或紧密连接蛋白造成影响而导致生殖毒性。用丙烯酰胺处理大鼠后发现大鼠睾丸内部产生了空泡，这很有可能是由支持细胞的凋亡导致生精细胞的凋亡和脱落造成的。出现此种现象的原因一方面可能是丙烯酰胺对睾丸内部精子和生精细胞造成了直接损害；另一方面也可能是由于毒性致使睾丸支持细胞发生凋亡以及连接蛋白质表达水平发生变化引起。而支持细胞和睾丸间质细胞又分别是卵泡刺激素和黄体生成素作用的靶细胞，卵泡刺激素、黄体生成素和睾丸素对维持睾丸正常生理功能均有着非常重要的作用。因此，丙烯酰胺可通过影响卵泡刺激素、黄体生成素、睾丸素与支持细胞、睾丸间质细胞间的相互作用对生殖系统造成损害，进而诱发生殖毒性（马宇昕等，2007）。

此外，丙烯酰胺还可通过抑制驱动蛋白的活性、阻碍细胞有丝分裂和减数分裂引发生殖损害。有研究结果显示，丙烯酰胺和环氧丙酰胺通过影响能够改变精子活力、精子数量的驱动蛋白及相关蛋白质的表达间接干扰细胞的有丝分裂、鱼精蛋白的烷化，从而使受精卵或胚胎中的染色体发生畸变。丙烯酰胺不仅能影响生殖系统相关细胞的正常功能，还能影响精子形成过程中相关基因的表达，导致了附睾中精子储存量的减少，同时还扰乱了细胞增殖和细胞周期相关基因的表达，导致生殖器官的组织学表现异常，精子的形成不能正常进行，最终导致生殖毒性的发生。精子细胞末期和精母细胞早期是丙烯酰胺诱发显性致死和 DNA 断裂的敏感期，有研究人员使用 cDNA 基因芯片对 SD 雄性大鼠进行分析的结果表明，丙烯酰胺影响了 25 种睾丸相关基因的表达，其中睾丸特异性转运体 TST1、类固醇受体 RNA 激活剂 1 基因、动力蛋白结合蛋白 RKM23 和转硫蛋白基因这4 种与睾丸功能相关的基因表达被上调。睾丸特异性转运体 TST1 是在睾丸中，特别是在支持细胞和睾丸间质细胞中表达的运载蛋白，它能够运输甲状腺激素和脱氢异雄酮硫酸酯，并且能调节性腺中性激素的运输和精子的发生。而类固醇受体 RNA 激活剂 1 基因在人类和大鼠前列腺癌细胞系中均有所表达，它与雄激素受体相关，能调节类固醇激素的转运和精子的发生，对提高前列腺中雄激素受体活性有重要的作用（马宇昕等，2007）。

综上所述，丙烯酰胺和环氧丙酰胺与鱼精蛋白反应产生的 S-羧乙基半胱氨酸和 S-2-甲酰胺基-2-羟乙基半胱氨酸可以作为丙烯酰胺生殖毒性的接触性生物学标志物；丙烯酰胺导致的雄性大鼠精子数量减少、精子活动度降低和畸形率增加，生殖系统内支持细胞、睾丸间质细胞功能异常，睾丸素、卵泡刺激素、黄体生成素等激素的分泌异常，睾丸内 SOD、GSH-Px、CAT 酶活性异常，精子形成过程中相关基因表达异常等能直接反应雄性生殖系统受到损害的指标均可以作为丙烯酰胺生殖毒性的效应性生物标志物。

2.2.6　发育毒性

丙烯酰胺导致发育毒性的表现是多方面的，通过饮水给予孕鼠丙烯酰胺，每天观察幼鼠的发育表征，如表皮发育、耳郭分离、眼睛睁开等现象研究丙烯酰胺对幼鼠的发育毒性。研究发现丙烯酰胺没有显著影响幼鼠的表皮发育、耳郭分离、眼睛睁开，且对幼鼠身体翻正反射、斜板反应和前肢悬挂行为等行为活动也没有明显影响，但对幼鼠的笼外活动量产生了显著影响，幼鼠的体重也出现了显著的下降。另有研究表明，丙烯酰胺对眼睛睁开、皮毛发育等发育指标没有显著影响，但能显著影响耳郭分离的时间。目前，已有研究证明丙烯酰胺对幼鼠骨骼的发育也有明显影响，一定剂量的丙烯酰胺可导致幼鼠的肋骨、胸骨、头骨及四肢等骨骼发育不全，并随着剂量的增加致畸率和致畸强度增大，对动物骨骼的生长发育造成严重影响。用高剂量丙烯酰胺 [45mg/(kg bw·d)] 灌胃孕鼠，结果显示随着丙烯酰胺剂量的增加，大鼠畸变发生率和小鼠的特异性多肋畸变率也相应增加。因此，丙烯酰胺导致的幼鼠骨骼发育异常可以作为丙烯酰胺发育毒性的效应性生物学标志物。

在研究丙烯酰胺对幼鼠的发育毒性时，在不同时间段，幼鼠接触丙烯酰胺的途径是不同的，可以分为直接接触和间接接触。在母鼠子宫内，胎鼠直接接触丙烯酰胺是不可能的。因为在用丙烯酰胺处理孕鼠时，孕鼠体内的丙烯酰胺和环氧丙酰胺能穿过胎盘屏障，间接使幼鼠染毒，对母鼠染毒就可以达到让胎鼠暴露于丙烯酰胺的目的。由于幼鼠体内缺乏细胞色素酶 P450，幼鼠体内还不能很好地将丙烯酰胺转化为环氧丙酰胺，因此幼鼠体内环氧丙酰胺的含量很低。通过对怀孕 20d 的母鼠和胎鼠中的血液进行分析，低剂量组二者中丙烯酰胺含量水平大致相等。直接和间接接触丙烯酰胺对幼鼠发育毒性也有很大差异。在进一步的研究中，通过对出生 2～21d 的幼鼠进行母乳间接染毒和腹腔注射直接染毒 [50mg/(kg bw·d)]，对两种染毒途径下的幼鼠进行测定，发现腹腔注射组的胎鼠表现出和成年组一样明显的毒性，而通过母乳暴露丙烯酰胺的幼鼠中没有观察到明显的异常。这表明，当直接暴露于丙烯酰胺时，丙烯酰胺对幼鼠造成更加明显的毒性。研究中还对出生 14d 的幼鼠血液、胃中乳汁丙烯酰胺的含量进行了分析。通过 HPLC 分析，各剂量组的胎鼠血液中均未检测到游离的丙烯酰胺，同时，高剂量组胎鼠胃中的乳汁中也没有检测到游离的丙烯酰胺，这可能是由于丙烯酰胺在血液中的存在周期较短的原因。虽然现在的检测技术较先进，但还是很难检测到血液和乳汁中游离的丙烯酰胺。

丙烯酰胺进入机体后，会和血液中的血红蛋白（Hb）中 N 末端缬氨酸反应生成较稳定的丙烯酰胺-Hb 加合物。幼鼠中检测到的 AA-Hb 加合物来源有两种：一是通过乳汁接触丙烯酰胺形成加合物；二是经过胎盘传递。幼鼠从乳汁中接触到的丙烯酰胺是很低的，因此幼鼠血液中的丙烯酰胺-Hb 含量很低。若幼鼠和成年鼠暴露在相同剂量的丙烯酰胺时，幼鼠中丙烯酰胺-Hb 加合物的含量仍小于成年鼠，这是由于幼鼠的红细胞生命周期小于成年鼠的，所以幼鼠中丙烯酰胺-Hb 加合物的半衰期也小于成年鼠的。因此丙烯酰胺-Hb 加合物也常作为丙烯酰胺暴露的接触性生物学标志物。

丙烯酰胺进入体内不仅可以和血红蛋白生成加合物，还能和 DNA 形成加合物，导致 DNA 损伤，影响 DNA 的表达，对幼鼠的发育造成一定的影响。通过对丙烯酰胺和 DNA 加合物进行分析，表明丙烯酰胺和环氧丙酰胺均可以和 DNA 生成加合物，在特定器官和组织中引起基因毒性（马宇昕等，2007）。其中丙烯酰胺形成的 DNA 加合物主要有 N7-GA-Gua 和 N3-GA-Ade，其中 N7-GA-Gua 是主要的 DNA 加合物。相关研究结果也表明以丙烯酰胺灌胃动物后，能在大鼠的各个器官中检测到 DNA 加合物的存在，但是 DNA 加合物是有半衰期的，在丙烯酰胺处理后 DNA 加合物在大鼠器官中能在 3d 内保持一个较高的水平之后逐渐消失，在不同器官中的半衰期相同，N3-GA-Ade 的半衰期只有 N7-GA-Gua 的一半。因此，丙烯酰胺形成的主要 DNA 加合物 N7-GA-Gua 和 N3-GA-Ade 也是丙烯酰胺发育毒性的接触性生物学标志物（Zeiger et al，2009）。

内分泌系统中各种激素分泌和释放的平衡是维持机体正常运转和生长发育的基础，有研究者发现丙烯酰胺可通过影响机体内各种腺体功能和激素水平而产生发育毒性。对此，学者研究了丙烯酰胺对 F344 大鼠下丘脑垂体甲状腺轴在基因表达、神经化学、激素水平方面造成的影响。结果表明，经过 14d 的丙烯酰胺处理，下丘脑-垂体-甲状腺轴的调节功能没有受到影响，几种重要脑垂体激素（生长素、催乳素、加压素、促黄体生成激素）的 mRNA 表达水平也未发生变化，同时，在下丘脑和垂体中相关基因的表达，包括甲状腺激素调节基因均没有显著性变化，表明脑垂体的功能总体上并未受到丙烯酰胺的影响（Bowyer et al，2008）。但是，Hamdy 等研究发现丙烯酰胺对内分泌组织甲状腺、睾丸及肾上腺结构和功能造成了明显干扰，影响了腺体组织的正常生理功能，造成相关激素的分泌异常，对机体的生长发育造成一定的损害（Camacho et al，2012；Hamdy et al，2012）。以上研究结果对丙烯酰胺是否能通过内分泌系统影响机体的正常生长发育还未有确切的定论。因此对机体中各种腺体功能和激素水平是否可以作为丙烯酰胺发育毒性的生物标志物还需要进一步证实（鲁静等，2014）。

2.2.7 遗传毒性

遗传物质的损伤可分为大损伤和微损伤。前者可在光学显微镜下，通过分析染色体结构和数目的改变来检测。微损伤是在核苷酸水平上的变化，光学显微镜下观察不到，可通过对表型变化的观察和生化分析来检测，称为基因突变。

早期报道丙烯酰胺作为染色体断裂剂能引起生殖细胞显性致死性突变、姊妹染色单体交换等。近年来，丙烯酰胺的非整倍体毒性备受关注。染色体数目非整倍体变异是指在正常体细胞 $2n$ 的基础上发生个别染色体增减的变异现象。1997年有报道称丙烯酰胺诱导的小鼠骨髓细胞小卫星探针 FISH 信号阳性率为 29%，而杂交信号阳性微核是对照的 3 倍，提示丙烯酰胺有潜在的非整倍体毒性。同年，应用荧光原位杂交和 CREST 染色法在小鼠体细胞染色体上观察到了丙烯酰胺非整倍体毒性。2000 年，国内采用着丝粒和端粒 DNA 探针多色荧光原位杂交方法分析丙烯酰胺诱导的微核染色体组成，结果显示微核率有显著的剂量-反应关系（相关系数为 0.9929），同时发现由整条染色体组成的微核所占的百分比随剂量增加而增大 0.485～0.659），支持丙烯酰胺存在非整倍体毒性的判断，提示致突变机制可能与剂量有关，在低剂量主要表现为断裂剂，高剂量则为非整倍体毒性，至于多大剂量有显著性各报道结果不同。有学者试图通过形态学观察研究丙烯酰胺致染色体畸变的剂量限值，结果发现，在 1×10^{-5} mol/L 高浓度组出现大量的非整倍体，1×10^{-6} mol/L 组非整倍体数目明显减少，剂量低于 1×10^{-7} mol/L 活化组中肝海绵状血管瘤（CHL）细胞株染色体畸变率属于正常范围，认为不会带来潜在的遗传毒性，但尚无体内实验报道支持这一结论。

用不同浓度的丙烯酰胺经口喂给黑腹雄性果蝇，再从染毒组抽取一部分使之与处女蝇进行交配，之后在所得的子代中随机抽取进行交配，结果显示丙烯酰胺对各个阶段的生殖细胞均有致突变的作用，尤其是对精母细胞阶段有明显的损害作用，从而证明丙烯酰胺的遗传毒性。

此外丙烯酰胺在体内转化为环氧丙酰胺，具有比丙烯酰胺更强的基因毒性和细胞毒性。在丙烯酰胺代谢过程中还原型谷胱甘肽会被消耗，从而加剧细胞内的氧化压力，引发一系列体内毒性。Kurebayashi 等对比丙烯酰胺和环氧丙酰胺后发现，环氧丙酰胺消耗 GSH 的速率是丙烯酰胺的 1.5 倍；当培养液中环氧丙酰胺浓度达到 3mmol/L 时，肝脏细胞出现凋零现象，而丙烯酰胺却不会引起这种效应。另外，在细胞进行有丝分裂过程中，微管启动蛋白（一种有丝分裂所必需的蛋白）极其容易受到环氧丙酰胺和丙烯酰胺的攻击而抑制细胞分裂；但是对比了两者的作用浓度后发现，达到相同的抑制效果（60%抑制率）时，环氧丙酰胺所需的浓度（500μmol/L）仅为丙烯酰胺（5mmol/L）的十分之一。另外在基因毒性方面，动物试验发现，大鼠腹腔注射丙烯酰胺后，无论是单次注射或者多次注射，都无法造成其肝脏细胞中非程序 DNA 的合成（unscheduled DNA synthesis，UDS）；相反，注射环氧丙烯酰胺后，人体的乳腺细胞和大鼠的肝脏细胞以及精细胞中都出现了大量的 UDS（Kurebayashi et al，2006；Dale et al，2007）。

2.2.8　致突变性

为了考察丙烯酰胺的致突变性，用丙烯酰胺对标准细菌菌株进行了实验，结果显示为阴性。但是在体外哺乳动物细胞的实验中，丙烯酰胺作为直接断裂剂不仅能引起小鼠骨髓细胞有丝分裂指数降低，并且会诱导小鼠和大鼠骨髓细胞微核的生成。此外丙烯酰胺能够剂量依赖性地诱导小鼠外周血血红蛋白加合物及微核的形成，但却没有观察到经丙烯酰胺处理的大鼠骨髓红细胞微核频数的增加。在中期分析、哺乳动物 Spot 试验、小鼠转基因检测、生殖细胞试验、染色体畸变试验、程序外 DNA 合成试验、显性致死试验、可遗传易位试验等多种致突变试验中，丙烯酰胺均为阳性，表明丙烯酰胺对体细胞和生殖细胞有致突变性。因此，丙烯酰胺在基因和染色体水平均有潜在的引起遗传损伤的危险。

在染色体畸变和微核试验中，当丙烯酰胺浓度在 5～50mmol/L 时，染色体畸变频率与丙烯酰胺浓度呈明显的正相关，在高于 72.5mg/(kg bw · d) 剂量下，丙烯酰胺能显著增加小鼠外周血淋巴细胞的微核数（率）。通过饮水给予 Big Blue 小鼠不同剂量的丙烯酰胺或物质的量相等的环氧丙酰胺 3～4 周后，测定外周血网织红细胞的微核数并进行淋巴细胞 $hprt$ 基因和肝细胞 $cⅡ$ 致突变试验，结果发现雄性小鼠高剂量组的微核发生率比对照组（水处理组）高 1.7～3.3 倍，丙烯酰胺和环氧丙酰胺均能增加 $hprt$ 的突变频率，高剂量组是对照组的 2～2.5 倍；突变的分子学分析表明丙烯酰胺和环氧丙酰胺产生相似的突变谱，而这些突变与对照有显著不同（$p < 0.001$）。在肝细胞 $cⅡ$ 致突变试验中的基因突变主要是 G：C→T：A 的转换，表明丙烯酰胺和环氧丙酰胺对小鼠均有致突变作用（Von et al，2012）。

在体外试验中，用人支气管上皮细胞及载入了 λ 噬菌体 $cⅡ$ 的转基因 Big Blue 小鼠的胚胎纤维细胞测定编码 $P53$（$Tp53$）和 $cⅡ$ 基因的 DNA 加合物。结果发现，丙烯酰胺和环氧丙酰胺在 $TP53$ 和 $cⅡ$ 的相似位点形成 DNA 加合物；在试验的所有剂量下，经环氧丙酰胺处理的细胞 DNA 加合物比经丙烯酰胺处理所形成的多；丙烯酰胺-DNA（AA-DNA）加合物的形成是可饱和的，环氧丙酰胺-DNA（GA-DNA）加合物的形成是剂量依赖的；环氧丙酰胺剂量依赖性地比对照组（水处理组）增加了 $cⅡ$ 的突变频率；在给予的任何剂量下，环氧丙酰胺的致突变性都比丙烯酰胺强；丙烯酰胺处理的细胞有 A-G 的转换和 G-C 的颠换，而经环氧丙酰胺处理的细胞则更多地表现出 G-T 的颠换。该研究表明丙烯酰胺对人类和小鼠细胞的致突变性更依赖于其代谢产物环氧丙酰胺形成 DNA 加合物的能力（Mei et al，2010）。

此外，还有研究提示丙烯酰胺通过过氧化氢损伤 DNA 的修复，增加 caspase-3 的活性，从而有致凋亡的潜在能力，自由基可能加强这些效应，而食物中的某些抗氧化因子能在丙烯酰胺的遗传毒性中起到保护作用，但是由于该研究用的淋巴细胞中含有 CYP2E1 和 P450，因此不能肯定这些效应是丙烯酰胺还是环氧丙酰胺引起的（Blasiak et al，2004）。

一些研究结果支持丙烯酰胺通过 CYP2E1 介导生成的环氧丙酰胺是终致突变物。在 V79 细胞以 N-甲基-N'-硝基-N-亚硝基胍（MNNG）为阳性对照物，用 $hprt$ 致突变实验比较丙烯酰胺及环氧丙酰胺的致突变能力，结果在 $0.5\mu mol/L$ 的水平下，MNNG 就表现出明显的致突变效应，环氧丙酰胺在 $\geqslant 800\mu mol/L$ 浓度下表现出浓度依赖的致突变作用，而丙烯酰胺在 $6000\mu mol/L$ 浓度下才表现出致突变性。为了进一步探讨 CYP2E1 在丙烯酰胺致突变性中的作用，研究者用 CYP2E1 基因剔除的小鼠与野生型小鼠进行比较：在对生殖细胞致突变性的实验中，研究者观察到与经丙烯酰胺处理的野生型小鼠交配的雌性小鼠，其胚胎染色体畸变剂量依赖性地增加，怀孕母鼠与活胎数的比例降低，而在与 CYP2E1 基因剔除小鼠交配的雌鼠，没有任何生殖参数的改变；在接着进行的对体细胞致突变性的研究中，实验者发现丙烯酰胺剂量依赖性地增加野生型小鼠红细胞微核的形成及 DNA 的损伤，但是在 CYP2E1 基因剔除小鼠却没有观察到这一现象。1-氨基苯并三唑是细胞色素 P450 的非特异性抑制剂，能够抑制 CYP2E1 的活性，在给予雄性小鼠丙烯酰胺前，用 1-氨基苯并三唑预处理，结果显示其能抑制或显著减少丙烯酰胺诱导的显性致死效应。这些研究结果均表明丙烯酰胺的致突变性是通过其代谢产物环氧丙酰胺介导的。人群 CYP2E1 具有多态性，导致其酶有不同的代谢活性，因此对丙烯酰胺的毒性可能有不同的易感性（Hashimoto et al，1981）。

2.2.9 致癌性

2.2.9.1 丙烯酰胺的致癌性

丙烯酰胺能够引起实验动物多处肿瘤，在两年的致癌试验中，通过饮水给予 F334 雌雄大鼠丙烯酰胺，结果发现肿瘤发生率在两种性别中均高于对照组。在雄性大鼠，肾上腺和睾丸间皮瘤的发生率显著增高，肾上腺嗜铬细胞瘤在高剂量组明显增高，并可引起口腔肿瘤和星形细胞瘤。在雌性大鼠，甲状腺瘤和乳腺纤维瘤的发生率增高，并引起了肾上腺癌、口腔乳头状瘤、中枢神经系统的原发性神经胶质细胞瘤、脑和脊髓星形细胞瘤，但没有明显的剂量-效应关系。同时该试验中的许多肿瘤与激素有密切关系，提示丙烯酰胺有激素样作用（Friedman et al，1995）。

分别给予四组 A/J 小鼠每周 3 次、共 8 周，剂量为 0、6.25mg/(kg bw·d)、12.5mg/(kg bw·d)、25.0mg/(kg bw·d) 的丙烯酰胺灌胃处理，至 7 个月时宰杀，实验者发现小鼠肺腺瘤与丙烯酰胺呈剂量相关性增加。在皮肤促癌实验中，丙烯酰胺能够促进 12-氧-十四烷酸-大戟二萜醇-13-乙酸酯（TPA）引起的皮肤乳头状瘤和鳞状上皮癌。

为了调查食物中丙烯酰胺与人类肿瘤的关系，国外流行病学专家进行了一项关于油炸食品与癌症危险性关系的病例对照研究。在该研究中选择口腔癌病例 749 人，对照 1772 人；食管癌病例 395 人，对照 1066 人；喉癌病例 527 人，对照 1297 人；大肠癌病例 1953 人（结肠癌病例 1225 人，直肠癌病例 728 人），对照 4157 人；乳腺癌病例 2569 人，对照 2588 人；卵巢癌病例 1031 人，对照 2411 人。结果发现油炸食品的最低及最高摄入量与癌症的 OR 值在 0.8～1.1 之间，表明油炸食品并非人类癌症的危险因素（Vecchial et al，2003）。

据 Dybing 等研究显示，0.06% 的人会因摄入含有丙烯酰胺的食品而发展成癌症（Dybing et al，2005）。在非吸烟女性中，因摄入丙烯酰胺导致的肾癌、卵巢癌、子宫内膜癌、乳腺癌和口腔癌的发病危险度不断上升。在一项前瞻性研究中发现，儿童时期每周食用一次炸薯条，成年后乳腺癌发病的相对危险度（RR）为 1.27（95% 可信区间为 1.12～1.44）。意大利的一项病例对照研究发现，与从不食用油炸或烘烤土豆的对照人群相比，每周食用一次者的乳腺癌患病风险为 1.1。在一项包括 544 名乳腺癌女性的对比研究中发现，大量食用油炸土豆者的乳腺癌发病 RR 值为 1.1。瑞典的一项病例对照研究发现，食用油炸土豆对丙烯酰胺总摄入的贡献率是 10%，并且在对丙烯酰胺总摄入进行调整之后，RR 值为 1.32（95% 可信区间为 1.03～1.69），几乎没有变化。目前已发现的与摄入含有丙烯酰胺的食品有关的癌症部位包括女性乳腺、子宫内膜、卵巢等及男性前列腺、食管、胃、结直肠、胰腺、膀胱、肾脏、口腔、口咽-喉咽、喉、肺、脑、甲状腺等。一项更具说服力的研究发现，丙烯酰胺暴露与子宫内膜癌和卵巢癌呈正向关联（Wilson et al，2009）。

丹麦的一项通过测定丙烯酰胺生物学标志物探讨丙烯酰胺与癌症关系的流行病学研究发现，丙烯酰胺-全血血红蛋白浓度每增加 10 倍，乳腺癌的发病风险将上升 5%（RR=1.05）；环氧丙酰胺-全血血红蛋白浓度每增加 10 倍，乳腺癌的发病风险下降 12%（RR=0.88）。但是在对混杂因素吸烟（包括过去吸烟、吸烟量和持续时间）进行精确调整之后，发现丙烯酰胺-全血血红蛋白浓度每增加 10 倍，乳腺癌的发病风险将上升 90％（RR＝1.9）；环氧丙酰胺-全血血红蛋白浓度每增加 10 倍，乳腺癌的发病风险将上升 30％（RR＝1.3）（Olesen et al，2008）。

目前，FAO、JECFA、欧洲食品安全（管理）局的食物链污染物科研小组（EFSA）和欧盟食品委员会科学委员会（SCF）都已把丙烯酰胺的致癌毒性与神经毒性、遗传毒性列为同等重要的地位，均作为其核心毒性。

2.2.9.2　丙烯酰胺的可能致癌机制

丙烯酰胺属于小分子，具有亲水性，可以到达全身各个器官和组织，因此所有人体组织都可能是丙烯酰胺的靶目标。剂量为 0.1mg/(kg bw·d) 的丙烯酰胺对啮齿类动物经胃肠的绝对生物利用度（作为母体化合物进入血液循环的比例）是 0.2～0.5。由人类健康志愿者组成的多个小样本实验研究表明，食品中的丙烯酰胺可以被胃肠道吸收。同时丙烯酰胺可以通过抑制小鼠小肠细胞增殖、损伤肌层、降低黏膜下层厚度和绒毛长度、减少小肠腺窝数量和腺窝深度、改变小肠吸收面积，从而改变小肠壁的结构。由于小肠的消化和吸收功能对于维持生命至关重要，丙烯酰胺导致小鼠小肠结构损伤所引起的消化吸收功能的降低或缺失可以引起消化不良综合征，常引起以体内物质消耗为特点的多种营养不良。

（1）遗传毒性机制

丙烯酰胺经口途径随食物进入人体后，会导致机体产生较高剂量的环氧丙酰胺内暴露，并且可导致谷丙转氨酶、谷草转氨酶、超氧化物歧化酶和丙二醛水平的明显增加。尽管丙烯酰胺在 Ames 实验中没有显示致突变性，但是环氧丙酰胺的致突变性非常明确。丙烯酰胺和环氧丙酰胺在转基因小鼠睾丸细胞上诱导的突变谱与前突变嘌呤 DNA 加成物的形成是一致的。国内有研究表明，丙烯酰胺可引起组织细胞 DNA 损伤，激活 RAS 靶基因，启动细胞增殖，从而导致癌变。在离体组织（如人淋巴细胞和肝脏细胞）中，丙烯酰胺的致染色体断裂效应已被证实，如姊妹染色单体交换、微核、有丝分裂干扰和单链断裂。丙烯酰胺在离体实验和体内实验中都有遗传毒性（如致突变性和致染色体断裂性），主要是由于转换成了环氧丙酰胺。国内有多项研究表明丙烯酰胺经胃肠给药可导致小鼠和大鼠睾丸细胞 DNA 损伤，导致精子核成熟率降低，以致小鼠和大鼠生殖功能障碍。丙烯酰胺对小鼠精子有毒性作用，并且存在明显的剂量-反应关系。学者比较了丙烯酰胺导致的大鼠甲状腺肿瘤的发生和丙烯酰胺遗传毒性的时间窗和剂量-反应关系，得出遗传毒性机制不可能是丙烯酰胺导致甲状腺肿瘤的唯一机制，这是因为丙烯酰胺诱导的大鼠甲状腺肿瘤的剂量-反应曲线与丙烯酰胺在多种不同类型细胞上诱导的遗传毒性的剂量-反应曲线不一致，并且诱导甲状腺肿瘤的剂量低于诱导遗传毒性效应所需的最低剂量（Dobrowolski et al，2012）。

（2）非遗传毒性机制

丙烯酰胺也可能通过非遗传毒性机制引发癌症，有研究表明丙烯酰胺可能会影响细胞的氧化还原状态，导致基因转录错误，或者干扰 DNA 修复和激素平衡。曾有多位学者提出丙烯酰胺可导致谷胱甘肽的消耗，引起氧化应激损伤。细胞内氧化还原状态的改变可以导致基因表达的改变，从而利于肿瘤的发展。有研究表明，在某些测试系统中丙烯酰胺可导致非整倍体，可能是由于丙烯酰胺和参与细胞分裂的蛋白质（如有丝分裂或减数分裂纺锤体驱动蛋白）结合而引起的。国内有研究表明，丙烯酰胺可对小鼠睾丸和附睾组织细胞产生脂质过氧化，导致氧化损伤。此外，丙烯酰胺还可以引起啮齿类动物体内激素水平的改变，如催乳素、睾丸酮、甲状腺激素、多巴胺系统等，并可提高人类乳腺细胞和结直肠细胞中与性激素产生有关的基因的表达。已有多项研究表明，无论是在动物还是人类中，肾细胞癌的发生与雌性激素呈正向相关（董红运等，2012）。

2.3　食品中丙烯酰胺的分析方法

食品组成成分复杂，丙烯酰胺含量较低，世界各国都集中科技力量进行食品中丙烯酰胺分析方法的研究，并发表了大量的文章。目前，国内外普遍采用的食品中丙烯酰胺分析方法主要有气相色谱-质谱法（GC-MS）、高效液相色谱-质谱法（HPLC-MS）和高效液相色谱-串联质谱法（HPLC-MS/MS），特别是HPLC-MS/MS 的检测方法，准确性和灵敏性均相应提高，是很有发展前景的检测方法。对于丙烯酰胺分析方法的开发，多集中在 2002 年瑞典科学家发布食品中丙烯酰胺事件开始，2003 年和 2004 年是其分析方法开发的高峰时段，出现了多种适合于不同食品类型和食品特点的分析方法，为加快丙烯酰胺的相关研究奠定了坚实的基础。

2.3.1　食品样品的前处理技术

食品中丙烯酰胺的分析通常需经过样品提取纯化富集、分离检测等步骤。其中样品前处理是核心，它是保证测定结果的准确性和可靠性，提高检测效率的重要环节。前处理包括提取、衍生和净化等步骤。使用适当溶剂将待测物连同样品基质从固态样品中转移至易于净化和分析的液态中实现提取，然后待测物与提取液中的干扰物质进行分离净化。有些方法中提取和净化一步完成，而对于某些复杂样品，提取后往往还需净化才能达到待测物与干扰杂质分离的目的，另外一些检测方法需要将样品经过衍生化处理从而改善丙烯酰胺的分离度和灵敏度。常见的丙烯酰胺样品前处理方法见表 2-4。

2.3.1.1　取样方式

食品中丙烯酰胺含量的变化因不同食品种类有所差异，而且随着加工过程、加工条件以及加工所达到的温度显著变化。另外，丙烯酰胺主要是在食品的表面通过油炸等单元操作形成，食品表面丙烯酰胺的含量要远高于食品内部，因此，在取样分析时，整个食品体系或是包装材料必须充分混合均匀，选取有代表性的组分进行分析，才能得到真正体现样品丙烯酰胺含量的样本。

2.3.1.2　添加内标物

在已知的试样中加入能与所有组分完全分离的已知量的内标物质，用相应的校正因子校准待测组分的峰值并与内标物质的峰值进行比较，求出待测组分的含量，利用内标物质可以有效地弥补食品中的丙烯酰胺在提取、净化等过程中造成的损失，目前发表的方法中几乎都采用了添加内标物质的方法。甲基丙烯酰胺、N,N-二甲基丙烯酰胺、$^{13}C_3$-丙烯酰胺和 D_3-丙烯酰胺都可用作内标物，常用的是后 2 种。

在大多数试验中，内标物都是在提取之前添加，保证内标物和食品中的丙烯酰胺在分析之前都具有同样的处理过程，这样可以通过内标物检测方法的回收率，确定方法的准确性。

2.3.1.3　样品的提取

丙烯酰胺是具有极性的小分子物质，一般可采用水或极性强的有机溶剂进行萃取。目前用于丙烯酰胺萃取的溶剂主要有水、甲醇、甲醇-水、乙醇、乙酸乙酯、正丙醇、二氯甲烷-乙醇等。

（1）液液萃取

丙烯酰胺在水中的溶解度最大，所以水是目前应用最广泛的萃取溶剂，而且对于大多数食品样品萃取完全。丙烯酰胺在酸性溶液中更加稳定，美国 FDA 建议用含 0.1% 的蚁酸水溶液萃取样品。为了追求样品的高回收率和避免样品前处理过程中乳化现象产生，经常在萃取前加入一定量的氯化钠水溶液，以达到破除乳化的目的。另外，很多萃取条件直接制约着萃取效率的高低。

表 2-4 典型的食品中丙烯酰胺提取前处理技术

样品基质	提取方法	净化方法	色谱分离方法	参考文献
谷物早餐、饼干	水提，混合均匀，离心，添加乙腈除去乳化层，振荡30s，离心，水相转移到Maxi-Spin PVDF离心过滤管中离心过滤	SPE（Accubond 2 SCX）先以甲醇和水活化，2mL提取液上样，收集1mL洗脱液过膜待测	LC-ESI-MS/MS	Riediker et al，2003
咖啡	添加内标，水提，振荡30s，离心，水相转移到Maxi-Spin PVDF离心过滤管过滤	SPE（Oasis HLB）先以甲醇和水活化，1.5mL过滤液上样，以1.5mL水洗脱，收集洗脱液转到第二个已活化好的SPE柱（Bond Elut-Accucat）上，收集洗脱液，过膜待测	LC-MS/MS	Andrzejewski et al，2004
焙烤谷物食品	添加正己烷脱脂，以50mL甲醇提取，混合15min，超声振荡1min，离心	旋转蒸发使溶液体积<2mL，定容至2mL，快速过滤	GC-MS	Tateo et al，2003
薯片薯条等	水提或以10mmol/L甲酸水溶液提取	过0.22μm滤膜	IC-UV，IC-MS	Cavalli et al，2003
谷物食品	15g样品以150mL水提，添加内标，混合30s，以1mL冰醋酸调整pH值为4~5，分别以2mL Carrez I和II振荡除去蛋白质等成分，离心（16000g，15min），上清液衍生	上清液移入含有硫酸钠和Florisil（各5g）的玻璃色谱柱，首先以50mL正己烷脱脂，衍生物以丙酮（150mL）洗脱，旋转蒸发至约2mL，N$_2$吹干，重新以400μL三乙酸乙酯溶解，同时添加400μL三乙酸乙酯，过0.20μm滤膜	GC-MS	Pittet et al，2004
巧克力粉、可可、咖啡	添加内标，以Carrez I和II振荡除去蛋白质等成分，添加5mL二氯甲烷，离心，上清液转入含有1.8g NaCl的管中，以13mL乙酸乙酯提取，有机相转入含有2mL水的玻璃管中，挥干有机相	SPE（Isolute Multimode）先以甲醇和水活化，上清液上样，以水洗脱，收集洗脱液，过膜待测	LC-MS/MS	Delatour et al，2004
烤面包、饼干	样品混合均匀，静止30min，混合20mL水提取，超声30min	以20mL乙腈，Carrez I和II振荡除去蛋白质等成分净化，离心，过膜待测	LC-MS/MS	Wenzl et al，2004
多种食品	样品粉碎，取新鲜样品或样品储存在-20℃，离心	SPE柱纯化，过膜待测	LC-MS/MS	Svensson et al，2003
多种食品	称重，以80mL正烷脱脂，添加内标，静止30min，20mL水提，超声提30min	以20mL乙腈，Carrez I和II振荡除去蛋白质等成分净化，离心，过膜待测	LC-MS/MS、GC-MS	Hoenicke et al，2004

　　萃取溶剂的选择：可以采用纯水或者水和其他有机溶剂的混合溶剂作为丙烯酰胺的提取溶剂。

　　萃取温度：60～80℃的热水可以加大萃取程度，达到满意的萃取效果，而有些样品在常温下萃取也可得到满意效果。

　　萃取时间：一般控制在 20～30min 可以得到满意的萃取效率，萃取时间不宜过长，时间过长，可能会使食品样品中的丙烯酰胺分解，影响分析结果的准确性和可靠性。

　　超声波萃取：在萃取过程中，可以通过加入超声波技术作为辅助提取方法，在此条件下可以大大提高样品的回收率。但是 FDA 提供的标准方法要求尽量避免在操作过程中采用超声或加热处理，以免在后续净化过程中，产生乳化现象或者大量的微小颗粒，堵塞滤膜或者渗入固相萃取柱中影响柱子的保留能力和净化效率。

　　（2）加速溶剂萃取技术

　　加速溶剂萃取技术（accelerated solvent extraction，ASE）是一种在提高温度（50～200 ℃）和压力（10.3～20.6MPa）的条件下，利用有机溶剂萃取固体或半固体样品的一种前处理方法。近年来，加速溶剂萃取的方法被广泛地应用于复杂样品的前处理过程，其突出优点是溶剂用量少、快速、基体影响小、萃取效率高、选择性好。加速溶剂萃取技术已在环境、药物、食品和聚合物工业等领域得到广泛应用，将其应用在食品中的丙烯酰胺分析上也取得了一定的进展。

　　Cavalli 等采用加速溶剂萃取技术萃取食品中的丙烯酰胺，以纯水或含10mmol/L 甲酸水溶液作为提取溶剂，温度为 80℃，操作压力为 10MPa，加热时间为 5min，稳定时间为 4min。对比纯水和含甲酸的水溶液，纯水萃取获得的回收率更低，而甲酸水溶液萃取的稳定性较差。对比循环萃取的效果，在第一次萃取时萃取效率可达到 95%，第二次使用甲酸水溶液，可再次提高萃取效率，萃取完成后，以紫外检测器（UV）或质谱（MS）为检测器进行定量分析，MS检测限为 10～1000μg/mL。另外，有研究者利用含有 2%乙醇的二氯甲烷溶液对丙烯酰胺进行选择性的加速溶剂萃取，避免了淀粉的共萃取，萃取得到的有机溶液再用少量水进行反萃取，水相提取液即可直接进行 HPLC-MS 测定（Cavalliet al，2003）。

　　瑞士公共安全部门也提出了利用加速溶剂萃取技术提取食品中丙烯酰胺的方法，5g 混合均匀的样品添加 50μg 内标物，先利用加速溶剂萃取技术以正己烷为溶剂进行样品脱脂，然后再进行正式的提取，温度为 40℃，压力为 100bar❶，时

---

❶　1bar＝10^5Pa。

间为 20min，提取溶剂为乙腈：水＝85：15，20mL 的提取物浓缩至 1～2mL，以 0.1mol/L Na$_3$PO$_4$ 碱化，超声波振荡 1min 后以乙酸乙酯洗脱丙烯酰胺，洗脱液浓缩至 0.5mL，过 0.45μm 滤膜后直接进行液相色谱（HPLC）分析，检测限达到 10μg/kg。加速溶剂萃取法的回收率较低，因此应在萃取之前向样品中加入内标化合物，校正整个萃取过程中目标化合物的损失。

（3）固相微萃取法

固相微萃取（solid-phase microextraction，SPME）是集样品采集、萃取、浓缩、进样于一体的全新样品前处理新技术，可与气相色谱-质谱（GC-MS）/液相色谱-质谱（HPLC-MS）等技术联用，近年来在食品中挥发性有机物的检测方面得到了广泛应用。固相微萃取技术的基本原理是通过石英纤维头表面涂渍的高分子层材料对样品中的有机分子进行萃取和预富集，其操作简单，结果较为准确。首先将涂有固定相的萃取头插入样品中，待测物质将在固定相涂层与样品中进行反复多次分配直至平衡，再将萃取头插入其他分析仪器的注射口，当待测物脱附以后，可进行分离和定量检测。

固相微萃取装置外形如一只微量进样器，由手柄（holder）和萃取头或纤维头（fiber）两部分构成，萃取头是一根 1cm 长，涂有不同吸附剂的熔融纤维，接在不锈钢丝上，外套细不锈钢管（以保护石英纤维不被折断），纤维头在钢管内可伸缩或进出，细不锈钢管可穿透橡胶或塑料垫片进行取样或进样。手柄用于安装或固定萃取头，可永远使用。固相微萃取技术关键在于选择石英纤维上的涂层（吸附剂），要使目标化合物能吸附在涂层上，而干扰化合物和溶剂不吸附。一般来说，目标化合物是非极性时选择非极性涂层，目标化合物是极性时选择极性涂层。

固相微萃取的进样方式分为直接进样和顶空进样两种方式。直接进样是将纤维头直接插入液体样品中或暴露于气体中，尤其适于气态样品和干净基体的液体样品。顶空进样是将萃取头置于含有待测样品的上部空间进行萃取的方法，该方法适用于易挥发和半挥发物质，因为该类物质容易逸出液上空间。固相微萃取最初只用于环境水体中易挥发化合物的提取分析，随着方法技术的完善，现已逐步应用到食品、医药卫生、临床化学、生物化学等多个领域。固相微萃取也可用于提取食品中的丙烯酰胺，但是由于丙烯酰胺的极性较高，难以从液相中直接分离。目前已有报道 SPME 与 GC 联用检测食品中丙烯酰胺的含量。Lagalante 等建立了利用顶空-固相微萃取技术提取丙烯酰胺的方法，首先将丙烯酰胺烷基化衍生为易挥发、极性低的 N,O-双三甲基硅烷基-丙烯酰胺（BTMSA），然后采用 PDMS 涂层的固相微萃取头插入顶空瓶中的顶空部分进行丙烯酰胺的萃取，整个萃取时间约为 10min，利用顶空-固相微萃取技术定量分析食品中的丙烯酰胺，取得了较好的分析结果（Lagalante et al，2004）。也有研究人员利用氯化钠水溶液提取丙烯酰胺后，直接利用 SPME 提取丙烯酰胺，通过 GC 检测丙烯酰胺含量的报道，说明可用 SPME-GC 方法进行食品中丙烯酰胺的检测。但是在使用过程中要注意萃取的时间、萃取的温度、固相微萃取头的类型、萃取搅拌的速度等因素都会影响萃取的效果，在正式采用此方法进行样品提取时，必须进行适当的方法学优化（张齐等，2006）。

（4）基质分散固相萃取

基质分散固相萃取（matrix solid-phase dispension，MSPD）是 1989 年由 Barker 等发明的一种新型的样品前处理技术。与其他前处理技术相比，基质分散固相萃取技术样品和有机溶剂用量少，可有效避免样品在粉碎、离心、浓缩等过程中造成的待测物损失的缺点，操作简单快速，特别适合固体、半固体等样品的处理。在处理过程中，首先对样品进行研磨分散，将固体、半固体等样品置于玻璃或玛瑙研钵中，与适量的分散剂，如 C_{18}、硅藻土、弗罗里硅土等混合，手工研磨数十秒至数分钟，使分散剂与样品均匀混合；在混合前，首先加入内标物质，研磨时加入适当的改性剂，如酸、碱、盐等，有助于危害物回收率的提高。将研磨好的样品转移至适当尺寸的色谱柱中，采用不同的溶剂淋洗柱子，将待测物洗脱下来。Ofernandes 等利用 MSPD 方法开发了早餐谷物、面包、烤面包、饼干等食品中丙烯酰胺含量的方法，此种方法可以检测出 $<100\mu g/kg$ 的丙烯酰胺。而采用 MSPD 方法与液液萃取相比，具有更有效率、更简单、更易操作等特点，所获得的检出限（LOD）和定量限（LOQ）分别为 $5.2\mu g/kg$ 和 $15.7\mu g/kg$（Ofernandes et al，2007）。

（5）索氏提取

经典的索氏提取已有上百年历史，并被证明是一种行之有效的方法。Pedersen 等采用甲醇对食物样品进行长时间的连续索氏提取，不仅能达到完全萃取的目的，还解决了土豆样品测定中容易产生胶体的问题，萃取效率要比其他传统的水萃取法高出 7 倍，但长时间的萃取不能排除萃取过程中有新的胶体物质形成的可能（Pedersen et al，2003；张丽梅，2008）。

2.3.1.4 样品的衍生化处理（张齐等，2006）

气相色谱方法（GC）要求分析物必须具有一定的热稳定性和挥发性，而丙烯酰胺则属于热不稳定性的化合物，因此可以通过对丙烯酰胺进行适当的衍生以改善其稳定性和挥发性，从而提高其分离度和灵敏度。利用衍生法进行丙烯酰胺的 GC-MS 测定，由于有足够高的灵敏度而成为一种较好的选择。丙烯酰胺的衍生化方法主要有溴化衍生法、2-巯基苯甲酸衍生法、硅烷化衍生法（BSTFA）以及 L-缬氨酸衍生法等。

（1）溴化衍生法

衍生后的丙烯酰胺其挥发性和 GC 方法对于该化合物的选择性都明显增加。通常，在原料中加入溴化钾、氢溴酸和溴水的混合溶剂进行溴化衍生。溴衍生化产物主要有 2,3-二溴丙酰胺（2,3-DBPA）和 2-溴丙酰胺（2-BPA），其衍生物更易挥发，且具有更低的极性，提高了色谱的分离效果和质谱的检测效果，但该方法需要较多的衍生反应时间。

将溴化钾、氢溴酸和溴水在搅动下溶于提取液，放入冰浴中反应 1h。将反应液移入分液漏斗，加入乙酸乙酯：正己烷＝4：1（体积比）的混合溶剂，振荡 1min。分层后，除去下层水相，有机相过滤，将有机相旋转蒸发到 2mL，然后用氮气吹干有机溶剂。

衍生后的样品，以装有硫代硫酸钠和硅酸镁载体的玻璃色谱柱净化衍生物，用丙酮以 6mL/min 的速度洗脱丙烯酰胺的衍生物。将洗脱液旋转蒸发至 2mL，然后用氮气干燥，再将它溶解到乙酸乙酯中，加入三乙胺，使 2,3-二溴丙烯酰胺转化为 2-溴丙烯酰胺，最后用 0.20μm 的微滤膜将溶液过滤入取样小瓶。

（2）2-巯基苯甲酸衍生法

2-巯基苯甲酸又叫做硫代水杨酸，在 pH 值为 10 的碱性条件下，可与丙烯酰胺发生反应，反应完全需要 3h，此反应需要搅拌并且在暗处进行，衍生效率较高，衍生物具有很好的稳定性和较低的极性，在色谱分离中有较高的保留特性，而且在 MS 中产生明显的特征离子 $m/z226$ 峰，具有较高的选择性。另外，2-巯基苯甲酸甲酯也是一种很好的衍生化试剂，但其标准曲线的线性较差。

（3）BSTFA 衍生法

BSTFA 是一种常见的硅烷化衍生试剂，中文名称是 N,O-双三甲基硅烷基-三氟乙酰胺。Lagalante 等在利用顶空-固相微萃取技术定量分析食品中丙烯酰胺时，就将丙烯酰胺与 BSTFA 发生硅烷化反应，从而将丙烯酰胺衍生为易挥发、极性低的目标物 N,O-双三甲基硅烷基-丙烯酰胺（BTMSA），目标产物一旦形成，很容易从硅烷化反应溶液中顶空萃取出来（Lagalante et al, 2004）。

（4）PFPTH 衍生法

除以上衍生法外，L-缬氨酸法（PFPTH）为又一种高灵敏度的衍生化法，利用 L-缬氨酸上氨基的亲电性与丙烯酰胺的双键发生加成反应生成丙烯酰胺-缬氨酸加合物，加合物在五氟苯基异硫氰酸盐（PFPITC）的作用下进一步生成五氟苯基硫乙内酰脲（PFPTH），用 GC-MS 测定，该衍生化过程十分复杂和繁琐。

2.3.1.5　样品净化

采取适当的净化方法对测定至关重要。净化方法包括固相萃取、凝胶渗透色谱法以及诸如离心、过滤等物理方法，而应用最多的是固相萃取。

（1）固相萃取

固相萃取（solid-phase extraction，SPE）是应用最多的一种纯化方法，多种固相萃取柱在丙烯酰胺分析过程中得到了广泛的尝试，其中使用较多的有 OasisHLB（美国 Waters 公司）、Isolute Multi-Mode（国际吸附剂有限公司）、Bond Elut-Accucat（C_8、SAX、SCX）（美国 Varian 公司）、ENVI-Carb（美国 Supelco 公司）等。不同公司生产的固相萃取填料不同，性质有所差异，对丙烯酰胺的吸附性也有一定的差异，选择时一定要注意。Young 等将 Waters 公司的 2 种固相萃取柱（Oasis HLB 和 MCX）联合应用分析食品中的丙烯酰胺。1g 样品加入 15mL 2mol/L NaCl 水溶液，经剧烈振荡 30min 后，离心，取 1.5mL 上清液进行 SPE 操作处理。OasisHLB 先用 2mL 甲醇和 2mL 2mol/L NaCl 活化，上清液上样，以 0.8mL 水洗涤，再用 3mL 甲醇（含 1% 甲酸）洗脱，洗脱液直接进行第二部分 SPE 操作，Oasis MCX 先用 2mL 甲醇活化，Oasis HLB 全部的洗脱液进入已活化好的 Oasis MCX，洗脱，洗脱液收集起来进行 HPLC-MS 分析（Young et al，2004）。

（2）化学方法纯化

采用化学方法纯化也是一种常用的方法，主要是研究不同食品体系中可能存在的干扰物质，根据干扰物质的特性，选择适合的化学物质作为沉淀剂，以除去相应的干扰物质。目前比较常用的就是 Carrez 试剂。Wiertz 提供了一种采用 Carrez 试剂分析的简便方法，混合均匀的样品经正己烷脱脂后，加入内标物质和水，60℃条件下超声波处理 30min，取出上清液直接加入 20mL 乙腈和 500μL Carrez Ⅰ和Ⅱ，振荡离心，上清液过 0.45μm 滤膜后可直接进行分析（Wiertz，2003）。Delatour 等利用 Carrez 试剂和其他化学物质成功地进行了丙烯酰胺的分析。主要过程如下：混合均匀的样品添加内标物质和水，混合后分别添加 Carrez Ⅰ和Ⅱ，分别振荡 1~2min，随后加入二氯甲烷离心，取上清液加入乙酸乙酯进一步提取丙烯酰胺，离心，蒸干有机相，然后采用固相萃取柱进行最后的纯化处理（Delatour et al，2004）。

2.3.2　液相色谱分析方法

高效液相色谱法（HPLC）在各实验室用得比较多，主要是利用丙烯酰胺在水中的溶解性。常见的基于液相色谱的丙烯酰胺检测方法见表 2-5。

表2-5 典型的基于 LC 分离技术的丙烯酰胺检测方法

样品基质	内标	LC柱	LC参数	MS参数	参考文献
法式薯条	$^{13}C_3$-丙烯酰胺	Aquasil C$_{18}$, 250mm × 2.1mm (i.d.), 5μm (Thermo Hypersil-Keystone·SanRamon·CA, USA)	流动相:甲醇/1mmol/L甲酸铵=16/84;0.175 mL/min	锥孔电压:34V;离子源温度:120℃;脱溶剂气温度:250℃	Becalski et al, 2004
油炸土豆片	甲基-丙烯酰胺	Hypercarb, 50mm × 2.1mm (i.d.), 5μm (Thermo Electron, SanJose, CA, USA)	流动相:0.1%甲酸/乙腈=98/2;0.3mL/min	毛细管电压:4.5kV;毛细管温度:300℃	Taubert et al, 2004
烘烤食品	$^2H_3$-丙烯酰胺	Hypercarb, 50mm × 2.1mm (i.d.), 5μm (Thermo Electron, SanJose, CA, USA)	流动相:甲醇/水=20/80;0.4mL/min	毛细管电压:2kV;离子源气温度:125℃;脱溶剂气温度:400℃;锥孔电压:20V	Rosén et al, 2002
咖啡	$^{13}C_3$-丙烯酰胺	Synergi Hydro-RP, 250mm × 2mm (i.d.), 4μm (Phenomenex, Torrance, CA, USA)	流动相:0.5%甲醇水溶液;0.2mL/min	毛细管电压:4.1kV;离子源气温度:120℃;脱溶剂气温度:250℃;锥孔电压:20V	Andrzejewski et al, 2004
油炸土豆片,饼干,中国焙烤食品		HC-75H$^+$柱, 305mm × 7.75mm (i.d.)	流动相:硫酸(5mmol/L)	200nm	Genga et al, 2008
粉碎或速溶咖啡	$^2H_3$-丙烯酰胺	Hypercarb, 50mm × 2.1mm (i.d.), 5μm (Thermo Electron, SanJose, CA, USA)	流动相:0.1%甲酸水溶液或0.5%甲醇水溶液;0.2mL/min	毛细管电压:3kV;离子源气温度:120℃;脱溶剂气温度:400℃;锥孔电压:31V	Granby et al, 2004
各种食品	$^{13}C_3$-丙烯酰胺	Synergi Hydro-RP, 250mm × 2mm (i.d.), 4μm (Phenomenex, Torrance, CA, USA)	流动相:0.5%甲醇/0.1%乙酸水溶液;0.2mL/min	毛细管电压:4.1kV;离子源气温度:120℃;脱溶剂气温度:250℃;锥孔电压:20V	Roach et al, 2003
茶叶	$^{13}C_3$-丙烯酰胺	ODS-C$_{18}$, 250mm × 4.6mm (i.d.), 5μm (Thermo Hypersil, USA)	流动相:10%乙腈/0.1%甲酸水溶液;0.4mL/min	毛细管电压:1kV;离子源气温度:110℃;脱溶剂气温度:400℃;锥孔电压:20V	Liu et al, 2008

2.3.2.1　液相色谱柱的选择

不同的高效液相色谱柱对丙烯酰胺具有不同的保留效果，分析也有很大差异，许多不同类型的色谱柱在分析中均有应用，因为丙烯酰胺属于强极性物质，因此一些具有特殊结构和交联方式的高效液相色谱柱成为分析食品中丙烯酰胺常用的色谱柱，表 2-6 列举了几种分析食品中丙烯酰胺常用的液相色谱柱及其操作条件。

表 2-6　丙烯酰胺分析中常用的高效液相色谱柱及其操作条件

高效液相色谱柱	分 离 条 件
Luna C$_{18}$(菲罗门公司)	流动相：0.1%甲酸 : 甲醇 = 99.5 : 0.5；流速：0.2mL/min
IonPac ICE-ASI(Dionex)	流动相：3.0mmol/L 甲酸(乙腈/水 = 30/70)溶液；流速：0.15mL/min
Atlantis dC$_{18}$(150mm×2.1mm，Waters)	流动相：0.1%甲酸水溶液；流速：0.2mL/min
Shodex RSpak DE-613 聚甲基丙烯酰胺凝胶柱	流动相：甲醇 : 水 : 甲酸 = 30 : 70 : 0.007；流速：0.3mL/min
Hypercarb(Thermo Hypersil 公司)	① (50mm×2.1mm，5μm)流动相：0.1%甲酸水溶液或0.5%甲醇水溶液；流速：0.20mL/min ② (150mm×2.1mm，5μm)流动相：10%乙酸 : 甲醇 = 9 : 1；流速：0.20mL/min
Synergi4μ，Hydro-RP80A(菲罗门公司)	① 流动相：0.1%甲酸 : 0.5%甲醇 : 水；流速：0.20mL/min ② 流动相：0.5%甲醇水溶液；流速：0.20mL/min

2.3.2.2　以紫外为检测器的液相色谱分析方法

紫外检测器分析食品中的丙烯酰胺存在一定的弱势，它不能分辨几种丙烯酰胺分析常用的同位素内标，因此在分析过程中不能使用同位素标记的丙烯酰胺作为内标物，必须开发研究新的内标以弥补在操作过程中造成的丙烯酰胺的损失。

何秀丽采用 0.1%的甲酸水溶液提取，经离心、冷冻、再离心、过固相萃取柱加以纯化后上液相色谱分析。液相分析的色谱条件为：流动相为 98.9%水＋1%乙腈＋0.1%的乙酸水溶液，流速为 0.15mL/min，进样量为 20μL，保留时间为 8.4min，柱温为 26℃，检测波长为 202nm。该方法的最低检测限小于10ng/g，回收率大于 70%，相对标准偏差（RSD）小于 20%（何秀丽，2007）。

2.3.2.3　以质谱（MS）技术为检测器的液相色谱分析方法

2002 年 7 月，发布了由美国 FDA 自己建立的食品中丙烯酰胺的检测方法。采用的是液相色谱-串联质谱法（LC-MS/MS），检出限为 0.01mg/kg。HPLC

与三重四极杆质谱（triple-quadrupole mass spectrometer）串联，采用多反应监测模式（multiple reaction monitoring，MRM）被越来越多的学者证明其排除基质干扰方面的优势。

液相色谱主要是对物质进行分离，质谱却能完成对分析物的定性或定量两方面的要求，每一种质谱仪都具有产生离子、分离离子并计算每一种离子强度的功能。ESI 是丙烯酰胺分析中常用的离子化方法，丙烯酰胺离子的质荷比 m/z 分别为 72、55、27。丙烯酰胺内标具有不同的质荷比，以 D$_3$-丙烯酰胺为内标，质荷比 m/z 为 73、56、28；以 ^{13}C$_3$-丙烯酰胺为内标，质荷比 m/z 为 75、58、44。

MS 检测的一个弊端是基质效应的影响，丙烯酰胺是小分子物质，对应的分子碎片更小，其特征离子碎片的选择尤为困难；共流出物以及未知的干扰组分都会对目标分析物产生离子抑制或离子增强的效应，从而影响分析结果的重现性和准确性。所以在进行 HPLC-MS/MS 分析之前，需要进行适当的样品前处理。

2.3.3　气相色谱分析方法

该法是目前应用广泛的一种分析检测方法，具有高效、快速、灵敏、应用范围广等特点，目前关于丙烯酰胺检测有衍生化法和不进行衍生直接采用气相色谱测定两种。液体样品可直接衍生或净化后衍生，而固体样品则需要提取后再进行净化处理和衍生化操作。常见的基于气相色谱分析方法的丙烯酰胺检测条件见表 2-7。

GC 测定方法通常采用中等极性或强极性色谱柱对溴化产物进行测定。在食品分析中常采用毛细管柱，如 DB-17、DB-1701、SE-30、PAS-1701、BPX-10d、CP-19、CP-24CB 等，这几种毛细管柱均有良好的分离效果。典型的色谱条件为：进样口温度 250℃，程序升温，初始温度 65℃（1min），以 15℃/min 速率升温到 250℃（10min），检测器可以使用氢火焰离子化检测器（ECD）。

衍生后的样品和标准品通过气相色谱检测，如以气相色谱柱 ZB-WAX 毛细管柱 [30m×0.25mm（i.d.），膜厚 0.25μm] 进行丙烯酰胺分析，其载气氦气流速 1.6mL/min。升温程序：柱温 65℃保持 1min，以 15℃/min 的速度升温到 170℃，再以 5℃/min 的速度升温到 200℃，40℃/min 的速度升温到 250℃，在 250℃保持 15min，进样口温度为 260℃。GC-MS 连接处温度为 280℃。丙烯酰胺和 ^{13}C$_3$-丙烯酰胺的保留时间为 11.3min。通过检测，衍生后的 2-溴丙烯酰胺的分子离子质荷比 m/z 分别为 70、149 和 151，^{13}C$_3$-2-溴丙烯酰胺的 m/z 为 110 和 154。

杨思超等采用 GC-MS 方法定量测定食品中丙烯酰胺的分析方法，选择^{13}C$_3$-丙

表 2-7 典型的基于 GC 分离技术的丙烯酰胺检测方法

样品基质	内标	GC 毛细管柱	GC 程序升温参数	定量离子	参考文献
油炸食品	N,N-二甲基丙烯酰胺	HP PAS 1701,25m×0.32mm	65℃保持 1min,以 15℃/min 升至 250℃,保持 10min,进样量 2µL,无分流	衍生后,丙烯酰胺:152,150、108、106;内标:180,178	Tareke et al.2000
富含蛋白质的碳水化合物的食品	N,N-二甲基丙烯酰胺 或 $^{13}C_3$-丙烯酰胺	BPX-10,30m×0.25mm	65℃保持 1min,以 15℃/min 升至 250℃,保持 10min,进样量 2µL,无分流	衍生后,丙烯酰胺:152,150、106;内标:180,155	Tareke et al.2002
各种食品	$^2H_3$-丙烯酰胺	CP-Sil 24 CB Lowbleed/MS,30m×0.25mm	85℃保持 1min、以 25℃/min 升至 175℃,保持 6min,以 40℃/min 升至 250℃,保持 7.52min	衍生后,丙烯酰胺:152,150;内标:155,153	One et al.2003
各种食品	$^2H_3$-丙烯酰胺	DB-WAX capillary 柱,30m×0.25mm	70℃保持 1min,以 20℃/min 升至 230℃,保持 10min,进样量 1µL,无分流	衍生后,丙烯酰胺:89、72.55;内标:92,75	Hoenicke et al.2004
马铃薯片、早餐谷物、面包	D_3-丙烯酰胺	INNOWx capillary 柱,30m×0.25mm	70℃保持 1min,以 20℃/min 升至 240℃,保持 10.5min,进样量 21µL,无分流	m/z45~500	Dunovska et al.2006
薯片	$^{13}C_3$-丙烯酰胺	HP INNOWAX 柱,30m×0.25mm	等温进样,280℃,保持 13min,进样量 1µL,无分流	无需衍生,丙烯酰胺:70.55.27;内标:74.58	Serpen et al.2007
各种食品	$^{13}C_3$-丙烯酰胺	HP INNOWAX 柱,30m×0.25mm	110℃保持 1min,以 10℃/min 升至 140℃,保持 15min,以 30℃/min 升至 240℃,保持 7min,进样量 1µL	衍生后,丙烯酰胺:70、149,151;内标:110,154	Zhang et al.2007
油炸薯片	—	DB-WAX capillary 柱,30m×0.25mm	80℃以 15℃/min 升至 220℃,保持 2min	无需衍生	Lee et al.2007

烯酰胺作为内标物，通过超纯水提取食品中的丙烯酰胺，经正己烷脱脂两次后，在酸性条件下选用溴化钾/溴酸钾为衍生剂进行衍生化反应，再采用乙酸乙酯进行液液萃取两次，最后用三乙胺将丙烯酰胺转化为更稳定的产物 2-溴丙烯酰胺，利用质谱检测器在选择离子扫描模式下测定 2-溴丙烯酰胺。该方法在 0.05～2.00mg/kg 范围具有良好的线性，检出限和定量限分别达到 3μg/kg 和 7μg/kg，回收率范围在 62.7%～65.5%。通过与建立的 HPLC-MS/MS 方法进行对比，此方法在薯片和面包样品中丙烯酰胺的检测结果略偏高，但也是一种可以用于常见食品中丙烯酰胺含量测定的分析方法（杨思超等，2011）。

2.3.4 电化学分析法

毛细管电泳泛指以高压电场为驱动力，以毛细管为分离通道，依据样品中各组分之间淌度和分配系数的差异而实现分离的一类液相分离技术（罗国安等，1995）。因其具有分离效率高，分离迅速，且样品和溶剂用量少的优势，已成功用于复杂样品的检测（Baskan et al，2007）。丙烯酰胺极性高、带电少，需要预先进行衍生化处理以适用于毛细管区带电泳进行分离（Vallejo-Cordoba et al，2007）。胶束电动毛细管区带电泳是毛细管电泳的一种重要分离模式，不仅可以分离带电物质，也可以通过水相和胶束相之间的分配分离中心化合物，该法已成功用于丙烯酰胺的分离（Zhou et al，2007）。微乳液毛细管电动色谱是最先报道的可检测未衍生化的丙烯酰胺的方法，但其检出限较高，为 0.70μg/mL。经过与 2-羟基苯甲酸衍生后，丙烯酰胺可用胶束电动毛细管区带电泳模式进行分离，且与微乳液毛细管电动色谱模式相比灵敏度有较大改善。为提高毛细管电泳的灵敏度，一些柱内预富集技术逐渐被采用，对实际样品的检测限能够达到 3ng/mL（Tezcan et al，2008）。

2.3.5 酶联免疫吸附测定法

酶联免疫吸附测定（ELISA）技术于 20 世纪 70 年代出现，因高度的准确性、特异性、适用范围宽、检测速度快以及费用低等优点，在临床和生物疾病诊断与控制等领域备受重视，成为检验中最为广泛应用的方法之一。付云洁等研究建立了热加工食品中丙烯酰胺的间接竞争 ELISA 方法。用戊二醛法合成丙烯酰胺-BSA 免疫抗原，注入兔体内以产生抗丙烯酰胺的多克隆抗体，同样方法制备丙烯酰胺-OVA 包被抗原。在抗体稀释度为 1∶16000 倍的优化条件下，间接 ELISA 法检测范围为 50～1280μg/L，检测限为 350μg/L，最低检测限为

50μg/L。加标回收率为 92.6%～95.5%。该检测方法准确快速，特异性强，适用于热加工食品中丙烯酰胺的快速检测（付云洁等，2011）。由于丙烯酰胺是小分子物质，其生物抗体的制备成为酶联免疫吸附测定方法的难点和关键，Preston 等制备了丙烯酰胺不同的衍生物以期得到高灵敏度的丙烯酰胺抗体，收效甚微（Preston et al，2008）。张红星等利用偶联方法合成了丙烯酰胺人工抗原，通过免疫方法获得了抗丙烯酰胺多克隆抗体，间接酶联免疫吸附测定法测定抗体的效价，制备的抗体效价大于 8100（张红星等，2009）。王宵雪等通过活化酯法制备了三种丙烯酰胺人工抗原并进行动物免疫，发现使用对巯基苯甲酸衍生方法获得的抗体对衍生产物表现了很高的特异性，抑制率达到 80.7%。虽然需要先将丙烯酰胺与对巯基苯甲酸衍生，但二者的结合很容易且结合比很高，能够满足免疫分析前处理简单的要求，因而为利用免疫手段实际检测食品中丙烯酰胺的含量奠定了良好的基础（王宵雪等，2012）。

2.4　食品中丙烯酰胺形成途径

　　明确食品中丙烯酰胺形成机理对于控制食品加工过程中丙烯酰胺的生成至关重要，因此，该领域受到世界各国研究者的广泛关注，并已取得了一些研究进展，提出了一些丙烯酰胺可能的形成途径，其中美拉德反应被认为是形成丙烯酰胺的重要途径之一。

2.4.1　通过美拉德反应形成丙烯酰胺的途径

　　美拉德反应是由还原糖和氨基酸或蛋白质在高温条件下发生的一系列复杂的化学反应，是热加工食品中风味和色泽产生的重要途径之一。美拉德反应主要包含三个阶段，第一反应过程是由含有氨基的结构和还原糖类物质进行反应从而生成 Amadori 或者 Heyns 重排产物。第二反应过程生成大量降解产物，大量的风味化合物与中间体也在此过程中产生。第二反应过程的降解途径能够直接将氨基酸降解为氨、醛和乙二醛（glyoxal）、二氧化碳、核糖（ribose）、甘油醛（glyceralde-hydes）等，都是含有羰基的产物，此途径属于高温加工中的最重要的一种风味物质形成过程。第三阶段是美拉德反应中棕黄色物质——类黑素形成的过程。

　　许多科学家的研究已经证实食品中丙烯酰胺的形成与美拉德反应密切相关，而底物的种类对丙烯酰胺形成尤为关键。Mottram 等于 2002 年在 "Nature" 上发表文章指出天冬酰胺（asparagine，Asn）是食品中丙烯酰胺的主要来源（Mottram et al，2002）。他们通过实验设计了不同氨基酸与葡萄糖反应，结果表明，天冬酰胺与葡萄糖反应产生的丙烯酰胺含量最多，而谷氨酰胺、天冬氨酸与葡萄糖反应仅产生了痕量的丙烯酰胺，其他的氨基酸与葡萄糖反应则几乎不生成丙烯酰胺。Stadler 等也于 2002 年和 2004 年证实了等物质的量的葡萄糖和天冬酰胺在 180℃发生热裂解反应生成大量的丙烯酰胺（Stadler et al，2002，2004）。Zyzak 等于 2003 年进一步通过同位素示踪和质谱方法对反应历程进行监控，表明丙烯酰胺中的 3 个碳原子和 1 个氮原子都来自于天冬酰胺，证明了天冬酰胺为丙烯酰胺形成提供了碳骨架（Zyzak et al，2003）。天冬酰胺和丙烯酰胺的结构见图 2-4，丙烯酰胺与天冬酰胺具有相同的酰胺侧链，从化学计量学的角度，丙烯酰胺可以通过天冬酰胺的直接脱羧和脱氨反应形成，但是在实际研究过程中，天冬酰胺的主要热分解产物为琥珀酰亚胺（succinimide），一方面是由于分子内的环化阻碍了天冬酰胺的脱羧反应，另外也由于快速脱氨反应阻止了天冬酰胺转化为丙烯酰胺（Yaylayan et al，2003）。

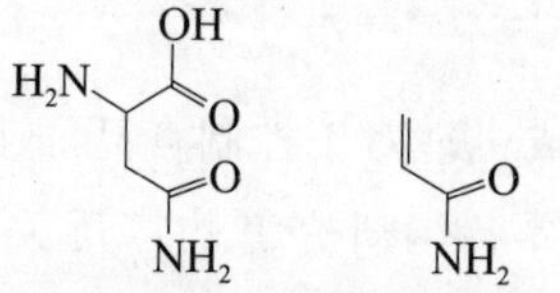

图 2-4   天冬酰胺和丙烯酰胺结构对比

当反应过程中有还原糖——葡萄糖或果糖参与时，天冬酰胺首先与还原糖反应生成 N-glucosylasparagine 中间产物，这种中间产物与席夫碱（Schiff base）不断地处于动态平衡中，席夫碱在丙烯酰胺的形成过程中具有重要的作用，它可以通过不同的反应途径生成丙烯酰胺。

途径一：席夫碱中间产物经过脱羧反应生成脱羧席夫碱，再通过分子间断裂直接消除一个 imine 基团生成丙烯酰胺，见图 2-5 右侧分支（Yaylayan et al，2003；Zyzak et al，2003）。

途径二：席夫碱中间产物经过环化、分子重排生成 Amadori 中间产物，继而脱水脱氨生成各种 α-二羰基化合物，如乙二醛、2,3-丁二酮、丙酮醛（methylglyoxal）等，天冬酰胺在这些 α-二羰基化合物的存在下可以通过 Strecker 降解机制在脱羧脱氨后生成丙烯酰胺，见图 2-6（Mottram et al，2002）。

途径三：席夫碱中间产物经过分子内环化作用生成 oxazolidin-5-one 中间产物，经脱羧作用生成 azomethine ylide，它可以形成脱羧 Amadori 产物，由于缺少羟基结构，Amadori 产物不可能发生分子内环化作用，而是通过逆向迈克尔加成（Michael 反应）生成丙烯酰胺，见图 2-7，此过程的限制性步骤是 C-N 键之间通过消去反应生成丙烯酰胺的过程（Yaylayan et al，2003）。Yaylayan 等（2003）提出的反应机理与 Zyzak 等（2003）存在一定差异，形成的席夫碱不是直接经过脱羧反应，而是先形成 oxazolidin-5-one 中间产物，这种中间产物会加速脱羧反应的进程。

　　N-糖苷途径是天冬酰胺的 N-糖苷或席夫碱作为丙烯酰胺的直接前体物质，比相应的 Amadori 产物产生的丙烯酰胺要多（Yaylayan et al，2004）。席夫碱在中性条件下，经分子内环化形成唑烷酮，在室温下就可以脱羧生成较为稳定的偶氮甲碱叶立德锇内盐（Ghiron et al，1988；Maskan et al，2011），偶氮甲碱叶立德锇内盐倾向于发生不可逆的 1，2-质子转移而生成脱羧席夫碱。席夫碱在碱性条件下还可以直接脱羧成脱羧席夫碱。脱羧席夫碱和 Amadori 产物能够直接生成丙烯酰胺或通过 3-氨基丙酰胺（3-aminopropionamide，3-APA）生成丙烯酰胺，如图 2-8 所示。另外，天冬酰胺单独在脱羧酶的作用下可以生成 3-氨基丙

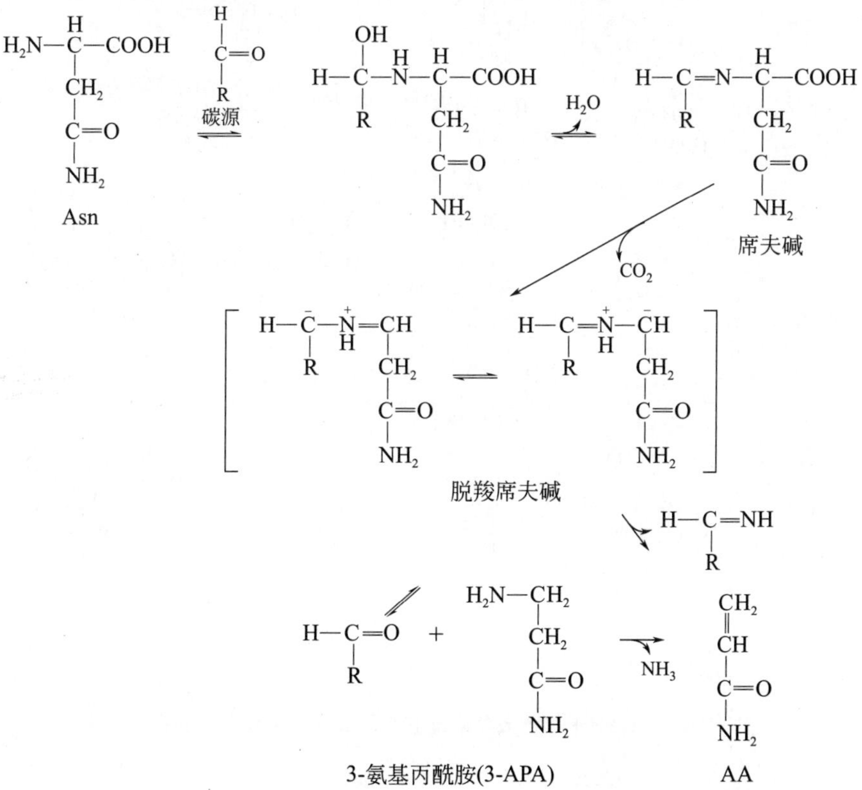

图 2-5　热加工食品中丙烯酰胺形成机理（1）

(a) 还原糖与天冬酰胺生成 α-二羰基化合物的途径

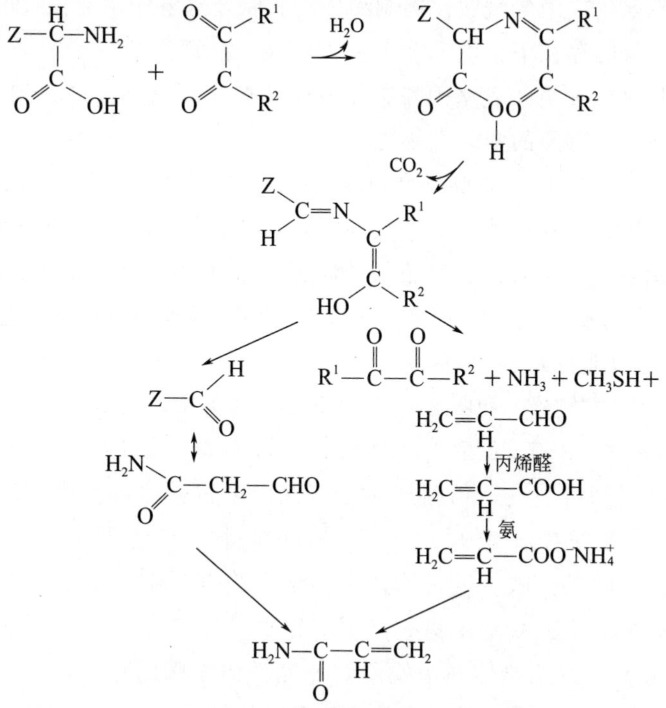

(b) α-二羰基化合物生成丙烯酰胺的可能途径

图 2-6　热加工食品中丙烯酰胺形成机理 （2）

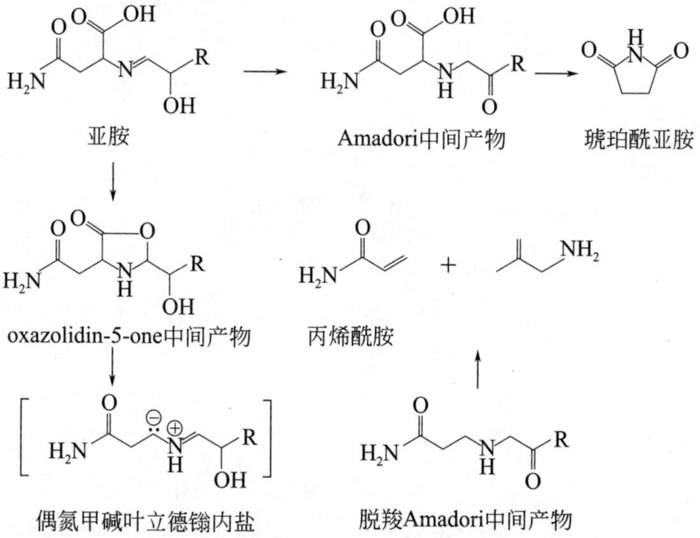

图 2-7　热加工食品中丙烯酰胺形成机理 （3）

酰胺，再经脱氨生成丙烯酰胺。肉制品中的肌肽经水解作用会释放出丙氨酸，丙氨酸在有自由氨的存在下会生成 3-氨基丙酰胺，从而生成丙烯酰胺。在 N-糖苷途径中，一些研究表明 3-氨基丙酰胺在丙烯酰胺的形成过程中起到了重要作用，是目前发现的比较重要的中间产物之一。

Zyzak 等（2003）和 Schieberle 等（2005）在研究中提出了丙烯酰胺可能形成的机理，即脱羧席夫碱中间产物通过直接消去反应生成丙烯酰胺或者该中间产物通过水解生成 3-氨基丙酰胺，3-氨基丙酰胺还可能在 α-二羰基化合物的存在下通过与天冬酰胺的热降解反应生成，而生成的中间产物 3-氨基丙酰胺通过脱氨反应生成丙烯酰胺。3-氨基丙酰胺还可能在天冬酰胺脱羧酶存在下，由天冬酰胺直接生成，生成 3-氨基丙酰胺机理见图 2-5 左侧分支和图 2-8，即在热加工过程中，天冬酰胺有多种途径可能生成 3-氨基丙酰胺，3-氨基丙酰胺是丙烯酰胺形成的重要前体物质。

Granvogl 等研究发现，单独加热 3-氨基丙酰胺，即可生成一定含量的丙烯酰胺，3-氨基丙酰胺在葡萄糖的存在下，丙烯酰胺生成量更高，并且在 100℃ 条件下就可以生成丙烯酰胺。通过同位素标记实验进一步证明了 3-氨基丙酰胺的作用。3-氨基丙酰胺还可能在酶的作用下在食品原料中产生，Granvogl 等分别在原料马铃薯和新鲜奶酪体系中检测到 3-氨基丙酰胺的存在，而且 3-氨基丙酰胺的含量还会随着储存温度的提高及热处理时间的延长而增加。因此，现有的研究结果已经可以证实在丙烯酰胺形成过程中 3-氨基丙酰胺起到了重要的作用，作为一种过渡中间产物参与丙烯酰胺的形成（Granvogl et al，2004，2006）。

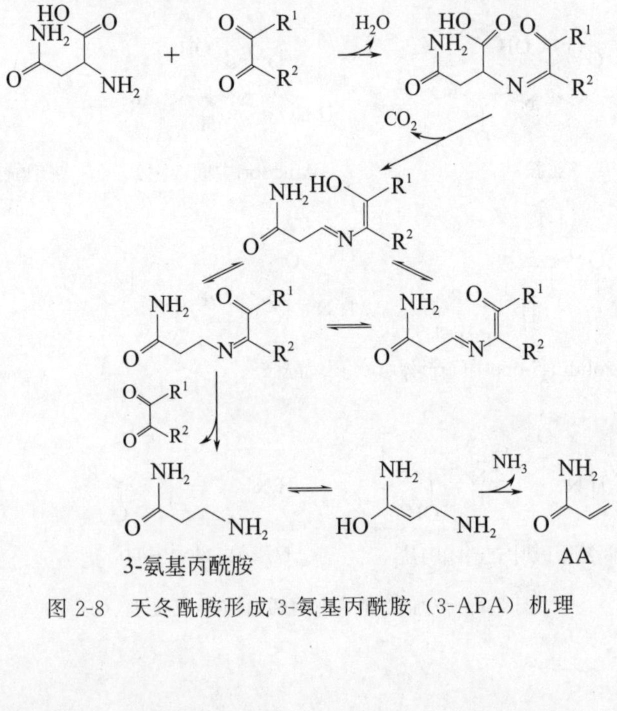

图 2-8 天冬酰胺形成 3-氨基丙酰胺（3-APA）机理

2.4.2　丙烯醛或丙烯酸途径

在富含淀粉类的食品中，天冬酰胺是形成丙烯酰胺的重要前体物质之一，但是在富含脂肪类的食品中，可能存在其他重要的前体物质，如丙烯醛或丙烯酸与氨的反应等。

食品中的单糖在加热过程中发生非酶降解，蛋白质和碳水化合物在高温分解的反应中，都会产生大量的小分子醛（如甲醛、乙醛等），它们在适当的条件下，重新化合生成丙烯醛，进而生成丙烯酰胺（Vattem et al，2003）。丙烯醛（acrolein，$CH_2 =CH-CHO$）为三碳醛类物质，在工业上有许多应用。丙烯醛在食品体系中可能通过动物和植物油在加热过程中甘油脱水形成（Umano et al，1987）。Yasuhara 等在研究丙烯酰胺形成机理时，将天冬酰胺与甘油三油酸酯一起作用，生成了高含量的丙烯酰胺，而当天冬酰胺与丙烯醛气体反应时，生成的丙烯酰胺增加。当丙烯醛和氨水在同样条件下反应时，丙烯酰胺含量高于天冬酰胺与丙烯醛气体反应生成的丙烯酰胺含量；另外将丙烯醛的氧化产物丙烯酸与氨水反应时，产生了最高含量的丙烯酰胺，说明丙烯醛和氨在丙烯酰胺形成过程中起到了重要作用，因此推测在富含油脂的食品中，丙烯醛和氨在形成丙烯酰胺的作用中更为重要，见图 2-9（Yasuhara et al，2003）。

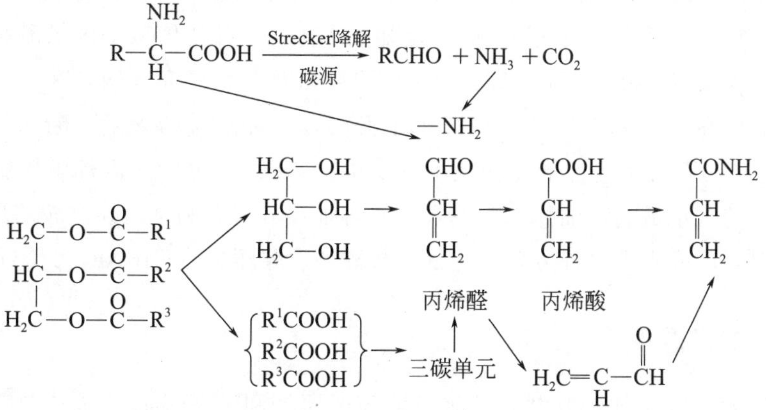

图 2-9　氨基酸和油脂体系中生成丙烯酰胺的机理

富脂食品在高温加热过程中释放的甘油三酯分解成丙三醇和脂肪酸，丙三醇进一步脱水可产生丙烯醛，脂肪酸和丙三醇分别氧化可以生成丙烯醛和丙烯酸。食品中的蛋白质氨基酸，如天冬氨酸（aspartic acid）降解生成丙烯酸，丙氨酸和精氨酸在高于 180℃加热时都能生成丙烯酸，丝氨酸和半胱氨酸加热经丙酮酸、乳酸生成丙烯酸（Yaylayan et al，2005）。其他氨基酸或蛋白质与糖之间发生 Maillard 反应，如 1mol 天冬氨酸和还原糖在 230℃下加热 5min 可以生成 14mmol 的丙烯酸，1mol 氨基酸在 200℃下热解 10min 得到的 NH_3 可以生成 $75\mu mol$ 丙烯酰胺，这些途径生成的丙烯酰胺是天冬酰胺途径的 5％ （Stadler et al，2003）。肉制品中的肌肽（carnosine）通过水解作用释放出 β-丙氨酸（β-alanine），从而脱氨生成丙烯酸 （Yaylayan et al，2004）。丙烯酸途径在食品中似乎更为广泛，但是由于受自由氨的限制，要使反应有效进行需要相对更高的温度，所以丙烯酸途径产生丙烯酰胺的量比天冬酰胺途径少 （Becalski et al，2003；Amrein et al，2004）（图 2-10）。

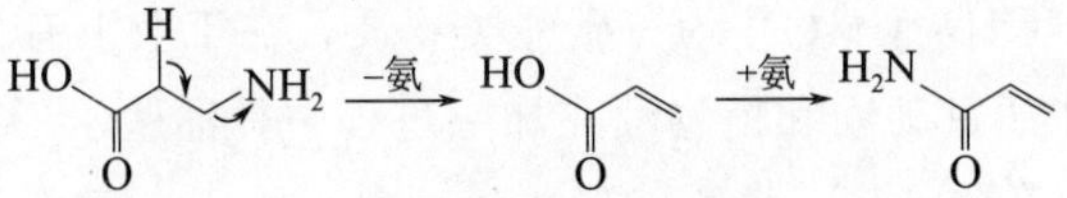

图 2-10 β-丙氨酸形成丙烯酰胺机理

2.5   食品加工过程中影响丙烯酰胺形成的因素

2.5.1   丙烯酰胺形成规律

早期研究对食品中丙烯酰胺的形成规律进行了初探。在天冬酰胺和葡萄糖等物质的量反应体系中，以 180℃的温度加热 15min，可使体系中丙烯酰胺的产生量达到最大值 （Mottram et al，2002）。温度依赖关系研究表明，在模式体系中当加热温度在 120～170℃范围内逐渐上升时，丙烯酰胺的含量不断增加；而当温度超过 170℃后，其含量逐渐减少 （Stadler et al，2002）。丙烯酰胺在薯类油炸食品中的含量最高；油炸、微波和焙烤等加热方式有利于丙烯酰胺的形成，而未经加热处理或水煮烹饪方式产生的丙烯酰胺含量很低 （Tareke，2003）。

2.5.2   加工温度

加拿大卫生部研究指出，以葡萄糖等还原糖和天冬酰胺等游离氨基酸，在 100℃以上温度条件下反应可发现有丙烯酰胺生成。不同的食品体系，生成丙烯酰胺最高含量时的温度是不一样的。一般的研究范围为 100℃到 200℃之间，大量研究表明在此范围内，随着加工温度的升高，丙烯酰胺的生成速率和消除速率同时增加，当生成速率在全过程中占优势时，煎、烤、烘制的食物中丙烯酰胺的含量就会不断增加。但对有些样品，由于消除速率不断增加并占优势，致使丙烯酰胺浓度出现先增加后降低的趋势 （钟南京等，2006）。

2.5.3　加工时间

在实验室模拟烹制马铃薯的研究中发现，超过 100℃ 时，丙烯酰胺的浓度随加热时间的延长而增加，并在一段时间后趋于平缓，此时丙烯酰胺的生成和消除速率均有下降的趋势，这可能是由于食品中丙烯酰胺的量还与食物样品的形态有关，如薯条中丙烯酰胺含量要低于薯片中的丙烯酰胺含量，切片薄的薯片比切片厚的薯片中丙烯酰胺含量高，这是因为质量相同时，薄薄的薯片能在很短的时间内迅速失水干燥，并具有大量的表面积受热，从而生成更多的丙烯酰胺。但加工时间延长，生成反应达到完全时，生成丙烯酰胺的量就与样品形态无关了。对时间而言，丙烯酰胺的含量是随着时间而增加的，但是并不总是增加，并且时间因素不如温度影响显著，所以有人提出了采用低温长时间加热会降低丙烯酰胺含量的想法（Brathen，2005）。

2.5.4　前体物质浓度

通过丙烯酰胺形成机理研究，发现天冬酰胺和还原糖类是美拉德反应中生成丙烯酰胺的重要前体物质，其中最能显著影响热加工食品中丙烯酰胺形成的是天冬酰胺的含量。如果采用其他氨基酸（如丙氨酸、天冬氨酸、精氨酸、半胱氨酸、甲硫氨酸、谷氨酸、缬氨酸和苏氨酸等）作为前体物质时，产生的丙烯酰胺含量很少。调查研究显示，天冬酰胺在土豆中的含量最高可达 939mg/kg，在小扁豆种子中的含量可达 18000～62000mg/kg，在芦笋中的含量更是高达 11000～94000mg/kg。除此之外，当天冬酰胺存在的条件下，还原性糖（果糖、葡萄糖和乳糖）与非还原性糖（蔗糖）都能与天冬酰胺发生美拉德反应从而产生丙烯酰胺（Yaylayan et al，2003），并且各国学者普遍地认为，食品中葡萄糖/果糖和天冬酰胺反应产生的丙烯酰胺效率会更高（Biedermann-Brem et al，2003）。此外，当在更高的反应温度条件下，蔗糖也可以与天冬酰胺发生美拉德反应产生丙烯酰胺（Taeymans et al，2004），蔗糖与天冬酰胺的反应摩尔比为 1：2（褚婷等，2009）。

从反应底物的研究中不难发现，不同种类的食物原料，由于种植方法、生长条件及收获后的储存方法不同，其各种化学成分的含量也不同，致使加工所得产品中丙烯酰胺的含量差异很大。比利时科学家对不同品种马铃薯及相同品种马铃薯之间差异造成丙烯酰胺含量差异进行研究，结果表明马铃薯在种植过程中的操作及储藏条件是造成同种马铃薯制品丙烯酰胺含量差异的重要原因。瑞典专家研究了马铃薯在 3～10℃ 条件下长期储藏过程中天冬酰胺、葡萄糖、谷氨酸盐、果糖和蔗糖含量变化，结果表明，不同品种马铃薯以上几种物质含量差异显著。含有较低天冬酰胺和还原糖含量的马铃薯可保证在油炸过程中产生较少丙烯酰胺，在较低温度下储藏马铃薯不会导致天冬酰胺含量升高，但较低温度储藏过程中还原糖水平会提高，这可能也会导致丙烯酰胺含量的增加。

瑞士专家研究发现，将低温储藏后的马铃薯再放在 10～15℃室温下储存两周可降低还原糖含量，但残留还原糖仍比储藏前高 5 倍。马铃薯发芽过程对丙烯酰胺含量没有显著影响。

综上所述，通过降低食品原料或者反应体系中反应前体物质含量的方法，能够有效地控制热加工食品中丙烯酰胺的生成量。

2.5.5　水分含量及水分活度

水分的存在既可以促进也可以抑制丙烯酰胺的生成，过于干燥和过于潮湿的条件都不利于反应的进行，含有一定水分的面粉在 160℃加热 30min 生成的丙烯酰胺含量是干燥面粉生成的 10 倍，含有 10%水分的马铃薯在高温烘制时生成的丙烯酰胺含量也高于干燥样品。在通常的煎、炸、烘烤过程中，食物中的水分会很快丢失，因此丙烯酰胺的生成多发生在食物的表面（Fabien et al，2004）。Miao 等研究了复合薯片加工过程中水分含量与水分活度和丙烯酰胺形成的关系，研究发现，随着油炸时间的增加，水分活度明显降低，油炸完成后，仍可以保持 0.340～0.360 的水分活度。油炸温度越高，水分活度降低的速度越快。丙烯酰胺的形成与水分活度呈高度相关性，而且其变化规律遵循一级反应动力学模型（Miao et al，2013）。De Vleeschouwer 等在研究中发现丙烯酰胺的形成与模拟体系初始水分活度的关系不大，通过消除速率常数表明当水分活度处于 0.82 时，丙烯酰胺存在最小值（De Vleeschouwer et al，2007）。

2.5.6　油脂氧化

油脂在热处理过程中，会发生多种化学反应，其中油脂的氧化、水解以及聚合反应是主要的化学反应。油脂在高温下反复加热，与空气接触进而引起一连串涉及自由基的氧化反应，生成大量的油脂氧化产物，这些化合物将会继续参与生成一系列具有不同分子质量、风味阈值和生物学意义的化合物，包括醛类、酮类、醇类、环氧化合物和烃类等，在高温条件下，这些小分子化合物还能聚合，形成黏稠的胶状聚合物，进一步影响油脂的品质。

根据脂质氧化过程的特点，研究者将其与丙烯酰胺的形成机理联系起来，

Gertz 等研究发现,当用于加热的油在循环使用 5 次以上时,产品中的丙烯酰胺含量升高了 20%～30%,在油脂中添加水分吸附剂可以使油炸过后的食品中丙烯酰胺含量降低 40%(Gertz et al,2002)。在油炸过程中,食物中间的水分转移到产品表面,并导致其中一些极性物质随之带出,部分极性物质从食品内溶出,增加了丙烯酰胺形成的概率。Mestdagh 等在模拟体系及法式薯条加工过程中,探讨了油脂降解对丙烯酰胺形成的影响,包括油脂氧化和油脂水解过程,但是发现这些油脂变化过程对丙烯酰胺的形成没有显著影响(Mestdagh et al,2007)。在 Zamora 等的研究中,他们发现一些油脂氧化产物可以将天冬酰胺降解为丙烯酰胺,α-二不饱和甘油酯、β-二不饱和甘油酯、γ-二不饱和甘油酯、δ-二不饱和甘油酯是继氢过氧化物之后最具有反应活性的羰基化合物,可能会促进丙烯酰胺的形成(Zamora et al,2008)。Arribas-Lorenzo 等研究了油脂降解对饼干中丙烯酰胺形成的作用,作者强调油脂氧化产物是富脂干燥食品中丙烯酰胺形成的重要因素(Arribas-Lorenzo et al,2009)。Capuano 等也研究发现,特别是在油脂作为主要碳源的食品体系中,油脂氧化对丙烯酰胺的形成具有显著影响(Capuano et al,2010)。

2.5.7 其他因素

食品体系中的 pH 值也是主要影响丙烯酰胺形成的因素之一。研究发现通过降低马铃薯中的 pH 值,可以有效地降低薯片和薯条中丙烯酰胺的生成量。目前的研究主要集中在原料中添加使用富马酸、苹果酸、柠檬酸、乳酸、琥珀酸等通过调节 pH 值来降低食品中丙烯酰胺的含量。如果溶液的 pH 值为 6 或低于 6,那么即使反应发生,反应程度也是很低的。在 pH 值 7.8～9.2 范围内,随着 pH 值的增加出现了氨基。何秀丽等用不同浓度柠檬酸液浸泡新鲜土豆片,经油炸后测丙烯酰胺含量,结果表明,随着浸泡液中柠檬酸浓度的增加,丙烯酰胺的生成量不断减少(何秀丽,2007)。Pedreschi 等用浓度为 10g/L 的柠檬酸液浸泡土豆条 1h,然后高温油炸,与不经过酸液浸泡的土豆条相比,产品中丙烯酰胺的含量降低了 53%(Pedreschi et al,2004,2007)。

另外,通过控制薯片的厚度亦可降低食品中丙烯酰胺的含量,在短时间烹制的条件下,可以明显地降低薯片中丙烯酰胺的生成量,如薯条中丙烯酰胺的生成量就明显低于薯片,此原因可能为薄薯片受热面积大大增加致使水含量快速流失从而会生成更多丙烯酰胺(褚婷等,2009)。

原料中蛋白质含量也会影响丙烯酰胺的含量。据研究报道,蛋白质会降低产品中丙烯酰胺的含量。Tareke 和 Becalski 均报道了烤牛肉中丙烯酰胺的含量相对要低的实验结果。主要原因可能是牛肉中天冬酰胺含量低，而且牛肉水分含量高。也可能是牛肉中的某些成分阻止了反应的进行或参与竞争反应，或者是生成的丙烯酰胺"连接"到基质或与基质中的一些成分发生反应。加牛肉到葡萄糖-天冬酰胺模拟体系中，最终产品丙烯酰胺的含量降低 50%～60%（Tareke et al，2002；Becalski et al，2003）。

2.6　抑制热加工食品中丙烯酰胺的方法

2.6.1　控制食品加工单元操作

2.6.1.1　控制温度和时间

温度对丙烯酰胺的生成有着重要的影响，它也是影响美拉德反应的重要因素之一。Mottram 等采用等物质的量的天冬酰胺和葡萄糖在 pH 值 5.5 的条件下加热反应，发现 120℃时开始产生丙烯酰胺，随着温度的升高，丙烯酰胺生成量增加，至 180℃左右达到最高（Mottram et al，2002）。Pedreschi 等实验也表明，在炸土豆片过程中，当温度从 190℃降低至 150℃时，丙烯酰胺的含量急剧下降（Pedreschi et al，2004）。众多实验说明：温度对丙烯酰胺的形成有着重要影响，温度越高，产品中生成的丙烯酰胺含量越高。所以降低温度可有效控制食品中丙烯酰胺的含量。

时间是影响丙烯酰胺含量的另一重要因素。当在 200℃的烤箱中处理马铃薯薯条时，随着加工时间的延长，丙烯酰胺含量呈指数增长，继续增加加工时间，丙烯酰胺的含量开始下降，说明丙烯酰胺在食品体系中是生成和消解共同发生的过程，当生成速率在全过程中占有优势时，食品中丙烯酰胺的含量就会不断增加，但随着反应过程的逐渐延长，生成的丙烯酰胺其消解速率明显增加并逐渐占据优势，因而丙烯酰胺的浓度出现先增加后减少的趋势（Rydberg et al，2003）。因此，在不影响食品品质的情况下，降低热加工温度以及缩短加工时间有利于减少食品中丙烯酰胺的形成。

2.6.1.2　降低 pH 值

大量研究表明，pH 值是影响美拉德反应的重要因素之一，它可以影响反应中糖和氨基酸的活性。研究表明，形成丙烯酰胺最适的 pH 值在 7～8（Brown，2003；Rydberg et al，2003）。降低 pH 值，可以使天冬酰胺中非质子化的 α-氨基组分转化为质子化的—NH_3^+，这样可以有效地阻断席夫碱的形成，而席夫碱是丙烯酰胺形成的重要来源之一。Yuan 等研究发现，在葡萄糖（或果糖）/天冬酰胺组成的模拟体系中，pH 值 4.0 时生成的丙烯酰胺含量远远小于 pH 值 8.0 时的丙烯酰胺含量，约是 pH 值 8.0 时的十分之一，说明在模拟体系的研究中，pH 值极大地影响了丙烯酰胺的形成（Yuan et al，2007）。在实际样品体系中，Jung 等的研究表明，法式玉米片煎炸前用 0.2% 的柠檬酸处理，产品中丙烯酰胺的含量会降低 82.2%，而焙烤玉米片则减少 72.8%（Jung et al，2003）。Pedreschi 等也在柠檬酸处理的马铃薯片中得到了相似的结果，由于在浸泡过程中并没有显著减少天冬酰胺或还原糖的含量，那么减少的丙烯酰胺就可能主要是由于 pH 值的作用引起的（Pedreschi et al，2004，2007）。

2.6.1.3　调整水分含量

在美拉德反应过程中，水分的存在既可能促进也可能抑制丙烯酰胺的生成。水在美拉德反应中既是反应物，又充当着反应物的溶剂及其迁移的载体，过于干燥和过于湿润的条件均不利于反应的进行。丙烯酰胺的形成主要是在食品的表面上，而在高水分样品中形成的丙烯酰胺含量很低。当马铃薯片的含水量处于 10%～20% 之间时，形成的丙烯酰胺含量略高于干燥样品。同时，在低水分条件下（<10%），不仅丙烯酰胺形成速率加快，其降解速率也随之加快，使样品体系中丙烯酰胺的含量相对保持恒定（Biedermann et al，2002）。Amrein 等研究发现水分含量对美拉德反应中丙烯酰胺形成和发生褐变反应的活化能具有很大的影响，低水分含量下，形成丙烯酰胺的活化能远大于发生褐变反应的活化能，这就解释了为什么油炸后期加工非常关键，必须要小心控制反应的原因（Amrein et al，2006）。何秀丽等实验研究表明：随着食品中水分含量减少，加工时间减少，产品中丙烯酰胺的含量也逐渐减少（何秀丽等，2007）。

2.6.2　控制原料中前体物质的浓度

天冬酰胺和还原糖是形成丙烯酰胺的重要前体物质，因此，采用一定的方法控制原料中天冬酰胺和还原糖的含量，可以有效抑制食品中丙烯酰胺的形成。

2.6.2.1　热烫处理

热烫可减少原料表面和内部的游离天冬酰胺和还原糖含量，使表面淀粉凝胶化，减少油炸过程中吸油量（张玉萍等，2006）。由于游离天冬酰胺和还原糖含量是影响丙烯酰胺生成的重要因素，所以降低了还原糖和游离天冬酰胺含量也就降低了丙烯酰胺的生成量。Pedreschi 等在进行油炸处理前用水浸泡马铃薯片

90min 后，分别在 150℃、170℃ 和 190℃ 下油炸，丙烯酰胺生成量分别平均减少了 27%、38% 和 20%；热烫处理后原料中的葡萄糖和天冬酰胺含量都显著下降，产品即使在 190℃ 条件下油炸也只产生少量的丙烯酰胺（Pedreschi et al，2004，2007）。Kita 等研究也发现，马铃薯片分别浸泡在 20℃ 和 70℃ 的水中，浸泡 1min 丙烯酰胺的含量就可以分别减少 10% 和 19%，浸泡时间延长，丙烯酰胺的含量进一步减少，但是，马铃薯片浸泡在水中减少的丙烯酰胺的含量并没有浸泡在柠檬酸中效果明显（Kita et al，2004）。

2.6.2.2 生物酶法处理

采用生物或化学方法去除原料中的天冬酰胺，其中研究最多的是采用天冬酰胺酶和其他酰胺酶。天冬酰胺在天冬酰胺酶的作用下可生成天冬氨酸和氨气，而天冬氨酸在美拉德反应中仅生成极微量的丙烯酰胺，所以可用来控制丙烯酰胺的生成。Zyzak 等采用天冬酰胺酶的方法对样品进行前处理，丙烯酰胺的含量减少了 99%，非常有效（Zyzak et al，2003）。但是在 2011 年欧盟食品饮料工业联盟（CIAA）的丙烯酰胺 Toolbox 指出，天冬酰胺酶在实验室优化实验上对丙烯酰胺的抑制具有较好的效果，但是在工厂生产上，效果却并不突出。对于薯片类产品，新鲜的马铃薯片用天冬酰胺酶处理后，发现工厂生产中抑制丙烯酰胺效果并不明显，可能是由于天冬酰胺酶不能有效渗透到马铃薯片内部而作用于天冬酰胺；而过度浸泡的前处理方法，可能会导致薯片结构不规整等感官问题。但是在复合薯片的加工中，采用天冬酰胺酶则对丙烯酰胺的抑制效果明显，但是也与不同的原料配方有关，在有些配方中，过量使用天冬酰胺酶则会产生天冬氨酸和氨等副产物，会影响产品的质量。在法式薯条产品中，天冬酰胺酶也可以在实验室条件下有效降低丙烯酰胺的含量，但是在工厂生产的半冻干法式薯条产品中，丙烯酰胺的降低率并没有对照产品高。

2.6.2.3 原料避免低温储藏

天冬酰胺和还原糖是形成丙烯酰胺的重要前体物质，其含量与原料的品种、生长季节、植物种植情况及储藏条件等密切相关，那么通过选择天冬酰胺和还原糖含量低的原料就可以减少加工过程中丙烯酰胺的生成。陈芳等研究发现，马铃薯在低温储藏期间，块茎内还原糖和总糖含量显著增加，淀粉含量下降（陈芳等，2007）。Matthäus 等发现土豆收获后于 4~8℃ 储藏可导致原料中还原糖含量增加，从而增加丙烯酰胺的生成量（Matthäus et al，2004）。因此土豆收获后加工前应避免低温储藏。研究者建议最好在 10℃ 左右温度下储存马铃薯，这样可以抑制低温储藏过程中淀粉转化为还原糖，从而降低薯条中丙烯酰胺的含量（赵国志，2004）。

2.6.2.4　食品原料发酵处理

食品原料发酵处理可以针对性地去除食品原料中的天冬酰胺或还原糖，从而减少生成丙烯酰胺的前体物质的含量；同时，发酵过程也可以降低产品的 pH 值，抑制美拉德反应的进行。一些焙烤食品，如饼干、面包等，通过发酵不仅可以产生特殊的风味和产品结构，而且对比非发酵产品，丙烯酰胺的含量也相对较低（CIAA，2005）。Baardseth 等研究表明，首先利用乳酸菌在 37℃下发酵薯条样品 45～120min 后进行油炸，然后与对照组相比，炸薯条中的丙烯酰胺含量下降 48%～71%，这其中主要是由于发酵过程显著地降低了薯条的 pH 值（Baardseth et al，2006）。采用酵母发酵 1h 可以使面包中的丙烯酰胺含量减少 50%以上，主要是由于酵母发酵面团，显著降低面团中天冬酰胺的含量，从而达到减少丙烯酰胺生成的目的（CIAA，2006）。马铃薯类产品中提出了可以利用 *Lactobacillus*（嗜酸乳杆菌）发酵的方法降低丙烯酰胺，但是，目前这种方法的应用仍然受到现有加工方法和设备的限制。

2.6.3　添加外源食品添加剂

2.6.3.1　NaHSO₃、CaCl₂ 和半胱氨酸添加剂

欧仕益等研究了阿魏酸、过氧化氢、阿魏酸/过氧化氢、儿茶素等在不同温度下对丙烯酰胺的脱除作用（欧仕益等，2004，2006）。结果表明，在 160℃下短时间加热，阿魏酸、过氧化氢、阿魏酸/过氧化氢、$NaHCO_3$ 和 $NaHSO_3$ 都能不同程度地脱除部分丙烯酰胺，其中以阿魏酸和过氧化氢联合处理效果最好，而儿茶素的效果不佳。分别用 0.1%、0.3%和 0.5%的 $NaHSO_3$、$CaCl_2$ 和半胱氨酸在油炸前浸泡土豆片，发现油炸土豆片中丙烯酰胺含量显著降低；当半胱氨酸和 $CaCl_2$ 浓度分别为 0.3%和 0.5%时，油炸薯片中检测不到丙烯酰胺。但是 $CaCl_2$ 如何影响丙烯酰胺形成，其机理还有待探讨。由于半胱氨酸添加后会对食品产生异味，所以最好选用 $CaCl_2$，$CaCl_2$ 既便宜又可以起到护色保脆的作用。

2.6.3.2　添加柠檬酸和甘氨酸

柠檬酸和甘氨酸在抑制丙烯酰胺形成时也具有一定的作用。Jung 等研究发现，通过 0.1%～0.2%或 1%～2%柠檬酸溶液浸泡玉米片和法式薯片，可以有效减少油炸过程中丙烯酰胺的形成（Jung et al，2003）。Gama-Baumgartner 等也发现柠檬酸处理能降低法式炸薯条中丙烯酰胺含量，这是因为用酸溶液浸泡既

能够减少原料中生成丙烯酰胺的前体物质葡萄糖和天冬酰胺的含量，又能降低整个反应过程的 pH 值，不利于美拉德反应进行，因而可以有效控制食品中丙烯酰胺的形成（Gama-Baumgartner et al，2004）。Kim 等研究发现，在葡萄糖/天冬酰胺的模拟体系中加入 0.5% 的甘氨酸溶液，丙烯酰胺量减少了 95%（Kim et al，2005）。Low 等在食品原料中研究添加柠檬酸和甘氨酸对马铃薯蛋糕中丙烯酰胺含量的影响。单独添加柠檬酸在 180℃ 焙烤时，产品中丙烯酰胺含量随柠檬酸含量增加而有所下降；同样单独添加甘氨酸时，产品中丙烯酰胺含量随甘氨酸含量增加而有所下降；当柠檬酸（0.39%）和甘氨酸（0.39%）共同作用时，产品中丙烯酰胺含量比对照组显著下降，进一步说明柠檬酸和甘氨酸可以有效降低食品中丙烯酰胺的含量（Low et al，2006）。

陈芳教授研究团队进行了甘氨酸在美拉德模拟体系中抑制丙烯酰胺的机制研

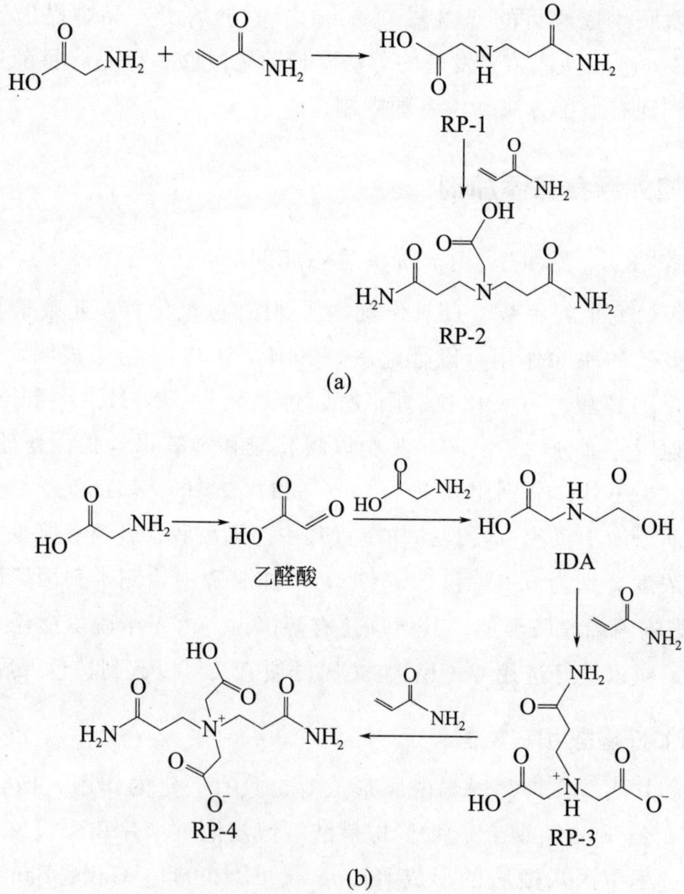

(a)

(b)

图 2-11　丙烯酰胺与甘氨酸的反应途径

究，首次利用 HPLC-MS/MS、IT-TOF 和核磁共振等技术系统研究了甘氨酸作为丙烯酰胺抑制剂对丙烯酰胺的抑制机制，研究了美拉德模拟体系中甘氨酸与丙烯酰胺在高温下的反应产物和反应途径，从定性和定量两个方面对反应途径提供了有利的证据。根据分离鉴定得到的丙烯酰胺/甘氨酸模拟体系在加热条件下生成的四个稳定产物的结构，提出了丙烯酰胺的双键与甘氨酸侧链上的亲核基团发生 Michael 加成反应 [图 2-11(a)] 以及甘氨酸先经氧化再与丙烯酰胺发生加成反应的新途径 [图 2-11(b)]，并完成了甘氨酸在天冬酰胺/葡萄糖体系中对于丙烯酰胺生成和消除的作用途径，从理论上说明了甘氨酸作为丙烯酰胺抑制剂的作用机制，也为天然丙烯酰胺抑制剂和油炸马铃薯片专用丙烯酰胺抑制剂的使用提供了技术和理论保证（Liu et al，2011）。

2.6.3.3　NaCl 溶液处理

用 NaCl 溶液处理食品样品也被认为是控制食品中丙烯酰胺含量的有效办法。Kolek 等分别把 1%、5% 和 10% 的 NaCl 添加到葡萄糖/天冬酰胺的模拟体系中，与无 NaCl 添加的对照组相比，丙烯酰胺含量分别减少了 32%、36% 和 40%（Kolek et al，2006）。而 Pedreschi 等研究发现，在油炸前将土豆片浸泡在 0.02g/L 的 NaCl 溶液中 5min，土豆片经过油炸使其中丙烯酰胺的生成量与对照组相比大约减少 90%（Pedreschi et al，2007）。

2.6.4　天然植物源成分对丙烯酰胺的抑制作用

2.6.4.1　竹叶黄酮提取物对丙烯酰胺抑制作用及机理

Zhang 等仅仅是通过建立天冬酰胺-葡萄糖模拟体系（pH 值 6.80），并通过在体系中添加 10^{-4} mg/mL 的竹叶提取物（AOB，主要含竹叶黄酮）使丙烯酰胺的生成量降低了 74.4%（Zhang et al，2008）。潘娜首先通过建立模拟体系研究了不同浓度竹叶黄酮提取物对丙烯酰胺的抑制作用，其次研究了在热处理过程中不同的油炸温度、不同的油炸时间和不同的浸泡时间下竹叶黄酮提取物对油炸薯条中丙烯酰胺的抑制作用，结果表明模拟体系中竹叶黄酮浓度对丙烯酰胺有一定抑制作用，丙烯酰胺的含量随着油炸薯条中油炸温度和油炸时间的增加而不断增加（潘娜，2010）。Zhang 等则进一步将竹叶提取物应用到油炸食品中，发现用浓度为 0.1% 和 0.01% 的竹叶提取物浸泡薯片薯条，可以使得炸薯片和炸薯条中丙烯酰胺减少 74.1% 和 76.1%，且薯片和薯条的脆度及风味没有明显改变（Zhang et al，2008）。

生物黄酮对丙烯酰胺的抑制机理具体表现为：首先，生物黄酮可以明显地抑制天冬酰胺与果糖反应生成以席夫碱为代表的中间产物的过程，可是对前两种前体物质反应的过程无显著影响；然后，能够显著地抑制葡萄糖向果糖转化的过程；接着，能够显著地抑制中间产物向丙烯酰胺转化的过程，但无法抑制丙烯酰胺生成后的消除和转化的过程；最后，可能对抑制类黑素的形成具有一定的影响，但这种作用并不显著。生物黄酮对于美拉德反应及其终端产物的抑制作用有限（张英等，2008）。

2.6.4.2　其他水果类和植物类的提取物对丙烯酰胺的抑制作用

Cheng 等通过建立葡萄糖/天冬酰胺模拟反应体系研究了六种天然提取物（苹果、蓝莓、山竹、龙眼、白果肉火龙果、红果肉火龙果）对丙烯酰胺的抑制作用（Cheng et al，2010）。结果发现六种提取物中对丙烯酰胺有不同的抑制或者促进作用，苹果提取物能显著抑制丙烯酰胺的形成。刘明等通过在挤压膨化食品中添加海藻糖、大豆多肽和茶多酚等食品添加剂，发现其对挤压产品中丙烯酰胺的含量有显著影响。在少量添加海藻糖时，丙烯酰胺含量有所升高，当添加量超过 2％以后，丙烯酰胺含量显著下降；当大豆多肽含量达到 3％以上时，挤压样品中丙烯酰胺含量降低 50％以上；茶多酚添加量对产物中丙烯酰胺含量的减少无明显效果（刘明等，2011）。

2.6.4.3　维生素对丙烯酰胺的抑制作用

近几年研究发现有些维生素也会对食品中丙烯酰胺的生成具有抑制作用。Zeng 等研究 15 种维生素对丙烯酰胺形成的抑制作用，结果发现水溶性维生素是良好的丙烯酰胺抑制剂，脂溶性维生素却只有微弱的作用。在葡萄糖/天冬酰胺模拟体系中生物素、维生素 B_6、吡哆胺和 L-抗坏血酸等对丙烯酰胺形成的抑制率大于 50％。在食品体系中，烟酸和吡哆醛抑制效果最好，对油炸土豆条中丙烯酰胺抑制率分别达到 51％和 34％（Zeng et al，2009）。

Kotsiou 等对维生素抑制食品中丙烯酰胺形成规律的研究也进一步表明水溶性维生素对乳化体系中丙烯酰胺的形成具有较明显的抑制作用（Kotsiou et al，2010）。

2.6.4.4　天然植物源成分促进食品中丙烯酰胺的形成

Cheng 等利用模拟体系研究六种天然提取物对丙烯酰胺形成的影响，发现只有苹果提取物有抑制作用，而蓝莓、山竹和龙眼提取物都没有显著影响，火龙果提取物则具有促进丙烯酰胺形成的作用（Cheng et al，2010）。

Hedegaard 在面团中添加 1％的迷迭香提取物时可显著降低丙烯酰胺的量。

但是当迷迭香提取物浓度提高到 10% 时，不能更进一步地降低丙烯酰胺的生成量。相比于迷迭香提取物，添加香料类植物对丙烯酰胺的形成几乎没有效果甚至能略微增加丙烯酰胺含量（Hedegaard et al，2008）。而 Casado 发现大蒜提取物、绿茶提取物、没食子酸、迷迭香和牛至提取物对橄榄汁加热过程中丙烯酰胺形成没有抑制效果（Casado et al，2010）。

Kotsiou 等在葡萄糖/天冬酰胺模拟体系中添加橄榄油酚酸提取物，发现不仅使体系的抗氧化活性降低 15%，还导致丙烯酰胺含量增加至 48%（Kotsiou et al，2011）。

综上可知，天然抗氧化剂的种类不同则对食品中形成丙烯酰胺的影响作用不同，即使是同一种抗氧化剂，在不同浓度、不同反应体系和反应条件下对丙烯酰胺形成的影响也不同，即某种抗氧化剂在一种条件下对丙烯酰胺的形成具有抑制作用，在另一种条件下则可能会促进丙烯酰胺的形成或对丙烯酰胺的形成没有显著影响。

2.6.5 天然植物源成分对丙烯酰胺体内毒性的抑制作用研究

丙烯酰胺引起的毒性作用也是我们关注的重点问题之一，丙烯酰胺可以引起某些细胞 DNA 氧化性的损伤，丙烯酰胺毒性效应的产生很大可能是因为自由基或者活性氧参与（刘仁平，2006）。自由基可以导致糖类、脂肪、蛋白质、核酸和生物膜发生老化和损坏，从而造成整个细胞的功能降低，严重的时候可引起细胞死亡。天然植物源成分的抗氧化功能可以通过直接清除自由基，抑制自由基的产生，或者提高内源性抗氧化物质的功能水平来实现，从而对机体细胞 DNA 起到保护性作用。之前对丙烯酰胺的防护措施的研究主要还是集中在食品体系对丙烯酰胺形成的抑制方面，尤其是在食品高温加工过程中采用各种措施来降低食品中丙烯酰胺的形成，并且在以天然植物源成分作为丙烯酰胺抑制剂的领域取得了显著的研究成果。目前，已有许多研究者逐渐开始关注构建防护丙烯酰胺毒性的第二道防线，即利用天然植物源成分来抑制丙烯酰胺在体内造成的细胞毒性和基因毒性等。

2.6.5.1 维生素类

天然维生素 C 广泛存在于绿色蔬菜和新鲜水果当中，是一种重要的水溶性强抗氧化剂。杨翠香等研究表明丙烯酰胺可以抑制 bcl-2 基因及诱导 bax 基因的表达，可能介导其神经毒作用，维生素 C 具有可以降低丙烯酰胺神经毒性的作用（杨翠香等，2003）。沈玉芹等通过丙烯酰胺腹腔注射实验小鼠，建立了小鼠丙烯酰胺急性中毒的实验模型，研究结果表明丙烯酰胺能够引起小鼠小脑中过氧化脂质（LPO）含量的显著性升高，可知丙烯酰胺的体内毒性与体内氧自由基的增加密切相关。利用维生素 C 保护的对照小鼠，小鼠神经系统的中毒症状明显减轻，小脑中 LPO 含量明显下降，这说明维生素 C 可以通过清除自由基来降低丙烯酰胺对小鼠产生的神经毒性，对小鼠的脑组织具有明显的保护作用（沈玉芹等，2004）。马红莲研究了维生素 C 防护丙烯酰胺损伤小鼠 DNA 的作用，研究结果表明，在实验小鼠丙烯酰胺染毒前及染毒过程中，给予小鼠一定量的维生素 C，都可以引起小鼠血浆和肝组织中丙二醛含量的降低，超氧化物歧化酶活性的增高，维生素 C 显著降低了丙烯酰胺对小鼠两种细胞造成的 DNA 氧化损伤作用（马红莲，2008）。

2.6.5.2　黄酮类

江城梅等通过建立丙烯酰胺诱导的小脑神经细胞凋亡实验模型，观察其自主性行为，继而测定其氧化应激的功能指标，例如超氧化物歧化酶活性、谷胱甘肽过氧化物酶和丙二醛，并观察三羟异黄酮的保护作用（江城梅等，2009）。实验结果显示，染毒神经细胞自主性行为的活动次数明显减少。染毒组大鼠的生化指标，如小脑组织中谷胱甘肽、超氧化物歧化酶活性均比对照组的含量显著减少（$p < 0.01$），丙二醛的含量显著增加（$p < 0.01$）。三羟异黄酮保护组大鼠的谷胱甘肽、超氧化物歧化酶活性含量明显增加，丙二醛明显减少，细胞形态结构产生的损伤也明显减轻。其实验结论是三羟异黄酮能够抑制丙烯酰胺诱导造成的小脑神经细胞的凋亡。赵红等把实验大鼠分为 4 组：经口丙烯酰胺为染毒组，大豆异黄酮高、低剂量组，正常对照组。其中大豆异黄酮高、低剂量组在大鼠染毒的同时分别灌胃大豆异黄酮 $50mg/(kg\ bw \cdot d)$ 和 $25mg/(kg\ bw \cdot d)$，正常对照组则以等量蒸馏水灌胃，连续灌胃 4 周后，大鼠颈椎脱臼处死，立即取出小脑组织，对其进行检查以及形态学观察。实验数据显示，染毒组和正常对照组过氧化物指标之间差异有统计学意义（$p < 0.05$），而对照组与大豆异黄酮高剂量组过氧化物指标之间则无明显差异（$p > 0.05$）。从而可以得出结论，大豆异黄酮可能对丙烯酰胺对大鼠造成的神经毒作用具有一定的拮抗作用（赵红等，2009）。

2.6.5.3　多酚类

姜黄素是从草本植物姜黄的根茎中提取出来的酚类色素。曹军等利用姜黄素对丙烯酰胺的防护作用进行了研究，结果表明 $2.5\mu g/mL$ 姜黄素能很明显地降低丙烯酰胺所导致的 HepG2 细胞的氧化损伤，抑制丙烯酰胺所造成的细胞活性氧生成，减轻细胞 DNA 链断裂的程度，降低丙烯酰胺诱导的细胞微核（MN）

的形成率。因此，2.5μg/mL 姜黄素可以显著防护丙烯酰胺对机体的细胞毒性作用，减少丙烯酰胺造成的氧化损伤作用和遗传毒性（曹军等，2009）。

羟基酪醇，是一种天然的多酚类化合物，其广泛存在于橄榄科橄榄属植物的枝叶和果实中，是橄榄油中的有效成分。Zhang 研究了羟基酪醇对丙烯酰胺所造成的人肝癌细胞（HepG2）DNA 的氧化损伤作用的防护（Zhang，2009）。使用不同浓度的羟基酪醇（12.5μmol/L、25μmol/L、50μmol/L）分别对 HepG2 细胞进行预处理，经过 30min 后，再加入 5μmol/L 或 10μmol/L 丙烯酰胺后，经测定，羟基酪醇预处理组的各项指标较单独接触丙烯酰胺组的明显有降低，而且指标与剂量呈现依赖性关系，并最终可以得出羟基酪醇可以调控细胞氧化应激状态，继而降低丙烯酰胺所造成的 DNA 氧化损伤的实验结论。刘春芳等经过对细胞氧化应激功能指标的测定，对丙二醛和超氧化物歧化酶活性测定的研究显示儿茶素、没食子、没食子酸酯（epigallocatechin-3-gallate，EGCG）对丙烯酰胺诱发的大鼠小脑颗粒神经元（cerebellar granule neurons，CGNs）凋亡具有明显的保护作用（刘春芳等，2012）。

矢车菊素-3-葡萄糖苷（cyanidin-3-glucoside，Cy-3-glu）、锦葵素-3-葡萄糖苷（malvidin-3-glucoside，Mv-3-glu）、飞燕草素-3-葡萄糖苷（delphindin-3-glu-coside，Dp-3-glu）、天竺葵素-3-葡萄糖苷（pelargonidin-3-glucoside，Pg-3-glu）等 4 种花色苷类物质能够降低丙烯酰胺引起的细胞活性氧的生成及丙烯酰胺和环氧丙酰胺诱导的丙二醛的生成量，提高还原型谷胱甘肽的含量，降低谷胱甘肽过氧化物酶（GPx）和谷胱甘肽-S-转移酶（GST）活性，提高 GPx1、GST1 和 γ-谷氨酰半胱氨酸合成酶（γ-GCS）的 mRNA 及蛋白质表达量，并且抑制细胞色素 P450 2E1（CYP2E1）的 mRNA 及蛋白质表达，从分子水平和蛋白质水平进一步验证 4 种花色苷能够减少丙烯酰胺和环氧丙酰胺对细胞的毒害作用，降低细胞的氧化应激。同时，动物实验表明，蓝莓花色苷提取物（花色苷含量为 25%）能抑制丙烯酰胺引起的肝细胞的氧化损伤，对丙烯酰胺毒性具有显著的干预效果（Song et al，2013）。

马红莲通过细胞实验及动物实验证明了番茄红素能够显著地增加小鼠体内 SOD 的抗氧化活力，显著降低 MDA 的含量，增强机体抗氧化系统的功能活性，减小了丙烯酰胺对肝细胞和淋巴细胞 DNA 的氧化损伤的程度（马红莲，2008）。Kurebayashi 和 Kyoung-Youl Lee 等认为异硫氰酸酯及蛋氨酸具有抑制环氧丙酰胺形成的作用，继而抑制丙烯酰胺的细胞毒性和基因毒性（Kyoung-Youl et al，2005；Kurebayashi et al，2006）。

褪黑素具有很强的抗氧化作用，是松果体分泌的主要激素。陆惠萍发现褪黑素对丙烯酰胺引起的体内神经毒性具有很好的防护作用。当发生丙烯酰胺中毒后，及时使用褪黑素也可以降低活性氧的水平，能够对丙烯酰胺引起的抗氧化损伤起到一定的保护作用（陆惠萍，2009）。

参 考 文 献

曹军，姜丽平，耿成燕，等. 2009. 姜黄素对丙烯酰胺致 HepG2 细胞 DNA 损伤的保护作用. 卫生研究，38（4）：392-394.

陈芳，胡小松. 2007. 马铃薯块茎贮藏温度对其碳水化合物含量及炸片色泽的影响. 园艺学报，27（3）：218-219.

褚婷，茅力. 2009. 食品中丙烯酰胺形成机理及控制. 江苏预防医学，20（3）：80-83.

邓海，焦小云，何凤生，等. 1997. 丙烯酰胺和环丙烯酰胺的神经毒性研究. 中华预防医学杂志，31（4）：202-205.

董红运，于素芳. 2012. 丙烯酰胺的致癌性研究进展. 环境与健康杂志，29（9）：858-860.

付云洁，李琦，陈江源，等. 2011. ELISA 法测定热加工食品中的丙烯酰胺. 中国酿造，（5）：77-79.

何秀丽，谭兴和，王燕，等. 2007. 油炸马铃薯片中丙烯酰胺形成的影响因素的研究. 食品科技，（3）：56-57.

何秀丽. 2007. 油炸马铃薯片中丙烯酰胺测定方法及其形成的影响因素研究. 长沙：湖南农业大学.

江城梅，赵文红，赵红，等. 2009. 三羟异黄酮对丙烯酰胺致小脑神经元凋亡的影响. 蚌埠医学院学报，34（1）：1-4.

刘春芳，江城梅，周礼华. 2012. 表没食子儿茶素没食子酸酯对丙烯酰胺致小脑颗粒神经元氧化损伤的防护作用研究. 营养学报，34（4）：362-367.

刘明，刘艳香，谭斌，等. 2011. 几种食品添加剂对挤压即食食品丙烯酰胺形成的抑制效果研究. 食品科技，36（7）：237-241.

刘仁平，童建，洪承皎. 2006. 硒和维生素对丙烯酰胺致 V79 细胞毒性的拮抗作用. 职业与健康，22（24）：2161-2164.

鲁静，周催，孙娜，等. 2014. 丙烯酰胺生殖和发育毒性及其生物标志物的研究进展. 食品安全质量检测学报，5（2）：457-462.

陆惠萍. 2009. 褪黑素对丙烯酰胺所致神经细胞氧化损伤保护作用的研究. 武汉：华中科技大学.

罗国安，王义明. 1995. 毛细管电泳的原理及应用. 色谱，13（4）：254-256.

马红莲. 2008. 丙烯酰胺致小鼠细胞 DNA 损伤及抗氧化剂的保护作用研究. 太原：山西医科大学.

马宇昕，张德兴，李国营，等. 2009. 丙烯酰胺对雄性生殖系统毒性影响的研究进展. 解剖学研究，31（1）：63-66.

欧仕益，林奇龄，汪勇，等. 2004. 几种添加剂对丙烯酰胺的脱除作用. 中国油脂，29（7）：61-63.

欧仕益，张玉萍，黄才欢，等. 2006. 几种添加剂对油炸薯片中丙烯酰胺产生的抑制作用. 食品科学，27（5）：137-140.

潘娜. 2010. 竹叶黄酮的抗氧化性及对油炸薯条中丙烯酰胺抑制作用的研究. 北京：北京林业大学.

秦菲，陈文，金宗濂，等. 2006. 丙烯酰胺毒性研究进展. 北京联合大学学报：自然科学版，20（3）：32-35.

沈玉芹，吕立夏，杨翠香. 2004. Vit C 对丙烯酰胺诱导小脑损伤的保护作用. 同济大学学报，20（5）：372-373.

王宵雪，刘冰，吕燕彦，等. 2012. 丙烯酰胺多克隆抗体的制备. 现代食品科技，28（4）：405-448.

吴晓云，顾文杰. 2002. 丙烯酰胺及其聚合物的生产技术及应用. 现代化工，22（增刊）：38-42.

杨翠香，吕立夏，艾自胜，等. 2003. 维生素 C 对丙烯酰胺急性中毒小鼠脑 bax 和 bcl-2 基因表达的影响. 同济大学学报医学版，24（2）：116-119.

杨思超，张慧，汪俊涵，等. 2011. 柱前衍生化-气相色谱-质谱法定量测定食品中丙烯酰胺的含量. 色谱，29（5）：404-408.

于素芳，谢克勤. 2005. 丙烯酰胺的神经毒性研究概况. 毒理学杂志，19（3）：242-244.

张红星，高美琴，张馨如，等. 2009. 丙烯酰胺人工抗原的合成及其多克隆抗体的制备. 中国农学通报，25（16）：83-85.

张丽梅. 2008. 烘煎食品中丙烯酰胺生成和分布规律及其速测方法的研究. 厦门：厦门大学.

张齐，蔡明招，朱志鑫. 2006. 食品中丙烯酰胺分析的样品前处理技术. 食品科技，（7）：221-224.

张英，龚金炎，李栋，等. 2008. 竹叶黄酮最新研究进展之二——竹叶酚性化学素抑制食品中丙烯酰胺形成及化解人体丙毒危害的作用和机制研究. 中国食品添加剂，（5）：57-62.

张玉萍，欧仕益，朱易佳，等. 2006. 高温加工食品丙烯酰胺抑制技术. 食品工业科技，27（6）：185-188.

张志清，蒲彪. 2008. 食品中丙烯酰胺检测研究进展. 中国公共卫生，（1）：114-116.

赵国志. 2004. 2004 年有关食品丙烯酰胺问题国际会议介绍. 粮食与油脂，（11）：48-49.

赵红，江城梅，赵文红，等. 2009. 大豆异黄酮对丙烯酰胺致大鼠小脑损伤的保护作用. 中国工业医学杂志，22（1）：40-41.

中华人民共和国卫生部公告 2005 年第 4 号. http：//www. moh. gov. cn. se.

钟崇泳，陈大志，奚星林. 2004. 油条中丙烯酰胺的测定. 广东化工，（5）：15-16.

钟南京，陆启玉，张晓燕. 2006. 油炸及焙烤食品中丙烯酰胺含量影响因素的研究进展. 河南工业大学学报，27（3）：88-90.

Amrein T M，Limacher A，Conde-Petit B，et al. 2006. Influence of thermal processing conditions on acrylamide generation and browning in a potato model system. Journal of Agriculture and Food Chemistry，54：5910-5916.

Amrein T M，Schönbächler B，Escher F，et al. 2004. Acrylamide in gingerbread：critical factors for formation and possible ways for reduction. Journal of Agricultural and Food Chemistry，52：4282-4288.

Andrzejewski D，Roach J A G，Gay M L，et al. 2004. Analysis of coffee for the presence of acrylamide by LC-MS/MS. Journal of Agriculture and Food Chemistry，52：1996-2002.

Arribas-Lorenzo G，Fogliano V，Morales F J. 2009. Acrylamide formation in a cookie system as influenced by the oil phenol profile and degree of oxidation. European Food Research and Technology，229：63-72.

Baardseth P，Blom H，Skrede G，et al. 2006. Lactic acid fermentation reduces acrylamide formation and other maillard reactions in French fries. Journal of Food Science，71：28-33.

Baskan S，Erim F B. 2007. NACE for the analysis of acrylamide in food. Electrophoresis，28：4108-4113.

Becalski A，Lau B P Y，Lewis D，et al. 2003. Acrylamide in food：occurrence，sources，and modeling. Journal of Agricultural and Food Chemistry，51：802-808.

Becalski A，Lau B P Y，Lewis D，et al. 2004. Acrylamide in french fries：influence of free amino acids and sugars. Journal of Agriculture and Food Chemistry, 52: 3801-3806.

Biedermann M, Biedermann-Brem S, Noti A, et al. 2002. Method for determining the potential of acryl-amide formation and its elimination in raw materials for food preparation, such as potatoes. Mitteilungen aus Lebensmitteluntersuchung und Hygiene, 93: 653-667.

Biedermann-Brem S, Noti A, Grob K, et al. 2003. How much reducing sugar may potatoes contain to avoid excessive acrylamide formation during roasting and baking. European Food Research and Technology, 217: 369-373.

Blasiak J, Gloc E, Wozniak K, et al. 2004. Genotoxicity of acrylamide in human lymphocytes. Chemico-Biological Interactions, 149: 137-149.

Bowyer J F, Latendresse J R, Delongchamp R R, et al. 2008. The effects of subchronic acrylamide expo-sure on gene expression, neurochemistry, hormones, and histopathology in the hypothalamus-pituitary-thyroid axis of male Fischer 344 rats. Toxicology and Applied Pharmacology, 230: 208-215.

Brathen E. 2005. Effect of temperature and time on the formation of acrylamide in starch-based and cereal model systems. Food Chemistry, 92: 693-700.

Brown R. 2003. Formation, occurrence and strategies to address acrylamide in food. FDA food advisory committee meeting on acrylamide, February 24-25, University of Maryland, College Park, Maryland, US. (http: //www. cfsan. fda. gov)

Camacho L, Latendresse J L, Muskhelishvili L, et al. 2012. Effects of acrylamide exposure on serum hor-mones, gene expression, cell proliferation, and histopathology in male reproductive tissues of Fischer 344 rats. Toxicology Letters, 211: 135-143.

Capuano E, Oliviero T, Açar Ö, et al. 2010. Lipid oxidation promotes acrylamide formation in fat-rich model systems. Food Research International, 43: 1021-1026.

Carlola Vecchial. 2003. Fried potatoes and human cancer. International Journal of Cancer, 105: 558-560.

Casado F J, Antonio Higinio Sánchez. 2010. Reduction of acrylamide content of ripe olives by selected addi-tives. Food Chemistry, 119: 161-166.

Cavalli S, Maurer R, Hofler F. 2003. Fast determination of acrylamide in food samples using accelerated solvent extraction followed by ion chromatography with UV or MS detection. The Applications Book, 4: 1-3.

Chen F, Yuan Y, Liu J, et al. 2008. Survey of acrylamide levels in Chinese foods. Food Additives and Contaminants: Part B, 1: 85-92.

Cheng K W, Shi J J, Ou S Y, et al. 2010. Effects of fruit extracts on the formation of acrylamide in model reactions and fried potato crisps. Journal of Agricultural and Food Chemistry, 58: 309-312.

CIAA Technical Report "Acrylamide Status Report December 2004" A summary of the efforts and progress achieved to date by the European Food and Drink Industry (CIAA) in lowering levels of acrylamide in food. Brussels, Jan 2005.

Conclusions of the Cereals WG, CIAA/EC Acrylamide Workshop, Brussels, March 2006.

Dale W S, Ann O S, Angie T, et al. 2007. Acrylamide effects on kinesin-related proteins of the mitotic/meiotic spindle. Toxicology and Applied Pharmacology, 222: 111-121.

De Vleeschouwer K, Van der Plancken I, Van Loey A, et al. 2007. Kinetics of acrylamide formation/elimination reactions as affected by water activity. Biotechnology Progress, 23: 722-728.

Delatour T, Perisset A, Goldmann T, et al. 2004. Improved sample preparation to determine acrylamide in different matrixes such as chocolate powder, cocoa, and coffee by liquid chromatography tandem mass spectroscopy. Journal of Agricultural and Food Chemistry, 52: 4625-4631.

Dobrowolski P, Huet P, Karlsson P, et al. 2012. Potato fiber protects the small intestinal wall against the toxic influence of acrylamide. Nutrition, 28: 428-435.

Doerge D R, Gamba C G, McDaniel L P, et al. 2005. DNA adducts derived from administration of acrylamide and glycidamide to mice and rats. Mutation Research, 580: 131-142.

Dunovska L, Cajka T, Hajslova J, et al. 2006. Direct ditermination of acrylamide in food by gas chromatography-high-resolution time-of-flight mass spectrometry. Analytica Chimica Acta, 578: 234-240.

Dybing E, Farmer P B, Andersen M, et al. 2005. Human exposure and internal dose assessments of acrylamide in food. Food Chemistry and Toxicology, 43: 365-410.

Fabien R, Gilles V, Philippe P, et al. 2004. Acrylamide formation from asparagine under low-moisture maillard reaction conditions. 1. Physical and chemical aspects in crvstalline model systems. Journal of Agriculture and Food Chemistry, 52: 6837-6842.

Friedman M A, Dulak L H, Stedham M A. 1995. A life time oncogenicity study in rats with acrylamide. Fundamental and Applied Toxicology, 27: 95-105.

Gama-Baumgartner F, Groh K, Biedermann M. 2004. Citric acid to reduce acrylamide fomation in French fries and roasted potatoes. Mitteilungen aus Lebensmitteluntersuchung und Hygiene, 95: 110-117.

Genga Z, Jiang R, Chena M. 2008. Determination of acrylamide in starch-based foods by ion-exclusion liquid chromatography. Journal of Food Composition and Analysis, 21: 178-182.

Gertz C, Klostermann S. 2002. Analysis of acrylamide and mechanisms of its formation in deep-fried products. European Journal of Lipid Science and Technology, 104: 762-771.

Ghiron A F, Quack B, Mahinney T P, et al. 1988. Studies on the role of 3-deoxy-D-erythro-glucosulose in nonenzymatic browning. Evidence for involvement in a Strecker degradation. Journal of Agricultural and Food Chemistry, 36: 677-680.

Granby K, Fagt S. 2004. Analysis of acrylamide in coffee and dietary exposure to acrylamide from coffee. Analytica Chimica Acta, 520: 177-182.

Granvogl M, Jezussek M, Koehler P, et al. 2004. Quantitation of 3-aminopropionamide in potatoes- a minor but potent precursor in acrylamide formation. Journal of Agricultural and Food Chemistry, 52: 4751-4157.

Granvogl M, Schieberle P. 2006. Thermally generated 3-aminopropionamide as a transient intermediate in the formation of acrylamide. Journal of Agricultural and Food Chemistry, 54: 5933-5938.

Hamdy S M, Bakeer H M, Eskander E F, et al. 2012. Effect of acrylamide on some hormones and endocrine tissues in male rats. Human and Experimental Toxicology, 31: 483-491.

Hashimoto K, Sakamoto J, Tanii H. 1981. Nenrotoxicity of acrylamide and related compounds and their effects on male gonads in mice. Archives of Toxicology, 47: 179-189.

Hedegaard R V, Granby K, Frandsen H, et al. 2008. Acrylamide in bread. Effect of prooxidants and antioxidants. European Food Research and Technology, 227: 519-525.

Hoenicke K, Gatermann R, Harder W, et al. 2004. Analysis of acrylamide in different foodstuffs using liquid chromatography-tandem mass spectrometry and gas chromatography-tandem mass spectrometry. Analytica Chimica Acta, 520: 207-215.

Jung M Y, Choi D S, Ju J W. 2003. A novel technique for limitation of acrylamide formation in fried and baked corn chips and in French fries. Journal of Food Science, 68: 1287-1290.

Kim C T, Hwang E-S, Lee H J. 2005. Reducing acrylamide in fried snack products by adding amino acids. Journal of Food Science, 70: 354-358.

Kita A, Brathen E, Halvor Knutsen S, et al. 2004. Effective ways of decreasing acrylamide content in potato crisps during processing. Journal of Agriculture and Food Chemistry, 52: 7011-7016.

Kolek E, Šimko P, Simon P. 2006. Inhibition of acrylamide formation in asparagine/D-glucose model system by NaCl addition. European Food Research and Technology, 224: 283-284.

Kotsiou K, Tasioula-Margari M, Capuano E, et al. 2011. Effect of standard phenolic compounds and olive oil phenolic extracts on acrylamide formation in an emulsion system. Food Chemistry, 124: 242-247.

Kotsiou K, Tasioula-Margari M, Kukurova K, et al. 2010. Impact of oregano and virgin olive oil phenolic compounds on acrylamide content in a model system and fresh potatoes. Food Chemistry, 123: 1149-1155.

Kurebayashi H, Ohno Y. 2006. Metabolism of acrylamide to glycidamide and their cytotoxicity in isolated rat hepatocytes: protective effects of GSH precursors. Archives of Toxicology, 80: 820-828.

Kyoung-Youl L, Makoto S, Keiko K, et al. 2005. Chemo prevention of acrylamid toxicity by antioxidative agents in rats-effeetive suppression of testicular toxicity by phenylethyl isothiocyanate. Archive of toxicology, 79: 531-541.

Lagalante A F, Felter M A. 2004. Silylation of acrylamide for analysis by solid-phase microextraction/gas chromatography/ion-trap mass spectrometry. Journal of Agricultural and Food Chemistry, 52: 3744-3748.

Lee M R, Chang L Y, Dou J. 2007. Determination of acrylamide in food by solid-phase microextration coupled to gas chromatography – positive chemical ionization tandem mass spectrometry. Analytica Chimica Acta, 582: 19-23.

Liu J, Zhao G H, Yuan Y, et al. 2008. Quantitative analysis of acrylamide in tea by liquid chromatography coupled with electrospray ionization tandem mass spectrometry. Food Chemistry, 108: 760-767.

Liu J Chen F, Man Y, et al. 2011. The pathways for the removal of acrylamide in model systems using glycine based on the identification of reaction products. Food Chemistry, 128: 442-449.

Low M Y, Koutsidis G, Parker J K, et al. 2006. Effect of citric acid and glycine addition on acrylamide and flavor in a potato model system. Journal of Agriculture and Food Chemistry, 54: 5976-5983.

Maskan M. 2001. Kinetics of colour change of kiwifruits during hot air and microwave drying. Journal of Food Engineering, 48: 169-175.

Matthäus B, Haase H U, Vosmann K. 2004. Factors affecting the concentration of acrylamide during deep-fat frying of potatoes. European Journal of Lipid Science and Technology, 106: 793-801.

Mei N, McDaniel L P, Dobrovolsky V N, et al. 2010. The genotoxicity of acrylamide and glycidamide in big blue rats. Toxicology Science, 115: 412-421.

Melanie I B, Hermann M B, Drexler J A. 2006. Excretion of mercapturic acids of acrylamide and glycidamide in human urine after single oral administration of deuterium-labelled acrylamide. Archives of Toxicology,

80: 55-61.

Mestdagh F, De Meulenaer B, Van Peteghem C. 2007. Influence of oil degradation on the amounts of acrylamide generated in a model system and in French Fries. Food Chemistry, 100: 1153-1159.

Miao Y T, Zhang H J, Zhang L L, et al. Acrylamide and 5-hydroxymethylfurfural formation in reconstituted potato chips during frying. Journal of Food Science and Technology, DOI 10. 1007/s13197-013-0951-9.

Mottram D S, Wedzicha B L, Dodson A T. 2002. Acrylamide is formed in the Maillard reaction. Nature, 419: 448-449.

Ofernandes J, Soares C. 2007. Application of matrix solidphase dispersion in the determination of acrylamide in potato chips. Journal of Chromatography A, 1175: 1-6.

Olesen P T, Olsen A, Frandsen H, et al. 2008. Acrylamide exposure and incidence of breast cancer among postmenopausal women in the danish diet, cancer and health study. International Journal of Cancer, 122: 2094-2100.

Ono H, Chuda Y, Ohnishi-Kameyama M, et al. 2003. Analysis of acrylamide by LC-MS/MS and GC-MS in processed Japanese foods. Food Additives and Contaminants, 20: 215-220.

Paulsson B, Granath F, Grawe J, et al. 2001. The multiplicative model for cancer risk assessment: application of acrylamide. Carcinogen, 22: 816-819.

Paulsson B, Grawe J, Tornqvist M. 2002. Hemoglobin adducts and micronucleus frequencies in mouse and rat after acrylamide or N-methylolacrylamide treatment. Mutation Research, 516: 101-111.

Pedersen J R, Olsson J O. 2003. Soxhlet extraction of acrylamide from potato chips. Analyst, 128: 332-334.

Pedreschi F, Bustos O, Mery D, et al. 2007. Color kinetics and acrylamide formation in NaCl soaked potato chips. Journal of Food Engineering, 79: 989-997.

Pedreschi F, Kaack K, Granby K, et al. 2007. Acrylamide reduction under different pre-treatments in French fries. Journal of Food Engineering, 79: 1287-1294.

Pedreschi F, Kaack K, Granby K. 2004. Reducing of acrylamide formation in potato slices during frying. LWT- Lebensmittel-Wissenschaft und-Technologie, 37: 679-685.

Pittet A, Périsset A, Oberson J M. 2004. Trace concentration determination of acrylamide in cereal-based foods by gas chromatography-mass spectrometry. Journal of Chromatography A, 1035: 123-130.

Preston A, Fodey T, Elliott C. 2008. Development of a high-throughput enzyme-linked immunosorbent assay for the routine detection of the carcinogen acrylamide in food, via rapid derivatisation pre-analysis. Analytica Chimica Acta, 608: 178-185.

Riediker S, Stadler R H. 2003. Analysis of acrylamide in food by isotope-dilution liquid chromatography coupled with electrospray ionization tandem mass spectrometry. Journal of Chromatography A, 1020: 121-130.

Roach J A G, Andrzejewski D, Gay M L, et al. 2003. Rugged LC-MS/MS survey analysis for acrylamide in foods. Journal of Agriculture and Food Chemistry, 41: 7547-7554.

Rosén J, Hellenäs K-E. 2002. Analysis of acrylmide in cooked foods by liquid chromatography tandem mass spectrometry. Analyst, 127: 880-882.

Rydberg P, Eriksson S, Tareke E, et al. 2003. Investigation of factors that influence the acrylamdie content of heated foodstuffs. Journal of Agriculture and Food Chemistry, 51: 7012-7018.

Schieberle P, Kohler P, Granvogl M. 2005. New aspects on the formation and analysis of acrylamdie. Advances in Experimental Medicine and Biology, 561: 205-222.

Serpen A, Gokmen V. 2007. Modelling of acrylamide formation and browning ratio in potato chips by artificial neural network. Molecular Nutrition and Food Research, 51: 383-389.

Song J, Zhao M Y, Liu X, et al. 2013. Protection of cyanidin-3-glucoside against oxidative stress induced by acrylamide in human MDA-MB-231 cells. Food and Chemical Toxicology, 58: 306-310.

Stadler R H, Scholz G. 2004. Acrylamide: An update on current knowledge in analysis, concentrations in food, mechanisms of formation, and potential strategies of control. Nutrition Review, 62: 449-467.

Stadler R H, Verzegnassi L, Varga N, et al. 2003. Formation of vinylogous compounds in model Maillard reaction systems. Chemistry Research Toxicology, 16: 1242-1250.

Stadler R H, Blank I, Varga N, et al. 2002. Acrylamide from Maillard reaction products. Nature, 419: 449-450.

Svensson K, Abramsson L, Becker W, et al. 2003. Dietary intake of acrylamide in Sweden. Food and Chemistry Toxicology, 41: 1581-1586.

Swedish National Food Administration (SNFA), Information about Acrylamide in Food. 24 April, 2002, http: //www. slv. se.

Taeymans D, Wood J, Ashby P, et al. 2004. A review of acrylamide: an industry perspective on research, analysis, formation and control. Critical Review in Food Science and Nutrition, 44: 323-347.

Tareke E, Rydberg P, Karlsson P, et al. 2000. Acrylamide: a cooking carcinogen. Chemical Research in Toxicology, 13: 517-522.

Tareke E, Rydberg P, Karlsson P, et al. 2002. Analysis of acrylammide, a carcinogen formed in heated foodstuffs. Journal of Agricultural and Food Chemistry, 50: 4998-5006.

Tareke E. 2003. Identification and origin of potential background carcinogens: Endogenous isoprene and oxiranes, dietary acrylamide. Department of Environment al Chemistry, Stockholm University.

Tateo F, Bononi M. 2003. A GC/MS method for the routine determination of acrylamide in food. Italian Journal of Food Science, 15: 149-151.

Taubert D, Harlfinger S, Henkes L, et al. 2004. Influence of processing parameters on acrylamide formation during frying of potatoes. Journal of Agriculture and Food Chemistry, 52: 2735-2739.

Tezcan F, Erim F B. 2008. On line stacking techniques for the nonaqueous capillary electrophoretic determination of acrylamide in processed food. Analytica Chimica Acta, 617: 196-199.

Umano K, Shibamoto T. 1987. Analysis of acrolein from heated cooking oils and beef fat. Journal of Agricultural and Food Chemistry, 35: 909-912.

Vallejo-Cordoba B, Gonzalez-Cordova A F. 2007. A useful analytical tool for the characterization of Maillard reaction products in foods. Electrophoresis, 28: 4063-4071.

Vattem D A, Shetty K. 2003. Acrylamide in food: probable mechanisms of formation and its reduction. Innovative Food Science and Emerging Technologies, 4: 331-338.

Von Tungeln L S, Doerge D R, Gamboa C G, et al. 2012. Tumorigenicity of acrylamide and its metabolite glycidamide in the neonatal mouse bioassay. International Journal of Cancer, 9: 2008-2015.

Wenzl T, Dela Calle B, Gatermann R, et al. 2004. Evaluation of the results from an inter-laboratory comparison study of the determination of acrylamide in crispbread and butter cookies. Analytical and Bioanalytical Chemisty, 379: 449-457.

WHO. 2002. FAO/WHO Consultation on the health implications of acrylamide in food. Summary Report of a meeting held in Geneva.

Wiertz-Eggert-Jorissen. 2003. Standard operation procedure for the determination of acrylamide in baby food. Standard Operation Procedure (SOP).

Wilson K M, Balter K, Adami H O, et al. 2009. Acrylamide exposure measured by food frequency questionnaire and hemoglobin adduct levels and prostate cancer risk in the cancer of the prostate in Sweden study. International Journal of Cancer, 124: 2384-2390.

Yasuhara A, Tanaka Y, Hengel M, et al. 2003. Gas chromatographic investigation of acrylamide formation in browning model system. Journal of Agricultural and Food Chemistry, 51: 3999-4003.

Yaylayan V A, Locas C P, Wnorowski A, et al. 2004. The role of creatine in the generation of N-methyl-acrylamide: a new toxicant in cooked meat. Journal of Agricultural and Food Chemistry, 52: 5559-5565.

Yaylayan V A, Stadler R H. 2005. Acrylamide formation in food: a mechanisic perspective. Journal of AOAC International, 88: 262-267.

Yaylayan V A, Wnorowski A, Locas C P. 2003. Why asparagine needs carbohydrate to generate acrylamide. Journal of Agricultural and Food Chemistry, 51: 1753-1757.

Young M S, Jenkins K M, Mallet C R. 2004. Solid-phase extraction and cleanup procedures for determination of acrylamide in fried potato products by liquid chromatography/mass spectrometry. Journal of AOAC International, 87: 1961-1964.

Yuan Y, Chen F, Zhao G H, et al. 2007. A comparative study of acrylamide formation induced by microwave and conventional heating methods. Journal of Food Science, 72: C212-C216.

Zamora R, Hidalgo F J. 2008. Contribution of lipid oxidation products to acrylamide formation in model systems. Journal of Agriculture and Food Chemistry, 56: 6075-6080.

Zeiger E, Recio L, Fennell T R, et al. 2009. Investigation of the low-dose response in the in vivo induction of micronuclei and adducts by acrylamide. Toxicology Science, 107: 247-257.

Zeng X H, Cheng K W, Jiang Y, et al. 2009. Inhibition of acrylamide formation by vitamins in model reactions and fried potato strips. Food Chemistry, 116: 34-39.

Zhang L L, Wang E T, Yuan Y. 2013. Potential protective effects of oral administration of allicin on acrylamide-induced toxicity in male mice. Food and Function, 48: 1229-1236.

Zhang L L, Zhang H J, Miao Y T, et al. 2012. Protective effect of allicin against acrylamide-induced hepatocyte damage in vitro and in vivo. Food and Chemical Toxicology, 50: 3306-3312.

Zhang X. 2009. Protective effect of hydroxytyrosol against acrylamide-induced cytotoxicity and DNA damage in HepG2 cells. Mutation Research, 664: 64-68.

Zhang Y, Chen J, Zhang X L, et al. 2007. Addition of antioxidant of bamboo leaves (AOB) effectively reduces acrylamide formation in potato crisps and French fries. Journal of Agricultural and Food Chemistry, 55: 523-528.

Zhang Y, Ren Y, Zhao H, et al. 2007. Determination of acrylamide in Chinese traditional carbohydraterich foods using gas chromatography with micro-electron capture detector and isotope dilution liquid chromatography combined with electrospray ionization tandem mass spectrometry. Analytica Chimica Acta，584：322-332.

Zhang Y，Zhang Y. 2008. Effect of natural antioxidants on kinetic behavior of acrylamide formation and elimination in low-moisture asparagine-glucose model system. Journal of Food Engineering，85：105-115.

Zhou P P，Zhao Y F，Liu H L，et al. 2013. Dietary exposure of the Chinese population to acrylamide. Biomedical and Environmental Science，26：421-429.

Zhou X，Fan LY，Zhang W，et al. 2007. Separation and determination of acrylamide in potato chips by micellar electrokinetic capillary chromatography. Talanta，71：1541-1545.

Zyzak D V，Sanders R A，Stojanovic M，et al. 2003. Acrylamide formation mechanism in heated foods. Journal of Agricultural and Food Chemistry，51：4782-4787.

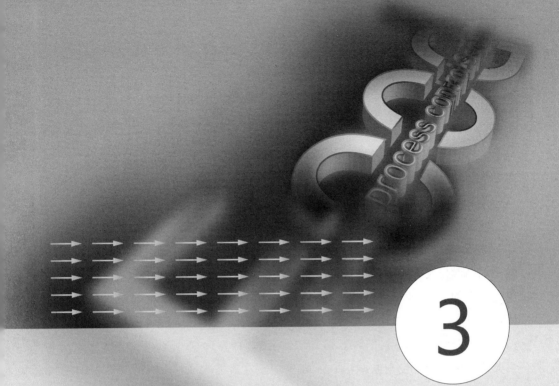

3

呋喃

3.1　概述

　　呋喃（furan，分子式为 C_4H_4O）是含有一个氧杂原子的五元杂环化合物，具有芳香味、亲脂性和高度挥发性。纯呋喃制品为无色液体，有温和的香味，沸点较低，在31℃时即可沸腾，熔点为 $-85.6℃$，密度为 $0.9514g/cm^3$，不溶于水，易溶于乙醇、乙醚等多数有机溶剂。

　　呋喃容易通过生物膜被肺或肠吸收，在人体中可引起肿瘤或癌变（Hans et al，1981；刘平等，2008；Crews et al，2009；Vranová et al，2009）。呋喃有麻醉和弱刺激作用，吸入后可引起头痛、头晕、恶心、呕吐、血压下降、呼吸衰竭等症状，对肝、肾损害严重。国际癌症研究中心（International Agency for Research on Cancer，IARC）的研究结果表明，呋喃是鼠明显的致癌物，并将其归类为可能使人类致癌物质的2B组（IARC，1995）；瑞典公共健康管理局和加拿大等许多学者也发现呋喃潜在的致癌危险（Forsyth et al，2004）。2004年年初，美国食品与药品管理局（US Food and Drug Administration，FDA）的科学家意外地从一些食品中检测出了呋喃。2004年5月，FDA发布，在很多经过加热处理的食品中检出了污染物呋喃；之后，欧洲食品安全局（European Food Safety Authority，EFSA）等也都报道从11大类的受检食品中发现呋喃（EFSA，2004）。鉴于食品中存在的呋喃可能会引起潜在的消费恐慌，2005年9月1日FDA出台行动纲要，对食品中呋喃的暴露情况及其对人体的潜在影响进行深入研究。通过研究，FDA与EFSA得出一致结论，呋喃可能对人体致癌。此后，国外一些研究学者对热加工食品中呋喃的毒理学、前体物质、形成机理以及检测方法等方面进行了大量研究，并已取得一定的研究成果。

　　在热加工食品中，有多种途径可以形成呋喃，主要是通过碳水化合物、氨基酸及抗坏血酸的热降解或多不饱和脂肪酸、类胡萝卜素等的热氧化作用形成。然而，我国在这方面的研究非常少，仅有极个别关于食品中呋喃含量的公开报道。为此，本章在总结前人研究成果的基础上，结合最新研究动态，重点对热加工食品中呋喃的来源、形成途径、毒理学及检测方法等方面进行介绍，并对其控制途径进行简要的分析和概括，以期为我国相关领域对该污染物的进一步研究提供一些参考。

3.2　食品中呋喃的来源及暴露情况

3.2.1　食品中呋喃的主要来源

　　呋喃是一种有机化合物，已被动物实验证明是在加热时形成的致癌物质。从 2004 年到 2009 年，欧盟 17 个成员国以及挪威，共提交给了欧盟食品安全局 4168 份食品样本的分析数据。这些数据表明，呋喃存在于各种各样的受过高温热处理（如烤、煎、罐装等）产品中，尤其是咖啡、罐头食品和罐装产品（如婴儿食品）。由于呋喃沸点只有 31℃，呋喃形成过程中的热处理使其很容易蒸发，占据罐头或罐装食品的顶部空间。尽管呋喃最重要的物理化学性质是它的高挥发性，但它在非密闭空间烘焙的低水分食物中也同样存在，如薯片、饼干、酥面包和烤面包。这就表明，除了加热过程中会生成呋喃，消费者的烹饪方式也会影响食品中呋喃的含量。如预期的一样，在温和温度下加热食品时，呋喃的浓度会显著减少，特别是用平底锅或边加热边搅拌的时候。然而，据报道，呋喃在加热过程中的挥发程度强烈依赖于食品基质。特别是亲脂性的化合物，如油，通过它们的极性造成呋喃的大量滞留（呋喃是一种非极性化合物）。因此，这可以解释呋喃不仅在密封容器的产品中生成，而且在低水分油炸淀粉类产品中，呋喃可以在煎炸过程中通过油渗透其中。

　　呋喃形成主要通过糖的热降解、多不饱和脂肪酸的分解或抗坏血酸的氧化。由于呋喃的低沸点，所以研究人员试图通过食用之前加热这些食品以便让呋喃挥发，但是研究结果表明加热并没有明显地除去呋喃；此外，如果加热温度过高，食品中又将产生新的呋喃。相比较而言，我国食品中呋喃暴露情况及呋喃在食品中的形成机理、毒理学、抑制方法等方面的研究罕见公开报道。

3.2.2　食品中呋喃的暴露情况

　　最早在食物中发现呋喃可追溯到 1979 年，Maga 在咖啡中发现有呋喃存在（Maga，1979）。考虑到食品中呋喃的存在是一个全世界所关心的问题，2004 年以来，为了真正评估呋喃在世界各地的暴露情况，世界卫生和食品局已经对食品中的呋喃水平进行了监测。在 2004 年年初，FDA 的科学家采用顶空进样-气相色谱-质谱联用技术（headspace gas chromatography-mass spectrometry）从一些选取的罐装热加工食品中检测出了呋喃。2004 年 5 月起，FDA 相继 5 次发布了食品中呋喃含量的数据：在很多经过加热处理的食品中检出了污染物呋喃，这些被检食品主要是婴幼儿食品，罐装蔬菜、豆类、水果，罐装肉和鱼，罐装酱，营养饮料和蜜饯、咖啡和啤酒等（FDA，2004）。

FDA 研究人员还发现含有呋喃的食品几乎都是经过加热加工处理。继 FDA 之后，欧洲食品安全局（European Food Safety Authority，EFSA）也开始调查食品中呋喃的暴露情况，在 11 大类食品中都发现存在可检出的呋喃，经统计，呋喃含量超过 100μg/kg 的食品主要是咖啡、婴幼儿食品和调味料（如酱油）等三类食品（Forsyth et al，2004）。其中，有 96％的婴幼儿食品（273 种食品中的 262 种）被检出呋喃，平均含量在 28μg/kg。考虑到呋喃仍一直广泛存在于日常食品中，EFSA 则决定继续监控。最新更新食品中的呋喃水平及暴露评估中，总共涉及了由 20 个国家提交的 5050 份食品中呋喃含量的分析结果，烤咖啡中呋喃浓度是所有食品中最高的，可达到 6407μg/kg。同样，世界各地的一些研究也主要集中在评估其高消耗食品的呋喃水平。在表 3-1 中，总结了 2010 年和 2011 年 EFSA 以及两个亚洲研究中报告的不同食品中呋喃含量的平均值。

表 3-1 比较不同的地理区域的食品中呋喃含量   μg/kg

样品名称	EFSA（2010 年）	EFSA（2011 年）	韩国	中国台湾
速溶咖啡①	0.0～9.0	0.0～7.0	3.5	58.0
研磨咖啡①	27.0～30.0	39.0～42.0	48.5	70.3
婴儿水果	2.5～5.0	2.5～5.3	—	14.1
婴儿蔬菜	39.0～40.0	48.0～49.0	22.5	58.5
婴儿肉蔬	39.0～40.0	40.0	—	124.1
水果罐头	2.5～5.0	2.0～6.4	1.3～4.0	3.4～15.2
肉罐头	17.0～19.0	13.0～17.0	9.2～63.3	76.2
鱼罐头	17.0～18.0	17.0	13.65～60.62	4.2～75.2
蔬菜罐头	7.0～9.0	6.9～9.6	2.9～44.1	33.9～99.5
果汁	2.5～5.0	2.5～4.6	1.7～5.7	2.8～46.7
果酱	n. r.②	n. r.②	2.3～4.8	9.2～15.2
谷类早餐	15.0～18.0	15.0～18.0	—	12.7～65.3
面包	—	—	1.9	—
饼干	—	—	7.6	—
零食和薯片	10.0	9.6～10	6.8	—
啤酒	3.3～5.2	3.3～5.2	2.3～4.8	3.0
汤	23.0～24.0	23.0～24.0	17.6～18.5	—
大豆酱油	23.0～24.0	27.0	16.3	71.2
乳制品	5.0～6.0	5.0～6.0	3.8	2.4～28.7

① 表示液体样品，ng/mL。② n. r. 表示未报道。

从表 3-1 中可以观察到，亚洲食品尤其是肉罐头和鱼罐头，其呋喃含量最高，分别达到了 76.2μg/kg 和 75.2μg/kg。这种情况的发生，可能是因为亚洲人在调味或罐装之前一般会将肉类经过油炸，因此除了罐装，还有之前的油炸都能导致呋喃的生成。同样，鱼罐头产品之间的差异也可以解释为罐装前的烧烤。

据英国食品标准局（FSA）消息，应欧委会的要求，2014 年 9 月 1 日英国食品标准局公布了一系列零售食品中丙烯酰胺与呋喃含量水平的调查报告（FSA，2014）。与丙烯酰胺类似，由于呋喃广泛存在于许多类型的产品中（如表 3-2 所示），食品中的呋喃有可能成为一个严重的食品安全问题而引起潜在的消费恐慌。

表 3-2　FSA 报道的食品中呋喃的含量（2013 年）

样品种类	样品数量	呋喃含量/(μg/kg)		
		平均值	最小值	最大值
谷类早餐	22	41	3	291
饼干	20	39	4	108
咖啡/咖啡替代品	22	1554	0.07	5029
烤肉	8	3368	2230	5136
方便食品	6	589	183	1153
非谷类幼儿食品	20	39	12	77
蔬菜脆片	4	15	12	20
爆米花	2	91	26	234
玉米饼	2	17	13	21
燕麦棒	4	4	0.07	7
杂类	4	23	8	30
姜饼	4	5	1	9
可可/巧克力粉	3	12	4	26
李子罐头	2	30	15	47
橄榄罐头	2	8	7	8

聂少平等对我国市售 11 大类食品，如表 3-3 所示，包括婴儿配方奶粉、面包、咖啡、果汁、乳制品、营养饮料、罐装果酱、调味料、醋、啤酒和大豆酱油的呋喃情况作出调查，发现呋喃检出率达到 95.5%，其中大豆类食品呋喃检出率为 100.0%，而且呋喃的含量范围在 59.5～210.7ng/g，属于呋喃污染最高的食品。由表 3-3 数据还可知，不同种类的食品或者是同一种类的不同品牌的食品中呋喃的含量相差会很大，这可能与碳水化合物、氨基酸、不饱和脂肪酸和抗坏血酸等呋喃前体物质的含量及不同的食品加工工艺条件有关，鉴于加热处理是保证食品微生物安全的必须步骤，碳水化合物、抗坏血酸和不饱和脂肪酸等都是食物中所期望的组分，因此探索食品热加工过程中呋喃产生的机制，以期为实际食品体系生产优化加工工艺，从而减少呋喃产生具有非常重要的意义。

表 3-3   国内报道的市售食品中呋喃的含量

序号	样品种类	检出率/%	最小值/(ng/g)	最大值/(ng/g)	平均值/(ng/g)
1	婴儿配方奶粉	81.8	<1.0	27.0	15.0
2	面包	90.0	<1.0	6.5	4.0
3	咖啡	100.0	22.5	110.0	60.6
4	果汁	100.0	1.2	8.3	5.3
5	乳制品	80.0	<1.0	2.4	1.5
6	营养饮料	100.0	1.4	39.9	16.2
7	罐装果酱	100.0	2.6	73.4	30.4
8	调味料	100.0	2.3	15.8	9.3
9	醋	100.0	3.5	142.0	38.3
10	啤酒	100.0	1.1	12.3	4.9
11	大豆酱油	100.0	59.5	210.7	128.8

中国人群膳食中的呋喃暴露情况是基于之前获得的关于呋喃含量的数据以及中国人的营养和健康状况来评估的（MHPRC，2011）。在目前的研究中，中国人群膳食中呋喃的平均暴露估计为 0.093μg/(kg bw·d)，而且 P90 的每日摄入量为 1.767μg/(kg bw·d)，如表 3-4 所示。

表 3-4   不同的食物类别在中国人群膳食中呋喃的暴露情况

食物类别	摄食量/(g/d)	呋喃含量/(ng/g)	平均摄入量/(μg/d)	饮食摄入量[1]/[μg/(kg bw·d)]	P50[2]	P75	P90
面粉产品	138.5	10.89	1.51	0.025	0.036	0.103	0.475
薯类	49.5	18	0.89	0.015	0.022	0.062	0.285
蔬菜	275.2	7.02	1.93	0.032	0.046	0.131	0.608
腌菜	10.2	85.67	0.87	0.015	0.022	0.062	0.285
水果	45	3.61	0.16	0.003	0.004	0.012	0.057
坚果	3.9	0.03	0.00	0.000	0.000	0.000	0.000
奶制品	26.3	0.03	0.00	0.000	0.000	0.000	0.000
调味品	9	26.07	0.23	0.004	0.006	0.016	0.076
总计			5.60	0.093	0.135	0.381	1.767

① 参照人＝18 岁从事轻体力活动的人。② 50 百分点。

图 3-1 显示了各食物组摄入的呋喃含量占总摄入量的百分比。给不同的食物类别摄入的呋喃含量进行了排位。蔬菜和面粉产品分别占 34.04％和 26.60％。腌菜和薯类分别占总呋喃摄入量的 15.96％。其他食品如水果和调味品所占的呋喃摄入量的比值最少。中国人膳食中的呋喃暴露水平比西方国家低得多（Wu et al，2014）。在欧洲，不同的成员国膳食中呋喃的暴露水平估计为 0.34～1.23μg/(kg bw·d)，平均暴露水平为 0.78μg/(kg bw·d)。在西方国家，咖啡

在日常生活中扮演着重要的角色，而咖啡是从食物中摄取呋喃的主要来源。成人每人每天从咖啡中摄取的呋喃含量为 2.4～116μg，这使得咖啡成为了摄入呋喃的主要来源。基于 Mariotti 等的研究，也对婴儿膳食中的呋喃暴露水平进行了评估（Mariotti et al，2013）。根据平均体重 8.5kg 的 6 个月大的婴儿每天摄入 234g 奶粉来进行评估。在中国的平均摄入量和呋喃的膳食摄入量估计分别为 2.83μg/kg、0.333μg/(kg bw·d)，其膳食摄入量高于成人近 4 倍。在目前的研究中，婴儿中呋喃的暴露被认为主要是由于婴儿饼干和肉泥的摄入而引起的。在欧洲，3～12 个月的婴儿呋喃暴露水平平均估计为 0.27～1.01μg/(kg bw·d)。在亚洲，韩国 6 个月大婴儿的呋喃平均暴露水平为 0.017μg/(kg bw·d)，中国台湾 6 个月大婴儿的呋喃平均暴露水平为 0.470μg/(kg bw·d)。在现有成果的基础上，由于呋喃的毒性，我们应努力采取控制措施以减少呋喃在成人，尤其是婴儿中的暴露率（Wu et al，2014）。

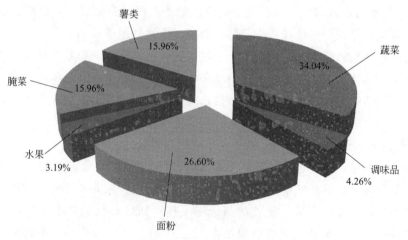

图 3-1　中国人群膳食中不同的食物类别呋喃含量占呋喃总摄入量的百分比

3.3　食品中呋喃的形成途径

食品中呋喃的主要来源被认为是来自热降解和有机化合物的重排，特别是碳水化合物。呋喃及其衍生物与许多食物的香气成分有关，一些研究表明，热加工食品中，有多种途径可以形成呋喃，主要有：①某些氨基酸的热降解反应；②碳水化合物的热降解反应；③抗坏血酸的热氧化作用；④多不饱和脂肪酸的热氧化作用。根据 FDA 的研究可知，各种碳水化合物和氨基酸混合物或蛋白质模拟体系（如丙氨酸、半胱氨酸和酪蛋白）和维生素（抗坏血酸、脱氢抗坏血酸和维生素 B₁）都可作为食品中呋喃生成的前体物质。在这些途径中，加热温度、pH 值和水分等因素已被证明对呋喃生成有相当大的影响。图 3-2 总结了几种主要的前体物质形成呋喃的途径（Perez et al，2004；Becalski et al，2005；Mrk et al，2006；Marta et al，2010）。

3.3.1 通过氨基酸的降解形成呋喃

Perez 和 Yaylayan（Perez et al，2004）通过研究发现，有些氨基酸如丝氨酸（serine）和半胱氨酸（cysteine）不需要其他物质存在就可以通过热降解形成呋喃，它们都能代谢为乙醛（acetaldehyde）和羟乙醛（glycolaldehyde，又称乙醇醛），然后通过醛醇缩合（aldol condensation）反应生成丁醛糖衍生物（aldo-tetrose derivatives），而丁醛糖衍生物是最终形成呋喃的重要中间产物。然而，有些氨基酸，如丙氨酸（alanine）、苏氨酸（threonine）和天冬氨酸（aspartic acid）不能单独形成呋喃，这些氨基酸仅能形成乙醛，并需要在还原糖、丝氨酸或半胱氨酸等存在下形成羟乙醛，然后通过以上过程形成呋喃。

另外一些氨基酸，例如丙氨酸、苏氨酸和天冬氨酸等，单独热降解只能形成乙醛，不能单独形成羟乙醛，所以不能单独形成呋喃；但是通过和还原糖、丝氨酸或半胱氨酸等一起反应，能够形成羟乙醛，然后通过醛醇缩合反应生成丁醛糖衍生物，最终能够形成呋喃，如图 3-2 所示。

Yaylayan 等（Yaylayan et al，2000，2003）先后于 2000 年和 2003 年发表文章报道，通过 250℃下加热简单的糖/氨基酸的组合，含有丝氨酸和半胱氨酸的美拉德反应可以导致呋喃的形成。L-丙氨酸的裂解产物是乙醇醛类物质，每摩尔可产生最高水平的呋喃；丝氨酸与蔗糖或核糖加热时只能产生大约这个数量 30％的呋喃，而与果糖或葡萄糖加热则产生 10％～25％的呋喃；半胱氨酸和丙氨酸在与葡萄糖加热时也可产生低剂量的呋喃污染物。这些研究均表明，在食品的热加工过程中，还原糖与氨基酸共同存在时发生的美拉德反应，其产物可以形成呋喃。Limacher 等也发现，在水溶液中，大约一半的呋喃是由糖片段的重组产生的，源于糖的 C₂ 片段（如乙醛和羟乙醛），在丙氨酸、苏氨酸、丝氨酸的存在下，可以通过重组形成呋喃（Limacher et al，2007，2008）。

如图 3-3 所示，用 ^{13}C 标记碳水化合物，呋喃主要由一部分的己糖分裂产物，即乙醇醛，加上某些氨基酸通过 Strecker 裂解形成的乙醛，形成中间产物 2-脱氧丁醛糖，然后通过环化反应和脱水反应最终形成呋喃。此外，证据显示出呋喃的形成途径是源于糖和氨基酸的 C₂ 碎片进行重组，其关键中间体则是乙醛和乙醛醇。

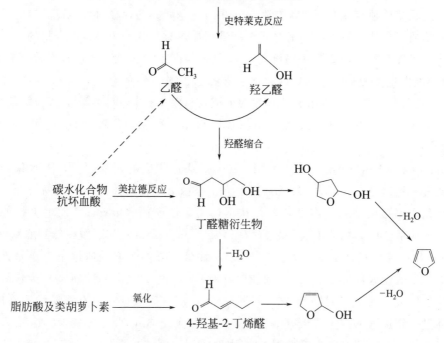

图 3-2　几种主要前体物质形成呋喃的示意图

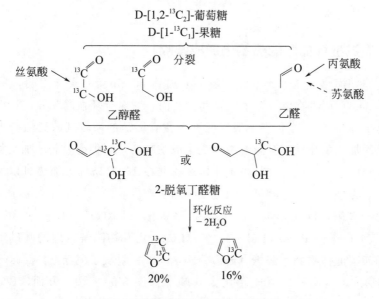

图 3-3　美拉德反应形成呋喃的途径

3.3.2　通过碳水化合物的降解形成呋喃

还原糖单独存在时可发生热降解，在与氨基酸共同存在时可通过美拉德反应生成呋喃。在缺乏氨基酸的情况下对糖进行加热时，呋喃主要是由完整的糖骨架形成，甲酸和乙酸被确定为糖降解过程中的副产品，这就说明了己糖在 C1 和/或 C2 处发生了裂解。然而，丙氨酸、苏氨酸、丝氨酸的存在，可通过 C_2 片段（如乙醛和羟乙醛）的重组促进呋喃的形成，这些 C_2 片段可能源于糖和氨基酸。在水溶液中，大约一半的呋喃是由糖片段重组产生的（Perez et al，2004；Limacher et al，2007）。

Perez 和 Yaylayan（Perez et al，2004）通过相应的研究发现，碳水化合物可通过 4 种途径（A、B、C、D）降解为丁醛糖衍生物，而后，丁醛糖衍生物通过环化作用形成呋喃。在氨基酸存在下，还原性己糖（hexose）发生美拉德反应，形成活性中介物质 1-脱氧邻酮醛糖（1-deoxy-osone）和 3-脱氧邻酮醛糖（3-deoxy-osone）（如图 3-4，途径 A、D）。1-脱氧邻酮醛糖必须通过 α-二羰基键断裂形成丁醛糖（aldotetrose）；3-脱氧邻酮醛糖经过 α-二羰基键断裂，接着氧化和脱羧生成 2-脱氧丁醛糖（2-deoxy-aldotetrose）。而己糖在没有氨基酸存在时，可通过裂解过程形成丁醛糖（如图 3-4 所示的途径 B），只是含量少。途径 C 表明己糖通过脱水反应和反醛醇裂解过程可形成 2-脱氧-3-酮基丁醛糖（2-deoxy-3-keto-aldotetrose）。如图 3-4 所示，以上所有的丁醛糖衍生物很容易通过环化和脱水作用形成呋喃。

3.3.3　通过抗坏血酸的热氧化形成呋喃

通过建立模型系统（在 118℃ 条件下加热 30min）的实验表明，抗坏血酸（ascorbic acid）衍生物也可以生成呋喃。然而，脱氢抗坏血酸和异抗坏血酸生成的呋喃是抗坏血酸的 10 倍。一般情况下，含有钠盐的酸较其游离酸产生更少量的呋喃。增加三氯化铁不会影响游离酸生成呋喃的量，但会显著增加其相应的钠盐形成呋喃的含量。虽有文献指出，抗坏血酸在 180℃ 条件下加热可以生成乙醛和乙醇醛，在理论上，也就可以通过羟醛缩合产生呋喃，但是，食品中抗坏血酸易于氧化和水解，随后形成 2,3-二酮古洛糖酸（DKG）（Liao et al，1987）。Perez 和 Yaylayan（Perez et al，2004）在碳水化合物降解机理的基础上，提出了类似的四碳前体物如丁醛糖（aldotetrose）和 2-脱氧丁醛糖（2-deoxy-aldotetrose）的形成，这两种物质能转化为呋喃（如图 3-5）。另一方面，Becalski 和 Seaman（2005）提出：在形成过程中存在中介物质 2-糠酸（2-furoicacid），经脱

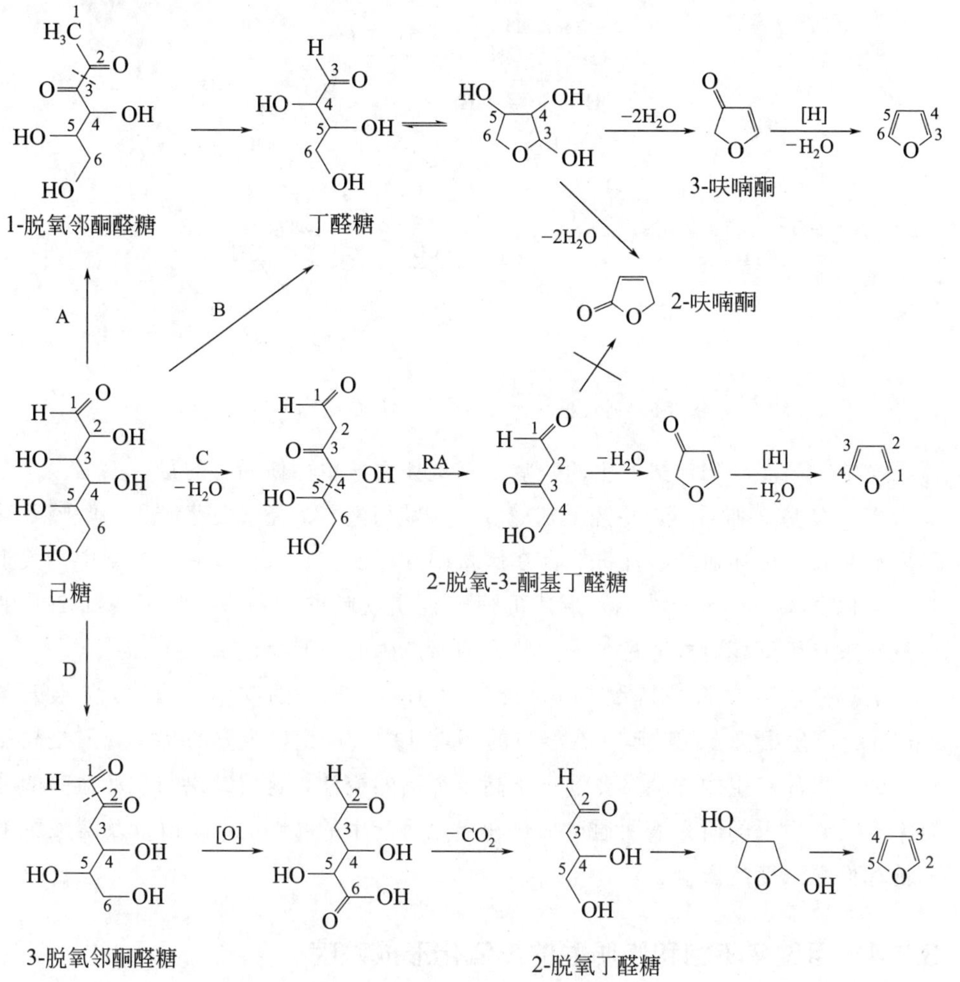

图 3-4   通过己糖形成呋喃的途径

羧后，形成呋喃。然而，以上两种观点是相符的，因为丁醛糖和 2-脱氧丁醛糖的前体物在脱羧之前，可以通过环化生成呋喃环，然后形成 2-糠酸（如图 3-5）。由于适当标记的抗坏血酸存在无效性，所以这些机制仍然是建议并且需要进一步的实验验证。图 3-5 是根据 Yaylayan 的文献报道修改而来的。

Shinoda 等（2005）提出呋喃的前体物呋喃甲醛和 2-呋喃甲酸的形成路径。在没有水的条件下加热，脱氢抗坏血酸可以形成一个环状的半缩醛，它可以阻止呋喃的形成。在干燥的系统中温度加热到 300℃，抗坏血酸可以产生大量的取代呋喃，其中主要的化合物是呋喃甲醛（约 70%）和呋喃甲酸。当抗坏血酸和单一的氨基酸（甘氨酸或丝氨酸）、糖（赤藓糖）或不饱和脂肪酸混合在一个模型

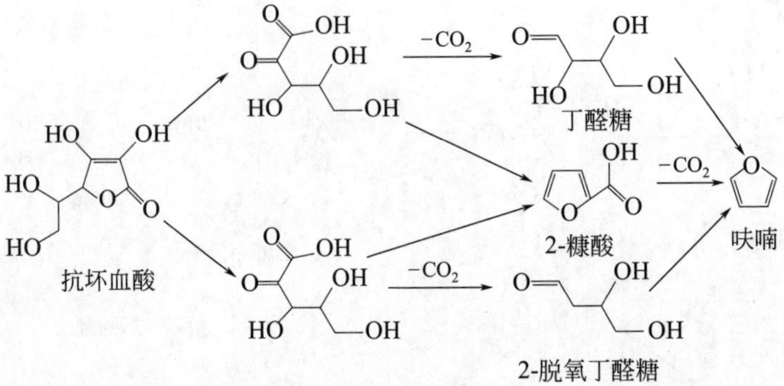

图 3-5　通过抗坏血酸的热降解形成呋喃的途径

体系当中，该混合物加热产生的呋喃少于抗坏血酸单独使用时的量。

当 3-羟基-2-吡喃酮、5-羟甲基糠醛、呋喃甲醛、5-羟基麦芽酚和 2-呋喃甲酸形成的时候，抗坏血酸会促进橙汁在储藏中的褐变。在橙汁和果汁模型中，关于呋喃类化合物（不包括呋喃）形成的研究证实呋喃前体物（呋喃甲醛和 2-呋喃甲酸）来自于抗坏血酸通过糖或者螯合剂所产生的应激反应。

加热橙汁至沸腾并持续 5min 会产生 1.4ng/mL 的呋喃，121℃高压灭菌 25min 会产生出更多的呋喃。在温热的苹果汁中会产生极少量的呋喃，但是高压灭菌的苹果汁产生的呋喃量要远高于高压灭菌的橙汁，这些结果与抗坏血酸的分解率有关。后来的研究表明通过加热和辐照所产生的呋喃受 pH 值以及溶液中糖和抗坏血酸浓度的影响。

3.3.4　通过多不饱和脂肪酸的热氧化形成呋喃

Becalski 和 Seaman（Becalski et al，2005）通过研究发现，只有多不饱和脂肪酸，如亚油酸和亚麻酸经加热能形成呋喃，在模拟体系当中，来自于不饱和脂肪酸产生的呋喃产量会随着不饱和度的增加而增加。亚麻酸形成的呋喃是亚油酸的 4 倍多，并且三氯化铁催化可以使呋喃形成的量增加几倍。虽然亚油酸和亚麻酸的甘油三酯也可产生大量的呋喃，然而，在三氯化铁存在时，甘油三酯比游离酸生成更少的呋喃。这个发现不足为奇，因为 5-戊基呋喃（5-pentylfuran）作为呋喃的一种衍生物，目前正作为酸败的一种化学标记物。5-戊基呋喃的产生与 4-羟基-2-壬烯醛（4-HNE）的生成有关（Sayre et al，1993）。4-HNE 的乙醇溶液在酸性条件下回流，可以形成呋喃。这种看法，在后来得到了证实。最近的研究发现 5-戊基呋喃的浓度与橄榄油氧化时间呈显著正相关性（Vichi et al，2003）。

一般情况下，多不饱和脂肪酸的氧化降解和脂质过氧化物的形成对生物系统中退行性疾病和食物的口味丧失及酸败的发生发挥重大作用。多不饱和脂肪酸通过活性氧的非酶化作用或脂氧合酶的酶解作用可以形成脂类氢过氧化物。随后，多不饱和脂肪酸的氢过氧化物在过渡金属离子的催化下，发生均裂，形成 2-烯烃醛（2-alkenal）、4-氧代-2-烯烃醛（4-oxo-2-alkenal）和 4-羟基-2-烯烃醛（4-hydroxy-2-alkenal）（见图 3-6）。Perez 和 Yaylayan（Perez et al，2004）提出呋喃（类似于 5-戊基呋喃）可以由相应的 4-羟基-2-丁烯醛（4-hydroxy-2-butenal）通过环化、脱水形成（见图 3-6）。

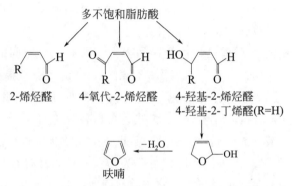

图 3-6   从多不饱和脂肪酸形成呋喃的途径

3.4   食品中呋喃的分析检测方法

由于呋喃分子质量小，挥发性强，其定量容易受到复杂基质的干扰（Crews et al，2007）。根据已有文献，目前有关食品中呋喃检测的方法主要有两种：一是顶空进样-气相色谱-质谱法（Reinhard et al，2004）；另一种是固相微萃取-气相色谱-质谱法（Altaki et al，2007）。目前，国内外出现的文献报道多数是以上述两种方法之一来检测食品中呋喃的含量。相对于固相微萃取而言，顶空进样法在呋喃检测方面的优势在于经济快速，样品前处理过程简单，而且可以完成大量样本的自动分析，故应用更为广泛。

3.4.1   顶空进样-气相色谱-质谱法

顶空分析技术是利用许多有机化合物具有挥发性的特点，将被分析的样品置于密闭系统中，当热力学平衡后，测定它们气相中的蒸气组分。这种方法适合于液体样品的分析，但也可用于固体中易挥发性物质的分析。顶空取样分析法对于分子量低、挥发性大的物质，即 $C_2 \sim C_8$ 的醛、酮、醇等比较有效。由于操作过程中可以不引入可能产生干扰的化学试剂，不使用溶剂分离，因此避免了新生物质和溶剂峰。与直接进样法相比，它可避免含水量大及高沸点非挥发物质对色谱柱的影响。这种方法简便，与气相色谱配合，有较高的分辨能力，尤其适宜于含水量高的样品中痕迹组分的分析，它比蒸馏法、萃取法具有更大的实用意义。目前，常用的顶空分析方法有静态顶空、动态顶空（也称吹扫捕集）等。

（1）静态顶空

静态顶空普遍用于分析天然产物、食品、生物样品、烟草中的有机挥发物。它主要用于分析沸点在 200℃ 以下的组分，以及较难进行前处理的样品，对于不易挥发的物质宜先进行化学衍生化。

静态顶空气相色谱-质谱是将适量样品密封在留有充分空间的容器中，在一定温度下放置一段时间使气液（或气固）两相达到平衡，取容器上方的气体进行气相色谱分离后进入质谱进行检测，在质谱检测时通常采用选择离子扫描（selective ion monitoring，SIM/SIS）模式，可以较好地排除干扰，提高方法的灵敏度。按达到气液（或气固）平衡的次数可分为一次顶空进样法和多次顶空进样法（王昊阳等，2003）。按仪器模式可分为顶空气体直接进样模式、平衡加压采样模式和加压定容采样进样模式。基于静态顶空的分离特点，它具有适用性广和易清洗的优点，主要缺点是灵敏度低，有时必须大体积进样，导致峰宽较大，分离度达不到要求。

顶空法是根据相平衡原理，通过分析气体样来测定平衡液相中组分的方法，即遵循相平衡原理，它就受多种因素的影响。它的灵敏度 E_{HS} 可由方程(3-1) 转换表示（王荣民，1981）。

$$E_{HS} = F_i / X_i = C_i P_{oi} \gamma_i \qquad (3-1)$$

式中，F_i 为待测组分的峰面积；X_i 为组分 i 在该溶液中的摩尔分数；C_i 为待测组分浓度；P_{oi} 为纯组分 i 的饱和蒸气压；γ_i 为组分 i 的活度系数。

① 样品平衡温度的影响　升高样品平衡温度可以提高组分的饱和蒸气压，即可以提高检测的灵敏度。但是，温度的提高是有限的，应适当控制。因为温度过高了，样品易与密封隔膜材料发生化学作用。样品组分间也可能起作用。另外，为使样液中痕迹组分能被检出而不受主要组分（含量较高组分）的影响，根据方程式(3-2)：

$$\alpha_{1,2} = (P_{o1}/P_{o2})(\gamma_1/\gamma_2) \qquad (3-2)$$

式中，$\alpha_{1,2}$ 为痕迹组分与主要组分的相对挥发度；P_{o1} 为痕迹组分的饱和蒸气压；P_{o2} 为主要组分的饱和蒸气压；γ_1 为痕迹组分的活度系数；γ_2 为主要组分的活度系数。

即痕迹组分与主要组分的相对挥发度 $\alpha_{1,2}$ 应大于 1，这时，顶空部分痕迹组分的浓度相对增大，灵敏度提高。因此，必须选择适当温度，使彼此蒸气压相差最大。

② 活度系数 γ_i 值的影响　升高温度可以增大活度系数，此外，常用加入电解质或非电解质来增大活度系数。

③ 密闭容器内顶端空间的影响　样品盛入密闭容器内，顶端空间的大小也会影响分析结果。空间小，单位体积中组分蒸气浓度高，灵敏度就高，但空间过小，相平衡不易达到，取样不易均匀，无代表性。经验证明：样品的体积和容器的体积在 1∶3 左右较为适宜。

（2）动态顶空

动态顶空是在未达到气液平衡状况下进行多次取样，直至样品的挥发性组分完全萃取出来为止，因此又称气相连续萃取。待测组分经气相色谱分离后进入质谱进行检测，在质谱检测时通常采用选择离子扫描（SIM/SIS）模式，可以较好地排除干扰，提高方法的灵敏度。动态顶空分析根据捕集模式可以分为吸附剂捕集模式和冷阱捕集模式（王昊阳等，2003）。动态顶空不仅适用于复杂基质中挥发性较高的组分，对较难挥发及浓度较低的组分也同样有效，一般用于测定沸点低于 200℃、溶解度小于 2% 的挥发性或半挥发性有机物。由于气体的吹扫破坏了密闭容器中的两相平衡，在液相顶部挥发组分分压趋于零，能使更多的挥发性组分逸出，与静态顶空和顶空固相微萃取相比，动态顶空分析有更高的灵敏度。

用顶空进样-气相色谱-质谱法测量食品中的呋喃是通过顶空装置将样品中的呋喃提取出来，一般使用同位素稀释法来消除食品基质的影响，以 D_4-呋喃作为内标物，采用气相色谱分离，质谱定性定量。目前食品中呋喃的检测限已经可以达到 ng/g 水平。

由于呋喃的高挥发性，标准溶液的制备需要特别注意。方法是将已知体积的甲醇注入到顶空瓶中，用带垫片的螺旋盖密封后称重，再将一定体积的冷冻呋喃注射到顶空瓶中，然后再次称重，溶液的浓度可以根据两次称重的差异推算出来。顶空瓶应该被装满以避免呋喃损失。此外，为了避免呋喃的损失，食品样品在处理前应该先在 4℃ 的冷藏室中冷藏。固体或半固体样品测定前应先均质，称取均质后的样品作为代表性样品，因为呋喃容易被样品中脂肪部分所捕集。由于存在样品处理过程中呋喃挥发性损失的风险，所有的操作应该尽可能快。有文献报道，当对样品进行混合处理 1min 后存在 10% 的呋喃损失，因此，在制样之前，应将样品在 4℃ 的冷藏室中冷藏 4h 以上。此外，还可以采取一些注意措施，包括在冷环境下进行制备、使用低温混磨、使用一些预先冷冻的玻璃器皿以及将冷水用于样品的溶解稀释等。被称取的样品量是依据顶空瓶体积、样品中呋喃的浓度以及限定的工作范围来决定的。在不同方法中报道的绝对样品量在 0.05g（咖啡粉末）到 10g（液体样品）间变化。

呋喃从食品样品中进入到顶空时受到时间、温度、离子强度、样品流动性的影响。在顶空分析中一个关键步骤是对条件的优化，包括溶液离子强度、平衡时间和平衡温度等。额外地加入一些盐可使呋喃尽可能多地从样品转移到顶空中，增加顶空中呋喃的浓度。尽管一些研究人员倾向用饱和的溶液，甚至还有一些人仅仅用纯水，但是有报道指出一个最佳的氯化钠浓度 20%（Altaki et al，2007）。有学者认为在花生酱的分析中使用氯化钠是因为盐可以抑制发酵，而发酵产生的乙醇会有干扰作用。被大多数研究人员使用的平衡温度通常是 50℃ 或者更低；另一方面，当平衡温度在 80℃ 或者 80℃ 以上时对于顶空分析是不利的，因为这会导致食物中呋喃的形成。有文献表明在将平衡温度从 30℃ 变化到 50℃ 时，呋喃峰面积只有 50% 的增长。在一些特殊情况，平衡温度需要适应于食品基质，当样品中脂肪成分抑制呋喃逸出时，通过稍微提高平衡温度可以解决这个问题。在大多数方法中，当平衡时间为 20～30min 可以使呋喃在气相和液相间达到一个平衡。有学者使用平衡时间为 10min 也能检测到一个良好信号，同时减少样品的分析时间。

许多应用于呋喃分析检测的 GC-MS 条件被报道，并且大多数都是在美国 FDA 方法基础上进行的改变。有几种色谱柱可以提供对呋喃足够的保留能力，使它与其他挥发物分离，例如 CP-Pora Bond U、HP-INNOWAX 和 BPX-volatiles 柱。此外，被更频繁使用的是美国 FDA 方法提到的，来自于安捷伦公司用于分析挥发性物质的 HPLOT-Q 柱子。

质谱的检测条件通常是用电子轰击源（electron impact，EI），可以采用全扫描或选择型扫描方式。分别选择 $m/z68$ 和 $m/z72$ 作为呋喃和 D_4-呋喃的定量离子，以不同浓度的呋喃和 D_4-呋喃的峰面积比与两者的质量比作标准曲线，以保留时间和 68/39、72/42 两对离子的响应强度比例分别作为呋喃和 D_4-呋喃的定性标准，实际样品中各对离子的强度比不超过标准样品溶液的 ±20%。

呋喃的定量是依据标准加入法或外部校准的标准曲线法，同时也会使用同位素标记的内部校准法。美国 FDA 的方法比较繁琐，因为该方法建议使用标准加入法和内标法，相当于每对一个简单的食品样品分析需要做 7 次测定。然而，内标物 D_4-呋喃已经消除了基质效应，事实上，FDA 的检测方法与更简单的带有外部校准的同位素稀释法间没有很大差异。据报道，主要食品中分析物的回收率在 90％以上，食品中呋喃检测方法的灵敏度依赖于基质和样本量，通常食品中呋喃的检测限在 0.0008～1.0μg/kg 之间，定量限在 0.03～2.0μg/kg 之间（Stadler et al，2008）。

3.4.2　固相微萃取-气相色谱-质谱法

1990 年，加拿大 Waterloo 大学的 Pawliszyn 及其合作者提出固相微萃取（solid-phase microextraction，SPME）技术（陈家华等，2004），它是在固相萃取技术基础上发展起来的一种新的萃取分离技术，该技术集采样、萃取、浓缩、进样于一体，显著优点是操作简单、所需时间短、无需溶剂、用样量少、选择性强、成本低、容易实现自动化。

固相微萃取有三种常用的萃取方式：直接萃取、顶空萃取和膜保护萃取。直接萃取是直接将萃取头插到样品基质中；顶空萃取是目标物先从样品基质中进入到气体中，然后再从气体中被吸附到萃取头中；膜保护萃取是在萃取头四周套上一层保护膜，这层膜既可以保护萃取头不被很脏的样品基质污染，又可以起到增强对目标物选择性的作用。

固相微萃取-气相色谱-质谱法与顶空进样-气相色谱-质谱法的主要不同之处是进样方式的不同，固相微萃取试验是用萃取纤维头进行的，SPME 纤维头上薄膜由极性的聚丙烯酸酯、聚乙二醇或非极性的聚二甲基硅氧烷组成。使用 SPME 时，先使纤维头缩进不锈钢针管内，使不锈钢针管穿过盛装待测样品瓶的隔垫，插入瓶中并推手柄杆使纤维头伸出针管，纤维头可以浸入待测样品中或置于样品顶空，待测有机物吸附于纤维涂膜上，通常 2～30min 吸附达到平衡，缩回纤维头，然后将针管推出样品瓶。最后，将 SPME 针管插入 GC 进样器，被吸附物经热解吸后进入气相色谱柱，开启流动相通过解吸池洗脱样品进样。SPME 技术能在低浓度范围提供更好的灵敏度。

由于呋喃的易挥发性，液上气体取样是呋喃分析的最好方法。为了减少损失，食品样品在处理前需要在 4℃ 条件下冷却，并且需要在冰浴上用一个冷的搅拌器有效地进行均质化。纯的液体试样在加入内标物之前，称量后直接加入到顶空容器中；固体样品需要加冷水进行匀浆化。

影响固相微萃取过程的因素主要有：萃取头表面固定相及吸附剂涂层的种类和厚度、萃取过程的温度、萃取时间、离子强度、有机溶剂的加入、溶液 pH 值、搅拌等。

（1）萃取头的选择

萃取头的选择至关重要，它直接关系到目标物能否被有效地从待测基质中萃取出来。涂层的厚度对待测物的吸附量和平衡时间都有一定的影响。原则上说，涂层越厚，吸附量就越大。但涂层越厚，达到吸附平衡的时间就越长，分析速度越慢。

（2）萃取温度的影响

萃取温度的影响具有两面性：一方面，温度升高加快待测物的分子运动，气相中待测物浓度提高，有利于提高吸附效率，同时，温度升高加强了扩散和对流，能缩短平衡时间、加快分析速度，对萃取有利；另一方面，温度升高也会令待测物在顶空气相与涂层间的分配系数下降，从而降低萃取头的吸附能力。

（3）萃取时间的影响

萃取时间是指达到或接近吸附平衡所需的时间。在萃取初始阶段，挥发性组分能很容易地富集到固定相涂层中，因此萃取头固定相中物质浓度增加得很快，随着萃取时间延长，富集速度逐渐缓慢，进而接近吸附平衡。

（4）pH值效应和盐效应

适当调节样品溶液pH值可增加溶液的离子强度，使待测物以分子形态出现，溶解度减小，更容易从基质中分离，提高萃取效率。尤其是萃取酸性或碱性物质时，通过调节样品的pH值来改善组分亲脂性，能大大提高萃取效率。但需注意：pH值不宜过高或过低，酸、碱性太强的溶液很容易破坏固相涂层，缩短萃取头的寿命。

在顶空固相微萃取操作之前，向液体试样中加入少量氯化钠、硫酸钠等无机盐可增强溶液离子强度，降低极性成分在水中的溶解度，起到盐析作用，提高分配系数，增加萃取头对组分的吸附。

（5）搅拌的影响

为促进样品尽快达到分配平衡，通常在萃取过程中对样品进行搅拌。搅拌能加快待测物由液相向气相扩散的速度，缩短萃取时间。搅拌方式主要有磁力转子搅拌、高速匀浆、超声波振荡等（Geppert，1998）。

有学者同时利用自动顶空固相微萃取和静态顶空技术测定了食品中的呋喃含量，并对上述两种方法进行了分析比较。测定的对象包括几个食物样本，如苹果汁（液体样品）、蜂蜜和咖啡（混合口味样品）、婴儿食品（半固态样品）和煮熟的鹰嘴豆（固体样品）。自动顶空固相微萃取的定量是使用D_4-呋喃进行同位素稀释来完成的。对于静态顶空方法，其定量是通过美国FDA提出的内标物标准添加法来完成的。两种分析方法对选定食物样品的呋喃分析结果见表3-5。可以看到，通过使用自动化顶空固相微萃取，所有选定的食物样本都检测到了呋喃，浓度从0.24ng/g（熟鹰嘴豆）到35.0ng/g（煮咖啡）。研究结果表明，自动顶空固相微萃取与用静态顶空方法获得的结果是一致的。比较这两种方法的结果，使用 t 检验法来对数据进行统计处理，可以看出，这两种方法的结果之间的差异不显著（$p>0.05$），但顶空固相微萃取的精密度（relative standard deviation，RSD，5%～8%）要优于静态顶空方法（RSD，9%～12%）。表 3-5 中的结果显示了自动顶空固相微萃取法的检出限为 0.02ng/g（苹果汁）和 0.12ng/g（煮咖啡），而静态顶空方法的检出限为 0.42ng/g（苹果汁）和 0.80ng/g（婴幼儿食品）。这些结果表明，顶空固相微萃取法提供的检出限为静态顶空方法的 $\frac{1}{20}$～$\frac{1}{5}$，这主要是因为顶空固相微萃取法技术的富集能力高于静态顶空方法，并且该法是不分流进样而不是分流进样。

表 3-5 自动顶空固相微萃取和静态顶空方法的呋喃分析结果

食物样本	类型	浓度[1]								显著性水平（假定值）[2]
		自动顶空固相微萃取				静态顶空方法				
		平均值±SD 值	RSD/%	LOD/(ng/g)	LOQ/(ng/g)	平均值±SD 值	RSD/%	LOD/(ng/g)	LOQ/(ng/g)	
苹果汁	浓缩汁	1.10±0.08	7	0.02	0.05	1.25±0.13	10	0.42	1.39	0.1716
蜂蜜	多种花	4.8±0.2	5	0.03	0.10	5.2±0.45	9	0.58	1.93	0.2122
婴儿食品	鸡肉饭	15.7±1.3	8	0.06	0.20	17.1±2.1	12	0.80	2.86	0.3766
咖啡	冲泡的速溶咖啡	35.0±2.0	6	0.12	0.40	31.1±3.7	12	0.62	2.06	0.1802
豆类	煮熟的鹰嘴豆	0.24±0.02	8	0.05	0.17	n.d.[3]	—	0.50	1.67	—

①$n=3$。②显著差异的方法假定值<0.05（置信水平为 95%）。③n.d. 未检出。

3.5　呋喃的健康隐患

2004 年 EFSA 发布呋喃毒理学评估，呋喃对大鼠和小鼠很有可能具有致癌性，并且存在明显的剂量反应特征。之后，大量研究证实了这一结论（Crew et al，2007）。美国国家毒理学计划（National Toxicology Program，NTP）研究认为呋喃致癌的主要靶器官是肝脏，NTP 的研究人员把呋喃溶于玉米油中进行试验，2 年后发现呋喃造成大小鼠肝癌发病率增加，还可造成小鼠前胃鳞片状乳突瘤、肾髓质良性嗜铬细胞瘤（Kedderis et al，1993）。目前对于呋喃的毒性研究还不完整，还没有呋喃致生殖和发育毒性的资料，也没有呋喃对人具有致癌机理的报道（金庆中等，2008）。目前普遍的结论是呋喃可能对人体致癌。IARC已将呋喃归类为可能使人类致癌物质的 2B 组。

3.5.1 呋喃的代谢

动物实验证明，呋喃因为极性较低，在肠、肺中极易被吸收而且扩散迅速（Egle et al，1979）。在大鼠的放射性示踪实验中，以（2,5-^{14}C）标记的呋喃对雄性 F344 大鼠单次经口给药 [8mg/(kg bw · d)] 24h 后，84% 的单剂量呋喃被代谢排出体外，其中 14% 的呋喃通过呼吸方式排出，26% 以 CO_2 形式呼出，20% 的放射性物质被包含在超过 10 种化合物里通过小便排出，超过 22% 的量通过大便排出（Burka et al，1991）。24h 后大鼠组织放射性物质回收结果表明（以等量的呋喃计算），大部分呋喃仍然存在于大鼠体内，肝脏组织中最高，达到307nmol，排在第二和第三的是肾和大肠，分别为 60nmol、25nmol。小肠中13nmol，胃 6nmol，血液 6nmol，其中肺最低，仅有 4nmol。以生理药动学模型模拟呋喃单次经口剂量 [8mg/(kg bw · d)] 后的转化率，84% 通过代谢排出体外，其中 14% 通过呼吸排出（Kedderis et al，1993）。

呋喃的代谢主要是在细胞色素 P450 酶的作用下进行，主要代谢产物是顺式-2-丁烯二醛（*cis*-2-butene-1,4-dial，BDA）（Kedderis et al，1993；Chen et al，1995），它是确定呋喃毒性和致癌性的高活性亲电反应的关键介质（图 3-7）。CYP2E1 对呋喃的活性在人体与大鼠肝微粒体间相似。细胞色素 P450 酶介导呋喃的生物活化作用已经在大鼠肝细胞的研究中被证实。研究表明介导后的呋喃会影响谷胱甘肽（glutathione，GSH）的水平，细胞活力也可以被抑制或增强。通过使用 CYP 的抑制剂 1-苯基咪唑抑制细胞活性或者对大鼠进行丙酮（CYP2E1 诱导剂）预处理增加细胞活性。这说明呋喃的细胞毒性依赖于它的新陈代谢活化（Carfagna et al，1993）。研究表明，使用不可逆的细胞色素 P450 酶的抑制剂氨基苯并三唑协同处理，呋喃对雌性 B6C3F1 小鼠的肝毒性可以被抑制（Fransson et al，1997）。人类肝细胞初级培养物实验表明，CYP2E1 加快呋喃在人体内的代谢。

将 BDA 与分子亲核试剂如谷胱甘肽和氨基酸反应会导致硫醇和氨基基团的交叉结合，增加内酰胺和吡咯的衍生物（Chen et al，1997）。对大鼠肝细胞和大鼠活体内的呋喃生物转化研究表明一系列复杂代谢产物的形成源于 BDA 与谷胱甘肽和氨基酸的结合（图 3-8）。由于 BDA 的双官能度，由 BDA 与谷胱甘肽结合产生的中间产物仍具有化学活性，并具有能快速地使自由的或与蛋白质结合的氨基基团烷基化以及在分子内或分子间与谷胱甘肽谷氨酰基残基的 α-氨基基团反应形

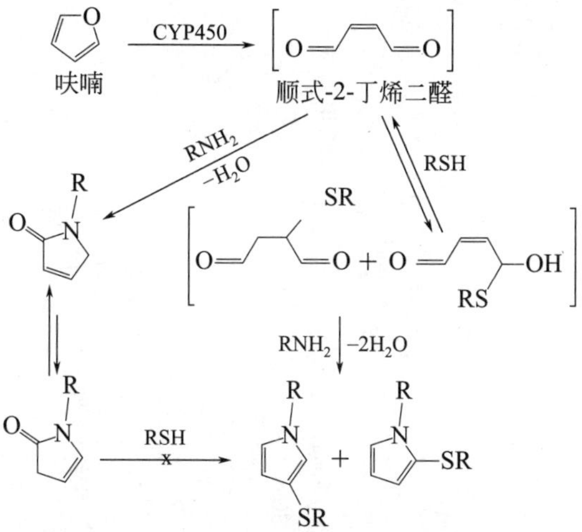

图 3-7　细胞色素 P450 介导呋喃和生物胺的反应

成 2-GSH 聚合物或环 1-GSH 聚合物的潜能（Peterson et al，2005）（图 3-8）。在用呋喃处理过的大鼠有机体中，尿液和胆汁中都检测到环 1-GSH 聚合物。

3.5.2　呋喃的毒性

美国国家毒理学计划研究表明呋喃是一种对多种器官都有较强致癌作用的物质。使用 20～160mg/(kg bw·d) 范围内的呋喃对小鼠和大鼠进行填喂，超过 16d 后大鼠和小鼠的死亡率都增加。在允许的最低摄入量条件下，超过 13 周可以引起体重降低，肝肾质量增加，胸腺质量减少，对大鼠和小鼠的肝脏和肾脏有毒性病变的影响，病变程度随摄入量而增加。在大鼠中存在死亡情况（雄性 10 只中的 9 只，雌性 10 只中的 4 只），小鼠中不存在死亡情况（雌雄各 10 只）。按照 8～15mg/(kg bw·d) 每周五天对 50 只小鼠使用呋喃填喂两年时间，15mg/(kg bw·d) 条件下引起体重降低，而且明显增加肝细胞肿腺瘤和癌的发生。在允许最高摄入量下，呋喃每周填喂五次，剂量为 30mg/(kg bw·d)，持续 13 周诱导 50 只雄性大鼠肝脏上产生肝胆管癌，40 只存活超过给药期（9 个月）的大鼠中发现 6 只患有肝癌，在 9～15 个月时发现 10 只存活的雄性大鼠都有肝胆管癌（NTP，1993；Chen et al，2012）。

3.5.3　呋喃的遗传毒性

呋喃的遗传毒性较为复杂，存在多种情况。NTP 研究证明无论 S9（表面抗原 9）代谢系统存在与否，呋喃对鼠类的伤寒沙门氏菌无诱导作用，不过呋喃对

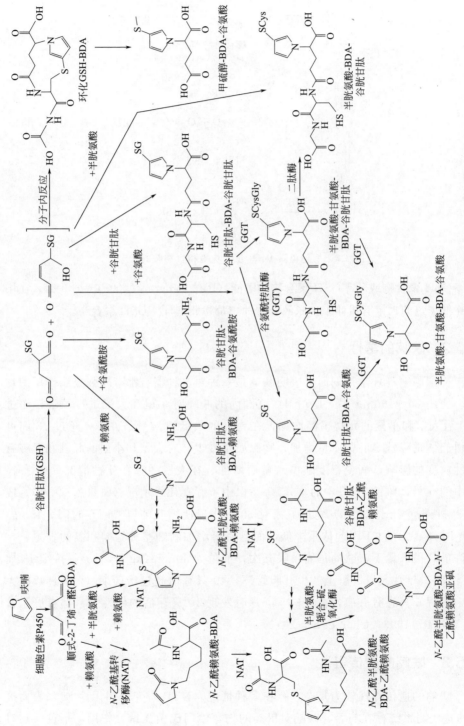

图 3-8　基于呋喃处理过的大鼠肝细胞培养液和/或尿液或胆汁中检测到的呋喃代谢物提出的呋喃代谢途径

某些鼠类的淋巴瘤细胞具有诱导作用（McGregor et al，1988）。

呋喃遗传毒性在体外和体内的研究结果是不一致的。这可能是由于在体外实验中呋喃浓度变化而引起了波动。不论有无 S9 代谢活化，呋喃未致鼠伤寒沙门氏菌株 TA100、TA1535、TA1537 突变；无论有无代谢活化，在 L5178Ytk（＋/－）小鼠淋巴瘤细胞未观察到基因毒性（链断裂，微核，tk＋/－突变），在人淋巴细胞（微核）也未观察到（Durling et al，2007）。然而，呋喃降低火鸡肝胎细胞 DNA 的彗星状拖尾现象表示了 DNA-蛋白质交联现象的存在，在蛋白酶 K 处理之后，DNA 彗星状拖尾现象增加了（Jeffrey et al，2012）。根据这些研究结果，在姐妹染色单体交换（sister chromatid exchanges，SCEs）过程中的一个小幅增加被观察到，在中国仓鼠 V79 来源的细胞系稳定表达人的细胞色素 P450（CYP）2E1（V79-hCYP2E1-hSULT1A1 细胞）所需的呋喃对 BDA 生物活化（Glatt et al，2005）。在体内试验中，当对小鼠腹腔注射给药后，出现了染色体畸变，但是无 SCEs 现象（Wilson et al，1992）。呋喃并未引起小鼠或大鼠肝细胞在体内和体外的 DNA 合成（UDS）（Wilson et al，1992；Cordelli et al，2010）。与此相似，在生物测定条件下检测小鼠肝脏，未检测出 γ-H2AX 焦点，DNA 链断裂，或交联（Leopardi et al，2010）。然而在关于呋喃引起的小鼠脾脏实验中，微核细胞数显著增加（McDaniel et al，2012）。在一项转基因大鼠模型研究中发现，通过一系列的分析（猪-a 和 Hprt 基因突变与肝 cⅡ 基因突变试验），没有证据表明呋喃在体内的致突变性，即使在高于癌症生物计量时，通过彗星实验观察到了肝脏 DNA 损伤（Marinari et al，1984）。相比于呋喃，其活性代谢产物 BDA 据报道在 Ames 实验中对应变敏感的醛（TA104）具有诱导突变作用，尽管这一结果不能被一个独立小组再现（Byrns et al，2002）。在一项研究中，BDA 被证实会导致 DNA 单链断裂并且在中国仓鼠细胞（Chinese hamster ovary，CHO）中交联（Burka et al，1991）。而 Byrns 等表明 BDA 容易与 2′-脱氧核糖核苷在体外反应形成取代的 1，N6-亚乙烯基-2′-脱氧腺苷和 1，N2-亚乙烯基-2′-脱氧鸟苷加合物（图 3-9），在大鼠肝脏体内实验中形成这些加合物的机制及它们对呋喃的致癌性的作用仍有待研究。

一项研究提出了呋喃在体内与 DNA 结合的可能性，但未发现与经（2,5-^{14}C）-呋喃处理的大鼠肝脏 DNA 的相关放射性（Chen et al，2010）。然而，在这个实验中未检测到呋喃衍生的 DNA 加合物，可能是由于（2,5-^{14}C）-呋喃（90mCi❶/mmol）相对较低的比活度或标记了不稳定的碳原子（2 和 5），其可能

---

❶　1Ci＝37GBq。

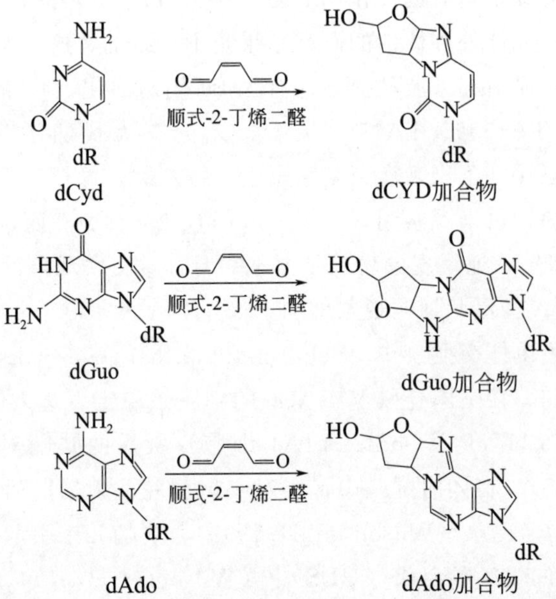

图 3-9　顺式-2-丁烯-1,4-二醛与 DNA 碱基的反应

变为 CO_2，导致了低敏感性。Burka 等（1999）的研究结果与此相反，在加速器质谱研究中，大鼠在服用（3,4-^{14}C）-呋喃（20mCi/mmol）以 0.1mg/kg 和 2mg/kg 的给毒剂量下，在大鼠肝脏和非靶向致癌性器官的肾脏中发现 DNA 的结合具有显著的剂量依赖性。共价修饰（如 DNA 碱基加成物与 DNA-DNA 或 DNA-蛋白质交联）的性质仍然有待确定。然而一个有趣的现象是，在相同剂量范围内使用呋喃进行亚慢性处理不会诱导突变、肝 DNA 损伤，或改变参与 DNA 损伤反应的基因表达（Marinari et al，1984；Hickling et al，2010）。这是相对于研究肝 DNA 损伤和/或暴露于较高剂量呋喃 [≥16mg/(kg bw·d)] 的大鼠和雄性 B6C3F1 小鼠 [15mg/(kg bw·d)] DNA 损伤应答的基因表达发生改变而言的（Marinari et al，1984；Leopardi et al，2010，Gill et al，2010；Hickling et al，2010）。然而，即使在这样的高剂量范围内，仍然没有证据表明呋喃的致突变性。

3.5.4　呋喃的非遗传毒性

3.5.4.1　由于呋喃的活性代谢物导致肝细胞变性

许多对大鼠和小鼠的独立研究表明，对鼠类单次给予高剂量的呋喃

[≥30mg/（kg bw·d）]，包膜下和小叶中心的坏死组织伴有明显肝酶增高，这是受呋喃影响的主要反应（Gill et al，2011）。对小鼠和大鼠反复给致癌性生物剂量的呋喃时，肝细胞变性及相关的炎性细胞浸润，最初在呋喃目标裂片包膜下内脏表面发生，然后延伸到肝实质内。

3.5.4.2　炎症和氧化应激可能加重组织损伤

Kupffer细胞充满色素并且单核细胞及指示炎症反应的中性粒细胞积累，标志着在包膜和小叶坏死区域是由呋喃诱导的。炎症过程中的呋喃毒性的作用也是由细胞因子及其他炎症相关基因表达的增加来反映的（Lu et al，2009），例如IFN-γ、IL-1β、IL-6、IL-10和补体系统，可能也来自胆道的病变积累。

3.5.4.3　再生肝细胞的增殖响应于组织损伤

对呋喃毒性肝细胞代偿性增生作用有许多大鼠和小鼠的研究进行记录。Wilson等（1992）表明，单一高剂量呋喃［mice：50mg/（kg bw·d）；rats：30mg/（kg bw·d）］处理雄性B6C3F1小鼠和F344大鼠，会诱导二区囊下坏死，其次是掺入显著增加肝细胞增殖的^{3}H-胸苷。在连续六周重复最高生物致癌剂量［mice：15mg/（kg bw·d）；rats：8mg/（kg bw·d）］给药后，肝细胞标记指数在整个研究过程中显著增加，这表明暴露在呋喃中的啮齿类动物肿瘤发展早期，持续性的细胞增殖后会有细胞毒性呈现。

3.5.4.4　影响早期和持续的胆管细胞的增殖修复

在一个对小鼠90d的研究中，轻度局灶性胆管增生被记录在施以8mg/（kg bw·d）计量的动物个体中（Kellert et al，2008），随着胆道表现出非肿瘤性病变，胆管增生、炎症和纤维化，与小鼠慢性暴露于呋喃在相同的剂量范围的表现一致。同样，增生的胆管，有时周围有纤维组织，在以30mg/（kg bw·d）、60mg/（kg bw·d）给药呋喃90d后可以观察到。因此，呋喃实质上诱导同一类型的非肿瘤性病变，包括在大鼠和小鼠中胆道与血浆胆汁酸相关联性增加，尽管这种危险性比较低。因此呋喃的致癌机制比较复杂，还需要进一步的研究。

3.6　食品中呋喃的控制措施

众所周知，食品热加工的作用主要是杀菌，并提高食物的食用口味，但是随着科学技术的进步，越来越多的安全营养问题在热加工食品中被检测出来，呋喃广泛存在于热加工食品中，这是一个严重的食品安全问题。食品中呋喃的形成是由于碳水化合物以及碳水化合物和氨基酸混合物或蛋白质模型系统，以及抗坏血酸和多不饱和脂肪酸发生热降解而产生的。由于呋喃的致癌性，应该保持尽可能低的日摄入水平。因此，寻找降低食品中呋喃含量的控制措施是十分必要的。

降低食品热加工时产生呋喃的诱发，最为明显的方法是改变加热状态或者降低其前体物质的含量。食品要能长期保存，必须进行巴氏灭菌和消毒，而缩短加热时间和降低加热温度起不到灭菌和消毒作用；抗坏血酸是形成呋喃可能性最高的前体物质，其次是多元不饱和脂肪酸，然后是糖，由于抗坏血酸和多元不饱和脂肪酸是食品保健组分最令人满意的物质，显然降低食品中呋喃形成的前体物质的方法也是不可行的；利用呋喃的挥发性在热加工食品时进行开盖处理，由于瓶装食品必须密封，咖啡等要最大限度地保留风味和芳香物质，利用呋喃的挥发性在热加工食品处理方面有技术难度。

故此，到目前为止，最好的方法是对反应机理进行干预，降低热加工食品小环境中的氧含量，从而干扰呋喃的形成，降低热加工食品中呋喃的含量。

可从以下几个方面考虑减少或抑制呋喃的途径：第一，通过改变工艺条件，抑制呋喃产生的一些关键中间产物［如 2,3-二酮古洛糖酸（DKG）、丁醛糖衍生物、4-羟基-2-丁烯］的形成或转化；第二，在反应的最后阶段控制条件，使其向有利于其他小分子物质形成的方向转化，如添加抗氧化剂等；第三，抑制美拉德反应中的关键步骤如席夫碱的形成、Streker 降解、N-糖苷途径和脱羧 Amadori 产物的 β-消去反应等（黄军根，2011）。

通常情况下，减轻食品中呋喃水平有两种不同的技术方法：一种是预防措施；另一种是清除措施。预防措施是降低加热过程中形成的呋喃，而清除措施是通过清除或者分解终产品中已经形成的分子来降低呋喃含量（Anese et al，2013）（表 3-6）。

表 3-6　对加工过程中形成呋喃的控制措施

加工步骤	介入类型	反应机理	食品类型
配方	使用一些抑制或竞争的原料	降低前体物质的浓度 降低形成率 降解反应	土豆、谷类食品
加工	减少热量输入 增加热过程中的相对湿度	降低形成率 降低形成率	土豆、谷类食品 土豆、谷类食品、咖啡、菊苣根、瓶装食品
后加工	物理清除 电离辐射 使用开口锅蒸煮	蒸发或升华 降解 蒸发	土豆、谷类食品、咖啡、菊苣根、瓶装食品 即食食品 土豆、谷类食品、咖啡、菊苣根、瓶装食品

研究表明，使用电离辐射可能会减少水溶液以及食品中由于热加工诱导形成

呋喃的水平。用不同剂量的 γ 射线来辐射呋喃水溶液以及含有呋喃的食品（熏肠、腊肠、婴幼儿甜土豆），结果表明当辐射剂量为 1.0kGy 时几乎破坏了所含的全部呋喃。尽管在各种被观察的食品中呋喃水平有显著减少，辐射引起的对食品中呋喃破坏率比水溶液要低得多。当辐射剂量为 2.5～3.5kGy 时，可以灭活大多数普通致病菌，减少了食品样本中 25%～40%呋喃水平。

低剂量的辐照很容易破坏呋喃水溶液，而在真实样品中，电离辐射对呋喃减少的作用更为明显。呋喃水溶液对辐射是非常敏感的，当提高辐射剂量，呋喃的浓度会急剧减少。在以辐射剂量与呋喃减少量作的函数图中发现有两个阶段存在：一是当辐照剂量为 0～0.4kGy 时对呋喃生成有一个快速降低作用；当辐照剂量在 0.4～1kGy 时，对呋喃减少有比较缓慢作用，在辐照中有将近 78%的呋喃被破坏。可以用指数函数来描述依赖于辐射剂量的呋喃减少水平。如果前体物质的量没有被抑制的话，辐照诱导的化学反应通常是线性的。呋喃的可利用性可能是一个因素，同时最初的呋喃浓度在呋喃降低率上也有一定作用。当最初的浓度是 10ng/mL 时，在 0.6kGy 辐照下没有呋喃被检测到；然而，在浓度为 50ng/mL 时，在相同辐照剂量下有 84%的呋喃被破坏。

迄今为止的研究发现，在许多食品中辐照既可以降解呋喃也可以促进呋喃生成。辐照是否降低了呋喃在特定食品的实际水平取决于呋喃合成速率和降解速率之间的平衡。食品的组成、含水量、辐照剂量等因素在呋喃合成和降解中都起到了一个重要作用。对于含有大量碳水化合物和抗坏血酸的食品，辐照会增加呋喃的水平，因为这些都是形成呋喃的良好前体物质。对于那些肉类食品，辐照会减少呋喃水平，因为辐照会使很少的脂肪酸、蛋白质形成呋喃。辐照效果对呋喃减少水平的影响是依赖于辐照剂量的。目前的研究表明当辐照剂量在 2～3kGy 时，可以显著减少食品中呋喃的水平，减少了 25%～40%的呋喃。一个更高的辐照剂量并没有导致呋喃的减少，这可能是因为在低剂量辐射下比起形成呋喃更易导致呋喃减少。当剂量增加时，呋喃的降解率下降，然而呋喃合成率还是保持一个与原来相似水平，因此总体上还是导致了食品中呋喃的积累。需要在一些复杂的食品中来研究辐照使呋喃减少的机制。

辐照直接或间接地发挥它的作用，在直接方式中，电离微粒或射线直接将食品组分如蛋白质和 DNA 作为目标瞄准。在间接的方式中，放射通过辐解水来发挥它的作用，产生一些自由基，包括水合电子、氢原子、羟基自由基，这些自由基然后攻击食品组分。通过间接方式辐照对水溶液中呋喃破坏是非常有效的，然而在我们检测食品中效果却不太明显。辐照只对含高水分的食品中呋喃减少比较有效，在复杂的样品中，来自于辐解水产生的自由基不仅仅与呋喃反应，同时与食品中其他组分反应。与纯水不同，毒性物质需要与高浓度食品组分竞争辐解水产生的自由基，这会降低辐照对食品中呋喃减少效应。另外，所有的样品需要在没有氧的条件下进行。关于通过去除氧或改良空气组分来探究辐照对呋喃减少效应的机制是不明确的。当辐照量低于 2kGy 时，对呋喃水溶液作用是非常有效的。然而在含有高水平的呋喃真实样品中，辐照剂量只有达到 10kGy 才可部分减少食品中的呋喃。在特定的食品中，辐照对呋喃减少需要依赖于它的组分，同时水含量也是一个关键因素（Fan et al，2006）。

近年来多酚类物质在抗癌、抗菌以及抗氧化的效果中已经被广泛研究。咖啡酸、鞣花酸、对羟苯基乙醇等被发现可以抑制葡萄糖-甘氨酸模型系统产生的呋喃。同时还有研究表明一些多酚类物质和植物提取物可以被用来阻止美拉德反应的产物如呋喃的形成。目前的实验主要集中在研究多酚类化合物对呋喃形成的作用。呋喃化合物的生成速率是依赖于存储条件的。通过在 35℃ 温度下加入咖啡酸、鞣花酸可以抑制存储过程中美拉德反应产物的形成。由于它们的抗氧化能力，这些化合物可以被用来代替合成抗氧化剂。因此，额外地添加一些多酚类物质以及植物提取物在某种程度上可以显著减少呋喃形成（Oral et al，2014）。

烹煮和操作条件对呋喃化合物形成的影响也已经被研究了。与油炸方式相比，烤箱和微波加热会产生较低的呋喃类化合物。与葵花籽油相比，使用橄榄油来进行油炸会促使高水平呋喃化合物的产生。这些化合物的量是随着油炸时间和温度的降低而减少，同时油炸后放置一段时间也会减少呋喃化合物的量。因此，呋喃化合物的形成可以通过对烹煮方式和条件的改变，使之降到最低。例如使用电烤炉、用葵花籽油在 160℃ 温度下油炸 4min，或者是烹煮后放置 10min 都会减少呋喃化合物的量。然而，这种减少呋喃水平的方法同样也会使一些挥发性香气成分损失。因此，未来的研究需要在控制呋喃含量的基础上避免对挥发性香气成分造成损失（Pérez et al，2013）。

此外通过优化热加工条件可以更直接地达到抑制呋喃的效果，因此，可以控制合适的加热温度、缩短加热时间、合理使用柠檬酸等 pH 值调节剂调节体系 pH 值，以达到减少或抑制呋喃产生的效果。但在实际应用中，应注意尽可能在保持食品原有风味和感官特性的前提下优化热加工参数。此外，还可以从优化食物配方的角度来减少呋喃的产生。

3.7　未来展望

在呋喃的分析检测上，还需进一步完善相关方法，建立更为有效、快捷的检测技术，进而对我国更多的食品进行检测，从而为研究我国食品中呋喃的暴露量并提出其限量标准以及为世界卫生组织对该污染物的评价提供科学依据；在呋喃的前体物质和形成途径方面，还需进一步建立相应模型，对呋喃形成机制及其影响因素动力学进行研究，以得到食品加工过程中呋喃的安全控制新理论和新方法；在呋喃的毒理学研究方面，还需进一步对呋喃致生殖和发育毒性进行研究，需要弄清呋喃对人体的致癌性到底有多大危害以及相应的致癌机理，以得到呋喃完整的毒性数据。总之，为了填补我国在这一领域的研究空白和保护公众健康，非常有必要对食品中的呋喃进行更为深入广泛的研究（谢明勇等，2010）。

<h2 style="text-align:center">参 考 文 献</h2>

陈家华，方晓明，朱坚，等. 2004. 现代食品分析新技术. 北京：化学工业出版社：21-23.

黄军根. 2011. 热加工食品中呋喃检测方法及其生成的影响因素研究. 南昌：南昌大学.

金庆中，刘平，孟媛，等. 2008. 北京市售婴幼儿食品中呋喃污染状况及相关暴露量的现况研究. 卫生研究，(4)：471-473.

刘平，薛颖，金庆中，等. 2008. 顶空-气相色谱-质谱法测定婴幼儿食品中的呋喃. 色谱，26 (1)：35-38.

王昊阳，郭寅龙，张正行，等. 2003. 顶空-气相色谱法进展. 分析测试技术与仪器，9 (3)：129-135.

王荣民. 1981. 顶空分析气相色谱法在食品分析中应用简介. 上海食品科技，(3)：18-23.

谢明勇，黄军根，聂少平. 2010. 热加工食品中呋喃的研究进展. 食品与生物技术学报，(2)：1-8.

Altaki M S, Santos F J, Galceran M T. 2007. Analysis of furan in foods by headspace solid- phase microextraction- gas chromatography- ion trap mass spectrometr. Journal of Chromatography A, 1146：103-109.

Anese M, Suman M. 2013. Mitigation strategies of furan and 5-hydroxymethylfurfural in food. Food Research International, 51：257-264.

Becalski A, Seaman S. 2005. Furan precursors in food: a model study and development of a simple headspace method for determination of furan. Journal of AOAC International, 88：102-106.

Burka L T, Washburn K D, Irwin R D. 1991. Disposition of (^{14}C) furan in the male F344 rat. Journal of Toxicology and Environmental Health: Part A, 34：245-257.

Byrns M C, Predecki D P, Peterson L A. 2002. Characterization of nucleoside adducts of *cis*-2-butene-1,4-dial, a reactive metabolite of furan. Chemical Research in Toxicology, 15：373-379.

Carfagna M A, Held S D, Kedderis G L. 1993. Furan-induced cytolethality in isolated rat hepatocytes: correspondence with in vivo dosimetry. Toxicology and Applied Pharmacology, 123：265-273.

Chen L J, Hecht S S, Peterson L A. 1997. Characterization of amino acid and glutathione adducts of *cis*-2-butene-1,4-dial, a reactive metabolite of furan. Chemical Research in Toxicology, 10：866-874.

Chen L J, Hecht S S, Peterson L A. 1995. Identification of *cis*-2-butene-1,4-dial as a microsomal metabolite of furan. Chemical Research in Toxicology, 8：903-906.

Chen T, Mally A, Ozden S, et al. 2010. Low doses of the carcinogen furan alter cell cycle and apoptosis gene expression in rat liver independent of DNA methylation. Environmental Health Perspectives, 118：1597-1602.

Chen T，Williams T D，Mally A，et al. 2012. Gene expression and epigenetic changes by furan in rat liver. Toxicology，292：63-70.

Cordelli E，Leopardi P，Villani P，et al. 2010. Toxic and genotoxic effects of oral administration of furan in mouse liver. Mutagenesis，25：305-314.

Crew，Castle L. 2007. A review of the occurrence，formation and analysis of furan in heat-processed foods. Trends in Food Science and Technology，18：365-372.

Crews C，Hasnip S，Roberts D P T，et al. 2007. Factors affecting the analysis of furan in heated foods. Food Additives and Contaminants：Part A，24：108-113.

Crews C，Roberts D，Lauryssen S，et al. 2009. Survey of furan in foods and coffees from five European Union countries. Food Additives and Contaminants：Part B，2：95-98.

Durling L J K，Svensson K，Abramsson-Zetterberg L. 2007. Furan is not genotoxic in the micronucleus assay in vivo or in vitro. Toxicology Letters，169：43-50.

EFSA. 2004. Report of the scientific panel on contaminants in the food chain on provisional findings of furan in food. EFSA Journal，137：1-20.

EFSA. 2004. Report of the CONTAM panel on provisional findings on furan in food. Annexe corrigendum，Available at http：//www. efsa. europa. eu/en/efsajournal/pub/137.

Egle J L，Gochberg B J. 1979. Respiratory retention and acute toxicity of furan. The American Industrial Hygiene Association Journal，40：310-314.

Fan X，Mastovska K. 2006. Effectiveness of ionizing radiation in reducing furan and acrylamide levels in foods. Journal of Agricultural and Food Chemistry，54：8266-8270.

Forsyth D S，Becalski A，Casey V，et al. 2004. Furan：mechanisms of formation and levels in food. http：//www. fda. gov.

Fransson-Steen R，Goldsworthy T L，Kedderis G L. 1997. Furan-induced liver cell proliferation and apoptosis in female B6C3F1 mice. Toxicology，118：195-204.

FSA. Food Survey Information Sheet（2014-09）. http：//www. food. gov. uk.

Geppert H. 1998. Solid-phase：Microextraction with rotation of the microfiber. Analytical Chemistry，7：3981-398.

Gill S，Bondy G，Lefebvre D E，et al. 2010. Subchronic oral toxicity study of furan in Fischer-344 rats. Toxicologic Pathology，38：619-630.

Gill S，Kavanagh M，Barker M，et al. 2011. Subchronic oral toxicity study of furan in B6C3F1 mice. Toxicologic Pathology，39：787-794.

Glatt H，Schneider H，Liu Y. 2005. V79-hCYP2E1-hSULT1A1，a cell line for the sensitive detection of genotoxic effects induced by carbohydrate pyrolysis products and other food-borne chemicals. Mutation Research/Genetic Toxicology and Environmental Mutagenesis，580：41-52.

Hans F S，Miriam P R，Chiu H W，et al. 1981. Clastogenicity of furans found in food. Cancer Letters，13：89-95.

Hickling K C，Hitchcock J M，Chipman J K. et al. 2010. Induction and progression of cholangiofibrosis in rat liver injured by oral administration of furan. Toxicologic Pathology，38：213-229.

Hickling K C，Hitchcock J M，Oreffo V，et al. 2010. Evidence of oxidative stress and associated DNA damage，increased proliferative drive，and altered gene expression in rat liver produced by the cholangiocarcinogenic agent furan. Toxicologic Pathology，38：230-243.

International Agency for Research on Cancer，WHO. 1995. IARC monographs on the evaluation of carcinogenic risks to humans，63：393.

Jeffrey A M，Brunnemann K D，Duan J D，et al. 2012. Furan induction of DNA cross-linking and strand breaks in turkey fetal liver in comparison to 1,3-propanediol. Food and Chemical Toxicology，50：675-678.

Kedderis G L，Carfagna M A，Held S D，et al. 1993. Kinetic Analysis of Furan Biotransformation by F-344 Rats in Vivo and in Vitro. Toxicology and Applied Pharmacology，123：274-282.

Kellert M，Wagner S，Lutz U，et al. 2008. Biomarkers of furan exposure by metabolic profiling of rat urine with liquid chromatography-tandem mass spectrometry and principal component analysis. Chemical Research in Toxicology，21：761-768.

Leopardi P，Cordelli E，Villani P，et al. 2010. Assessment of in vivo genotoxicity of the rodent carcinogen furan：evaluation of DNA damage and induction of micronuclei in mouse splenocytes. Mutagenesis，25：57-62.

Liao M L，Seib P A. 1987. Selected reactions of L-ascorbic acid related to foods. Food Technology，41：104-107，111.

Limacher A，Kerler J，Conde-Petit B，et al. 2007. Formation of furan and methylfuran from ascorbic acid in model systems and food. Food Additives and Contaminants：Part A，24：122-135.

Limacher A，Kerler J，Davidek T，et al. 2008. Formation of furan and methylfuran by Maillard-type reactions in model systems and food. Journal of Agricultural and Food Chemistry，56：3639-3647.

Lu D，Sullivan M M，Phillips M B，et al. 2009. Degraded protein adducts of cis-2-butene-1,4-dial are urinary and hepatocyte metabolites of furan. Chemical Research in Toxicology，22：997-1007.

Maga J A. 1979. Furans in foods. Critical Reviews in Food Science and Nutrition，4：355-400.

Marinari U M，Ferro M，Bassi A M，et al. 1984. DNA-damaging activity of biotic and xenobiotic aldehydes in chinese hamster ovary cells. Cell Biochemistry and Function，2：243-248.

Mariotti M S，Granby K，Rozowski J，et al. 2013. Furan：a critical heat induced dietary contaminant. Food and Function. 4：1001-1015.

McDaniel L P，Ding W，Dobrovolsky V N，et al. 2012. Genotoxicity of furan in Big Blue rats. Mutation Research/Genetic Toxicology and Environmental Mutagenesis，742：72-78.

McGregor D B，Brown A，Cattanach P，et al. 1988. Responses of the L5178Y tk +/tk − mouse lymphoma cell forward mutation assay：mouse lymphoma cell forward mutation assay. Ⅲ. 72 coded chemicals. Environmental and Molecular Mutagenesis，12：85-154.

Mesias-Garcia M，Guerra-Hernandez E，Garcia-Villanova B. 2010. Determination of Furan Precursors and Some Thermal Damage Markers in Baby Foods：Ascorbic Acid，Dehydroascorbic Acid，Hydroxymethylfurfural and Furfural. Journal of Agricultural and Food. Chemistry，58：6027-6032.

Ministry of Health of the People's Republic of China (MHPRC). 2011. The annals of Chinese health statistics in 2011. Beijing (China)：MHPRC，http：//www. moh. gov. cn/htmlfiles/zwgkzt/ptjnj/year2011/index2011. html.

Mrk J，Pollien P，Lindinger C，et al. 2006. Quantitation of furan and methylfuran formed in differentnprecursor systems by proton transfer reaction mass spectrometry. Journal of Agricultural and Food Chemistry，54：2786-2793.

National Toxicology Program. 1993. Toxicology and carcinogenesis studies of furan (CAS No. 110-00-9) in F344 rats and B6C3F1 mice (gavage studies). National Toxicology Program，402：1.

Oral R A，Dogan M，Sarioglu K. 2014. Effects of certain polyphenols and extracts on furans and acrylamide formation in model system，and total furans during storage. Food Chemistry，142：423-429.

Pérez P T，Petisca C，Henriques R，et al. 2013. Impact of cooking and handling conditions on furanic compounds in breaded fish products. Food and Chemical Toxicology，55：222-228.

Perez-Locas C，Yaylayan V A. 2004. Origin and mechanistic pathways of formation of the parent furan—a food toxicant. Journal of Agricultural and Food Chemistry，55：6830-6836.

Peterson L A，Cummings M E，Vu C C，et al. 2005. Glutathione trapping to measure microsomal oxidation of furan to cis-2-butene-1,4-dial. Drug Metabolism and Disposition，33：1453-1458.

Reinhard H，Sagar F，Zoller O，et al. 2004. Furan in foods on the Swiss market-method and results. Mitteilungen aus Lebensmitteluntersuchung und Hygiene，95：532-535.

Sayre L M，Arora P K，Iyer R S，et al. 1993. Pyrrole formation from 4-hydroxynonenal and primary amines. Chemical Research and Toxicology，6：19-22.

Shinoda Y，Komura H，Homma S，et al. 2005. Browning of model orange juice solution：factors affecting the formation of decomposition products. Bioscience Biotechnology and Biochemistry，69：2129-2137.

Stadler R H，Goldmann Till. 2008. Chapter 20 Acrylamide，chloropropanols and chloropropanol Esters，Furan. Food Contaminants and Residue Analysis，51：705-732.

US Food and Drug Administration，Office of Plant and Dairy. 2004. http：//www. cfsan. fda. gov.

Vichi S，Pizzale L，Conte L S，et al. 2003. Solid-phase micro-extraction in the analysis of virgin olive oil volatile fraction：Modifications induced by oxidation and suitable markers of oxidative status. Journal of Agricultural and Food Chemistry，51：6564-6571.

Vranová J，Ciesarová Z. 2009. Furan in food- a review. Czech Journal of Food Science，27：1-10.

Wilson D M，Goldsworthy T L，Popp J A，et al. 1992. Evaluation of genotoxicity，pathological lesions，and cell proliferation in livers of rats and mice treated with furan. Environmental and Molecular Mutagenesis，19：209-222.

Wu S J，Wang E T，Yuan Y. 2014. Detection of furan levels in select Chinese foods by solid phase microextraction-gas chromatography-mass spectrometry method and dietary exposure estimation of furan in the Chinese population. Food and Chemical Toxicology，64：34-40.

Yaylayan V A，Keyhani A，Wnorowski A. 2000. Formation of sugar-specific reactive intermediates from C-13-labeled L-serines. Journal of Agricultural and Food Chemistry，48：636-641.

Yaylayan V A，Machiels D，Istasse L. 2003. Thermal decomposition of specifically phosphorylated D-glucoses and their role in the control of the Maillard reaction. Journal of Agricultural and Food Chemistry，51：3358-3366.

Zoller O，Sager F，Reinhard H. 2007. Furan in food：headspace method and product survey. Food Additives and Contaminants，24：91-107.

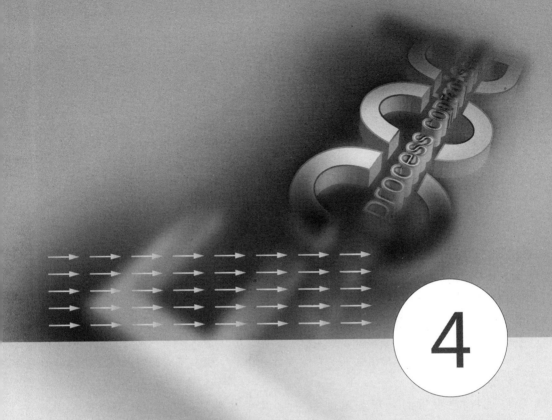

4

杂环胺类化合物

4.1   食品中杂环胺的种类及暴露评估

肉制品在加工过程中可能形成的有毒有害物质主要有三种（Nagao et al，1977）：一是多环芳烃类，包括苯并芘等，主要出现在熏烤类肉制品中；二是 N-亚硝基化合物，主要是添加亚硝酸盐引起，腌制肉制品中易出现；三是具有致癌、致突变性的杂环胺，主要是由于高温长时间的热加工引起。

富含蛋白质的肉制品在热加工过程中会形成致癌、致突变性的杂环胺（Zamora et al，2013）。早在 1939 年，Widmark 就发现用烤马肉的提取物涂布在小鼠的背部可以诱发乳腺肿瘤，但这一重要结果在当时没有引起人们的重视（Nagao et al，1977）。在 1977 年，日本科学家发现在烤鱼和烤牛肉烧焦的部分和烟气里含有显著的致突变物质，且其致突变性远远大于多环芳烃（Zamora et al，2012）。紧接着，Commoner 在小于 200℃的正常家庭烹调条件下的牛肉饼和牛肉提取物中也同样检出强烈的致突变性。由此，引发了人们对杂环胺浓厚的研究兴趣。

目前已报道的杂环胺超过 30 种，其中最常见的有 PhIP、MeIQx、IQ、IQx、MeIQ 和 DiMeIQx 等（Puangsombat et al，2011）。1993 年国际癌症研究中心将 IQ 列为"极可疑人类致癌物"（2A 级），MeIQ、8-MeIQx、PhIP、AαC、MeAαC、Trp-P-1、Trp-P-2 和 Glu-P-1 归为"潜在人类致癌物"（2B 级）（Nagao et al，1977）；2007 年世界癌症基金会和美国癌症研究机构在报告中强调红肉及其加工制品与结肠癌的关系（Wiseman，2008）。尽管过去 10 年流行病学有数据证明人类日益增长的癌症发病率与过度烹饪和烧烤肉制品的消费有关，但饮食作为复杂的基质体系，同时含有多种致癌物、助癌物、抗癌物，并没有充分的数据证明是由于食物中的杂环胺引起，到目前为止也未有数据可评估杂环胺和人类癌症的剂量关系（Iwasaki et al，2010；Puangsombat et al，2012）。因此对不同加工方式的各种食物进行调查，获得可靠的杂环胺含量数据，对于进一步评估杂环胺影响与摄入关系至关重要。

4.1.1   杂环胺类化合物的结构与分类

杂环胺化学结构特点为：含有 2～5 个芳香环，环内有 1 个及以上的 N 原子，环外通常带有 1 个氨基（Lys-P-1、Harman、Norharman 除外）（Quelhas et al，2010）。杂环胺的形成高度依赖于温度，从形成过程可分为两类（Alaejos et al，2011）：一是"热反应杂环胺"，又叫氨基咪唑氮杂环胺（AIA）或 IQ 型

表 4-1　杂环胺的分类、来源和结构

杂环胺	中文名	英文名	最初来源	结构
I 氨基咪唑氮杂环胺				
（ⅰ）喹啉类				
IQ	2-氨基-3-甲基咪唑并[4,5-f]喹啉	2-amino-3-methylimidazo[4,5-f]quinoine	烤沙丁鱼（Kasai et al,1978）	
MeIQ	2-氨基-3,4-二甲基咪唑并[4,5-f]喹啉	2-amino-3,4-dimethylimidazo[4,5-f]quinoine	烤沙丁鱼（Kasai et al,1980）	
（ⅱ）喹喔啉类				
IQx	2-氨基-3-甲基咪唑并[4,5-f]喹喔啉	2-amino-3-methylimidazo[4,5-f]quinoxaline	添加肌酸的挪威油炸肉制品（Becher et al,1988）	
MeIQx	2-氨基-3,8-二甲基咪唑并[4,5-f]喹喔啉	2-amino-3,8-dimethylimidazo[4,5-f]quinoxaline	炸牛肉（Kasai et al,1981）	

续表

杂环胺	中文名	英文名	最初来源	结构
4,8-DiMeIQx	2-氨基-3,4,8-三甲基咪唑并[4,5-f]喹噁啉	2-amino-3,4,8-trimethylimidazo[4,5-f]quinoxaline	加热肌酸酐,苏氨酸和葡萄糖的混合物(Negishi et al,1985)	
7,8-DiMeIQx	2-氨基-3,7,8-三甲基咪唑并[4,5-f]喹噁啉	2-amino-3,7,8-trimethylimidazo[4,5-f]quinoxaline	加热肌酸酐,甘氨酸和葡萄糖的混合物(Negishi et al,1984)	
(ⅲ)吡啶类				
PhIP	2-氨基-1-甲基-6-苯基咪唑并[4,5-b]吡啶	2-amino-1-methyl-6-phenylimidazo[4,5-b]pyridine	炸牛肉(Felton et al,1986)	
DMIP	2-氨基-1,6-二甲基咪唑并[4,5-b]吡啶	2-amino-1,6-dimethylimidazo[4,5-b]pyridine	—	
1,5,6-TMIP	2-氨基-1,5,6-三甲基咪唑并[4,5-b]吡啶	2-amino-1,5,6-trimethylimidazo[4,5-b]pyridine	—	

续表

杂环胺	中文名	英文名	最初来源	结构
3,5,6-TMIP	2-氨基-3,5,6-三甲基咪唑并[4,5-b]吡啶	2-amino-3,5,6-trimethylimidazo[4,5-b]pyridine	—	
(iv)呋喃吡啶类				
IFP	2-氨基-1,6-二甲基呋喃[3,2-e]咪唑并[4,5-b]吡啶	2-amino-(1,6-dimethylfuro[3,2-e]-imidazo[4,5-b])pyridine	—	
II 氨基咔啉类杂环胺				
(i)α-咔啉类				
AαC	2-氨基-9H-吡啶并[2,3-b]吲哚	2-amino-9H-pyrido[2,3-b]indole	大豆球蛋白热解物(Yoshida et al,1978)	
MeAαC	2-氨基-3-甲基-9H-吡啶并[2,3-b]吲哚	2-amino-3-methyl-9H-pyrido[2,3-b]indole	大豆球蛋白热解物(Yoshida et al,1978)	
(ii)β-咔啉类				
Norharman	9H-吡啶并[3,4-b]吲哚	9H-pyrido[3,4-b]indole	蒺藜科植物骆驼蓬(Picade et al,1997)	

续表

杂环胺	中文名	英文名	最初来源	结构
Harman	1-甲基-9H-吡啶并[3,4-b]吲哚	1-methyl-9H-pyrido[3,4-b]indole	蒺藜科植物骆驼蓬（Picade et al,1997)	
（ⅲ）γ-咔啉类				
Trp-P-1	3-氨基-1,4-二甲基5H-吡啶并[4,3-b]吲哚	3-amino-1,4-dimethyl-5H-pyrido[4,3-b]indol	色氨酸热解物（Sugimura et al,1977)	
Trp-P-2	3-氨基-1-甲基-5H-吡啶并[4,3-b]吲哚	3-amino-1-methyl-5H-pyrido[4,3-b]indole	色氨酸热解物（Sugimura et al,1977)	
（ⅳ）δ-咔啉类				
Glu-P-1	2-氨基-6-甲基二吡啶并[1,2-a:3',2'-d]咪唑	2-amino-6-methyldipyrido[1,2-a:3',2'-d]imidazole	谷氨酸热解物（Yamamoto et al,1978)	
Glu-P-2	2-氨基-二吡啶并[1,2-a:3',2'-d]咪唑	2-amino-dipyrido[1,2-a:3',2'-d]imidazole	谷氨酸热解物（Yamamoto et al,1978)	

注："—"表示相关资料未能查到。

杂环胺，包括 IQ、MeIQ、IQx、MeIQx、4,8-DiMeIQx、7,8-DiMeIQx、PhIP、IFP 等，是由氨基酸、肌酐（肌酸）、糖在 100～300℃通过美拉德反应等复杂反应形成的，其结构上的氨基可耐受 2mmol/L 的亚硝酸钠的重氮处理，在体内可转化成 N-羟基化合物，具有致癌、致突变性；二是"热解杂环胺"，又称氨基咔啉类杂环胺或非 IQ 型杂环胺，包括 AαC、MeAαC、Norharman、Harman、Trp-P-1、Trp-P-2、Glu-P-1、Glu-P-2 等，是蛋白质或氨基酸在超过 300℃高温分解产生，其结构上的氨基不能耐受 2mmol/L 亚硝酸钠的重氮处理，处理时氨基脱落转变成 C-羟基，失去致癌、致突变性，因此其致癌、致突变性比热反应杂环胺弱。从化学性质可分为极性和非极性杂环胺（Alaejos et al，2011）。杂环胺具体结构和分类如表 4-1 所示。

4.1.2　食品中杂环胺的基本性质

杂环胺是从烹调食品的碱性部分中分离出来的一类带有杂环的伯胺，其基本性质如表 4-2 所示。氨基吡啶类化合物，如 AαC、MeAαC、Norharman、Harman、Trp-P-1、Trp-P-2、Glu-P-1、Glu-P-2 等，在酸性条件下与亚硝酸钠反应，脱氨后变成羟基衍生物失去致突变作用；而氨基咪唑类化合物，如 IQ、MeIQ、IQx、MeIQx 等在同样条件下与亚硝酸钠反应不发生脱氨反应，其致突变性无明显变化。所有杂环胺化合物均可被次氯酸钠氧化失去致突变性，其反应产物是一种有色的偶氮化合物。在过氧化氢存在的条件下，过氧化酶也可使杂环胺氧化失去致突变作用。氯高铁血红素、油酸、亚油酸以及生物胺类均可抑制杂环胺化合物的致突变性。

表 4-2　常见杂环胺的基本性质

化合物	元素组成	相对分子质量	UV_{max}	pK_a	属性
IQ	$C_{11}H_{10}N_4$	198.2	264	3.5,6.1	极性
MeIQ	$C_{12}H_{12}N_4$	212.3	257	6.4	极性
IQx	$C_{10}H_9N_5$	199.3	264	5.95	极性
MeIQx	$C_{11}H_{11}N_5$	213.3	264	5.95	极性
4,8-DiMeIQx	$C_{12}H_{13}N_5$	227.3	266	5.8	极性
7,8-DiMeIQx	$C_{12}H_{13}N_5$	227.3	266	6.5	极性
PhIP	$C_{12}H_{13}N_5$	224.3	315	5.6	极性
DMIP	$C_8H_{10}N_4$	162.2	—	—	极性
1,5,6-TMIP	$C_9H_{12}N_4$	176.2	—	—	极性
3,5,6-TMIP	$C_9H_{12}N_4$	176.2	—	—	极性
AαC	$C_{11}H_9N_3$	183.2	339	4.4	非极性
MeAαC	$C_{12}H_{11}N_3$	197.2	345	4.9	非极性

续表

化合物	元素组成	相对分子质量	UV$_{max}$	pK_a	属性
Norharman	$C_{11}H_8N_2$	168.2	—	6.8	非极性
Harman	$C_{12}H_{10}N_2$	182.3	—	6.9	非极性
Trp-P-2	$C_{12}H_{11}N_3$	197.4	265	8.5	非极性
Trp-P-1	$C_{13}H_{13}N_3$	211.3	263	8.6	非极性
Glu-P-2	$C_{10}H_8N_4$	184.3		5.9	非极性
Glu-P-1	$C_{11}H_8N_4$	198.3		6.0	非极性

注："—"表示该数据未能查到。

4.1.3　食品中杂环胺的含量及分布

加工肉制品中最常见、报道最多的杂环胺主要是 PhIP、MeIQx 和 4,8-DiMeIQx。PhIP 含量通常最高，每克肉中含量范围为数纳克至数百纳克，占总杂环胺的一半甚至 90%。其次是 MeIQx 和 4,8-DiMeIQx、Harman、Norharman，含量通常为 0.5～10ng/g。再次是 IQ、IQx、MeIQx、7,8-DiMeIQx 和 AαC，含量通常小于 1ng/g。Trp-P-1、Trp-P-2、Glu-P-1、Glu-P-2、MeAαC、DMIP、TMIP、IFP 等，含量通常较低，研究较少。由于原料肉种类、加热方式、加工温度、加工时间、检测方法的不同，产品中杂环胺的种类和含量也存在差异，如表 4-3 所示。

4.1.4　杂环胺类化合物的暴露评估

人体对杂环胺的暴露量可通过两种方式进行评估：一是通过各种食物中的数据资料和当地居民的饮食习惯评估杂环胺的表观摄入量；二是通过杂环胺在人体内的生物学标记进行评估，具体如图 4-1 所示。

影响杂环胺表观摄入量的因素包括食物种类、加工方法、每次的摄入量及食用频率等。大多数研究者都是通过调查当地居民包含以上四个因素的饮食偏好，结合当地常食用肉类杂环胺含量的测定或文献资料中杂环胺含量的分析，从而评估当地居民对杂环胺的表观摄入量，如表 4-4 所示。由于各民族的饮食习惯及加工方法各不相同，同时评估所采用的方式也有所不同，因此评估结果具有一定的民族地域差异，而且同一国家不同时期的评估结果也有所差异。

1995 年，Layton 等（Layton et al，1995）通过来源于文献中，加工温度为 190～260℃的 261 种食物的杂环胺含量资料，以及美国农业部关于 3563 人连续 3d 的饮食资料，评估美国人群对杂环胺的摄入量。结果表明，人均每千克体重每日杂环胺的摄入量为 26ng；若以平均体重 70kg 计算，那么人均对杂环胺的摄

表4-3　加工肉制品中杂环胺的种类和含量

种类		加工条件	主要杂环胺含量及总杂环胺含量/(ng/g)						参考文献
			PhIP	MeIQx	4,8-DiMeIQx	Harman	AαC	总量	
牛肉及其产品	酱牛肉	市售		0.49		275.99		480.45	洪燕婷,2014
	香卤牛肉	市售		0.32		15.04		22.49	洪燕婷,2014
	牛肉饼	190℃锅煎10min	0.6	4.68		0.3		5.91	Tsen et al,2006
	牛肉饼	204℃锅煎10min	3.07	10.9		1.15		16.2	Tsen et al,2006
	牛肉饼	204℃锅煎12min	2.35	3.11				5.46	Puangsombat et al,2012
	牛肉饼	锅煎,过熟	0.33	2.15	0.67			3.14	Iwasaki et al,2010
	牛肉饼	180~200℃,每面煎4min	33.8	4.1	1.3		14.7	53.9	Quelhas et al,2010
	牛肉饼	230℃双面烤120s	0.1	0.2		0.7		1.2	Gibis et al,2010
	牛肉饼	230℃双面烤140s	0.1	0.5		0.7		1.7	Gibis et al,2010
	牛肉饼	230℃双面烤160s	0.2	1.3	0.1	0.9		3.0	Gibis et al,2010
	牛肉饼	230℃双面烤180s	0.2	1.7	0.2	1.7		4.7	Gibis et al,2010
	牛排	锅煎,过熟	0.58	1.43	0.39			2.39	Iwasaki et al,2010
	牛排	204℃锅煎12min	0.94	1.75	0.04			2.73	Puangsombat et al,2012
	牛排	204℃锅煎24min	5.27	3.33	0.33			8.92	Puangsombat et al,2012
	牛排	204℃每面烘烤5min	17.4	30.2		2.2		52.06	Smith et al,2008
	牛排	烘烤,过熟	16.27	5.41	1.92			23.60	Iwasaki et al,2010
	牛排	232℃烘烤10min	1.58	0.08	0.06			1.72	Puangsombat et al,2012
	牛排	232℃烘烤20min	5.63	0.12	0.11			6.04	Puangsombat et al,2012
	牛排	180~210℃烘烤4min	4.8	2.9	1.1	5.3		44.7	Busquets et al,2004
	牛排	烧烤,过熟	31.8	15.4	3.67			50.86	Iwasaki et al,2010
猪肉及其产品	腊肉	市售		0.32		1.65		10.31	洪燕婷,2014
	猪排	175~200℃锅煎11min	2.5	1.9	0.5	1.4		13.3	Busquets et al,2004
	猪排	先煎后煮	7.25	4.58	1.74			18.00	Janoszka et al,2009
	猪排	锅煎过熟		5.43	2.81			15.49	Iwasaki et al,2010
	猪排	204℃锅煎16min	9.20	2.39	2.33			13.91	Puangsombat et al,2012
	猪排	177℃烘烤70min	2.20	0.23	0.86			3.29	Puangsombat et al,2012

续表

类别	种类	加工条件	主要杂环胺含量及总杂环胺含量/(ng/g)						参考文献
			PhIP	MeIQx	4,8-DiMeIQx	Harman	AαC	总量	
猪肉及其产品	猪肉饼	204℃锅煎 12min	4.12	1.09	1.24			4.12	Puangsombat et al,2012
	培根	锅煎八成熟		0.4				0.4	Sinha et al,1998
	培根	204℃锅煎 6min	17.59	4.00	3.57			17.59	Puangsombat et al,2012
	培根	锅煎全熟	0.7	1.7				2.4	Sinha et al,1998
	培根	烘烤八成熟	1.4	—				1.4	Sinha et al,1998
	培根	烘烤全熟	18.6	1.5				20.1	Sinha et al,1998
	培根	微波全熟	—	0.4				0.4	Sinha et al,1998
	切片火腿	锅煎全熟	0.3	0.6				0.9	Sinha et al,1998
	猪肉肠	175~200℃锅煎 11min	0.2			0.3		1.9	Busquets et al,2004
禽肉及其产品	鸡胸肉	190℃锅煎 18min	10.5	1.0	0.6	1.0		15.0	Solyakov et al,2002
	鸡胸肉	220℃锅煎 12min	29.7	1.0	0.5	5.7		40.4	Solyakov et al,2002
	鸡胸肉	锅煎五成熟		0.58	0.31			0.90	Oz et al,2010
	鸡胸肉	锅煎全熟			0.27			5.82	Oz et al,2010
	鸡胸肉	180℃锅煎 10min	18.33	1.83	1.05	2.77	0.23	27.40	Liao et al,2010
	鸡胸肉	204℃锅煎 20min	6.06	0.46	0.54			7.06	Puangsombat et al,2012
	鸡腿肉	204℃锅煎 14min	5.43	0.09	0.06			5.58	Puangsombat et al,2012
	鸡胸肉	烘烤五成熟						0.59	Oz et al,2010
	鸡胸肉	175~200℃锅煎 11min	46.9	1.7	0.8	7.5		101.2	Busquets et al,2004
	鸡胸肉	245℃烘烤 40min	3.0	1.7	0.3	3.3	10.0	10.0	Solyakov et al,2002
	鸡胸肉	烘烤全熟	3.0		0.24	3.3	0.05	0.78	Oz et al,2010
	鸡胸肉	200℃烘烤 20min	0.04	1.16	3.55	0.69	5.58	3.87	Liao et al,2010
	鸡胸肉	200℃烧烤 20min	31.06	0.41		31.67		111.81	Liao et al,2010
	鸡胸肉	烧烤五成熟		0.6				2.55	Oz et al,2010
	鸡胸肉	烧烤全熟						2.30	Oz et al,2010
	鸡胸肉	180℃油炸 10min	2.16	0.77	0.38	12.32	0.27	21.31	Liao et al,2010
	鸡胸肉	微波五成熟			0.22			0.22	Oz et al,2010

续表

种类	加工条件	主要杂环胺含量及总杂环胺含量/(ng/g)						参考文献
		PhIP	MelQx	4,8-DiMelQx	Harman	AαC	总量	
禽肉及其产品	鸡胸肉 微波全熟	2.3					1	Oz et al,2010
	鸡胸肉 180~210℃烘烤13min			0.24	1.1		6.8	Busquets et al,2004
	烤鸡胸 市售样品		0.3	0.4	0.59		2.88	洪燕婷,2014
	烧鸡皮 市售样品		0.35		5.09		10.47	洪燕婷,2014
	鸭胸肉 180℃锅煎10min	21.88	0.38		12.90		53.31	Liao et al,2010
	鸭胸肉 200℃烘烤20min		3.44	2.02	0.56	1.26	6.82	Liao et al,2010
	鸭胸肉 200℃烧烤20min	11.80	2.40	1.34	7.81	0.06	31.96	Liao et al,2010
	鸭胸肉 180℃油炸10min	1.47	0.68	1.76	6.03	0.62	13.89	Liao et al,2010
	盐水鸭胸 市售样品		0.37		3.31	0.14	7.80	洪燕婷,2014
	盐水鸭皮 市售样品		0.40		3.96		9.15	洪燕婷,2014
鱼肉及其产品	虹鳟鱼 锅煎五成熟						1.14	Oz et al,2010
	虹鳟鱼 锅煎全熟						3.37	Oz et al,2010
	虹鳟鱼 烘烤五成熟			0.24			0.86	Oz et al,2010
	虹鳟鱼 烘烤全熟						1.44	Oz et al,2010
	虹鳟鱼 烧烤五成熟		0.49	0.43			2.92	Oz et al,2010
	虹鳟鱼 烧烤全熟			0.83			5.22	Oz et al,2010
	鲶鱼 204℃锅煎12min	10.31	2.31	2.72			15.35	Puangsombat et al,2012
	鲶鱼 177℃烘烤15min	4.40	2.95	0.51			8.70	Puangsombat et al,2012
	鲑鱼 204℃锅煎12min	9.11	2.05	1.93			13.09	Puangsombat et al,2012
	鲑鱼 锅煎过熟	7.31	0.74	0.26			8.31	Iwasaki et al,2010
	鲑鱼 177℃烘烤14min	4.34	2.03	1.66			8.41	Puangsombat et al,2012
	鲑鱼 烧烤过熟	22.80	0.22				28.99	Iwasaki et al,2010
	沙丁鱼 锅煎过熟	2.28	0.70	0.35			3.33	Iwasaki et al,2010
	罗非鱼 204℃锅煎12min	10.89	3.11	2.29			16.29	Puangsombat et al,2012
	罗非鱼 177℃烘烤12min	5.67	1.27	0.29			7.85	Puangsombat et al,2012
	未注明 家庭锅煎	1.37	0.1	0.03			1.56	Salmon et al,2006

注：由于杂环胺种类很多，因此表中只列出了常见杂环胺含量。总杂环胺含量为文献中检测到的所有杂环胺之和。

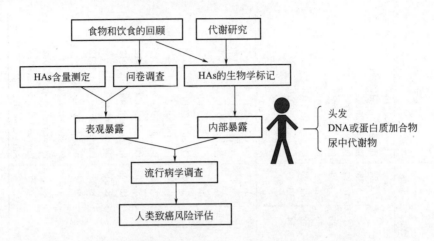

图 4-1　人体对杂环胺的暴露量和致癌风险评估的方法

表 4-4　不同国家对人体对杂环胺暴露量的评估

国家	调查方式	调查的杂环胺种类及摄入总量	参考文献
日本	10 名健康志愿者的尿液	PhIP 0.1 ~ 13.8μg，MeIQx 0.2~2.6μg	Wakabayashi et al，1993
新西兰	杂环胺含量及新西兰居民饮食习惯的文献资料	人均每日 1μg，PhIP＞AαC＞MeIQx＞IQ＞4,8-DiMeIQx	Thomson et al，1996
美国	文献资料的 261 种食物以及 3563 人连续 3d 的饮食资料	人均每日 1.82μg［26ng/（kg bw·d）］，PhIP＞AαC＞MeIQx＞4,8-DiMeIQx＞IQ	Layton et al，1995
美国	对＞25000 人饮食及加工偏好以及文献杂环胺含量的整合量化分析	人均每日 630ng［9ng/（kg bw·d）］，PhIP＞4,8-DiMeIQx，MeIQx，AαC，IQ	Keating et al，2001
瑞典	对 544 名 50~75 岁斯德哥尔摩居民的问卷调查及 22 种食物中杂环胺含量测定	0 ~ 1816ng，人均每日 160ng，PhIP＞MeIQx＞4,8-DiMeIQx＞MeIQ，IQ	Wong et al，2007
瑞士	问卷调查及 86 种家庭烹饪或者餐馆食物杂环胺含量测定	人均每日 330ng［5ng/（kg bw·d）］，PhIP＝MeIQx＞4,8-DiMeIQx＞MeIQ	Zimmerli et al，2001
波兰	10 种家庭烹饪食物中杂环胺含量测定	人均每日 0.2~7.7μg，PhIP，4,8-DiMeIQx＞MeIQx＞IQ，MeIQ	Warzecha et al，2004
西班牙	459 名居民饮食及加工偏好的问卷调查及 7 种主要肉类的杂环胺测定	人均每日 606ng，PhIP，DMIP＞其他 12 种杂环胺	Busquets et al，2004
新加坡	497 名 20~59 岁随机人员饮食频率调查和 25 种食物杂环胺含量检测	人均每日 49.95ng，PhIP＞MeIQx＞4,8-DiMeIQx＞7,8-DiMeIQx＞IFP	Wong et al，2005
马来西亚	600 名居民饮食频率的问卷调查及 42 种食物的含量测定	人均每日 553.7ng，PhIP＞MeIQx，MeIQ＞IQ，4,8-DiMeIQx，7,8-DiMeIQx	Jahurul et al，2012

入量为每日 1.82μg。2001 年，Keating 等（Keating et al，2001）采用了一种更为整合的定量方法，将人群分为儿童组和成人组，结果表明人均每千克体重对杂环胺日摄入量分别为 11ng 和 7ng。由此推算，美国人每千克体重对杂环胺日摄入量约为 9ng；若以平均体重 70kg 计算，结果为人均每日 630ng，其结果为 1995 年结果的 1/3。由于杂环胺的形成与加工温度密切相关，因此消费者对肉类不同生熟程度的选择和偏好对杂环胺表观摄入量的估计具有重大影响。Augustsson 等（Augustsson et al，1997）为了使饮食偏好的调研数据更为准确，附加了六组不同肉在四个加工温度下的彩色照片（图 4-2）。结果表明以斯德哥尔摩为代表的瑞典居民每日杂环胺的摄入量为 0~1816ng，其中肉汤是杂环胺的重要来源，占总量的 30%；女性比男性约少 40%，总体平均日摄入量为 160ng。同以上评估量相比，Wong 等（Wong et al，2005）报道的新加坡居民摄入的杂环胺含量很少，人均每日只有 49.95ng。新加坡华人数量占总人口的 77%，中国炒菜式的加工方式，经常翻动食物而且加工时间相对较短，因此中式炒肉杂环胺含量较少；再加上华人经常使用蒸煮、煨炖等加工方式，温度较低，产生杂环胺的量少，因此表观摄入量很少。总体而言，评估结果是人均对杂环胺的日摄入量大多数为 1μg 左右，其中一半来自于 PhIP 的摄入，MeIQx、4,8-DiMeIQx 和 AαC 也是重要来源。

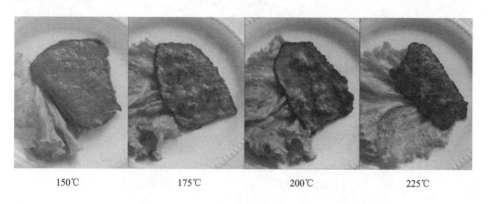

| 150℃ | 175℃ | 200℃ | 225℃ |

图 4-2　问卷调查中不同温度油炸牛肉的照片

4.2　杂环胺类化合物的毒性

4.2.1　杂环胺类化合物的代谢

杂环胺属于前致突变物，需经过代谢活化产生致突变性。杂环胺进入体内后，其环外氨基经肝脏细胞色素氧化酶 P450（cytochrome P450，CYP）催化形成 *N*-羟基衍生物，进一步被 *N*-乙酰基转移酶（*N*-acetyltransferase，NAT）、磺基转移酶（sulfotransferase，SULT）、氨酰 tRNA 合成酶等酶催化，形成具有高度亲电子活性的酯化物，并与脱氧核苷共价结合形成 DNA 加合物。杂环胺主要与鸟嘌呤第 8 位上的碳原子形成加合物 dG-C8-HA，以及鸟嘌呤第 2 位上的氮原子形成加合物 dG-N2-HA 或者腺嘌呤第 6 位上的氮原子形成加合物 dA-N6-HA（Turesky，2011），其化学结构如图 4-3 所示。*N*-羟基衍生物等中间产物也

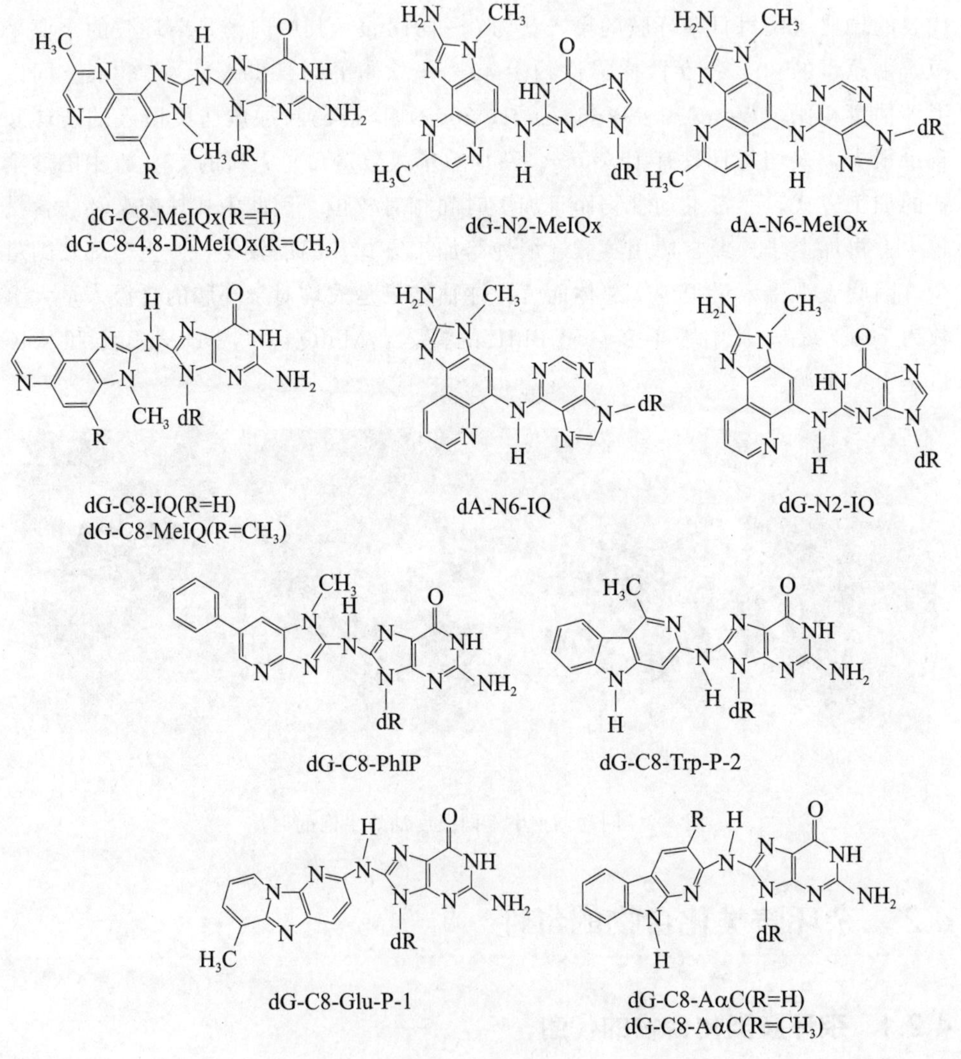

图 4-3 杂环胺-DNA 加合物的化学结构

可被谷胱甘肽-*S*-转移酶（glutathione-*S*-transferase，GST）或者 UDP-葡糖醛酸转移酶（UDP-glucuronosyltransferase，UDPGA）催化形成无活性的衍生物而排出体外，整体的代谢途径如图 4-4 所示。由于不同物种间酶的种类不同，同物种间酶的亚型及表达程度和活性不同，因此不同物种间甚至同物种不同个体间对杂环胺的代谢能力均有所差异（Alaejos et al，2008）。以人和大鼠为例，对于 8-MeIQx，人和大鼠都能通过 CYP1A2 将其代谢形成 HONH-MeIQx，但在人体内还能形成 IQx-8-COOH，大鼠体内能形成 5-HO-MeIQx；对于 PhIP，除形成 HONH-PhIP，大鼠还能将其代谢成 4-HO-PhIP（Turesky et al，2007），如图 4-5所示。

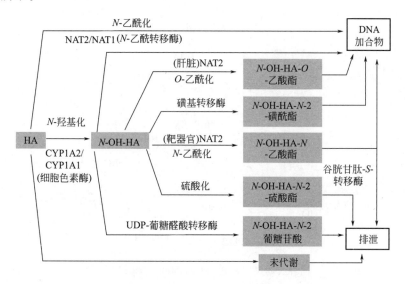

图 4-4 杂环胺在人体和实验动物体内的代谢

4.2.2 杂环胺类化合物的致突变性

组氨酸缺陷型鼠伤寒沙门氏菌回复突变测试法，即 Ames 试验（Ames et al，1975）已广泛应用于杂环胺及其他典型致癌物的致突变性测定，如表 4-5 所示。在该方法中 *Salmonella typhimurium* TA98 与 TA100 是最常用的菌株，前者检测移码突变，后者检测碱基对改变突变。结果显示杂环胺更易引起移码突变，因此对 *Salmonella typhimurium* TA98 表现出较大的致突变性，且远高于其他典型致癌物，如黄曲霉毒素 B_1 和 3,4-苯并芘等。同时，IQ 型杂环胺致突变性高于非 IQ 型杂环胺；两种杂环胺对 TA98 比对 TA100 更敏感。除诱导细菌突变外，杂环胺还具有基因毒性，可在哺乳动物体内或者在体外培养的动物细胞中产生致

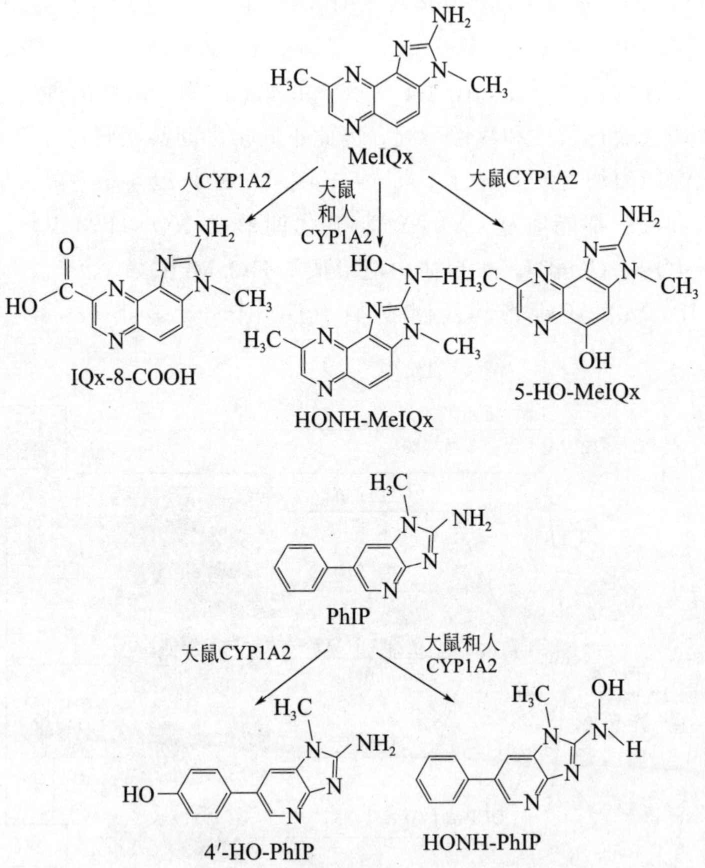

图 4-5   不同种属的细胞色素酶对 8-MeIQx 和 PhIP 的代谢差异

突变性，引起 DNA 损伤，如基因突变、染色体畸变、DNA 断裂、姊妹染色体交换等（Holme et al，1987；Gooderham et al，1997）。

表 4-5   杂环胺及部分典型致癌物对鼠伤寒沙门氏菌的致突变性

化合物	回变菌落数／μg	
	TA98	TA100
IQ	433000	7000
IQx	75000	1500
MeIQ	661000	30000
MeIQx	145000	14000
4,8-DiMeIQx	183000	8000
7,8-DiMeIQx	163000	9900
PhIP	1800	120
Trp-P-1	39000	1700

续表

化合物	回变菌落数 / μg	
	TA98	TA100
Trp-P-2	104200	1300
Glu-P-1	49000	3200
Glu-P-2	1900	1200
AαC	300	20
MeAαC	200	120
黄曲霉毒素 B_1	6000	28000
丙烯酰胺	6500	42000
3,4-苯并芘	320	660
N-亚硝基二甲胺	0.00	0.23
N-亚硝基二乙胺	0.02	0.15
N-甲基-N'-硝基-亚硝基呱啶	0.00	870

4.2.3　杂环胺类化合物的致癌性

在 Ames 试验中表现出致突变性的化合物不一定是致癌物，需要进一步的细胞培养活动物实验测定。研究表明，PhIP、MeIQ、MeIQx、IQ 能引起啮齿动物产生肿瘤，肝脏是大多数杂环胺的靶器官之一，PhIP 更易引发雄性大鼠的前列腺癌、雌性大鼠的乳腺癌，以及小鼠的淋巴癌，如表 4-6 所示。PhIP 还能通过胎盘或乳汁进入下一代仔鼠体内，增强仔鼠得乳腺癌的风险（Adamson et al，1990）。此外，IQ 被证明可通过胃管灌食法引发猕猴肝癌（Adamson et al，1994；Layton et al，1995），充分说明杂环胺对人类具有潜在致癌性。

表 4-6　啮齿类动物试验的杂环胺饲料浓度、试验周期及靶器官

杂环胺	试验动物	饲料中浓度 /(mg/kg)	试验周期 /周	靶器官
IQ	大鼠	300	55～72	肝脏、大小肠、阴蒂腺、皮肤、Zymbal 腺
	小鼠	300	96	肝脏、胃、肺
MeIQ	大鼠	300	40	大肠、Zymbal 腺、皮肤、口腔、乳腺
	小鼠	100,400	91	肝脏、胃
MeIQx	大鼠	400	61	肝脏、Zymbal 腺、阴蒂腺、皮肤
	小鼠	600	84	肝脏、肺、造血系统
PhIP	大鼠	400	52	大肠、乳腺、前列腺、淋巴组织
	小鼠	400	82	淋巴组织
Trp-P-1	大鼠	150	52	肝脏
	小鼠	200	89	肝脏
Trp-P-2	大鼠	100	112	肝脏，膀胱
	小鼠	200	89	肝脏

杂环胺	试验动物	饲料中浓度/(mg/kg)	试验周期/周	靶器官
Glu-P-1	大鼠	500	64	肝脏、大小肠、Zymbal 腺、阴蒂腺
	小鼠	500	57	肝脏、血管
Glu-P-2	大鼠	500	104	肝脏、大肠、小肠、Zymbal 腺、阴蒂腺
	小鼠	500	84	肝脏、血管
AαC	大鼠	800	104	未产生肿瘤
	小鼠	800	98	肝脏,血管
MeAαC	大鼠	100	104	肝脏
	小鼠	800	84	肝脏,血管

4.2.4　杂环胺类化合物的心肌毒性

　　杂环胺的主要生物学作用是其致突变性和致癌性，但研究表明一些杂环胺如 IQ 和 PhIP 在心肌中形成高水平的 DNA 加合物，而心肌又不是致癌的靶器官，促使人们研究其心肌的细胞毒性。原代细胞培养发现暴露于 N-羟基杂环胺可以使细胞线粒体水肿、变形。对大鼠和猕猴给予 IQ 和 PhIP 后，心肌可发生灶性细胞坏死慢性炎症、肌原纤维溶化等。

4.3　食品中杂环胺的分析方法

4.3.1　食品中杂环胺的分离富集方法

4.3.1.1　液液萃取

　　液液萃取（LLE）是大多数研究者选择的从样品基质中第一步分离食品中杂环胺的一种分离方法。在样品匀浆后经酸-碱分配，除去其中的固形物。若得到的是酸性溶液可用二氯甲烷（Martín-Calero et al，2007）、乙醚、乙酸乙酯（Knize et al，1994）直接萃取，以除去酸性或中性干扰物。若得到的是碱性溶液，分析物可直接通过二氯甲烷进行萃取。如果样品是在丙酮、乙酸乙酯和甲醇等有机溶液中匀浆的，分析物用盐酸进行萃取（Tikkanen et al，1996）。在大多数情况下，进一步的净化是通过二氯甲烷连续的酸碱分配过程来实现的，或者是这种方法结合吸附剂进行萃取。吸附剂一般使用惰性的固体物质如硅藻土或者蓝棉，或者使用商业化液液萃取产品如 Kieselguhr、Extrelut NT 或者 Hydromatrix，这些材料常作为色谱柱的支撑物。液液萃取设备简单，操作容易；但是易乳化，回收率不稳，选择性差。

4.3.1.2　液固色谱

液固色谱是基于一个包含固定相和流动相的物理分离过程。最初的色谱技术是用树脂进行吸附纯化 HAs，Amberlite XAD-2 是一种基于聚苯乙烯的非离子多聚吸附剂，是最常用的一种吸附剂，用于非极性化合物的浓缩（Tsen et al，2006）。由于杂环胺具有平面结构，能与蓝棉形成化合物达到净化的效果。蓝棉是一种纤维素棉轴向共价连接到一种叫作苯二甲蓝三磺酸铜蓝色色素制成的特殊吸附材料，能将杂环胺从液体溶液中吸附出来，致突变物很容易用甲醇-氨溶液对杂环胺进行洗脱。其他吸附剂如 SepHAsorbHP 使用较少。Gross 以 SepHAsorbHP 作为吸附剂，利用其体积排阻与凝胶吸附特性对杂环胺进行吸附。也可以利用这种吸附剂携带目标物通过 LC 制备柱来得到不同的组分。液固色谱法能耗低，分离效率高；但分离工艺复杂，所耗时间长，不适用大量样品处理。

4.3.1.3　超临界流体萃取

作为一个分离过程，超临界流体萃取（SFE）介于蒸馏和液液萃取过程之间。它是利用临界或超临界状态的流体，依靠被萃取的物质在不同的蒸气压力下所具有的不同化学亲和力和溶解能力进行分离、纯化的单元操作。SFE 只适用于从油烟中提取杂环胺，超临界 CO_2 对于从固体基质中萃取杂环胺效率很低，但超临界 CO_2/10％甲醇在 6000psi● 和 55℃条件下对喹啉类和喹喔啉类化合物有良好的回收率（Sanz Alaejos et al，2008）。SFE 使得挥发性成分的萃取和浓缩能一步完成，萃取的效率高而且能耗较少，提高了生产效率，降低了费用成本，减少这些化合物的潜在损失，并提供可直接用于 GC-MS 分析的提取物。

4.3.1.4　固相萃取

固相萃取（SPE）可看作是液相色谱的一个特殊例子，其通过一次性的商品柱填充 100～500mg 固体吸附剂作为固定相，对分析物进行萃取。固相萃取只需较小的样品体积，同时可以通过采用不同的吸附剂与洗脱液来提高分析的灵敏性与选择性。大部分的样品处理程序都应用这种分离方法分析杂环胺，与传统的液液萃取法相比，可以提高分析物的回收率，更有效地将分析物与干扰组分分离，减少样品预处理过程，操作简单。在过去的研究中采用的固相萃取吸附剂有SepPak SI、BondElut SI、Isolute PRS 等（Takahashi et al，1985；Manabe et

---

● 1psi＝6894.76Pa。

al，1993）。广泛用于杂环胺的 SPE 小柱有 Isolute C$_{18}$、Bond Elut SCX 或者是 PRS 和 Bond Elut C$_{18}$，三种小柱串联净化处理液，一般能达到良好的净化效果。

4.3.1.5　固相微萃取

传统的提取技术如 LLE、SPE 等，都具有内在的缺点。这些缺点都可以通过固相微萃取（SPME）技术避免，属于非溶剂型选择性萃取法。固相微萃取是在固相萃取基础上发展起来的，保留了其所有的优点，摒弃了其需要柱填充物和使用溶剂进行解吸的弊病，它只要一支类似进样器的固相微萃取装置即可完成全部前处理和进样工作。为了适用于热不稳定的化合物，SPME 可同高效液相色谱法或毛细管电泳结合使用。SPME-GC 同 SPME-HPLC 的区别是解吸步骤。Lourdes Cárdendes 等人通过对比吸附、解吸附时间和模式，离子强度，样品中甲醇含量和 pH 值等参数来评估四种纤维涂层分析杂环胺的效率，这四种纤维极性为 CW-TPR（50μm）＞ CW-DVB（65μm）＞ PDMS-DVB（65μm）＞ PA（85μm）。实验表明 CW-TPR 对 HAs（除 Norharman 外）有很好的分析效率；PA 和 PDMS-DVB 的分析效率较低；CW-DVB 对所有的 HAs 均有很好的分析效率，但若样品中存在甲醇溶液，CW-DVB 将不适用于 SPME-HPLC。综上所述，CW-TPR 为分析杂环胺较好的选择（Mottier et al，2005）。

4.3.1.6　在线串联液液萃取和固相萃取

液液萃取与固相萃取进行串联（LLE-SPE），可以节省时间，提高分析的灵敏度和选择性，不需要太多的样品转移和蒸发步骤，不仅对样品处理有好处，而且也保证了高的分析回收率。同传统的液液萃取相比，LLE-SPE 避免了乳化，所需溶液少，速度快。Gross 首次采用串联方法进行萃取（Gross，1990），其后得到广泛应用与不断改进。

4.3.2　食品中杂环胺的检测方法

4.3.2.1　液相色谱分析方法

高效液相色谱（HPLC）是最常用的杂环胺分析方法。为了提高灵敏性和选择性，HPLC 常同一个或多个检测器联用，如紫外（UV）（Puangsombat et al，2010）、荧光（FLD）（Dong et al，2009）、电化学（ED）（Tsuda et al，1985）和二极管阵列（DAD）（Lang et al，1994）等。由于高效液相色谱-紫外检测（HPLC-UV）操作相对简便，不需要衍生化处理，因此成为近十年来检测杂环胺的常规方法（Shah et al，2008）。对于有些产生荧光信号的杂环胺，可通过荧光检测器（FLD）检测。一般情况下，荧光检测器（FLD）作为紫外检测器（UV）或二极管阵列检测器（DAD）的补充来排除杂质峰的干扰和更好地定量。因杂环胺具有较低的氧化能力，因此电化学检测器可以选择性地检测氧化杂环胺（Kataoka et al，1997）。

应用于高效液相色谱法测定杂环胺的反相色谱柱是多种多样的，Barrachina 等（Barceló-Barrachina et al，2004）用 LC-ESI-MS 法比较了不同的反相微孔小柱的性能，目的是找到最佳杂环胺色谱分离条件。结果发现，TSK-Gel ODS-80TS 具有最佳的分离效果，峰形好，且能达到很好的紧密度和较低的检测限。Puangsombat 等用 0.01mol/L 的三乙胺磷酸缓冲液和乙腈进行二元梯度洗脱，对热狗等市售方便肉制品进行杂环胺的含量测定，这种方法同 Gross 等的方法相比有以下优点：用离心法替代了 Extrelut-20NT 柱色谱，比较容易操作；用二元流动相代替了三元流动相，缩短了分离时间，分离的杂环胺含量增加，回收率高（Gross et al，1992；Puangsombat et al，2011）。

4.3.2.2 液相色谱-质谱分析方法

与 GC-MS 相比，LC-MS 的效能更高，对于检测和定量复杂食品基体中的杂环胺不需要进行衍生化。LC-MS 很好地结合了色谱良好的分离能力及质谱的高灵敏度和高选择性（LeMarchand et al，2002）。质谱是强有力的结构解析工具，能为结构定性提供较多的信息，是理想的色谱检测器，不仅特异而且具有极高的检测灵敏度。串联质谱（MS/MS）与单级质谱相比，能明显改善信号的信噪比，具有更高的灵敏度及选择性，其检测水平可以达到 pg 级。如王海艳等用 HPLC-MS/MS 在烟气里检测出 8 种杂环胺的含量，是目前对烟气中杂环胺检测最全面的技术（王海艳等，2010）。近几年来，超高效液相色谱（UPLC）技术迅速发展，超高效液相色谱串联二级质谱（UPLC-MS/MS）也被应用于杂环胺的检测。目前有三种离子技术应用于 LC-MS 中：热喷雾（TSI）技术、电喷雾（ESI）技术和大气压化学电离（APCI）技术。而 ESI 和 APCI 的灵敏度较 TSI 更高。Barrachina 等人应用 HPLC-ESI-MS 检测杂环胺时，通过对比峰形、分辨率、理论塔板数来评估不同柱子的分析效率，实验表明 TSK Gel ODS 柱分析结果最好，RSD<7.7%，最低检测限<13pg（Barceló-Barrachina et al，2004）。

4.3.2.3 气相色谱-质谱分析方法

GC-MS 是最佳的在线分析系统之一，它连接了高分离效能的毛细管柱 GC 和高灵敏度检测器 MS。结合了气相色谱和质谱的优点，弥补了各自的缺陷，因而具有灵敏度高、分析速度快、鉴别能力强等特点。大多数杂环胺包含极性和低挥发性化合物，这些化合物会导致峰宽和拖尾，衍生化可以减少极性和增加挥发性（Kataoka et al，2002）。酰基化、硅烷化是目前主要应用的衍生化程序，但处于发展阶段，因此限制了该法的推广。三氟甲基苯、七氟丁酰基和 *N*-二甲氨基胺甲基常用作衍生剂，而同位素可作为内部标准来定量 IQ 型杂环胺。

4.4　食品中杂环胺的形成途径与影响因素

4.4.1　食品中杂环胺的形成途径

杂环胺的形成途径可通过化学模拟体系来研究。模型体系的优点在于可以减少复杂的副反应，并且可以排除那些没有参与杂环胺形成的肉品中其他成分的反应。同时有研究表明，一些杂环胺是先在模拟体系中鉴定出来，然后在加工肉品中发现的。

4.4.1.1　氨基咪唑氮杂环胺的形成

对氨基咪唑氮杂环胺，即 IQ 型杂环胺的研究较多，其形成机理也更为清晰，早在 1983 年，Jägerstad 等在拉斯维加斯举办的第二届世界美拉德大会上就提出了 IQ 型杂环胺的形成假说：三种肌肉中天然存在的前体物质，即肌酸、特定氨基酸和糖，参与了杂环胺的形成过程。肌酸在温度高于 $100℃$ 时通过自发的环化和脱水而形成 2-氨基咪唑部分，而喹啉或者喹喔啉部分则通过吡嗪或者吡啶和乙醛缩合而形成，如图 4-6 所示（Jägerstad et al，1983）。这个假说已经在 MeIQx、4,8-DiMeIQx 和 7,8-DiMeIQx 的合成和鉴定中得到验证：将肌酸酐、甘氨酸和葡萄糖在 $130℃$ 回流 2h 就能产生上述两种物质，用苏氨酸代替甘氨酸，便产生微量 MeIQx 和 4,8-DiMeIQx。1992 年，Pearson 等提出了 IQ 型杂环胺形成的自由基机制：IQ 和 MeIQx 形成于烷基吡啶自由基和肌酸酐的反应，而 MeIQx 和 DiMeIQx 形成于二烷基自由基和肌酸酐的反应（Pearson et al，1992）。在这之后，Kikugawa 等用电子自旋共振在加热葡萄糖、甘氨酸和肌酸酐的体系中检测到了不稳定的吡嗪阳离子自由基和碳中心自由基，进一步证实了 IQ 型杂环胺形成的自由基机制（Kikugawa et al，1999）。

4.4.1.2　吡啶的形成

吡啶即 PhIP，最早是从炸牛肉饼中分离出来的（Turesky et al，2011）。Shioya 等最早用加热肌酸酐、苯丙氨酸和葡萄糖的体系将其合成出来（Shioya et al，1987）。Felton 等用同位素内标证明，来自于苯丙氨酸的苯环、3C 原子和氨基上的 N 原子都参与了 PhIP 的形成（Felton et al，1994）。Zöchling 等通过对前体物和中间产物的研究进一步提出了 PhIP 的形成路径，如图 4-6 所示（Zöchling et al，2002）。苯丙氨酸的热解产物苯乙醛与肌酸酐反应形成羟醛加合物，接下来羟醛加合物通过脱水形成羟醛缩合物，最后羟醛缩合物与一个含有氨基的化合物，经过包括环化和裂解在内的一系列反应而形成 PhIP。这个含有氨基的化合物可能是苯丙氨酸，也有可能是 2-苯乙胺，因为 2-苯乙胺也是苯丙氨酸的热解产物之一。由于在一个含有苯乙醛和肌酸酐的反应体系中，PhIP 不需要额外的氮源就能形成，因此这个含有氨基的化合物还有可能是肌酸酐。香港大学的 Cheng 等近年来关于柚皮苷、EGCG 和吡多胺在抑制 PhIP 形成机理上的研究，更进一步证实了苯乙醛这一苯丙氨酸的热解产物是 PhIP 形成的重要中间体（Cheng et al，2007）。以吡多胺为例，苯丙氨酸的热解产物之一苯乙醛与肌酸酐反应能生成 PhIP，而吡多胺能与苯乙醛反应形成稳定加合物从而抑制 PhIP 形成。这个加合物的分子结构已通过质谱分析确定，如图 4-6 所示。

4.4.1.3 非极性杂环胺的形成

对于氨基咔啉类杂环胺的形成机制目前研究较少，通常认为这类杂环胺是在 300℃ 以上的高温下由蛋白质或者氨基酸直接热解而来。的确，AαC 和 MeAαC 最初来源于大豆球蛋白的热解，Trp-P-1 和 Trp-P-2 以及 Glu-P-1 和 Glu-P-2 则分别来源于色氨酸和谷氨酸的热解（Sugimura et al，1977）。但 Skog 等发现肉汁模型在 200℃ 干加热 30min 就能产生 Harman、Norharman、AαC 和微量的 Trp-P-1 和 Trp-P-2。同时 Solyakov 等报道鸡胸肉在 140～220℃ 条件下锅煎 20min 左右就能产生 Harman 和 Norharman。Busquets 等也报道在家庭烹饪的食物中能普遍检测到 Trp-P-1、AαC 和 MeAαC，因此 300℃ 不是形成氨基咔啉类杂环胺所必须达到的温度，氨基咔啉类杂环胺也可能并非由简单的蛋白质或者氨基酸裂解而成（Skog et al，2000；Solyakov et al，2002；Busquets et al，2004）。

对于非 IQ 型杂环胺 Norharman，Yaylayan 等已提出了明确的机制。Norharman 自身不是致突变物，但当与苯胺共存时可变为致突变物。根据反应机制，色氨酸 Amadori 重排产物（ARP）以呋喃糖苷的形成进行脱水反应，随后在环氧孤对电子的辅助下进行 β-消去反应从而形成一个共轭的氧鎓离子。这个反应中间体可以通过脱水和形成一个扩展的共轭体系，进一步稳定自身，或通过 C-C 键分裂产生一个中性的呋喃衍生物和一个亚胺鎓阳离子。随后中间体进行分子内亲核取代反应形成 β-咔啉。如图 4-6 所示（Yaylayan et al，1990）。

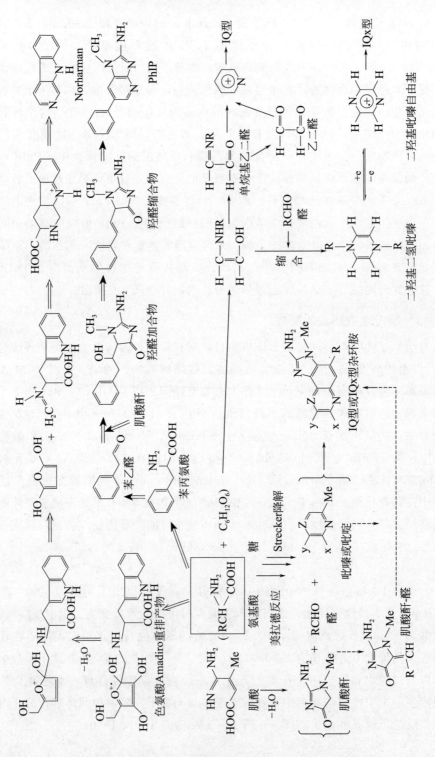

图 4-6　杂环胺形成途径

4.4.2　影响因素

4.4.2.1　食品中的前体物质

研究证实杂环胺是由肌肉中存在的肌酸（肌酐）、氨基酸和糖在热加工过程中经复杂的化学反应形成的。IQ 型杂环胺的咪唑喹喔啉或咪唑喹啉部分来源于葡萄糖，咪唑部分来源于肌酸，其 C4 来源于氨基酸的 C2（Murkovic et al，2004）。因此，杂环胺在加工肉制品中含量较多，而在鸡蛋、豆腐及内脏中含量较少。前体物含量的比例对杂环胺的形成也有一定影响。Skog 等研究表明，葡萄糖对杂环胺的形成具有双重作用，单独加热苯丙氨酸能够产生很少的 PhIP；随着葡萄糖浓度的增大，PhIP 的形成量增加；当葡萄糖浓度为苯丙氨酸的一半时，PhIP 的形成量达到最大；当继续增大葡萄糖的浓度时，PhIP 的含量降低。原因是糖的中间产物与肌酸结合，与形成杂环胺的途径竞争。前体物受肉的类型、所在部位、老化时间等影响，应注意食材的选择和处理（Skog et al，1990，1991）。

4.4.2.2　烹调方式的影响

烹调方法对杂环胺形成有重要影响，典型的加工方式有锅煎、油炸、烘烤、烧烤和煮制五种。Liao 等研究了不同加工方式对鸭肉和鸡肉中杂环胺形成的影响，其中鸭肉杂环胺含量：煎烤＞烧烤＞油炸＞烘烤＞微波＞蒸煮；鸡肉杂环胺含量：烧烤＞油炸＞锅煎＞烘烤（Liao et al，2010）。Iwasaki 等报道未腌制的牛排在锅煎、烘烤和烧烤三种条件下 PhIP 含量：锅煎＞烘烤＞烧烤（Iwasaki et al，2010）。Gasperlin 等报道了在两板烘烤与红外烘烤两种烘烤方式下有无鸡皮对鸡胸肉中杂环胺含量的影响。结果表明：两板烘烤无皮＞两板烘烤有皮＞红外烘烤有皮＞红外烘烤无皮（Gasperlin et al，2009）。蒸煮加工温度低于 100℃，杂环胺形成很少；微波加工方式温和，在食品内部产热，表面温度较其他部位低；煎、炸、烧烤直接接触热源，温度高于 200℃，杂环胺含量较高。由此可见，选择合理的加工方式，对杂环胺的形成起到一定抑制作用。

4.4.2.3　加工温度和时间的影响

杂环胺的形成与加工温度和时间高度相关（Shin et al，2002；Bordas et al，2004）。一般温度低于 150℃，杂环胺形成很少，当温度高于 200℃其形成会显著增加（Felton et al，1999）。除 Harman 和 Norharman 在 100℃以下可形成，其他热解杂环胺在加工温度低于 200～225℃的肉制品中基本检测不到。基于温度，大部分杂环胺在加热后开始快速形成，浓度随加工时间上升，达到最高水平后平稳，而 MeIQx、7,8-DiMeIQx 在 225℃时达到最高水平又下降，原因是其降解活化能比形成活化能高，在 200℃以上的高温降解明显。Polak 建议烧烤猪肉内部温度应低于 70℃，烧烤牛肉内部温度应低于 65℃，避免高温长时间烹饪造成的杂环胺含量增加（Polak et al，2009）。

4.4.2.4　水

杂环胺的前体物质都是水溶性的，在加热过程中会随着肌肉纤维的收缩和水分的蒸发而迁移到肉的表面，并且在肉表面的高温作用下形成杂环胺。因此，从整体上说，添加保水的物质，例如盐、大豆蛋白、淀粉等，可以减少杂环胺的形成。Puangsombat 等报道，有皮鸡胸肉、无皮鸡胸肉、有皮鸡腿肉、无皮鸡腿肉中 MeIQx、4,8-DiMeIQx 和 PhIP 三种杂环胺的总含量分别为 3.13ng/g、7.06ng/g、2.33ng/g 和 5.58ng/g。其中有皮鸡胸肉和鸡腿肉的烹调损失（24.39%和 22.74%）小于无皮鸡胸肉和鸡腿肉（27.88%和 24.96%），鸡皮的存在可以起到一定的保水作用，因此有皮的鸡肉均比无皮的鸡肉杂环胺含量低（Puangsombat et al，2012）。从杂环胺个体来说，不同的杂环胺的形成对水的需求各不相同。Skog 等综述了多个模型体系中杂环胺的形成，在有水或无水的体系中杂环胺形成的种类和含量都有所差异（Skog et al，1998）。Skog 等进一步比较了冷冻干燥的牛肉粉末在湿润体系（肉粉与水以质量比为 1:2 混合）和干燥体系（直接加热肉粉）中杂环胺的形成。结果表明，湿加热模型中 MeIQx、PhIP、Norharman 和 Harman 的含量分别为 39ng/g、0ng/g、100ng/g、38ng/g，而相同温度和时间的干加热模型产生的上述四种杂环胺的含量分别为微量、200ng/g、810ng/g、290ng/g，因此水的存在有利于 IQ 型杂环胺的形成而不利于 PhIP 以及 Norharman 和 Harman 的形成（Skog et al，2000）。

4.4.2.5　脂肪

报道指出脂肪在烹调过程中，影响传热效率，进一步影响杂环胺的形成。Knize 等报道，含 30%脂肪的牛肉比 15%形成的 AαC 少。原因是脂肪是高效的传热介质，可加速肉制品升至烹调所需温度，缩短热暴露时间，降低杂环胺含量（Knize et al，1997）。Johansson 等在肌酸酐、甘氨酸和葡萄糖的水模拟体系中加入不同的脂肪酸（$C_{18:0,1,2,3}$）、油（玉米油和橄榄油）和甘油来研究其对 MeIQx 生产的影响，加入的这些化合物对模拟体系中杂环胺形成的种类没有影响，但对 MeIQx 的生成量有影响。在加入和不加脂肪酸的情况下加入前体物，在开始的 10min 能产生大致相同数量的 MeIQx，但在加入 30min 后，与不加油相比，加入油（玉米油和橄榄油）能使 MeIQx 的量增加两倍，此外，MeIQx 的量随脂肪浓度增加而增加。当温度被控制时，在模拟体系中加入油后，MeIQx 的增加量不能解释为在脂肪存在下有更高的热传递效率（Johansson et al，1996）。因此，MeIQx 的增加可看作是化学作用的结果，可能是某些美拉德反应产物形成的增加，或者是自由基产生的增加。

4.5　抑制食品中杂环胺的方法

4.5.1　腌制

家庭烹调肉制品时，有时需提前腌制，研究表明加工前的腌制对杂环胺的形成有一定的抑制作用，原因可能是腌制料中多酚的抗氧化作用。烧烤前使用冰糖、棕榈油、酱油、大蒜、芥末、柠檬汁和盐腌制鸡肉，4h 后进行烧烤，可以减少 92%～99%的 PhIP 生成量。Janoszka 分别用基于肉重 30%的洋葱和 15%的大蒜腌制猪排 12h，结果大蒜能使煎猪排及肉汁中 MeIQ、MeIQx、4,8-DiMeIQx 和 PhIP 四种杂环胺总量下降 25.7%，洋葱相应的抑制率达 49.5%（Janoszka，2010）。

4.5.2　微波

Felton 等研究了微波前处理对杂环胺形成的影响，结果表明：牛肉饼经 1～3min 微波前处理后煎烤，杂环胺前体物质（肌酸、肌酰、氨基酸和糖）、水、脂肪减少 30%，IQ、MeIQx、4,8-DiMeIQx 和 PhIP 四种杂环胺总量减少30%～90%，总体致突变性减少 95%。根据二级反应动力学，如果两种前体物减少 30%，其产物将会减少 50%；如果三种前体物减少 30%，其产物会减少 70%～80%。同时在微波前处理过程中，引起水分损失，杂环胺水溶性前体物（肌酸、氨基酸、葡萄糖）随渗出的汁液被提取出来而被丢弃，同时牛肉饼中剩余的前体物由于水分损失很难通过水分运输而发生反应，进而影响杂环胺形成（Felton et al，1994）。

4.5.3　添加碳水化合物

水对食物中水溶性前体物的传送起重要作用，在加工过程中水溶性前体物随水转移至食品表面。与整块肉相比，碎肉中有更多的水溶性前体物渗出在平底锅内，原因是肉的绞碎过程破坏了细胞的结构从而影响杂环胺的生成。加入水结合物，如盐、大豆蛋白、淀粉等可以抑制水溶性前体物的传送。加工前在牛肉馅饼中加入大豆蛋白浓缩物和淀粉可以减少致突变性物质的形成。在高脂肪碎牛肉中加入酪蛋白可以减少 IQ 的形成，可能是由于其影响了肉的物理特性和结构。Skog 等在煎炸前给牛排裹一层面包屑发现有较少诱变剂形成，原因是涂层能起到隔热层作用，降低食品外部温度。而汉堡和无骨鸡肉表面涂上预撒粉、面糊、面包屑进行油炸，汉堡和鸡肉都无致突变活性，原因可能在于形成杂环胺的水溶性前体物质需要穿过涂层才能到达热表面形成致突变物，而涂层起到了阻碍作用（Skog et al，2000）。

4.5.4　添加抗氧化剂

抗氧化物质对杂环胺造成的抑制，其机理是建立在 Kikugawa 的自由基学说基础之上，甘氨酸和肌酸酐经加热能通过电子自旋共振产生不稳定的自由基，进一步产生 IQ 型杂环胺，而抗氧化物质能够清除这些自由基或抑制其形成，从而抑制杂环胺的形成（Kikugawa，1999）。这些抗氧化物质包括天然或人工合成的抗氧化剂及含抗氧化成分的植物或植物提取物，抑制效果取决于其种类、添加量等因素。人工合成抗氧化剂的安全性存在质疑，应用受限。

在前人研究中，抗氧化剂以其清除或猝灭自由基的作用深受关注，成为最大的一类杂环胺抑制剂。人工合成抗氧化剂包括叔丁基羟基茴香醚（BHA）、2,6-二叔丁基对甲酚（BHT）、没食子酸丙酯（PG）、叔丁基对苯二酚（TBHQ）等，可抑制杂环胺的形成，其效果取决于种类、添加量等因素（Johansson et al，1996；Tai et al，2001），但安全存在质疑，因此应用受限。现在研究热点为天然抗氧化剂，Lee 等在模拟体系中证实黄酮类可抑制 IQ 型杂环胺的形成，推测是通过减少美拉德反应产物实现（Lee et al，1992）。Pearson 等发现酚类化合物也有抑制效果，猜测是美拉德反应阻碍不稳定的吡嗪阳离子自由基生成（Pearson et al，1992；Monti et al，2001）。Cheng 等在化学模拟体系和牛肉馅饼中证实 4 种茶多酚、3 种黄酮类显著抑制杂环胺的生成，原花青素抑制化学模拟体系中 PhIP、MeIQx 生成，但鼠尾草酸、绿原酸却促进 PhIP 生成；同时发现这些化合物对 PhIP 的抑制与自由基清除能力没有关系，推测自由基反应不是 PhIP 形成的限速步骤，并证实是通过捕捉苯丙氨酸经 Strecker 降解产生的中间体苯乙醛，阻断它与肌酸酐进一步形成 PhIP。其实杂环胺形成途径各异，抗氧化剂对其抑制途径存在多种可能性（Cheng et al，2007，2009）。

4.5.5　添加植物提取物或香辛料

目前有报道应用于杂环胺抑制的植物包括：果蔬提取物、茶叶提取物、香辛料及其提取物等。

4.5.5.1　果蔬提取物

果蔬是天然抗氧化剂如酚类、维生素和类胡萝卜素等的主要来源，可抑制杂环胺生成。Britt 等发现樱桃组织可抑制碎牛肉中杂环胺形成，猜测是酚类抗氧化物的作用，但不确定具体物质（Britt et al，1998）。Cheng 等在煎牛肉馅饼中证实葡萄籽、苹果、接骨木果、菠萝提取物也有抑制效果，且苹果提取物的活性物质主要是原花青素、根皮苷和绿原酸（Cheng et al，2007）。Vitaglione 等发现番茄提取物在化学体系中和肉汁体系中都能抑制杂环胺的形成，与其富含亲脂性（类胡萝卜素、维生素 E）和亲水性（类黄酮、维生素 C）抗氧化物有关（Vitaglione et al，2002）。Lee 等在烤牛排体系中证明原生橄榄油提取物可以明显降低杂环胺形成，机理在于橄榄中含有丰富的酚类化合物和不饱和脂肪酸，抑制脂质的氧化，干预杂环胺形成的自由基机制（Lee et al，2011）。

4.5.5.2　茶叶提取物

茶叶富含茶多酚等酚类化合物，可以清除自由基、抑制脂质过氧化反应等。Weisburger 等在模拟体系发现绿茶、红茶及其茶多酚能抑制 $62\%\sim85\%$ PhIP 的生成（Weisburger et al，1994）；Quelhas 等发现牛肉经绿茶腌制 6h 后烹饪可降低其 PhIP 和 AαC 水平（Quelhas et al，2010）；Rounds 等发现牛肉馅饼经绿茶提取物腌制后可减少 86% PhIP、31.3% MeIQx 的生成（Rounds et al，2012）。

4.5.5.3　香辛料及其提取物

香辛料含有丰富的抗氧化剂，可以猝灭吡嗪、吡啶自由基（Milić et al，1998）。Damašius 等在化学模型体系中证实百里香、香薄荷、牛至提取物能抑制 PhIP 的生成；Gibis、Puangsombat、Rounds 等在牛肉馅饼中证明迷迭香、高良姜、凹唇姜、姜黄、芫荽籽、洋葱粉、大蒜粉、辣椒粉、姜黄粉、孜然粉可抑制 PhIP、MeIQx 等形成；Oz 和 Kaya 发现红辣椒、黑胡椒能抑制多种杂环胺形成，抑制效果最高可达 100%（Damašius et al，2011；Oz et al，2011；Puangsombat et al，2011；Gibis et al，2012，Rounds et al，2012）。

参 考 文 献

王海艳，赵阁，谢复炜，等. 2010. HPLC-MS/MS 检测卷烟主侧流烟气中的杂环胺. 烟草科技，（2）：

28-34.

洪燕婷. 2014. 传统卤肉制品杂环胺含量调查及药食两用食材对其形成的影响. 北京：中国农业大学.

Adamson R H，Takayama S，Sugimura T，et al. 1994. Induction of hepatocellular carcinoma in nonhuman primates by the food mutagen 2-amino-3-methylimidazo (4,5-f) quinoline. Environmental Health Perspectives，102：190-193.

Adamson R H，Thorgeirsson U P，Snyderwine E G，et al. 1990. Carcinogenicity of 2-amino-3-methylimidazo 4,5-f quinoline in nonhuman-primates - induction of tumors in 3 macaques. Japanese Journal of Cancer Research，81：10-14.

Alaejos M S，Afonso A M. 2011. Factors that affect the content of heterocyclic aromatic amines in foods. Comprehensive Reviews in Food Science and Food Safety，10：52-108.

Alaejos M S，Pino V，Afonso A M. 2008. Metabolism and toxicology of heterocyclic aromatic amines when consumed in diet：Influence of the genetic susceptibility to develop human cancer. A review. Food Research International，41：327-340.

Ames B N，Mccann J，Yamasaki E. 1975. Methods for detecting carcinogens and mutagens with salmonella-mammalian-microsome mutagenicity test. Mutation Research，31：347-363.

Augustsson K，Skog K，Jagerstad M，et al. 1997. Assessment of the human exposure to heterocyclic amines. Carcinogenesis，18：1931-1935.

Barceló-Barrachina E，Moyano E，Puignou L，et al. 2004. Evaluation of reversed-phase columns for the analysis of heterocyclic aromatic amines by liquid chromatography-electrospray mass spectrometry. Journal of Chromatography B，802：45-59.

Becher G，Knize M G，Nes I F，et al. 1988. Isolation and identification of mutagens from a fried Norwegian meat product. Carcinogenesis，9：247-253.

Bordas M，Moyano E，Puignou L，et al. 2004. Formation and stability of heterocyclic amines in a meat flavour model system- Effect of temperature，time and precursors. Journal of Chromatography B-Analytical Technologies in the Biomedical and Life Sciences，802：11-17.

Britt C，Gomaa E A，Gray J I，et al. 1998. Influence of cherry tissue on lipid oxidation and heterocyclic aromatic amine formation in ground beef patties. Journal of gricultural and ood hemistry，46：4891-4897.

Busquets R，Bordas M，Toribio F，et al. 2004. Occurrence of heterocyclic amines in several home-cooked meat dishes of the Spanish diet. Journal of Chromatography B-Analytical Technologies in the Biomedical and Life Sciences，802：79-86.

Cheng K W，Chen F，Wang M. 2007. Inhibitory activities of dietary phenolic compounds on heterocyclic amine formation in both chemical model system and beef patties. Molecular Nutrition and Food Research，51：969-976.

Cheng K W，Wong C C，Chao J，et al. 2009. Inhibition of mutagenic PhIP formation by epigallocatechin gallate via scavenging of phenylacetaldehyde. Molecular Nutrition and Food Research，53：716-725.

Cheng K W，Wu Q，Zheng Z P，et al. 2007. Inhibitory effect of fruit extracts on the formation of heterocyclic amines. Journal of Agricultural and Food Chemistry，55：10359-10365.

Damašius J，Venskutonis P，Ferracane R，et al. 2011. Assessment of the influence of some spice extracts on the formation of heterocyclic amines in meat. Food Chemistry，126：149-156.

Dong X L, Liu D M, Gao S P. 2009. Determination of heterocyclic amines in atmospheric particles by reversed phase high performance liquid chromatography. Chinese Journal of Analytical Chemistry, 37: 1415-1420.

Felton J S, Fultz E, Dolbeare F A, et al. 1994. Effect of microwave pretreatment on heterocyclic aromatic amine mutagens/carcinogens in fried beef patties. Food and Chemical Toxicology, 32: 897-903.

Felton J S, Knize M G, Hatch F T, et al. 1999. Heterocyclic amine formation and the impact of structure on their mutagenicity. Cancer Letters, 143: 127-134.

Felton J S, Knize M G, Shen N H, et al. 1986. The isolation and identification of a new mutagen from fried ground beef: 2-amino-1-methyl-6-phenylimidazo [4, 5-b] pyridine (PhIP). Carcinogenesis, 7: 1081-1086.

Gasperlin L, Lukan B, Zlender B, et al. 2009. Effects of skin and grilling method on formation of heterocyclic amines in chicken pectoralis superficialis muscle. LWT-Food Science and Technology, 42: 1313-1319.

Gibis M, Weiss J. 2012. Antioxidant capacity and inhibitory effect of grape seed and rosemary extract in marinades on the formation of heterocyclic amines in fried beef patties. Food Chemistry, 134: 766-774.

Gibis M, Weiss J. 2010. Inhibitory effect of marinades with hibiscus extract on formation of heterocyclic aromatic amines and sensory quality of fried beef patties. Meat Science, 85: 735-742.

Gooderham N J, Murray S, Lynch A M, et al. 1997. Assessing human risk to heterocyclic amines. Mutation Research-Fundamental and Molecular Mechanisms of Mutagenesis, 376: 53-60.

Gross G, Grüter A. 1992. Quantitation of mutagegnic/carcinogenic heterocyclic aromatic amines in food products. Journal of Chromatography A, 592: 271-278.

Gross G. 1990. Simple methods for quantifying mutagenic heterocyclic aromatic amines in food products. Carcinogenesis, 11: 1597-1603.

Holme J A, Hongslo J K, Soderlund E, et al. 1987. Comparative genotoxic effects of iq and meiq in salmonella-typhimurium and cultured-mammalian-cells. Mutation Research, 187: 181-190.

International Agency for Research On Cancer. 1993. IARC Monographs on the Evaluation of Carcinogenic Risks to Humans, Vol. 56. Some naturally occurring substances: Food items and constituents, heterocyclic aromatic amines and mycotoxins: 599.

Iwasaki M, Kataoka H, Ishihara J, et al. 2010. Heterocyclic amines content of meat and fish cooked by Brazilian methods. Journal of Food Composition and Analysis, 23: 61-69.

Jägerstad M, Laser Reuterswärd A, Öste R, et al. 1983. Creatinine and Maillard reaction products as precursors of mutagenic compounds formed in fried beef // Waller G, Feather M. The Maillard Reaction in Foods and Nutrition. Washington, DC: 507-519.

Jahurul M H A, Jinap S, Ang S J, et al. 2010. Dietry exposure to heterocyclic amines in high-temperature cooked meat and fish in Malaysia. Food Additives and Contaminants Part a-Chemistry Analysis Control Exposure and Risk Assessment, 27: 1060-1071.

Janoszka B, Blaszczyk U, Damasiewicz-Bodzek A, et al. 2009. Analysis of heterocyclic amines (HAs) in pan-fried pork meat and its gravy by liquid chromatography with diode array detection. Food Chemistry, 113: 1188-1196.

Janoszka B. 2010. Heterocyclic amines and azaarenes in pan-fried meat and its gravy fried without additives and in the presence of onion and garlic. Food Chemistry，120：463-473.

Johansson M，Jägerstad M. 1996. Influence of pro-and antioxidants on the formation of mutagenic-carcino-genic heterocyclic amines in a model system. Food Chemistry，56：69-75.

Kasai H，Yamaizumi Z，Shiomi T，et al. 1981. Structure of a potent mutagen isolated from fried beef. Chemistry Letters：485-488.

Kasai H，Yamaizumi Z，Wakabayashi K，et al. 1980. Structure and chemical synthesis of MeIQ，a potent mutagen isolated from broiled fish. Chemistry Letters. 1391-1394.

Kasai H，Yamaizumi Z，Wakabayashi K，et al. 1978. Potent novel mutagens produced by broiling fish un-der normal conditions. Proceedings of the Japan Academy，56：278-283.

Kataoka H，Nishioka S，Kobayashi M，et al. 2002. Analysis of mutagenic heterocyclic amines icooked food samples by gas chromatography with nitrogen-phosphorus detector. Bulletin of Environmental Contamination and Toxicology，69：0682-0689.

Kataoka H. 1997. Methods for the determination of mutagenic heterocyclic amines and their applications in environmental analysis. Journal of Chromatography A，774：121-142.

Keating G A，Bogen K T. 2001. Methods for estimating heterocyclic amine concentrations in cooked meats in the US diet. Food and Chemical Toxicology，39：29-43.

Kikugawa K. 1999. Involvement of free radicals in the formation of heterocyclic amines and prevention by antioxidants. Cancer Letters，143：123-126.

Knize M G，Salmon C P，Mehta S S，et al. 1997. Analysis of cooked muscle meats for heterocyclic aromat-ic amine carcinogens. Mutation Research-Fundamental and Molecular Mechanisms of Mutagenesis，376：129-134.

Knize M，Cunningham P，Avila J，et al. 1994. Formation of mutagenic activity from amino acids heated at cooking temperatures. Food and Chemical Toxicology，32：55-60.

Lang N P，Butler M A，Massengill J，et al. 1994. Rapid metabolic phenotypes for acetyltransferase and cytochrome P4501a2 and putative exposure to food-borne heterocyclic amines increase the risk for colorectal-cancer or polyps. Cancer Epidemiology Biomarkers and Prevention，3：675-682.

Layton D W，Bogen K T，Knize M G，et al. 1995. Cancer risk of heterocyclic amines in cooked foods-an a-nalysis and implications for research. Carcinogenesis，16：39-52.

Le Marchand L，Hankin J H，Pierce L M，et al. 2002. Well-done red meat，metabolic phenotypes and colorectal cancer in Hawaii. Mutation Research-Fundamental and Molecular Mechanisms of Mutagenesis，506：205-214.

Lee H，Jiaan C Y，Tsai S J. 1992. Flavone inhibits mutagen formation during heating in a glycine/creatine/glucose model system. Food Chemistry，45：235-238.

Lee J，Dong A，Jung K，et al. 2011. Influence of extra virgin olive oil on the formation of heterocyclic amines in roasted beef steak. Food Science and Biotechnology，20：159-165.

Liao G Z，Wang G Y，Xu X L，et al. 2010. Effect of cooking methods on the formation of heterocyclic aro-matic amines in chicken and duck breast. Meat Science，85：149-154.

Manabe S，Suzuki H，Wada O，et al. 1993. Detection of the carcinogen 2-amino-1-methyl-6-phenyl-imidazo [4,5-*b*] pyridine (PhIP) in beer and wine. Carcinogenesis，14：899-901.

Martín-Calero A, Ayala J H, González V, et al. 2007. Determination of less polar heterocyclic amines in meat extracts: Fast sample preparation method using solid-phase microextraction prior to high-performance liquid chromatography-fluorescence quantification. Analytica Chimica Acta, 582: 259-266.

Milić B L, Milić N B. 1998. Protective effects of spice plants on mutagenesis. Phytotherapy Research, 12: S3-S6.

Monti S M, Ritieni A, Sacchi R, et al. 2001. Characterization of phenolic compounds in virgin olive oil and their effect on the formation of carcinogenic/mutagenic heterocyclic amines in a model system. Journal of Agricultural and Food Chemistry, 49: 3969-3975.

Mottier P, Khong S P, Gremaud E, et al. 2005. Quantitative determination of four nitrofuran metabolites in meat by isotope dilution liquid chromatography-electrospray ionisation-tandem mass spectrometry. Journal of Chromatography A, 1067: 85-91.

Murkovic M. 2004. Formation of heterocyclic aromatic amines in model systems. Journal of Chromatography B-Analytical Technologies in the Biomedical and Life Sciences, 802: 3-10.

Nagao M, Honda M, Seino Y, et al. 1977. Mutagenicities of smoke condensates and charred surface of fish and meat. Cancer Letters, 2: 221-226.

Negishi C, Wakabayashi K, Tsuda M, et al. 1984. Formation of 2-amino-3,7,8-trimethylimidazo [4,5-f] quinoxaline, a new mutagen, by heating a mixture of creatinine, glucose and glycine. Mutation Research, 140: 55-59.

Negishi C, Wakabayashi K, Yamaizumi J, et al. 1985. Idetification of 4, 8-DiMeIQx, a new mutagen. Mutation Research, 147: 267-268 (abstract).

Oz F, Kaban G, Kaya M. 2010. Effects of cooking methods and levels on formation of heterocyclic aromatic amines in chicken and fish with Oasis extraction method. LWT-Food Science and Technology, 43: 1345-1350.

Oz F, Kaya M. 2011. The inhibitory effect of black pepper on formation of heterocyclic aromatic amines in high-fat meatball. Food Control, 22: 596-600.

Oz F, Kaya M. 2011. The inhibitory effect of red pepper on heterocyclic aromatic amines in fried beef Longissimus dorsi muscle. Journal of Food Processing and Preservation, 35: 806-812.

Pearson A M, Chen C H, Gray J I, et al. 1992. Mechanism (s) involved in meat mutagen formation and inhibition. Free Radical Biology and Medicine, 13: 161-167.

Picade J N, Desilva K V C L, Erdtmann B, et al. 1997. Genotoxic effects of structurally related β-carboline alkaloids. Mutation Research, 379: 135-149.

Polak T, Andrensek S, Zlender B, et al. 2009. Effects of ageing and low internal temperature of grilling on the formation of heterocyclic amines in beef Longissimus dorsi muscle. LWT-Food Science and Technology, 42: 256-264.

Polak T, Dosler D, Zlender B, et al. 2009. Heterocyclic amines in aged and thermally treated pork longissimus dorsi muscle of normal and PSE quality. LWT-Food Science and Technology, 42: 504-513.

Puangsombat K, Gadgil P, Houser T A, et al. 2012. Occurrence of heterocyclic amines in cooked meat products. Meat Science, 90: 739-746.

Puangsombat K, Gadgil P, Houser TA, et al. 2011. Heterocyclic amine content in commercial ready to eat meat products. Meat Science，88：227-233.

Puangsombat K，Jirapakkul W，Smith J S. 2011. Inhibitory activity of Asian spices on heterocyclic amines formation in cooked beef patties. Journal of Food Science，76：T174-T180.

Puangsombat K，Smith J S. 2010. Inhibition of heterocyclic amine formation in beef patties by ethanolic extracts of rosemary. Journal of Food Science，75：T40-T47.

Quelhas I，Petisca C，Viegas O，et al. 2010. Effect of green tea marinades on the formation of heterocyclic aromatic amines and sensory quality of pan-fried beef. Food Chemistry，122：98-104.

Rounds L，Havens C M，Feinstein Y，et al. 2012. Plant extracts，spices，and essential oils inactivate escherichia coli O157：H7 and reduce formation of potentially carcinogenic heterocyclic amines in cooked beef patties. Journal of Agricultural and Food Chemistry，60：3792-3799.

Salmon C P，Knize M G，Felton J S，et al. 2006. Heterocyclic aromatic amines in domestically prepared chicken and fish from Singapore Chinese households. Food and Chemical Toxicology，44：484-492.

Sanz Alaejos M，Ayala J，González V，et al. 2008. Analytical methods applied to the determination of heterocyclic aromatic amines in foods. Journal of Chromatography B，862：15-42.

Shah F U，Barri T，Jönsson J，et al. 2008. Determination of heterocyclic aromatic amines in human urine by using hollow-fibre supported liquid membrane extraction and liquid chromatography-ultraviolet detection system. Journal of Chromatography B，870：203-208.

Shin H S，Rodgers W J，Gomaa E A，et al. 2002. Inhibition of heterocyclic aromatic amine formation in fried ground beef patties by garlic and selected garlic-related sulfur compounds. Journal of Food Protection，65：1766-1770.

Shioya M，Wakabayashi K，Sato S，et al. 1987. Formation of a mutagen，2-amino-1-methyl-6-phenylimidazo [4,5-*b*] pyridin (PhIP) in cooked beef，by heating a mixture containing creatinine，phenylalanine and glucose. Mutation Research，191：133-138.

Sinha R，Knize M G，Salmon C P，et al. 1998. Heterocyclic amine content of pork products cooked by different methods and to varying degrees of doneness. Food and Chemical Toxicology，36：289-297.

Skog K I，Johansson M E，Jagerstad M I. 1998. Carcinogenic heterocyclic amines in model systems and cooked foods：A review on formation，occurrence and intake. Food and Chemical Toxicology，36：879-896.

Skog K，Jagerstad M. 1991. Effects of glucose on the formation of phip in a model system. Carcinogenesis，12：2297-2300.

Skog K，Jagerstad M. 1990. Effects of monosaccharides and disaccharides on the formation of food mutagens in model systems. Mutation Research，230：263-272.

Skog K，Solyakov A，Jagerstad M. 2000. Effects of heating conditions and additives on the formation of heterocyclic amines with reference to amino-carbolines in a meat juice model system. Food Chemistry，68：299-308.

Smith J S，Ameri F，Gadgil P. 2008. Effect of marinades on the formation of heterocyclic amines in grilled beef steaks. Journal of Food Science，73：T100-T105.

Solyakov A，Skog K. 2002. Screening for heterocyclic amines in chicken cooked in various ways. Food and Chemical Toxicology，40：1205-1211.

Sugimura T，Kawachi T，Nagao M，et al. 1977. Mutagenic principle (s) in tryptophan and phenylalanine pyrolysis products. Proceedings of the Japan Academy，53：58-61.

Sugimura T，Nagao M，Kawachi T，et al. 1977. Mutagen carcinogens in food with special reference to highly mutagenic pyrolytic products in broiled foods. New York：Cold Spring Harbor：1561-1577.

Tai C Y，Lee K，Chen B. 2001. Effects of various additives on the formation of heterocyclic amines in fried fish fibre. Food Chemistry，75：309-316.

Takahashi M，Wakabayashi K，Nagao M，et al. 1985. Quantification of 2-amino-3-methylimidazo［4,5-f］quinoline（IQ）and 2-amino-3,8-dimethylimidazo［4,5-f］quinoxaline（MeIQx）in beef extracts by liquid chromatography with electrochemical detection（LCEC）. Carcinogenesis，6：1195-1199.

Thomson B M，Lake R J，Cressey P J，et al. 1996. Estimated cancer risk from heterocyclic amines in cooked meat-A New Zealand perspective. Proceedings of the Nutrition Society of New Zealand，21：106-115.

Tikkanen L，Latva-Kala K，Heiniö R L. 1996. Effect of commercial marinades on the mutagenic activity，sensory quality and amount of heterocyclic amines in chicken grilled under different conditions. Food and Chemical Toxicology，34：725-730.

Tsen S Y，Ameri F，Smith J S. 2006. Effects of rosemary extracts on the reduction of heterocyclic amines in beef patties. Journal of Food Science，71：C469-C473.

Tsuda M，Negishi C，Makino R，et al. 1985. Use of nitrite and hypochlorite treatments in determination of the contributions of IQ-type and non-IQ-type heterocyclic amines to the mutagenicities in crude pyrolyzed materials. Mutation Research，147：335-341.

Turesky R J. 2007. Formation and biochemistry of carcinogenic heterocyclic aromatic amines in cooked meats. Toxicology Letters，168：219-227.

Turesky R J. 2011. Heterocyclic Aromatic Amines：Potential Human Carcinogens.

Vitaglione P，Monti S，Ambrosino P，et al. 2002. Carotenoids from tomatoes inhibit heterocyclic amine formation. European Food Research and Technology，215：108-113.

Wakabayashi K，Ushiyama H，Takahashi M，et al. 1993. Exposure to heterocyclic amines. Environmental Health Perspectives，99：129-133.

Warzecha L，Janoszka B，Blaszczyk U，et al. 2004. Determination of heterocyclic aromatic amines（HAs）content in samples of household-prepared meat dishes. Journal of Chromatography B-Analytical Technologies in the Biomedical and Life Sciences，802：95-106.

Weisburger J H，Nagao M，Wakabayashi K，et al. 1994. Prevention of heterocyclic amine formation by tea and tea polyphenols. Cancer Letters，83：143-147.

Wiseman M. 2008. The Second World Cancer Research Fund/American Institute for Cancer. Proceedings of the Nutrition Society，67：253-256.

Wong K Y，Su J，Knize M G，et al. 2005. Dietary exposure to heterocyclic amines in a Chinese population. Nutrition and Cancer-an International Journal，52：147-155.

Yamamoto T，Tsuji K，Kosuge T，et al. 1978. Isolation and structure determination of mutagenic substances in L-glutamic acid pyrolysate. Proceedings of the Japan Academy，54：48-250.

Yaylayan V，Jocelyn Paré J R R，Laing P，et al. 1990. The Maillard Reaction in Food Processing，Human Nutrition and Physiology. Birkhäuser，Basel：115.

Yoshida D，Matsumoto T，Yoshimura R，et al. 1978. Mutagenicity of amino-α-carbolines in pyrolysis products of soybean globulin. Biochemical and Biophysical Research Communications，83：915-920.

Zamora R，Alcón E，Hidalgo F J. 2013. Comparative formation of 2-amino-1-methyl-6-phenylimidazo [4，5-*b*] pyridine（PhIP）in creatinine/ phenylalanine and creatinine/phenylalanine/ 4-oxo-2-nonenal reaction mixtures. Food Chemistry，138：180-185.

Zimmerli B，Rhyn P，Zoller O，et al. 2001. Occurrence of heterocyclic aromatic amines in the Swiss diet：analytical method，exposure estimation and risk assessment. Food Additives and Contaminants，18：533-551.

Zöchling S，Michael M. 2002. Formation of the heterocyclic aromatic amine PhIP：identification of precursors and intermediates. Food Chemistry，79：125-134.

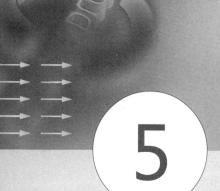

5

氯丙醇酯

5.1   概述

氯丙醇酯是氯丙醇与高级脂肪酸结合的一类新型食品污染物。最早在酸水解植物蛋白中发现此类物质。随后加拿大研究人员于 1986 年首次在山羊奶中分离出目前较为关注的一种氯丙醇酯——脂肪酸 3-氯-1,2-丙二醇酯（3-MCPD 酯）(Cerbulis et al，1984)，在随后的几十年间，氯丙醇，尤其是 3-MCPD 被国际社会广泛关注，而氯丙醇酯问题一直未引起重视。直到 2004 年，捷克科学家 Svejkovska 等提出在食品中 3-氯-1,2-丙二醇（3-MCPD）不仅以游离形式而且以与脂肪酸结合的形式存在，同时后者的含量远远高于游离态氯丙醇（Svejkovska et al，2004）。Zelinkova 等在 2006 年报道了在多种食用油中检测出较高浓度的 3-MCPD 酯（Zelinkova et al，2006）。在此之后有关食品，尤其是食用油中 3-MCPD 酯污染问题逐渐被重视起来。近年来，在各种食品，如婴幼儿食品（Zelinkova et al，2008）、咖啡（Doležal et al，2005）、面包（Doležal et al，2009）、炸薯条（Zelinkova et al，2009），甚至母乳（Zelinkova et al，2008）中均检测出氯丙醇酯。2007 年，德国联邦风险评估机构（BfR）在国际上首次对食品中氯丙醇酯问题开展了风险评估，结果显示，许多食品均含有 3-MCPD 酯，包括婴儿奶粉和婴儿食品（BfR，2007）。BfR 的氯丙醇酯风险评估结果引起了 EFSA、FAO/WHO 及国际食品添加剂与污染物联合专家委员会（JECFA）等组织的关注（JECFA，2002）。2008 年，JECFA 把 3-MCPD 酯新增为今后优先评价的化合物之一。氯丙醇酯问题正日益成为国际食品安全研究的热点问题。

5.2   氯丙醇酯的定义、理化性质和结构、分类

5.2.1   氯丙醇酯的定义和性质

氯丙醇类化合物是丙三醇的羟基被一个或两个氯取代形成的化合物总称，因取代数和位置的不同，可分成单氯丙二醇和双氯丙醇两大类，共有 4 种化合物。单氯丙二醇（monochloropropanols，MCPD）是一个氯的取代物，包括氯在 2 位的 2-氯-1,3-丙二醇（2-monochloropropanol-1,3-diol，2-MCPD）和氯在 3 位的 3-氯-1,2-丙二醇（3-monochloropropanol-1,2-diol，3-MCPD）。双氯丙醇（dichloropropanols，DCP）是两个氯的取代物，有 1,3-二氯-丙醇（1,3-dichloropropanol-2-ol，1,3-DCP）和 2,3-二氯-丙醇（2,3-dichloropropanol-1-ol，2,3-

DCP)。食品加工过程中，MCPD 的生成量通常是 DCP 的 $100 \sim 10000$ 倍，而 MCPD 中 3-MCPD 通常又是 2-MCPD 的数倍至 10 倍，因此以 3-MCPD 作为主要指标，即可反映食品加工中氯丙醇类物质的生成状况。3-MCPD 在 1978 年被发现是含脂食品（尤其是酸水解蛋白）的加工污染物以来已广为人知。研究表明，食品中氯丙醇多数是以酯的形式存在的，游离形式很少。氯丙醇酯是氯丙醇类物质与脂肪酸的酯化产物，存在于食品中的氯丙醇酯的结构多样性的真实情况现在并不非常清楚，但与氯丙醇类物质存在同系物和异构体的状况相似，氯丙醇酯在理论上存在单氯丙醇酯（MCPD esters）和双氯丙醇酯（DCP esters）两大类共 7 种化合物，其中，单氯丙醇酯 5 种（单氯丙醇双酯 2 种，单氯丙醇单酯 3 种），双氯丙醇酯 2 种。根据结合的脂肪酸的类型、位置和数目的不同，氯丙醇酯还可呈现更多的结构多样性，并形成手性分子。

氯丙醇酯的理化性质与自然存在于食品中的酰基甘油相似。大多数氯丙醇酯常温下为固态。酰基甘油骨架上的羟基被氯取代之后形成的氯丙醇酯熔点比酰基甘油略低。氯取代位置相同的氯丙醇酯随脂肪酸碳链增长而熔点升高。虽然有使

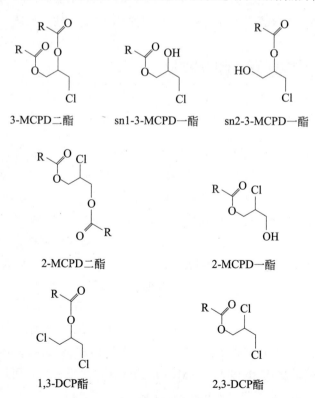

图 5-1　各类氯丙醇酯结构式

用气相色谱（GC）法分离氯丙醇酯的报道，但分子量相对较大的氯丙醇酯则受到该法的限制。实验室条件下，氯丙醇酯具有与酰基甘油相似的溶剂溶解特征，比如易溶于乙醚、乙酸乙酯、丙酮、正己烷等有机溶剂，研究中也常使用这几种溶剂从食品中提取氯丙醇酯。氯丙醇酯表现出相当广泛的化学性质，包括氯代烃化学、脂肪族羧酸酯化学和脂肪醇化学（在氯丙醇单酯的情况下）。与单酰甘油和二酰甘油相似，氯丙醇单酯在温度、pH 值和溶剂的影响下，也会发生热力学上的酰基转移。这种多变的化学性能提醒从事氯丙醇酯分析的人士需要特别注意确定其异构体的分布及测定方法的优化选择。

5.2.2　氯丙醇酯的结构和分类

氯丙醇酯类物质可以看成是三酰甘油的酰基被 1 个或 2 个氯取代形成的化合物，也可以认为是氯丙醇类物质与脂肪酸发生酯化反应的产物。氯丙醇酯包括单氯丙醇酯和双氯丙醇酯两大类，在理论上共有 7 种化合物，其中，单氯丙醇酯 5 种（单氯丙醇双酯 2 种，单氯丙醇单酯 3 种），双氯丙醇酯 2 种。根据所结合的脂肪酸的不同，氯丙醇酯还可具有更为丰富的结构多样性，见图 5-1。

5.3　食品中氯丙醇酯的来源

5.3.1　食用油脂

食用油脂是氯丙醇酯的主要来源之一。2006 年，布拉格化工学院的学者们通过分析 25 种零售食用油（包括原油和精炼油）惊奇地发现，游离的 3-MCPD 含量范围为 $3\mu g/kg$（LOD）到 $24\mu g/kg$，而结合态（一般是 3-MCPD 酯）的含量为 $100\mu g/kg$（LOD）到 $2462\mu g/kg$；原油中 3-MCPD 酯的水平相对于精炼油较低，含量范围为 $<100\mu g/kg$（LOD）到 $<300\mu g/kg$（LOQ）。3-MCPD 酯含量较高的为炒籽后压榨油（$337\mu g/kg$）和精炼油，精炼油中 3-MCPD 酯的含量为 $<300\mu g/kg$ 到 $2462\mu g/kg$，包括精炼橄榄油。总体上，食用油中 3-MCPD 酯的形成跟油料种子的热炒（或烘烤）以及精炼加工过程有关。通过分析菜籽油毛油、脱胶菜籽油、脱色菜籽油和脱臭菜籽油发现，MCPD 酯的含量在精炼过程中下降了。然而，油料籽在 $100\sim280℃$ 温度范围内加热 30min 和油脂在 230℃ 或 260℃ 温度条件下加热 8h 以上，3-MCPD 酯的含量水平升高，而加热橄榄油会导致 3-MCPD 酯的含量下降（Zelinkova et al，2006）。

德国化学与兽医调查研究所（CVUA）（Weißhaar，2011）在 2007 年和

2008 年调查了 400 多个油样中的 3-MCPD 酯含量，结果表明，天然的未精炼的动植物油中没有或只有微量 3-MCPD 酯，而几乎所有精制油中 3-MCPD 酯的含量显著。根据 3-MCPD 酯含量（以 3-MCPD 计）的高低，食用油可分为 3 组。低含量（0.5～1.5mg/kg）组：菜籽油、大豆油、椰子油、葵花籽油；中等含量（1.5～4mg/kg）组：红花籽油、花生油、橄榄油、玉米油、棉籽油、米糠油；高含量（>4mg/kg）组：氢化油、棕榈油、棕榈油分提产品、固体煎炸油。其中，人造奶油中 3-MCPD 酯含量为 0.5～10.5mg/kg 油，平均为 2.3mg/kg 油。研究发现，深度煎炸食品中的 3-MCPD 酯是煎炸油引入的，深度煎炸过程本身没有明显形成 3-MCPD 酯。CVUA 调查了新鲜煎炸油中的 3-MCPD 酯水平，最高达到 7mg/kg，而煎炸后的油中 3-MCPD 水平反而随着煎炸时间延长而降低。Chung 等报道了中国香港食用油等食品中 3-MCPD 酯的含量，其中葡萄籽油中 3-MCPD 酯含量最高，达 2.5mg/kg（Chung et al，2013）。

5.3.2　其他热加工食品

除食用油外，如酥性饼干、面包、咖啡、咖啡伴侣、麦芽、奶粉、油炸土豆片等食品等都不同程度地检测出了氯丙醇酯。其中配方奶粉中由于添加了粉末油脂（一般是棕榈油）而被检测出 3-MCPD 酯。其他烘烤类食品，经过高温加工，且有生成氯丙醇酯的物质条件，因此也常被检测出有 3-MCPD 酯的存在。

布拉格化工学院的学者研究了 24 个面包样品，分别测定了面包皮和面包屑中的 3-MCPD 酯的含量。采用索氏抽提方法把面包中的油脂提取出来，然后通过 GC-MS 法测定 3-MCPD 酯的含量。结果显示，面包皮和面包屑中 3-MCPD 酯的含量范围为 5.7～84.9μg/kg，而且面包皮中的 3-MCPD 酯含量远高于面包屑中的含量（Doležal et al，2009）。布拉格化工学院的学者还研究了婴幼儿食品中 3-MCPD 酯的含量。他们收集了 14 个样品进行测定，发现所有样品中均含有较高水平的 3-MCPD 酯，经常食用这种食品可能导致超过 3-MCPD 的每日允许限量（TDI）（Zelinkova et al，2008）。他们还研究了 15 种咖啡中 3-MCPD 和 3-MCPD 酯的暴露情况，发现在烤制咖啡中 3-MCPD 酯的含量最高（Doležal et al，2005）。同一课题组的研究人员研究了 5 种咖啡代用品和 18 种麦芽中的 3-MCPD 及其酯的含量，在咖啡代用品中 3-MCPD 酯的含量范围在 145～1184μg/kg 之间，其中烤制大麦芽中含量最高，是游离 3-MCPD 含量的 32～81 倍。在麦芽中，3-MCPD 酯的含量范围为 4.0～650μg/kg，含量最高的也是烤制麦芽（463～650μg/kg），是游离 3-MCPD 含量的 0.4～36 倍（Divinova et al，2007）。

5.3.3　包装材料

　　包装材料聚乙烯中 3-MCPD 可能会迁移至与之直接接触的食品中，但 3-MCPD 的迁移速度受很多因素影响，且迁移至食品中的含量也较小。因此，包装材料不是 3-MCPD 的主要来源。

5.4　氯丙醇酯的形成机制

5.4.1　环酰氧𬓅离子为中间体的亲核反应机制

　　有人认为甘油一酯、二酯及三酯是形成 3-MCPD 酯的前体物质，环酰氧𬓅离子是反应过程中的中间体，亲核试剂氯离子攻击环酰氧𬓅离子的环结构，将环打开，从而形成 3-MCPD 酯，如图 5-2 中 c 途径。

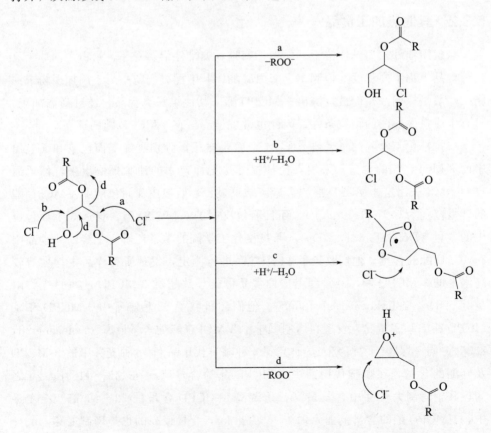

图 5-2　甘油酯生成氯丙醇酯的可能机制与途径（以甘油二酯为例）

在酸催化条件下，环酰氧鎓离子可通过甘油一酯、二酯或三酯羧基的内部亲核进攻以及甘油骨架上离去基团的同步分离而形成。当前体物质为甘油一酯时离去基团是质子化羟基（水），前体物质为甘油三酯时离去基团是羧酸基，前体物质为甘油二酯时离去基团可以是羧酸基，也可以是水。尽管从分子大小来看，质子化羟基（水）是更好的离去基团，但油脂体系是疏水环境，相比之下，羧酸基的离去倾向可能会更大些。

甘油二酯可通过两种途径形成环酰氧鎓离子。一是在酸性条件下，通过甘油二酯酯羧基的内部亲核进攻以及甘油骨架上离去基团羧酸基的同步分离而形成。二是在酸性条件及邻近的甘油二酯酯基的邻助作用下，质子化羟基（水）同步分离，形成环酰氧鎓离子中间体。

与甘油二酯反应历程相似，甘油一酯也可以通过环化产生环酰氧鎓离子。

甘油三酯也可通过两种途径形成环酰氧鎓离子。一是在酸性条件下，通过甘油三酯酯羧基的内部亲核进攻以及甘油骨架上离去基团羧酸基的同步分离而形成。二是在酸性条件下，甘油三酯水解失去一分子脂肪酸生成二酯，二酯也可进一步水解生成一酯；一酯或二酯在酸性条件下，同步分离羧酸基或质子化羟基（水），形成环酰氧鎓离子。值得一提的是，3-MCPD 二酯在酸性条件下也可以形成环酰氧鎓离子。

然后，氯离子或羟基等亲核试剂进攻环酰氧鎓离子，环酰氧鎓离子开环形成相应产物。

5.4.2　直接亲核反应机制

理论上，在酸性条件下，甘油三酯的酰基可被氯离子直接亲核取代，生成 3-MCPD 二酯。类似地，甘油一酯或二酯的羟基也可被氯离子直接亲核取代生成氯丙醇酯，如图 5-2 中 a 和 b 途径。

5.4.3　缩水甘油酯为中间体的亲核反应机制

甘油酯可以在高温条件下形成缩水甘油酯，由于亲电子的环氧结构，缩水甘油酯具有烷基化性能，可直接与亲核试剂 Cl⁻ 发生反应，生产氯丙醇酯。因此，缩水甘油酯有可能是氯丙醇酯形成过程中的中间体，如图 5-2 中 d 途径。缩水甘油酯还有另外两条形成途径：一是脂肪酸甲酯与环氧丙烷的酯交换；二是环氧氯丙烷与脂肪酸盐的转化。在油脂热加工或精炼过程中，这些反应在一定条件下均有可能发生。

5.5 氯丙醇酯形成的影响因素

5.5.1 氯源

油脂精炼过程中的氯化剂来源隐蔽而广泛，既可来源于油脂原料，也可来源于酸碱、活性白土等加工助剂等。氯离子本性不易进入油脂疏水环境，但在氨基酸盐含磷化合物和甘油一酯、甘油二酯等表面活性物质存在下，氯离子氯化甘油的能力大增，某些共价键结合的氯，如三氯蔗糖中的氯，也是有效的甘油氯化剂。在棕榈油精炼过程中，胡萝卜素自由基阳离子与卤素反应形成复合物，这种复合物可递送氯离子至脂肪分子邻近并与环酰氧鎓离子发生氯化反应。有机态或无机态的氯均可成为形成氯丙醇酯的氯供体。有机态的氯，比如含氯农药残留、有机肥料及土壤中含氯有机物都有可能通过不同渠道进入油料中。无机态的氯更是普遍存在于原料和加工的许多环节。油脂精炼脱臭过程中要通入水蒸气，这也可能是氯的一个重要来源。但 Pudel 等人认为水的类型对 3-MCPD 酯的生成没有影响（Pudel et al，2011）。而 Matthaus 等认为氯供体一定以脂溶性形式存在于油脂当中才能与其他前体物质反应后生成 3-MCPD 酯（Matthaus et al，2011）。Nagy 等人的研究对氯的来源问题有突破性进展（Nagy et al，2011）。他们利用同位素整体质量缺陷过滤技术精确地鉴定到了存在于各种棕榈果提取物与部分精炼和完全精炼的棕榈油中的含氯的未知物。借此 Nagy 等人发现在棕榈油中存在大量的不同的氯化物，除有机氯外，发现的无机氯主要是氯化钙、氯化镁、氯化亚铁和氯化铁。在精炼过程中，相对偏极性的氯化的棕榈油成分可转变成越来越多的亲脂性成分（如 MCPD 酯）。纵观棕榈油加工过程，其中油棕的种植是引入无机氯的第一个重要的环节，油棕种植时为促进油棕的生长及提高收成，常施用氯化钾和氯化铵等无机肥料。油棕生长过程中，这些无机氯被植株吸收，然后在果实中蓄积。另一方面，饮用水的处理也常用到氯化物，比如用氯化铁做絮凝剂，这也是氯的可能重要来源之一。Nagy 等人研究还认为，棕榈油中有机氯在大于 120℃ 时开始降解，在大于 150℃ 时氯丙醇酯开始形成。Destaillats 等认为有机氯在降解后形成活性氯与酰基甘油反应生成氯丙醇酯。

因此，减少油料作物中的氯含量，以及在加工过程中减少氯源，对有效降低油脂中的氯丙醇酯至关重要。

5.5.2　甘油酯

油脂的主要组成是甘油三酯，另外，还会有少量的甘油二酯和单酯存在。据有机化学理论，甘油一酯、二酯和三酯都是形成氯丙醇酯的前体物质。它们的可能反应途径和机制在 5.4 节中已阐述。有研究表明（Freudenstein et al，2013），氯丙醇酯大多由甘油二酯和单酯与氯源作用形成。先通过技术手段降低毛油中的甘油一酯和二酯含量，然后再进行精炼，结果发现该方法的确能部分降低氯丙醇酯的生成量。有学者采用甘油酯单体，通过建立反应模型，模拟油脂脱臭条件，考察甘油酯转化为氯丙醇酯的情况，发现底物浓度和氯丙醇酯的生成量成正比。Svejkovska 等用三棕榈酸甘油酯、二棕榈酸甘油酯以及单棕榈酸甘油酯模拟植物油精炼中的脱臭过程，结果显示三者皆可形成 3-MCPD 酯，其中单棕榈酸甘油酯形成的 3-MCPD 酯最多，二棕榈酸甘油酯次之，而三棕榈酸甘油酯最低（Svejkovska et al，2006）。Shimizu 等将单、双以及三酰基甘油酯与四丁基氯化铵（模拟有机氯）混合后，模拟植物油精炼过程，结果显示三者均产生 3-MCPD 酯（＞1.4mg/kg），且主要产生于脱臭步骤（Shimizu et al，2012）。

在植物种子中，三酰甘油酯在酯酶的作用下发生降解释放出脂肪酸，游离脂肪酸被转运到乙醛酸循环体，经过 β-氧化途径转化为乙酰辅酶 A。乙酰辅酶 A 最终通过羧酸循环转变为碳水化合物。一般认为，甘油三酯的脂酶（EC3.1.1.3）水解作用发生在 sn-1 或 sn-3 位，而不是 sn-2 位。sn-2 甘油单酯通过外消旋转变为 sn-1 甘油单酯，甘油单酯酶（EC3.1.1.23）可将其彻底水解为甘油。甘油二酯在浆果油料生产的油脂中含量尤其高，比如橄榄油和棕榈油。例如，在橄榄油中甘油二酯的含量范围为 1%～3%，取决于橄榄果的成熟度及品种。从品质新鲜的橄榄果制取的橄榄油中只含有 1,2-二脂肪酸甘油酯，而从品质较差的橄榄果制取的油中 1,3-二酯的含量明显增加。橄榄油原油储藏过程中，1,2-二酯的含量下降，而 1,3-二酯和总的甘油二酯含量增加。甘油二酯的异构化也常发生在油脂精炼过程中。油脂精炼时碱中和过程会使 1,2-二酯降低，而 1,3-二酯升高。油脂脱臭过程中，甘油二酯和 1,3-二酯的含量有稍微升高。橄榄油中的甘油单酯比甘油二酯含量低得多。不同品种的橄榄油中 1,2-二酯的含量范围为 0.73%～1.52%，1,3-二酯的含量为 0.40%～2.48%，而甘油单酯的含量仅为 0.05%～0.11%。

类似于橄榄油原油，新制取的棕榈油中也含少量的甘油二酯（2.3%～4%）。然而，在企业生产过程中，比如收获条件、果实的转运等将使商品油中的甘油二酯含量增加到 4%～7.8%。在较高温度下储藏也会使甘油二酯的含量升高。与商品油相比，1,2-二酯的含量超过 1,3-二酯在新制棕榈油中占主导地位。棕榈油产品中二酯多于一酯。在其他油脂中，二酯的含量范围为 0.8%～5.8%，而一酯的含量相对较低（小于 0.2%）。如葵花子油、大豆油、椰子油、菜籽油、棕榈仁油和玉米油中的二酯含量分别为 2.2%、2.3%、2.6%、2.8%、3.9% 和 4.1%。在酶促反应活跃的材料中，如一些谷物当中，由酶解甘油三酯产生的甘油一酯和二酯不同程度地存在。在 190℃ 的热加工过程中，如油炸，油脂可热解或氧化降解为许多产物。水和蒸汽水解甘油三酯生成甘油一酯、甘油二酯、甘油、游离脂肪酸以及其他产物。

5.5.3　食品加工温度

高温是产生氯丙醇酯重要的外部条件。研究表明，未经精炼的毛油几乎不含氯丙醇酯，油脂脱胶、脱色等环节对氯丙醇酯的生成几乎没有影响。而脱臭环节，温度一般高达 240℃ 左右，实验证实，氯丙醇酯是在油脂脱臭环节生成的。Shimizu 等研究了甘油二油酸酯在 180～240℃ 不同温度下与氯生成 3-MCPD 酯的情况，结果显示，3-MCPD 酯的生成随温度的升高而增加（Shimizu et al，2012）。Sampaio 研究棕榈油精炼过程时分别考察了温度、蒸汽流量、油脂酸度等对 3-MCPD 酯生成的影响，结果发现温度是 3-MCPD 酯生成的最大影响因素（Sampaio et al，2013）。

5.5.4　加热时间

关于加热时间对氯丙醇酯的影响研究少有详细报道，报道中多固定加热时间，改变温度等其他条件考察氯丙醇酯生成情况。有研究报道称氯丙醇酯可在高温（230℃ 以上）条件下几分钟内达到最大值，随着时间延长，氯丙醇酯总量不会显著增加，除发生结构异构外，氯丙醇酯还可能脱氯转化为其他物质（Svejkovska et al，2006）。

5.5.5　水分

有学者研究认为无水体系里氯丙醇酯的生成机制是自由基诱导作用（Zhang et al，2013），但研究发现有水存在的体系中也能够生成氯丙醇酯。Svejkovska 采用大豆油为基质，以氯化钠为氯源，考察中性环境下，反应体系中的含水量对氯丙醇酯生成的影响。结果显示，水的含量为 20% 时 3-MCPD 酯生成量达到最大，如图 5-3 和图 5-4 所示（Svejkovska et al，2006）。推测其原因可能是水分含量太低时，酰基不容易水解，即氯离子很难直接亲核取代酰基形成 3-MCPD 酯；而当水分含量达到 20％时，三酰基甘油将优先水解成更易形成 3-MCPD 酯的单酰基甘油，进而生成 3-MCPD 酯；但水分含量大于 20％时，由于氯离子等浓度降低，导致形成 3-MCPD 酯减少。

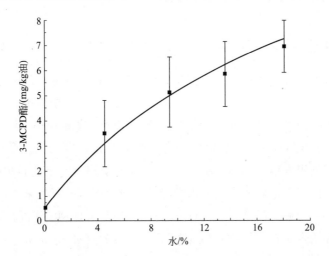

图 5-3　水分含量（0～20％）对 3-MCPD 酯生成的影响（100℃时）

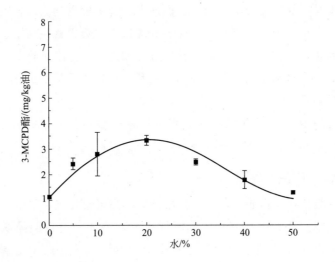

图 5-4　水分含量（0～50％）对 3-MCPD 酯生成的影响（100℃时）

5.5.6　其他因素

除上述影响因素外，据研究报道，pH 值、金属离子等也可能影响氯丙醇酯的生成速度。同等条件下，相对于碱性和中性环境，酸性环境更有利于氯丙醇酯的生成。过渡金属的离子也是影响氯丙醇酯形成的因素，目前还没有十分确切的结论。

5.6   氯丙醇酯的分析检测方法

5.6.1   间接法

脂肪酸种类及在甘油基上的连接位置的不同，使氯丙醇酯的种类和结构呈现多样性的特点。因此，分析测定食品中的氯丙醇酯存在一定困难。为了研究食品中的氯丙醇酯，研究人员开发了气相色谱-质谱联用（GC-MS）法。目前测定方法研究多集中在对 3-MCPD 酯和 2-MCPD 酯的分析。首先采用酸解（如硫酸）或碱解（甲醇钠甲醇溶液或 NaOH 甲醇溶液）或酶解（特定的脂肪酶）的方法，将氯丙醇酯上的脂肪酸解离，使氯丙醇酯转变成氯丙醇，然后采用衍生试剂苯基硼酸（PBA）或七氟丁酰基咪唑（HFBI）衍生后经 GC-MS 分析。该 GC-MS 法一般采用内标法定量，内标物一般选用氘代氯丙醇（如 d_5-3-MCPD）或氘代氯丙醇酯（如 d_5-3-MCPD 棕榈酸二酯）。使用 GC-MS 配套的工作站，通过定性离子和定量离子对样品进行分析和测定。但该方法曾一度受到诟病，因为在油脂中存在一定量的缩水甘油酯，该物质在样品处理过程中会干扰最终定量的结果，使结果偏高。因此，人们改进了样品处理的方法和过程，基本排除了缩水甘油酯的干扰，并且能够同时测定出缩水甘油酯的含量。目前 GC-MS 方法测定氯丙醇酯被研究者广泛采用。

油脂性食品中 3-MCPD 酯总量的测定过程一般包括脂肪的提取、3-MCPD 酯的水解、衍生和衍生产物的质谱分析等步骤。

5.6.1.1   3-MCPD 酯的提取

3-MCPD 酯存在于脂肪中，因此食用油类样品可直接进行水解，而对于其他含油脂类食品则需要先提取其中的脂溶性成分，将 3-MCPD 酯提取出来。提取方法有索氏提取法和液液萃取法等，常用的提取溶剂为正己烷-乙醚混合液等。索氏提取法所需时间较长，但适用基质范围较广，可用于油炸土豆片、咖啡以及面包等含油脂类食品中 3-MCPD 酯的提取。液液萃取法操作相对简单，但消耗溶剂量较多。Zelinkova 等利用草酸钾-乙醇（96∶4，体积比）和正己烷-乙醚的混合液进行液液萃取，萃取液在 40℃下浓缩至近干后再用正己烷溶解。该方法可用于分离母乳和婴幼儿食品中 3-MCPD 酯的提取（Zelinkova et al，2008，

2009)。

5.6.1.2　3-MCPD 酯的水解

除了 3-MCPD 酯单体可直接测定不需要水解外，其他 3-MCPD 酯的测定都需要将其水解转化为 3-MCPD，以便后续的衍生化操作。水解方法有酸水解、碱水解和酶水解，其中碱水解法最为常见。

（1）酸水解

Divinova 等首先提出了 3-MCPD 酯的酸水解方法（Divinova et al，2004）。水解时向含有 3-MCPD 酯的脂肪样品中加入硫酸/甲醇溶液，于 40℃ 下作用 16h。酸水解所需时间较长，且在酸性条件下，氯离子和 3-MCPD 前体物质（如缩水甘油酯）会形成 3-MCPD，导致检测结果偏高。该法被用于橄榄油、烤咖啡、土豆片等 20 余种市售食品中 3-MCPD 酯含量的测定，也被应用于毛油和精炼食用油中 3-MCPD 酯的测定。但 Ermacora 等研究表明，酸水解 4h 即可将 3-MCPD 酯彻底水解，水解 4～20h 对 3-MCPD 酯含量无明显影响，且可通过在水解前加入去离子水，并充分振荡离心的方式去除水相，以减少氯离子的干扰；同时还发现，采用酸水解时，内标的种类对测定结果有一定的影响，以 d_5-3-MCPD 棕榈酸双酯为内标时测定结果最为准确，而以 d_5-3-MCPD 和 d_5-3-MCPD 棕榈酸单酯为内标时测定结果偏低，这与碱水解时的结论相反（Ermacora et al，2012）。

（2）碱水解

甲醇钠可与脂肪酸乙酯发生酯交换反应，生成游离乙醇。Weiβhaar 据此提出使用甲醇钠/甲醇水解 3-MCPD 酯（Weiβhaar et al，2008）。在碱性条件下，即使存在氯离子也不会额外形成 3-MCPD，且水解所需时间较短，操作简单。碱水解过程中，3-MCPD 酯与甲醇钠发生酯交换反应，生成 3-MCPD，但甲醇钠是一种强亲核试剂，水解时间过长也会造成水解产物 3-MCPD 的降解，从而影响最终的检测结果，因此需要加入内标物进行校正，但不同内标的使用会造成检测结果的差异。Hrncirik 等研究表明，以 d_5-3-MCPD 为内标时的测定结果比使用 d_5-3-MCPD 酯为内标的测定结果高 7%～15%（Hrncirik et al，2011）。严小波等的研究表明，使用 d_5-3-MCPD 的测定结果分别比使用 d_5-3-MCPD 单酯和双酯为内标时高 24.5% 和 30.3%（严小波等，2013）。Weiβhaar 采用碱水解方式，检测了 11 种食用油中 3-MCPD 酯含量，并与酸水解法进行了对比，在氯离子存在的条件下，酸水解法的测定结果远高于碱水解法的测定结果，表明酸水解过程中可能额外形成了 3-MCPD（Weiβhaar et al，2008）。但 Zelinkova 等发现酸水解、酶水解和碱水解之间的检测结果并无明显的差别（Zelinkova et al，2009）。还有报道以氢氧化钠/甲醇溶液于低温下水解食用油中的 3-MCPD 酯，方法的 LOD 为 0.05mg/kg，LOQ 为 0.10mg/kg，检测结果表明毛油中未检出 3-MCPD 酯，精炼植物油中含有不同程度的 3-MCPD 酯（Kuhlmann，2011）。

（3）酶水解

体外试验发现脂肪酶可以催化 3-MCPD 酯水解为 3-MCPD。Hamlet 等提出 3-MCPD 酯的酶水解法，并用于检测谷物中 3-MCPD 和 3-MCPD 酯的含量（Hamlet et al，2004）。于脂肪提取物中加入脂肪酶，在 23℃下温浴 24h 后，3-MCPD 酯可水解为 3-MCPD。酶水解作用较为温和，但所需时间较长；且模拟体系的研究表明，脂肪酶也可能催化短链甘油三酯和氯离子的作用，从而形成低水平的 3-MPCD（Seefelder et al，2008）。肠道模型中 3-MCPD 单酯、双酯的酶水解特性不同，3-MCPD 单酯的水解速率远远高于双酯，单酯水解 1min 的水解率为 95%（3-MCPD 十四酰单酯）～103%（3-MPCD 单油酸酯），而双酯水解 1min、5min 和 90min 的水解率分别为 45%、65% 和 95%（Seefelder et al，2008）。酶水解法对食品的不良作用小，被研究用于降低食用油中 3-MCPD 酯的污染（Bornscheuer et al，2010）。

5.6.1.3 水解液的中和与净化

除了酶水解外，脂肪经碱水解和酸水解后均需对水解液进行中和。碱水解液需用冰乙酸/20%氯化钠溶液（1∶29，体积比）混合液中和过量的碱，而后再加入正己烷脱脂。中和后的溶液中含有大量的氯离子，且溶液呈强酸性（pH 值在 1～2 之间）。有研究表明，如果样品中含有 3-MCPD 的前体物质如甘油等，会额外形成 3-MCPD，从而导致测定结果偏高（Weiβhaar et al，2008）。Hrncirik 等以菜籽油和精炼棕榈油为基质进行添加 3-MCPD 酯标准的回收试验，发现以氯化钠溶液为盐析试剂时的测定结果较以硫酸铵为盐析试剂时高 20% 左右；酸水解液以饱和碳酸氢钠溶液进行中和后，经正己烷萃取净化，采用不同的盐析试剂对 3-MCPD 的测定结果无明显的影响（Hrncirik et al，2011）。采用七氟丁酰基咪唑（HFBI）衍生法测定茶籽油中 3-MCPD 酯时，以 NaCl 溶液、$Na_2(SO_4)_2$ 溶液、$(NH_4)_2SO_4$ 溶液和 KBr 溶液为盐析剂时的测定结果几乎无差异（严小波等，2013）。

5.6.1.4 衍生化过程

3-MCPD 的沸点较高，难以直接测定，一般需要衍生化后形成沸点更低、相对分子质量更大的物质供气相色谱-质谱（GC-MS）测定。曾被使用的衍生剂有苯基硼酸（PBA）、HFBI 和丙酮等。PBA 只能与二醇类发生专一性化学反应，可在水溶液中直接与 3-MCPD 反应；PBA 法需要的前处理步骤较少，衍生剂成本也更低，在 3-MCPD 酯检测中较为常用。用该法衍生结合 GC-MS 分析时，检出限（LOD）为 76～1000g/kg，明显高于 HFBI 法（27g/kg）。Kaze 等通过核磁共振法研究表明，在 PBA 衍生化过程中并未发现形成 3-MCPD 衍生产物（Kaze et al，2011）。HFBI 是 3-MCPD 分析中最经典的衍生剂，它可与许多氯丙醇作用，在羟基上引入七氟丁酰基，使得待测物氯丙醇的相对分子质量大大增加，因此方法灵敏度较高。HFBI 法是酱油等调味品中 3-MCPD 衍生的经典方法，较少用于 3-MCPD 酯的测定中，这可能是由于衍生前需要的净化稍显繁琐，且 HFBI 试剂的价格高。Hamlet 等采用该衍生方法结合 GC-MS/MS 研究了 3-MCPD 酯的检测，LOD 约为 60g/kg（Hamlet et al，2011）。严小波等采用该衍生法测得 3-MCPD 酯的 LOD 约为 27g/kg（严小波等，2013）。HFBI 法衍生前要确保溶液经过充分的脱水，且需用气密针操作以减少空气中水分与 HFBI 反应。此外，HFBI 衍生方法一般采用硅藻土基质固相分散萃取法净化，相对于 PBA 衍生法净化得更为彻底；且 PBA 可与缩水甘油酯等 3-MCPD 的有关前体物质反应，而 HFBI 只与氯丙醇类作用，在 3-MCPD 酯测定中不受缩水甘油酯等前体物质的干扰，因此可以推测 HFBI 衍生方法的测定结果更为准确。2011 年由英国中央实验室（CSL）组织的 FAPAS（Food Analysis Performance Assessment Scheme）能力验证项目——棕榈油中 3-MCPD 酯含量测定（主要采用 PBA 衍生，方法原理相同，但实际操作各个实验室略有不同，如同位素内标的使用、内标种类、水解时间等可能有差异）比对时，仅 62%（16/26）的结果为满意。丙酮衍生时需用甲苯-4-磺酸进行催化，在 3-MPCD 酯检测研究中还未见公开报道，仅在 FAPAS 考核中有实验室采用该方法（Karasek et al，2010）。

德国油脂协会（DGF）法是目前 3-MCPD 酯检测的主要方法（DGF，2011）。其样品前处理过程可分为两种：第一种方法，用甲醇钠将脂肪样品水解后，净化后的溶液用 PBA 衍生，缩水甘油酯（GE）和 3-MCPD 酯经水解后形成相同的衍生物，再用正己烷萃取后供 GC-MS 分析测定 3-MCPD 酯和 GE 总含量；第二种方法，先将脂肪样品用硫酸/丙醇预处理，使 GE 的环氧环打开，以去除 GE，使之无法与 PBA 发生反应，再按第一种方法处理即可得到 3-MCPD 酯总量。衍生物经弱极性毛细管色谱柱（如 DB-5MS 等）分离，3-MCPD 和 d_5-3-MCPD 分别以 $m/z147$ 和 $m/z150$ 进行定量分析，以内标法计算 3-MCPD 酯的含量。DGF 法至今尚未通过实验室之间协同性验证，国际上也有不少争议。欧盟联合研究中心（JRC）组织的棕榈油中 3-MCPD 酯含量检测国际比对实验（主要采用 PBA 衍生法，原理几乎都相同）中，有 44％实验室的测定结果不合格（Z 分值＞2）(Fiebig，2011)。Fiebig 公布了 DGF 和瑞士通用公证行（SGS）方法的国际比对结果，两种方法的测定结果偏差均较大（Fiebig，2011）。Kaze 等发现用硫酸处理只能去除大约 90％的 GE（Kaze et al，2011）。其次，盐析过程中 NaCl 溶液的使用可能会导致形成 3-MCPD（Wei β haar et al，2008）。如果使用其他盐溶液代替 NaCl 溶液，回收率则不理想，如用 NaBr、Na_2SO_4 代替NaCl 时，d_5-3-MCPD 和 3-MCPD 的信号损失较大，甚至完全损失（Haines et al，2011）。这些都说明尚需进一步验证 DGF 法的可靠性。尽管如此，DGF 法目前仍是 3-MCPD 酯检测的最主要方法。DGF 法经 Kusters 等改进后，可同时测定 3-MCPD 和 3-MCPD 酯的含量，LOD 分别为 $1\sim2\mu g/kg$ 和 $6\mu g/kg$（Kusters et al，2011）。最近该法也被用于油脂精炼过程中 3-MCPD 酯形成机制的研究中。

GC×GC 可显著降低检出限，在环境痕量污染物检测中应用较广。大体积进样技术（LVI）在检测痕量污染物时也得到了广泛应用，LVI 技术可以降低样品前处理的要求，能够通过增加进样量显著改善分析方法的灵敏度；普通进样量一般为 $1\sim2\mu L$，而 LVI 进样量则可以超过 $100\mu L$。DeKoning 将这两种技术与 TOF-MS 结合，对 DGF 法前处理方法稍作改进，即用纯水代替 NaCl 溶液，建立了 LVI-GC×GC/TOF-MS 方法用于检测 3-MCPD 酯，进样量为 $25\mu L$；结果 LOD 和 LOQ 明显低于 GC-MS 法的检出值，分别为 8.0ng/kg 和 26.7ng/kg；同时对比目标峰的一二维谱图，发现一维谱图中干扰峰较多，且目标峰 3-MCPD 和 d_5-3-MCPD 未完全分离（DeKoning，2014）。Koning 还发现，使用 NaCl 溶液为盐析试剂时，d_5-3-MCPD 的峰面积是在纯水介质中衍生时的 5 倍；由于前处理过程中氯离子的影响，生成了 3-MCPD，导致 3-MCPD 酯的测定结果为以纯水作为盐析试剂时的两倍（DeKoning，2014）。该法使用 LVI 进样方法，可消除氯离子的干扰。但是该法仪器成本较高，难以普及，且仪器容易受到污染，需要经常维护。

在气质联用定量分析中，主要采用稳定同位素化合物作为内标以消除前处理损失和基质影响。采用内标法定量时，内标物的选择是一项十分重要的工作，直接影响结果准确性。研究发现，在碱催化酯交换反应 10min 后，3-MCPD 的回收率只有 40％左右（Hrncirik et al，2011）。因此为了弥补前处理损失，使用 3-MCPD 同位素内标是非常重要的，在其他文献中也得到类似结论（Wei β haar et al，2008；Kaze et al，2011）。3-MCPD 酯的分析多使用游离态 d_5-3-MCPD 作为内标，推测其原因是游离态 d_5-3-MCPD 较易得到有效商业标准品，特别在早期，

游离态 d_5-3-MCPD 是唯一可购买到的有效商业标准品。近两年也有使用结合态 d_5-3-MCPD 作为内标，如 PP-d_5-3-MCPD（Hrncirik et al，2011；Ermacora et al，2012）。目前，结合态 d_5-3-MCPD 主要是实验室自行合成（Hrncirik et al，2011；Ermacora et al，2012），有效商业标准品较少。有关不同内标对间接法测定 3-MCPD 酯含量的影响已有文献报道（Hrncirik et al，2011；Ermacora et al，2012）。研究发现各种 3-MCPD 酯转化为 3-MCPD 的速率不同，3-MCPD 单酯转化速度更快，因此内标的选择将会影响到结果的准确性（Hrncirik et al，2011）。研究发现，在碱催化间接法中使用 d_5-3-MCPD 作为内标时，结果被过高估计了 7%～15%。Hrncirik 和 Ermacora 等的研究结果表明，无论是在酸催化条件下还是碱催化条件下，与使用 d_5-3-MCPD 作为内标相比，PP-d_5-3-MCPD 作为内标测定结果更加准确（Hrncirik et al，2011；Ermacora et al，2012）。分析原因是 PP-d_5-3-MCPD 与食用油中存在的主要 3-MCPD 双酯结构更相似。DGF 在 2011 年颁布的用于分析油脂中 3-MCPD 酯的标准方法 C-VI18（10）已使用 PP-d_5-3-MCPD 作为内标。

在催化剂作用下，食用油中的各种 3-MCPD 酯与甲醇反应转化为游离态 3-MCPD 和脂肪酸甲酯，同时甘油三酯与甲醇反应转化为脂肪酸甲酯和甘油。酯交换反应中使用的催化剂主要有碱催化剂（如 NaOH、$NaOCH_3$）和酸催化剂（如 H_2SO_4）两大类。

关于碱催化酯交换反应的研究报道较多，分析主要原因是碱催化酯交换反应时间短（几分钟），便于实验室日常分析；而酸催化酯交换反应往往需要 16h，比较耗时。但在碱催化条件下，由 3-MCPD 酯裂解得到的 3-MCPD 不稳定，会进一步反应生成缩水甘油。Kaze 等已证明了这一点，他们使用 ^1H 和 ^{13}C NMR 直接检测碱催化酯交换条件下 3-MCPD 含量的变化，将 3-MCPD 溶解在 $NaOCH_3$-CH_3OH 溶液中，室温下放置 10min，然后添加 D_2O，进行 NMR 分析，发现未经碱处理前，只观察到 3-MCPD 的峰，经过碱处理后，出现缩水甘油的峰，通过 ^1H NMR 计算，3-MCPD 转化为缩水甘油的转化率为 37%（Kaze et al，2011）。Hrncirik 等研究了在碱催化间接法中酯交换反应时间对 3-MCPD 回收率的影响，精炼棕榈油和添加 PP-3-MCPD 的油菜籽原油在分别酯交换 1min、10min 和 30min 后，加入内标 d_5-3-MCPD 进行分析，评价 3-MCPD 的回收率，结果发现，反应 1min，3-MCPD 的回收率为 90% 左右，反应 10min，3-MCPD 的回收率为 40% 左右，反应 30min，3-MCPD 的回收率约为 0（Hrncirik et al，2011）。Kuhlmann 也得到了类似的结果（Kuhlmann，2011）。Kuhlmann 对常规碱催化酯交换反应（20g/L 氢氧化钠-甲醇溶液）进行的改进实验中，加标样品在缓和的碱催化条件下（2.5g/L 氢氧化钠-甲醇溶液），于−25℃反应至少 16h，接着加入 600μL 溴化钠酸性溶液终止反应，然后加入苯基硼酸（PBA）将生成的 3-MCPD 衍生化，最后用 GC-MS 进行分析（Kuhlmann，2011）。改进后，酯化反应中释放出的 3-MCPD 转化为缩水甘油的量可以被忽略。但该方法耗时长，反应条件苛刻（−25℃），不便应用于实验室日常分析。因 3-MCPD 在碱性条件下会损失，应严格控制碱催化酯交换反应时间，以免影响方法的灵敏度。

酸催化酯交换法反应条件温和，耐用性好，能提供更加可靠的 3-MCPD 酯的测定值，但相对于碱催化酯交换法，酸催化酯交换法的研究报道相对较少。分析原因可能是反应耗时，影响了其日常应用。Ermacora 等研究酸催化酯交换时反应时间（2~16h）对精炼棕榈油、加标棕榈原油、煎炸油中 3-MCPD 酯总量测定结果的影响，结果表明 4~16h 的测定结果一致，没有显著差别（Ermacora et al，2012）。而在 Razak 等研究中，考虑到棕榈油熔点高，可能需要更长的酯化时间，考察了 16h、18h 和 20h 的测定结果，结果表明 18h 和 20h 的测定结果没有差别，最终酯化时间选择 18h（ABDRazak et al，2012）。值得一提的是，酸催化酯交换时，如果样品中存在氯离子，会与油脂中存在的一些前体物反应生成额外的 3-MCPD（非油中 3-MCPD 酯分解得到的 3-MCPD），从而使检测结果偏高。Ermacora 等对此展开了研究，他们在对样品进行酸催化酯交换前，向油样中加入 0~5000mg/kg 的 NaCl，然后按正常步骤进行测试，结果表明，在酸催化条件下，形成额外的 3-MCPD 的含量与样品本身 3-MCPD 酯的含量无关，与NaCl 添加量有关，并随着 NaCl 添加量的增加而线性增加，但 Ermacora 也指出只有当氯离子添加量高出油样中氯离子含量（油样中氯离子的含量一般小于10mg/kg）一个数量级时，才表现出明显的氯离子干扰，如果在酸催化酯交换反应前用去离子水处理样品，除去其中的氯离子，就可以消除氯离子对结果的干扰（Ermacora et al，2012）。由此可见，在酸催化酯交换反应中，要严格控制氯离子的含量，确保样品及试剂中不含氯离子或除去其中的氯离子，就可以得到满意的检测结果。

在碱催化间接法中，常用的盐析试剂有氯化钠、硫酸铵、硫酸钠、溴化钠等；在酸催化间接法中，通常使用的盐析试剂是碳酸氢钠。Hrncirik 等指出碱催化间接法中，测定结果依赖于盐析试剂的类型；而酸催化间接法中，盐析试剂的类型不会造成测定结果大的差别（Hrncirik et al，2011）。下面重点探讨在碱催化间接法中，盐析试剂的类型对测定结果的影响。Hrncirik 等发现使用硫酸铵作为盐析试剂时，测定结果比较接近真实值；而使用氯化钠时，会过高地评估油脂中 3-MCPD 酯的总量。这说明，盐析时氯离子与油脂中存在的一些前体物（如缩水甘油）反应生成了额外的 3-MCPD。实验还发现，使用硫酸铵作为盐析试剂时，测定结果不受盐析步骤中 pH 值的影响；当使用氯化钠作为盐析试剂时，盐析步骤中 pH 值对测定结果有很大的影响。与硫酸铵相比，当 pH 值大于 3 时，使用氯化钠盐析测得的 3-MCPD 的量高出近 20%；当 pH 值小于 3 时，使用氯化钠盐析测得的 3-MCPD 的量高出近 1 倍。但选择其他盐析试剂也存在一些缺憾，影响 3-MCPD 和 d_5-3-MCPD 的提取率（Hrncirik et al，2011）。Haines 等将 3-MCPD 和 d_5-3-MCPD 混标直接经 DGF C-III18（09）法（碱催化酯交换）处理，分别使用氯化钠、硫酸钠、溴化钠作为盐析试剂，结果表明，硫酸钠、溴化钠作为盐析试剂时，3-MCPD 和 d_5-3-MCPD 衍生物峰面积只有氯化钠作为盐析试剂时的 9% 左右，提取率大大降低，影响方法的灵敏度（Haines et al，2011）。DeKoning 研究表明，在碱催化间接法盐析时，与用水直接提取相比，使用氯化钠溶液盐析，d_5-3-MCPD 的提取率提高 5 倍，但测得 3-MCPD 的值偏高，约高出 1 倍（DeKoning，2014）。综上可知，当使用酸催化间接法时，盐析试剂类型不会造成测定结果大的差距。当使用碱催化间接法测定油脂中 3-MCPD 酯总量时，若油中存在缩水甘油或缩水甘油酯，应避免使用氯化钠作为盐析试剂，否则很容易过高估计油脂中 3-MCPD 酯的总量，应在确保结果准确的前提下，选择其他盐析试剂，但以牺牲提取率、降低方法灵敏度为代价。

5.6.2　直接法

有时候为了研究氯丙醇酯的具体组成，常用到直接法。直接法就是不需要对样品中的氯丙醇酯进行水解，更不需要和衍生试剂进行衍生反应，只是对样品（一般是油脂样品）进行简单处理，如均质、溶剂溶解稀释等，然后采用直接进样的方法，通过液相色谱-质谱联用法（如 LC-MS、LC-MS/MS、LC-TOF-MS 等）分析样品中的待测物质。这种直接测定的方法需要商业化的标准品作为对照。遗憾的是目前商业化的氯丙醇酯标准品种类还很有限，使用该方法依然受到一定的限制。有的学者在实验室合成部分标准品来满足研究的需要。但合成过程往往时间长，纯度很难达到要求，同时需要对合成的产物进行结构分析，耗时费力。因此，合成标准品对研究氯丙醇酯来讲不是很容易实现的。另外，直接进样法虽然简便，但也带来一些问题，如仪器的进样口容易被污染等，需频繁更换耗材，而且仪器也昂贵，从这点来说，该方法也不经济。直接法虽能够清楚地分析测定样品中每一种氯丙醇酯物质，但由于受标准品和仪器的局限，目前报道不多。

3-MCPD 可与食品中多种脂肪酸结合形成 3-MCPD 脂肪酸酯的多种单体。有人建立了 LC/TOF-MS 方法，以检测棕榈酸、油酸、亚麻酸等 3-MCPD 酯和缩水甘油酯的单体。该法直接测定 3-MCPD 单酯、双酯以及缩水甘油酯单体，不需要对样品进行水解净化和衍生。LC/TOF-MS 法操作简单，可直接向进样瓶中加入一滴油（20～25mg）后，再加入内标溶液后，溶于 $975\mu L$ 流动相中，以含有 $0.026mmol/L$ 乙酸钠的甲醇/乙腈（90：10，体积比）混合液为流动相，经 C_{18} 柱（$50mm \times 3mm$，粒径为 $3\mu m$，孔径为 $10nm$）分离检测 3-MCPD 酯和缩水甘油酯的 LOD 分别约为 $500\mu g/kg$ 和 $100\mu g/kg$（Haines et al，2011）。LC/TOF-MS 方法由于没有前处理过程，测定结果相对准确。但该法也存在以下几个缺点：一是流动相中存在高浓度的钠离子，对仪器的污染较严重，需每天清洗；二是电喷雾离子源（ESI）中的某些部件腐蚀很快，需经常更换，如果频繁使用，ESI 的雾化针则需每天更换；三是需要密切注意内标峰面积，以确定有没有信号损失。Moravcova 等采用超高效液相色谱结合高分辨的 ExactiveTM Orbitrap 质谱（UHPLC-OrbitrapMS）检测 9 种植物油中的 3-MCPD 双酯（Moravcova et al，2012）。由于 3-MCPD 单酯的电离能量较低，因此未将该方法应用于植物油中 3-MCPD 单酯的检测。加入内标的植物油样品填装于硅胶柱上，经正己烷/乙醚（96：4，体积比）洗脱后，净化分离出 3-MCPD 双酯，洗脱液减压蒸发至近干，残渣溶于甲醇中后直接进样分析。

5.7   氯丙醇酯的转化、代谢及毒性

氯丙醇酯可作为肠脂肪酶的底物，在哺乳动物的肠道内被水解生成游离态氯丙醇，并被肠道吸收。有研究表明（Seefelder et al，2008），通过用同位素标记 3-MCPD 单酯和二酯，在含有胰脂肪酶和猪胆汁提取物的肠道模型内进行水解，结果显示，3-MCPD 单酯在 1min 内几乎全部水解成 3-MCPD；而 3-MCPD 二酯的水解速度相对较慢，在 1min、5min 和 90min 反应后的产率分别达到 45%、65% 和 90%。研究认为 3-MCPD 酯适合作为肠道脂肪酶的底物是由于它们的结构与酰基甘油类似，从而推测 3-MCPD 酯在体内的代谢途径可能与酰基甘油相似。胰脂肪酶只将 1 位和 3 位的酰基甘油水解成丙三醇，进而认为 3-MCPD 单酯更容易被肠脂肪酶水解。存在于肠壁的脂肪酶，既能水解 1 位和 3 位的单酰甘油，也能水解 2 位的单酰甘油，因此，在肠的黏膜层 3-MCPD 酯也能水解成游离的 3-MCPD。在 Caco-2 细胞中 3-MCPD 单酯很快被水解释放出 3-MCPD，游

离的 3-MCPD 通过细胞旁扩散机制，通过 Caco-2 单层细胞被肠道所吸收；3-MCPD 二酯则被 Caco-2 细胞代谢且不产生 3-MCPD（Buhrke et al，2011）。

目前关于 3-MCPD 酯的毒性研究报道并不多，研究大都认为 3-MCPD 酯的毒性是由于其在胃肠道消化过程中释放的 3-MCPD 引起的。1993 年，WHO 对氯丙醇类物质的毒性提出警告；1995 年，欧共体委员会食品科学分会对氯丙醇类物质的毒理作出评价，认为它是一种致癌物，其最低阈值应为检不出为宜；FDA 建议食物所含 3-MCPD 的水平不应超过 1mg/kg 干物质；2001 年，FAO/WHO 建议 3-MCPD 的最高日允许摄取量（PMTDI）为 $2\mu g/(kg\ bw \cdot d)$。3-MCPD 经消化道吸收后，随血液循环广泛分布于机体各组织和脏器中，能穿过血睾丸屏障及血脑屏障分布于睾丸和大脑发挥毒性，具有潜在致癌性、神经毒性、免疫毒性、遗传毒性和生殖毒性。3-MCPD 在体内的代谢途径有两种：一种是丙三醇与谷胱甘肽结合形成巯基尿酸（硫醚氨酸）；另一种是形成草酸盐。肾脏是 3-MCPD 毒性作用的靶器官，肾中毒的机制是由于代谢产物与 β-氯代乳酸途径联合作用抑制了糖酵解。3-MCPD 经乙醇脱氢酶作用产生的 β-氯代甘油醛抑制了与糖酵解有关的 3-磷酸甘油醛脱氢酶和磷酸丙糖脱氢酶。除了糖酵解途径和能量代谢的抑制外，在肾脏形成的草酸积累也加速了肾病的进程。瑞士小鼠的急性经口毒性以及在 NRK-52E 大鼠肾脏细胞中的细胞毒性研究结果显示，3-MCPD 脂肪酸单酯的半数致死剂量（LD_{50}）为 2676.81mg/(kg bw · d)。3-MCPD 单酯干预的小鼠平均体重下降，死亡小鼠的血尿素氮和肌酐值较未死亡鼠和对照组鼠升高，病理改变有肾小管坏死、蛋白管型、生精小管的精子细胞减少。3-MCPD 二酯的 LD_{50} 值大于 5000mg/(kg bw · d)，死亡小鼠的各项血生化指标较对照组没有明显变化，但死亡小鼠出现了同 3-MCPD 单酯干预组同样的病理变化。另外，MTT 比色法和乳酸脱氢酶（LDH）试剂盒结果显示 3-MCPD 单酯可引起大鼠肾脏细胞的细胞毒性，而 3-MCPD 二酯则没有引起细胞毒性的迹象。因此认为 3-MCPD 单酯的毒性较 3-MCPD 二酯的毒性强（Liu et al，2012）。

欧洲食品安全局（EFSA）对 3-MCPD 和 3-MCPD 棕榈酸酯进行 90d 的毒理学研究（Barocelli et al，2011）表明：3-MCPD 棕榈酸酯对大鼠的肾和睾丸均能产生类似 3-MCPD 的影响，3-MCPD 对雄性大鼠肾和睾丸造成损害的基准剂量下限值（BMDL 10)(10％肿瘤发生率的 95％置信区间内最低剂量）为 2.5mg/(kg bw · d) 和 6.0mg/(kg bw · d)，而 3-MCPD 棕榈酸酯的 BMDL10 为 17.4mg/(kg bw · d) 和 44.3mg/(kg bw · d) ［相当于 3-MCPD3.3mg/(kg bw · d) 和 8.4mg/(kg bw · d)］。高剂量的 3-MCPD 具有肾脏毒性以及诱发啮

齿类动物部分器官肿瘤的作用。Hwang 等将大鼠肾脏作为 3-MCPD 摄入的靶向器官且肾小管为最敏感端点，采用不同模型评价 3-MCPD 对大鼠肾脏的毒性作用，结果推导人体的每日可允许摄入量为 0.87mg/(kg bw · d)（Hwang et al，2009）。Cho 等研究 3-MCPD 对小鼠亚慢性毒性试验结果显示，3-MCPD 对小鼠的肾、睾丸和卵巢均有不同程度的影响，且无观测不良效应水平值雄性为 18.05mg/(kg bw · d)，雌性为 15.02mg/(kg bw · d)(Cho et al，2008)。Onami 等对 3-MCPD 及其酯类（主要是棕榈酸双酯、棕榈酸单酯、油酸双酯）进行为期 13 周的大鼠亚慢性毒性试验，结果表明：3-MCPD 酯的急性肾毒性比 3-MCPD 要低，但 3-MCPD 酯可能对大鼠的肾脏和附睾具有亚慢性毒性，程度与 3-MCPD 的影响效果类似（Onami et al，2014）。研究认为棕榈酸双酯、棕榈酸单酯、油酸双酯的没有观察到不良效应水平值分别为 14mg/(kg bw · d)、8mg/(kg bw · d) 和 15mg/(kg bw · d)。食品中残留的 3-MCPD 对人类健康的危害性已引起国际社会的广泛关注。目前对有关食品中氯丙醇酯的含量没有作出具体的规定，大部分都是针对其水解产物 3-MCPD 的规定。1993 年，世界卫生组织（WHO）对氯丙醇类物质的毒性提出警告；1994 年，欧盟食品科学委员会（SCF）建议食品中 3-MCPD 的残留量应低于最灵敏分析方法的最低检出限（0.01mg/kg）以下。

5.8   氯丙醇酯的暴露评估

德国联邦风险评估机构（BfR）和欧洲食品安全局（EFSA）一致认为应根据 3-MCPD 的毒理学数据对 3-MCPD 酯进行风险评估，即假定 3-MCPD 酯在胃肠道内完全水解生成 3-MCPD，且 3-MCPD100％来源于 3-MCPD 酯。根据 BfR 的调查和计算（BfR，2007），目前高脂肪膳食人群摄入 3-MCPD 水平大约超过每日允许限量（TDI）的 5 倍；同时，BfR 调查和计算得到了目前 3-MCPD 酯在婴儿配方乳中的最高、中间和最低水平，以 3-MCPD 计，结果分别为 $4196\mu g/kg$、$2568\mu g/kg$ 和 $1210\mu g/kg$ 脂肪，相当于每升即饮乳品中含有 $156\mu g$、$96\mu g$ 和 $45\mu g$ 3-MCPD，即婴儿每日摄入 3-MCPD 分别为 $25\mu g/(kg\ bw · d)$、$15.4\mu g/(kg\ bw · d)$ 和 $7.2\mu g/(kg\ bw · d)$。根据 FAO/WHO 下属食品添加剂联合专家委员会和欧盟食品科学委员会发布的 3-MCPD 风险评估标准，上述数据已超过 TDI 的 12.5 倍、7.7 倍和 3.6 倍，其患肾管状增生的暴露边界比（MOE）分别达到 44、71 和 152。

2012 年中国香港食品与环境卫生署食品安全中心公布了一份 3-MCPD 酯的

风险评估报告。报告指出，在所有抽查的含油含盐食品中均能检测到一定含量的
3-MCPD 脂肪酸酯。其中热加工类含油含盐食品和饼干类、食用油类、小吃快餐
类及中式糕点中 3-MCPD 脂肪酸酯水平较高，暴露评估显示，3-MCPD 酯摄入
量低于 3-MCPD 的暂定每日最大耐受摄入量（PMTDI），$2\mu g/(kg\ bw \cdot d)$。

    里南等在全国多个大型连锁超市采集大豆油、茶籽油、花生油等 11 种共
143 份食用植物油样品，经碱水解后，以硅藻土基质分散固相萃取法净化，样液
经衍生后采用气相色谱/质谱联用法（GC/MS）检测，以稳定性同位素内标法对
3-MCPD 酯和 2-MCPD 酯进行定量。调查发现，11 类食用植物油中 3-MCPD 酯
和 2-MCPD 酯的检出率分别为 74.8% 和 49.7%，含量分别在 0.064mg/kg（最
低检出限，LOD）至 5.96mg/kg 和 0.072mg/kg（LOD）至 3.43mg/kg（分别
以游离形式的 3-MCPD 和 2-MCPD 计）；茶籽油和芝麻油污染问题较为突出，其
3-MCPD 酯含量的中位数分别为 1.63mg/kg、0.60mg/kg。样品中 2-MCPD 酯
与 3-MCPD 酯的含量之间存在线性相关，相关系数为 0.899（里南，2012，
2013）。

    崔霞等在北京不同区域的超市和市场采集 30 份牛乳样品，采用建立的检测
方法进行测定。30 份牛乳样品中 3-MCPD 酯的检出率为 95%，含量在未检出
（notdetected，ND）至 $13.8\mu g/kg$ 之间，平均值为 $4.3\mu g/kg$；2-MCPD 酯的检
出率为 83.3%，含量在 ND 至 $10.3\mu g/kg$ 之间，平均值为 $3.6\mu g/kg$。由测定结
果可见，牛乳中 3-MCPD 酯和 2-MCPD 酯的污染水平相对较低。结合 2002 年中
国居民营养与健康状况调查，我国标准人每日牛乳的平均消费量为 21.09g，以
此估算北京地区人群 3-MCPD 酯的膳食暴露量，得到由于摄入牛乳而导致的 3-
MCPD 酯的暴露量为 $0.0014\mu g/(kg \cdot d)$，仅为 3-MCPD PMTDI $[2\mu g/(kg \cdot d)]$ 的 0.07%。2-MCPD 作为 3-MCPD 的同分异构体，虽目前暂无其毒性及健
康指导值的文献报道，但作为 3-MCPD 的同分异构体，化学结构与 3-MCPD 相
似，因此该研究将 2-MCPD 酯的含量与 3-MCDP 酯含量加和后进行了膳食暴露
评估，结果显示，北京地区人群通过牛乳消费而摄入的 3-MCPD 酯与 2-MCPD
酯的总暴露量为 $0.0026\mu g/(kg \cdot d)$，仅占 PMTDI 的 0.13%。用于暴露评估的
牛乳的消费量为 2002 年调查的数据，考虑到随着我国人民生活水平的提高，牛
乳的消费量增大，若以 10 倍于 2002 年消费量数据估算，北京地区人群对牛乳中
的氯丙醇酯的膳食暴露量也只占 3-MCPD 的 PMTDI 的 1.3%，健康风险仍较
低。总体而言，由牛乳消费摄入 3-MCPD 酯和 2-MCPD 酯所带来的长期慢性暴
露风险较低。由于牛乳只占人们每日膳食的很小一部分，且牛乳中氯丙醇酯含量
较低，北京地区人群在每日膳食中还会摄入食用油等其他可能含有污染水平较高

的氯丙醇酯的食品，因此氯丙醇酯的健康风险仍不容忽视（崔霞等，2014）。

5.9　氯丙醇酯的控制方法

5.9.1　油脂精炼前处理

氯丙醇酯是油脂或含油食品热加工后的产物，前体物公认为是甘油一酯、甘油二酯和甘油三酯以及氯源（有机态或无机态）。如果从源头入手，去除这些前体物质对有效控制油脂或食品中的氯丙醇酯的含量将有很大帮助。棕榈油精炼之前使用水洗涤再精炼，可减少 20％ 的 3-MPCD 酯的生成。油脂精炼前加入一定量的乙醇或乙醇水溶液，能够部分脱除甘油一酯或甘油二酯。也有专利技术采用羧甲基纤维素和离子交换树脂脱除棕榈油中的前体物再进行精炼，得到的油脂可安全用于婴幼儿配方奶粉等。

5.9.2　油脂脱臭工艺改良

采用两步脱臭法降低脱臭温度，可降低氯丙醇酯的含量。第一步先经过短时高温（250～270℃）脱臭过程，第二步在相对较低的脱臭温度（200℃）下脱臭操作相对较长时间，或者两步颠倒顺序。与传统一步脱臭方法相比，可明显降低 3-MCPD 酯的生成量。在 270℃ 经过第一步脱臭后，再在较低温度下长时间脱臭，油脂中 3-MCPD 酯的含量可减少 80％。

在脱臭过程中加入辅助剂或吸附材料也可控制氯丙醇酯的生成。如在精炼时加入甘油二乙酸酯可使 3-MCPD 酯降低 50％。原理是甘油二乙酸酯可以与氯源进行反应，反应机理与 3-MCPD 酯生成机制相同。可以用此原理脱除油脂中的氯，从而降低 3-MCPD 酯的生成。甘油二酸酯价格便宜，而且与氯反应的产物沸点低，挥发性强，在脱臭温度条件下完全可以从油脂中分离出去，不会引起安全问题。

在精炼过程中加入沸石可脱除 3-MCPD 酯的中间产物——缩水甘油酯，可降低 3-MCPD 酯的生成。精炼过程中加入柠檬酸或草酸也能部分脱除缩水甘油酯，从而可以降低 3-MCPD 酯的生成。

5.9.3　油脂精炼后处理

油脂精炼后加入沸石或硅酸镁，在低于 100℃ 下加热数分钟可脱除油脂中的缩水甘油酯。该方法可以减少油脂用于热加工食品时再度由缩水甘油酯生成 3-MCPD 酯。

3-MCPD 酯经南极假丝酵母脂肪酶分解游离出 3-MCPD，3-MCPD 再经来自于杆菌属的细菌分泌的氯代醇脱氯酶的作用，转变为部分酰基甘油。此工艺目前还在实验阶段，该技术用于生产实际还需要继续完善。

5.10 本章小结

氯丙醇酯，特别是 3-MCPD 酯是近年来颇受关注的食品加工过程中产生的危害物之一。对其生成条件和机制已有初步研究，但还没有系统的、完整确切的结论。检测方法方面，以测定 3-MCPD 酯总量的 GC-MS 法居多。氯丙醇酯的毒性毒理研究报道不多，所以需要在细胞水平和动物水平上做进一步的研究。在油脂等食品生产过程中如何降低或抑制氯丙醇酯的产生，虽有一些尝试，达到了一定的效果，但用于生产实际还有相当长的路要走。在今后相当长的时间内，氯丙醇酯仍将是食品安全领域关注和研究的热点问题。

参 考 文 献

崔霞，丁颢，邹建宏，等. 2014. 液态乳中氯丙二醇脂肪酸酯的检测与污染水平初步调查. 食品科学，35（12）：93-97.

杜芳芳，郑晓辉，曾远平，等. 2014. 微生物油脂中氯丙醇酯的形成及应对措施综述 [J]. 食品安全质量检测学报，5（7）：2161-2167.

金青哲，王兴国. 2011. 氯丙醇酯——油脂食品中新的潜在危害因子. 中国粮油学报，26（11）：119-123.

里南，方勤美，严小波，等. 2013. 我国市售食用植物油中脂肪酸氯丙醇酯的污染调查. 中国粮油学报，28（8）：28-32.

里南. 2012. 食品中脂肪酸氯丙醇酯的污染调查与暴露评估. 福州：福建农林大学.

严小波，吴少明，里南，等. 2013. 油脂性食品中脂肪酸氯丙醇酯检测方法的研究进展. 色谱，31（2）：95-101.

ABD Razak R A，Kuntom A，Siew W L，et al. 2012. Detection and monitoring of 3-monochloropropane-1，2-diol（3-MCPD）esters in cooking oils. Food Control，25：355-360.

Barocelli E，Corradi A，Mutti A，et al. Comparison between 3-MCPD and its palmitic esters in a 90-day toxicological study. EFSA Journal，http：//www. efsa. europa. eu/en/supporting/doc/187e. pdf.

BfR. 2007. Infant formula and follow up formula may contain harmful 3-MCPD fatty acid esters. BfR Opinion No 047/2007，11 December 2007.

Bornscheuer U T，Hesseler M. 2010. Enzymatic removal of 3-monochloropropanediol（3-MCPD）and its esters from oils. European Journal of Lipid Science and Technology，112：552-556.

Buhrke T，Wei H R，Lampen A. 2011. Absorption and metabolism of the food contaminant 3-chloro-1,2-propanediol (3-MCPD) and its fatty acid esters by human intestinal Caco-2 cells. Archives of Toxicology，85：1201-1208.

Cerbulis J，Parks O W，Liu R H，et al. 1984. Occurrence of diesters of 3-chloro-1,2-propanediol in the neutral lipid fraction of goats milk. Journal of Agricultural and Food Chemistry，32：474-476.

Cho W S，Han B S，Nam K T，et al. 2008. Carcinogenicity study of 3-monochloropropane-1,2-diol in Sprague-Dawley rats. Food and Chemical Toxicology，46：3172-3177.

Chung S W，Chan B T，Chung H Y，et al. 2013. Occurrence of bound 3-monochloropropan-1,2-diol content in commonly consumed foods in Hong Kong analysed by enzymatic hydrolysis and GC-MS detection. Food Additives and Contaminants Part A，30：1248-1254.

De Koning S. 2014. Quantification of 3-monochloropropane-1,2-diol esters in edible oils by large volume injection coupled to comprehensive gas chromatography-time-of-flight mass spectrometry. Chem Plus Chem，79：776-780.

DGF. 2011. Fatty-acid-bound 3-chloropropane-1,2-diol (3-MCPD) and 2,3-epoxipropane-1-ol (glycidol) Determination in oils and fats by gas chromatography/mass spectrometry (GC/MS). DGF Standard Method C-VI 18 (10).

Divinova Va，Doležal M，Velisek J. 2007. Free and bound 3-chloropropane-1,2-diol in coffee surrogates and malts. Czech Journal of Food Sciences，25：39-47.

Divinova Va，Svejkovska B，Doležal M，et al. 2004. Determination of free and bound 3-chloropropane-1,2-diol by gas chromatography with mass spectrometric detection using deuterated 3-chloropropane-1,2-diol as internal standard. Czech Journal of Food Sciences，2：182-189.

Doležal M，Chaloupsk M，Divinov V，et al. 2005. Occurrence of 3-chloropropane-1,2-diol and its esters in coffee. European Food Research and Technology，221：221-225.

Doležal M，Kertisov J，Zelinkov Z，et al. 2009. Analysis of bread lipids for 3-MCPD esters. Czech Journal of Food Sciences，27：S417-S420.

Ermacora A，Hrncirik K. 2012. A novel method for simultaneous monitoring of 2-MCPD，3-MCPD and glycidyl ssters in oils and fats. Journal of the American Oil Chemists' Society，90：1-8.

Fiebig H J. 2011. Determination of ester-bound 3-chloro-1,2-propanediol and glycidol in fats and oils- a collaborative study. European Journal of Lipid Science and Technology，113：393-399.

Freudenstein A，Weking J，Mutth U S B. 2013. Influence of precursors on the formation of 3-MCPD and glycidyl esters in a model oil under simulated deodorization conditions. European Journal of Lipid Science and Technology，115：286-294.

Haines T D，Adlaf K J，Pierceall R M，et al. 2011. Direct determination of MCPD fatty acid esters and glycidyl fatty acid esters in vegetable oils by LC-TOFMS. Journal of the American Oil Chemists Society，88：1-14.

Hamlet C G，Asuncion L，Velšek J，et al. 2011. Formation and occurrence of esters of 3-chloropropane-1,2-diol (3-CPD) in foods：What we know and what we assume. European Journal of Lipid Science and Technology，113：279-303.

Hamlet C G，Sadd P. 2004. Chloropropanols and their esters in cereal products. Czech Journal of Food Sciences, 22: 259-262.

Hrncirik K, Zelinkova Z, Ermacora A. 2011. Critical factors of indirect determination of 3-chloropropane-1,2-diol esters. European Journal of Lipid Science and Technology, 113: 361-367.

Hwang M, Yue E, Shin J H, et al. 2009. P12: Benchmark dose for 3-monochloro-propane-1,2-diol (3-MCPD) in rat 2-year study. Experimental and Toxicologic Pathology, 61: 287.

JECFA. 2002. 3-Chloro-1,2-propane-diol. In: Safety evaluation of certain food additives and contaminants. Prepared by the fifty-seventh meeting of the Joint FAO/WHO Expert Committee on Food Additives (JEC-FA). WHO Food Additives Series 48: 401-432.

Karasek L, Wenzl T, Ulberth F. 2010. Proficiency test on the determination of 3-MCPD esters in edible oil. Publications Office.

Kaze N, Sato H, Yamamoto H, et al. 2011. Bidirectional conversion between 3-monochloro-1,2-propane-diol and glycidol in course of the procedure of DGF standard methods. Journal of the American Oil Chemists Society, 88: 1143-1151.

Kuhlmann J. 2011. Determination of bound 2,3-epoxy-1-propanol (glycidol) and bound monochloropro-panediol (MCPD) in refined oils. European Journal of Lipid Science and Technology, 113: 335-344.

Kusters M, Bimber U, Reeser S, et al. 2011. Simultaneous determination and differentiation of glycidyl esters and 3-monochloropropane-1,2-diol (MCPD) esters in different foodstuffs by GC-MS. Journal of Agricultural and Food Chemistry, 59: 6263-6270.

Liu M, Gao B Y, Qin F, et al. 2012. Acute oral toxicity of 3-MCPD mono- and di-palmitic esters in Swiss mice and their cytotoxicity in NRK-52E rat kidney cells. Food and Chemical Toxicology, 50: 3785-3791.

Matthaus B, Pudel F, Fehling P, et al. 2011. Strategies for the reduction of 3-MCPD esters and related compounds in vegetable oils. European Journal of Lipid Science and Technology, 113: 380-386.

Moravcova E, Vaclavik L, Lacina O, et al. 2012. Novel approaches to analysis of 3-chloropropane-1,2-diol esters in vegetable oils. Analytical and Bioanalytical Chemistry, 402: 2871-2883.

Nagy K, Sandoz L, Craft B, et al. 2011. Mass-defect filtering of isotope signatures to reveal the source of chlorinated palm oil contaminants. Food Additives and Contaminants: Part A, 28: 1492-1500.

Onami S, Cho Y-M, Toyoda T, et al. 2014. A 13-week repeated dose study of three 3-monochloropropane-1,2-diol fatty acid esters in F344 rats. Archives of Toxicology, 88: 871-880.

Pudel F, Benecke P, Fehling P, et al. 2011. On the necessity of edible oil refining and possible sources of 3-MCPD and glycidyl esters. European Journal of Lipid Science and Technology, 113: 368-373.

Sampaio K A, Arisseto A P, Ayala J V, et al. 2013. Influence of the process conditions on the formation of 3-MCPD esters in palm oil. Toxicology Letters, 221: S122.

SCF. Opinion of the Scientific Committee on Food on 3-monochloro-propane-1,2-diol (3-MCPD) updating the SCF opinion of 1994. Adopted on 30 May 2001. European Commission Scientific Committee on Food, Brussels, Belgium.

Seefelder W, Varga N, Studer A, et al. 2008. Esters of 3-chloro-1,2-propanediol (3-MCPD) in vegetable oils: significance in the formation of 3-MCPD. Food Additives and Contaminants: Part A, 25: 391-400.

Shimizu M, Moriwaki J, Shiiba D, et al. 2012. Elimination of glycidyl palmitate in diolein by treatment with activated bleaching earth. Journal of Oleo Science, 61: 23-28.

Svejkovska B，Dolezal M，Velš J. 2006. Formation and decomposition of 3-chloropropane-1，2-diol esters in models simulating processed foods. Czech Journal of Food Sciences，24：172.

Svejkovska B，Novotny O，Divinova V，et al. 2004. Esters of 3-chloropropane -1，2-diol in foodstuffs. Czech Journal of Food Sciences，22：190-196.

Weißhaar. 2008. Determination of total 3-chloropropane-1，2-diol （3-MCPD） in edible oils by cleavage of MCPD esters with sodium methoxide. European Journal of Lipid Science and Technology，110：183-186.

Weißhaar. 2011. Fatty acid esters of 3-MCPD：Overview of occurrence and exposure estimates. European Journal of Lipid Science and Technology，113：304-308.

Zelinkov Z，Doležal M，Velš J. 2009. 3-Chloropropane-1，2-diol fatty acid esters in potato products. Czech Journal of Food Science，27：S421-S424.

Zelinkov Z，Doležal M，Velš J. 2008. Occurrence of 3-chloropropane-1，2-diol fatty acid esters in infant and baby foods. European Food Research and Technology，228：571-578.

Zelinkov Z，Novotny O，Schurek J，et al. 2008. Occurrence of 3-MCPD fatty acid esters in human breast milk. Food Additives and Contaminants，Part A，25：669-676.

Zelinkov Z，Svejkovska B，Velisek E J，et al. 2006. Fatty acid esters of 3-chloropropane-1，2-diol in edible oils. Food Additives and Contaminants，23：1290-1298.

Zhang X，Gao B，Qin F，et al. 2013. Free radical mediated formation of 3-monochloropropanediol （3-MCPD） fatty acid diesters. Journal of Agricultural and Food Chemistry，61：2548-2555.

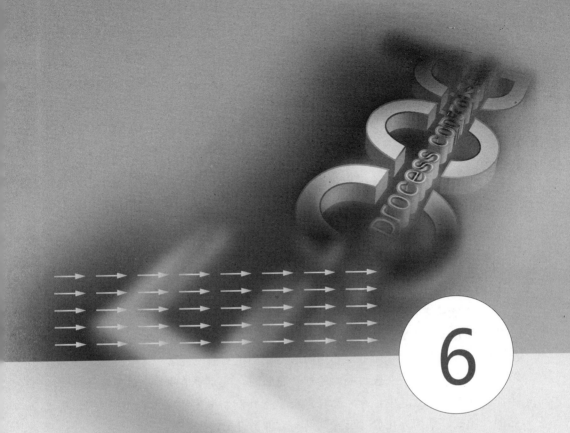

6

反式脂肪酸

6.1　概述

人们日常食用的油脂称为甘油三酯（脂肪），分为饱和与不饱和两类，具备多种功能，例如它为人体提供热量，保护脏器，构成身体细胞组织并调节身体机能等。早期的观点是饱和脂肪酸对人体大有好处，这是因为其性质稳定，抗氧化性强，便于储存和使用。随着食品科学和医学的发展，发现饱和脂肪酸容易引起肥胖症、动脉硬化等多种疾病。当时人们认为食用不饱和脂肪酸可以明显克服饱和脂肪酸的缺点。在此背景下，不饱和脂肪酸日益受到重视，尤其是反式脂肪酸（trans fatty acids，TFA）作为饱和脂肪酸的代用品十分盛行。

TFA 包括单不饱和 TFA 和多不饱和 TFA，其化学结构分别对应一个或多个非共轭的双键构型。TFA 是普通植物油经过人为改造为"氢化油"过程中产生的。经过人工催化，向不饱和脂肪酸为主的植物油中适度引入氢分子，就可以将液态不饱和脂肪酸变成易凝固的饱和脂肪酸，从而使植物油变成像黄油一样的半固态甚至固态。其中，有一部分剩余不饱和脂肪酸发生了"构型转变"，从天然的"顺式"结构异化成"反式"结构，即为 TFA。

各国学者相继研究发现，TFA 的摄入量和心血管病的发病率之间有明显的正相关关系（杜慧真等，2010；周雪巍等，2014）。TFA 除了增加患心血管疾病的危险外，还会干扰必需脂肪酸的代谢，影响儿童的生长发育及神经系统健康，增加Ⅱ型糖尿病的患病风险并导致妇女不孕，已成为近年来相关领域关注的热点（宋立华等，2007；何仔颖等，2011）。美国食品与药品管理局（FDA）要求食品营养标签上必须标注 TFA 含量，丹麦、荷兰、瑞典等国家也都在探讨食品中 TFA 的最低限量。TFA 问题作为食品安全领域的焦点已引起全社会的共同关注，了解其来源与预防措施对保障大众的身体健康具有重要意义。

6.2　反式脂肪酸的化学性质

6.2.1　结构

TFA 是顺式单不饱和脂肪酸的异构体（陈双等，2008）。在以双键结合的不饱和脂肪酸中，若脂肪酸均在双键的一侧为顺式（*cis*），而在双键的两侧为反式（*trans*）。由于两者立体结构不同，物理性质也有所不同，例如顺式脂肪酸多为液态，熔点较低；而 TFA 多为固态或半固态，熔点较高（邢立民，2009）。顺式脂肪酸与 TFA 的结构如图 6-1 所示。

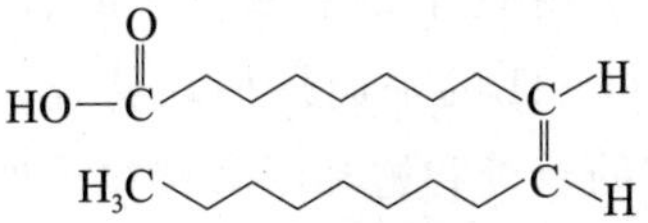

9-十八碳烯酸(顺)

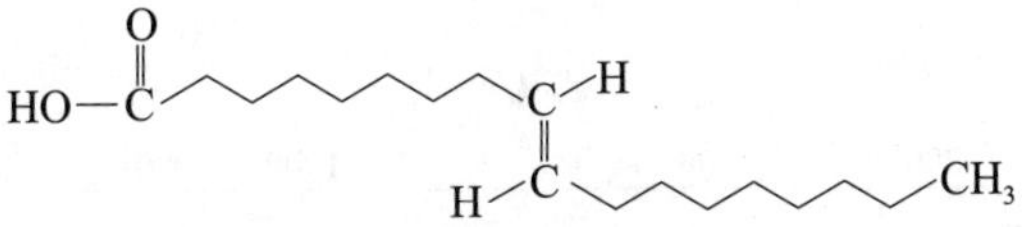

9-十八碳烯酸(反)

图 6-1　顺式脂肪酸与反式脂肪酸的结构

6.2.2　熔点

由于 TFA 双键的键角小于顺式异构体，C—H 基团空间位阻相对较小，虽然 TFA 属于不饱和脂肪酸，但反式双键的存在使脂肪酸的空间构型产生了很大的变化，其锯齿形结构空间上为直线形的刚性结构，这些结构上的特点使其具有与顺式脂肪酸不同的性质，性质更接近饱和脂肪酸。空间结构的改变使 TFA 的理化性质也发生极大的变化，最显著的是熔点。一般 TFA 的熔点远高于顺式脂肪酸，常温下常以固态形式存在。脂肪酸的熔点受双键的数量、结合形状和位置的影响，顺式油酸的熔点是 13.5℃，室温下呈液态油状，而反式油酸的熔点为46.5℃，室温下呈固态脂状。TFA 表现出的一些特性介于饱和脂肪酸和顺式脂肪酸之间（孙攀峰等，2007）。

6.2.3　紫外光谱

紫外光谱（UV）经常被用来检测主要的脂肪酸，顺式不饱和脂肪酸的紫外最大吸收波长在 176nm，而 TFA 的最大吸收波长在 187nm。当脂肪酸中含有共轭双键时，紫外光谱的信息更具有特征性。早期就有人用紫外光谱进行样品中共轭亚油酸的定性测定，得知共轭亚油酸在 230～240nm 的吸收峰明显高于非共轭脂肪酸的吸收峰。并且有人发现随着共轭体系的双键数目的增多，λ_{max} 朝长波方向移动。比如环己烷、α-桐酸、9c,11t,13t-十八碳三烯酸的最大吸收波长分别是262nm、272nm 和 283nm；但是 β-桐酸、9t,11t,13t-十八碳三烯酸具有相似的最大吸收波长，分别是 270nm 和 281nm。

6.2.4   红外光谱

红外吸收光谱法是一种使用较早的检测 TFA 含量的方法（倪昕路等，2008）。由于反式构型双键的 C—H 的平面外振动特性，使得 TFA 在 $966cm^{-1}$ 处存在最大吸收，而顺式构型的双键和饱和脂肪酸在此处没有吸收，因此能准确测定 TFA 双键的量，如图 6-2 所示。

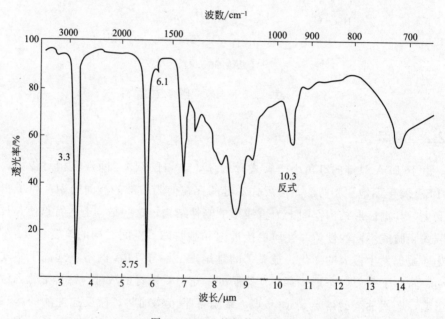

图 6-2   TFA 的红外光谱图

红外光谱分析法用以检验 TFA 的存在，最大的优点是快速、方便，且不破坏样品，但是也存在着不足，例如体系中共轭双键含量不能大于 1%（共轭双键的最大吸收为 $950\sim990cm^{-1}$）；测定体系中不能存在游离的羧基和甘油羟基（O—H 的最大吸收在 $935cm^{-1}$ 处），否则会干扰反式双键中 C—H 的最大吸收，降低测量的精确度，因此一般需要对油样进行甲酯化预处理，以取得较好的测定结果；样品中 TFA 含量应不低于 5%，否则测定结果的误差较大，精度不高。

目前，傅里叶变换红外光谱法（FTIR）是快速检测 TFA 含量的方法，其原理是利用反式双键在 $966cm^{-1}$ 处有吸收，进行红外光谱分析。而傅里叶变换近红外光谱法（FT-NIR）可快速分类定量饱和脂肪酸、顺式不饱和脂肪酸、反式不饱和脂肪酸和所有的 n-6 及 n-3 多不饱和脂肪酸（安雪松等，2013）。

6.2.5 NMR 谱

Gunstone 首先提出采用碳谱（^{13}C NMR）的方法半定量分析氢化脂肪中脂肪酸的组成，但他没有仔细研究 NMR 测试条件，也没有将测试的结果与他人进行比较。Miyake 等采用碳谱（^{13}C NMR）检测了氢化植物油中顺/反式及双键位置异构体组成，通过比较样品各个峰的面积与各种标准品在核磁谱中面积进行定量。他还将通过碳谱方法测试的结果同采用气相色谱法测试的结果进行了比较，发现两种方法测试的结果比较一致。同气相色谱法相比，核磁法最大的优点是速度快，非常适合食品中 TFA 的快速检测（钦理力，2000）。

6.3 反式脂肪酸的来源及形成机理

TFA 的来源主要有几种途径：一是一些反刍动物的肉和奶中天然存在；二是一些食品经过热加工而产生；三是植物油脂经氢化加工而来；四是在油脂的精炼及脱臭过程中也会产生少量的 TFA。但是，无论是通过哪种途径，TFA 是由不饱和脂肪酸经由异构化反应而来。

6.3.1 反刍动物制品中天然存在

天然 TFA 主要存在于反刍动物的脂肪中，通过牛羊肉和乳制品消费而进入人体内。一般反刍动物体脂中 TFA 的含量占总脂肪酸的 4%～11%，例如，牛脂中 TFA 的含量即占其总脂肪酸的 2.5%～4%，羊奶则约为总脂肪酸的 3%～5%。

研究认为在反刍动物肠腔内，TFA 的许多异构体的产生是其日粮中所含有的多不饱和脂肪酸在肠腔微生物的生物氢化作用下产生的（任仲丽等，2008）。反刍动物（如马、牛、羊等）肠腔中存在的丁酸弧菌属菌群可与饲料中所含的部分不饱和脂肪酸发生酶促生物氢化反应，从而生成 TFA。所生成的 TFA 可结合于机体组织或分泌到乳汁中，使反刍动物脂肪及其乳脂中含有 TFA（张恒涛等，2006）。研究还发现，TFA 的异构体也有一部分经由油酸异构化而来（陈银基等，2006）。

6.3.2 食品热加工

我们日常生活中常用到的食品加热方式无非煎炸、煎炒、烘焙、微波、烧烤等。脂肪酸组成的变化有几方面的影响因素，总的来说如下：一是温度，温度越高，分子的活化能越高，则更易于越过能垒发生结构的变化；二是加热时间，加热时间越长，反应过程则更长，即有更多的脂肪酸参与结构的变化（沈建福等，2005；桂宾等，2008）。

6.3.2.1　煎炸

煎炸是全世界各地均采用的常见食品加工方式之一。日常的餐饮生活中，人们每天都会摄入各种高温烹饪的食品，例如，高淀粉类物质，以及高蛋白质的食品，如鸡翅等。由于受到高温、氧气、水分、反复煎炸等的影响，多不饱和脂肪酸氧化、劣败，产生脂质氢过氧化物、醛类等氧化产物，并由于异构化反应致使反式脂肪酸的生成（章海风等，2013）。加之油炸食品的油经反复加热，其油温远远高出油发烟的温度，导致油中 TFA 越来越多（李静等，2006）。杨滢等对油炸过程中大豆油、山茶油、棕榈油品质的变化做了深入研究，结果表明大豆油、棕榈油低温油炸时油脂中总 TFA 含量不会存在明显变化，但山茶油中反式油酸含量增加了 63.82%（杨滢等，2012）。

6.3.2.2　煎炒

人们在烹饪食物的时候，常将油加热到冒烟，而冒烟时候的温度常高于 200℃，如大豆油 208℃，花生油 201℃，菜籽油 225℃，玉米油 216℃（武丽荣，2005），这个高温情况多会导致 TFA 的生成。但由于炒菜时间不长，导致产生的反式脂肪酸极少，这方面的研究也相应较少。

6.3.2.3　烘焙

一些焙烤食品，如丹麦馅饼、蛋糕等食品中含有较高的 TFA。其原因有两个：一是由于加工时使用了部分氢化油脂所致；二是加工过程中热作用产生 TFA。TFA 含量随氢化油用量和饱和度的不同而有较大差异。在未添加氢化油脂的焙烤食品中，TFA 主要产生于加热过程。高温烹调过程中遇到光、热及其他催化作用，顺式脂肪酸在这些因素的作用下，通过异构化转变为 TFA。

6.3.2.4　微波加热和辐照

随着现在科技的进步和生活水平的提高，微波加热逐渐成为人们日常生活中加热食品的常用手段。与传统的烹饪加热原理不同，微波加热是食品内部分子在微波辐射的作用下剧烈震动，分子间相互碰撞而产热。陈银基等人曾对牛肉半腱肌脂肪酸进行研究，结果发现，微波加热时，中性脂肪中 18：1 *trans*-9 的含量降低，极性脂肪中则升高，而在总脂中则基本不变（陈银基等，2008）。

　　辐照剂量控制不当也能增加食品中 TFA 的含量。Yilmaz 等对牛肉进行的辐照试验中，TFA 的含量随着辐照剂量的增加而增加，并且其他不饱和脂肪酸含量也增加，当辐射剂量达到 7kGy 时产生的 TFA 最多，因此在选用辐照方法保藏食品时应注意辐射剂量的控制（Yilmaz et al，2007）。

6.3.2.5 热加工过程中的形成机理

　　顺式脂肪酸在食品加工过程中受到环境条件的影响（加热、氧气、水分等）而异构化形成一定量的 TFA。

　　就顺式饱和脂肪酸异构化形成 TFA 的机理而言，单不饱和脂肪酸与多不饱和脂肪酸是有区别的。图 6-3（Ferreri et al，2005）和图 6-4（Destaillats et al，2005）分别是单不饱和脂肪酸和多不饱和脂肪酸异构化形成 TFA 的机理。由图 6-3、图 6-4 可以看出，单不饱和脂肪酸异构化的途径主要是自由基链式反应，而多不饱和脂肪酸异构化形成 TFA 的途径包括自由基链式反应［图 6-4(a)］和分子内重排两种途径［图 6-4(b)］(杨虎等，2006）。

图 6-3　单不饱和脂肪酸形成 TFA 的途径

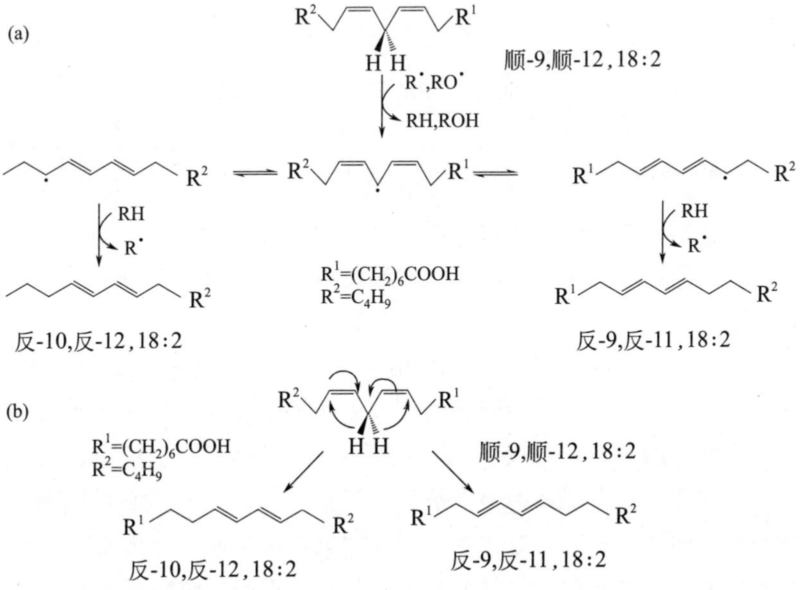

图 6-4　多不饱和脂肪酸形成 TFA 的途径

　　反应动力学是从反应速率和反应活化能角度揭示化学反应机理的常用方法。不饱和脂肪酸热致异构化是由温度主导的反应。常温下顺式双键比较稳定，异构化反应很难进行，但在足够高的温度下，可实现由顺式构型向反式构型的转化。根据反应速率常数 k 和异构化反应所需的活化能 E，可观察反应过程中的能量变化途径。图 6-5 表示了不饱和脂肪酸顺反异构化需要跨越一个能垒，反应物必须获得活化能大小的能量，才能使异构化反应能够进行。Tsuzuki 在研究油酸甘油三酯的热致异构化时，根据 Arrhenius 经验公式计算了异构化反应所需的活化能约为 106kJ/mol。将油酸甘油三酯的异构化反应活化能与顺式 2-丁烯异构化反应活化能（115kJ/mol）比较发现，油酸甘油三酯的异构化过程与顺式 2-丁烯异构化过程相类似，都属于自由基反应（Tsuzuki et al，2010）。

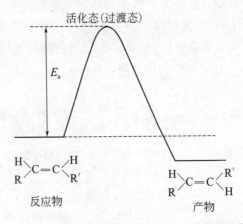

图 6-5　不饱和脂肪酸顺反异构化反应能量途径

6.3.3　油脂氢化

　　氢化油脂，也被叫作"植物奶油"、"人造奶油"，常见于超市、速食店和西式快餐店，用其做出的蛋糕、饼干、冰激凌不易被氧化（变质），且风味、口感良好，受到广大消费者，尤其是青年消费者的青睐。

　　所谓油脂氢化，即在催化剂的作用下，油脂的不饱和双键与氢发生加成反应，多可将液态的不饱和油脂变成固态或者半固态的油脂，从而改善油脂特性。例如，改变油脂的熔点，改变塑性，同时也增加油脂稳定性，增加抗氧化的能力，并防止回味，具有很高的经济价值（毕艳兰，2011）。经过这样处理而获得的油脂与原来的性质不同，通常也被叫作"氢化油"或"硬化油"。

　　在油脂氢化的过程中，氢气要被加成到几个不同脂肪酸双键的端点上，因而氢化工艺过程也就变得较为复杂，在反应过程中，除双键加氢以外，还产生

TFA 及双键的移位，因此也易于顺式变成反式而发生异构化。油脂在化学催化氢化过程中 TFA 的形成机理研究已有报道，目前受到广泛认可的是，Horitiuti-Polanyi 的半氢化中间体理论。油脂的双键及溶解于油脂的氢被催化剂表面活性点吸附，形成了氢-催化剂-双键的不稳定复合物，随后复合体分解，氢原子与碳链结合，生成半氢化的中间体。半氢化中间体，通过下述四种不同途径，形成各种异构体。

① 半氢化中间体接受催化剂表面一个氢原子，形成饱和键，解吸。

② 氢原子 Ha 回到催化剂表面，原来双键恢复，解吸。

③ 氢原子 Hb 回到催化剂表面，发生顺反异构化。

④ 若 Hc 或 Hd 回到催化剂表面，发生双键位置移动。

此外，Streitwiser 等在这个理论基础上，进一步提出了氢化模型，油脂加氢是在气-液-固三相不均匀体系中进行，Streitwiser 认为氢化反应可分为四个步骤。①扩散阶段：氢向油中扩散并逐渐在油中溶解；②吸附阶段：油中氢被吸附于催化剂表面，使氢分子活化变成金属-氢活性中间体；③反应阶段：烯烃中的双键在金属-氢活性中间体上发生配位，生成活化了的金属-π 络合物；④解吸阶段：金属-碳 σ 键中间体吸附氢同时解吸下饱和了的烷烃。由于金属-碳 σ 键中间体上碳碳之间的 σ 键可以旋转，因此其逆反应可以形成反式的异构体（张玉军等，1991）。整个反应过程如图 6-6 所示。

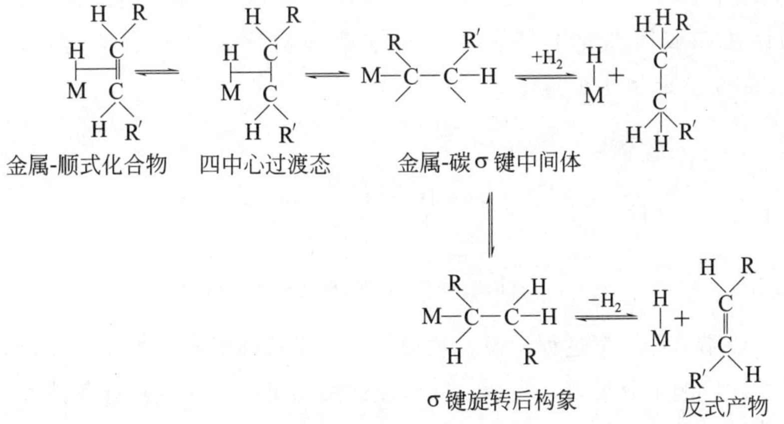

图 6-6　Streitwiser 油脂氢化机理模型

在油脂氢化选择性研究方面，大量研究结果发现，油脂氢化过程中，因氢化条件（包括压力、催化剂、温度、氢化设备等）不同，不同位置上双键的加氢速度也有较大差别，有时还会伴随异构化现象发生。

6.3.4　油脂的精炼脱臭

植物油脂由于含有色素和具有臭味的游离脂肪酸、醛、酮类等物质，需经过进一步精炼。在油脂精炼工艺脱臭操作中，需添加过量酸、碱、白土等化学品，从而产生肥皂味及白土等异味，要全部去除这些异味，通常需要加热到 250℃ 以上并持续 2h 左右的时间。在这个过程中，部分不饱和脂肪酸由于吸收了一定的能量，顺式结构会转为反式（刘林，2011）。高温脱臭后的油脂 TFA 含量增加了 4%～6%，最高可达 8%～9%。

在油脂精炼过程的脱臭工序中，由于油中活性很大的多不饱和脂肪酸被暴露在高温下，油脂中的二烯酸酯、三烯酸酯发生热聚合反应，更易发生异构化，一些脂肪酸的顺式双键会转化成相反的形式，从而使 TFA 的含量增加。研究表明，高温脱臭后的油脂 TFA 含量增加 1%～4%（宋伟等，2005）。有统计数据显示，大豆油和菜籽油的精炼过程中，在 245～257℃ 的高温条件下，有 30% 的亚麻酸转化成反式结构；在 265～269℃ 的温度下，37% 的亚麻酸转变成反式结构（Cook，2002）。

油酸、亚油酸、亚麻酸形成氢过氧化物过程中，都在不同程度上形成了一定的反式氢过氧化物，在氢过氧化物进一步的反应中产生了反式酸。除了氢过氧化物随着氧化进行而转化外，还存在自由基对不饱和双键的催化作用导致的反式酸的形成（见图 6-7），以及在酸性催化剂存在下的脂肪酸发生的反式异构化。自由基的存在和酸性催化剂的存在都对这些异构化反应具有关键的促进作用（Chatgilialoglu et al，2006）。

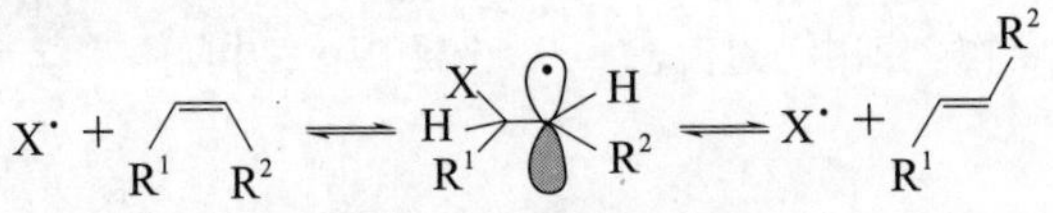

图 6-7　自由基催化形成顺反结构的反应过程

对于油脂精炼加工过程来说，脱臭过程是反式酸形成的主要过程，加工条件对反式酸的影响十分重要。当然，降低反式酸即可以从改变精炼条件着手。脂肪酸异构化反应是温度和吸附剂共同作用的结果，吸附剂在此过程中起到了催化作用，温度对反式酸的形成起到了关键作用，赋予反应中间体较高的能量。氢过氧化物分解产生自由基·OH 和·OOH，极不稳定，易于与双键反应，形成自由基中间体，由于反式酸是两个较大的基团在双键的两侧，空间位阻较小，结构也稳定，空间可旋转，从而产生反式酸（刘元法等，2008）。

6.3.5 日常饮食中的反式脂肪酸含量分布

一般认为，我国居民日常膳食中的 TFA 含量要低于欧洲国家。近年来随着我国人们饮食习惯的变化和饮食结构的日趋西化，奶油、蛋糕、快餐等食品进入我们的生活，并受到青少年的青睐，使得我们不得不对日常食品中的 TFA 给予重视和关注。

对常见食物脂肪酸组成分析发现，大多数含有油脂的食物都含有一定量的 TFA。

① 碳水化合物类：糖果类脂肪中为 27%，甜饼干的反式酸含量约为 19mg/g。

② 高蛋白类：单位质量牛肉中 TFA 含量为 28～95mg/g，羊肉为 2～9mg/g，鸡肉为 4～14mg/g，火鸡肉为 3～13mg/g，鸭肉为 3～8mg/g，兔肉约为 6mg/g，马肉为 4mg/g 左右。

③ 水产类：以鱼脂肪来计量，带鱼的反式酸含量是 5.650mg/g 脂肪，鲫鱼是 5.232mg/g 脂肪，鲤鱼是 6.974mg/g 脂肪，青鱼是 10.878mg/g 脂肪，草鱼是 3.780mg/g 脂肪，黄花鱼是 15.411mg/g 脂肪，虾是 3.681mg/g 脂肪（邓泽元等，2010）。

④ 果蔬类：以每种果蔬中所含的脂肪来计量，调研数据统计显示，西红柿的反式酸含量是 1.322mg/g 油，胡萝卜是 0.542mg/g 油，大白菜是 10.711mg/g 油，黄瓜是 1.777mg/g 油，梨是 3.097mg/g 油，橘子是 3.233mg/g 油，苹果是 1.626mg/g 油，香蕉是 1.730mg/g 油。由于果蔬类中多为维生素、水分等物质，油脂含量本身就很低，反式酸含量更甚（邓泽元等，2010）。

⑤ 食用油：以单位质量的油脂来计量，据大量调研结果显示，橄榄油的 TFA 含量范围是 0～1.1mg/g，大豆油是 4～8.6mg/g，向日葵油是 1.3～8.9mg/g，玉米油是 1～19.1mg/g，花生油是 0.4～6.3mg/g，菜籽油约是 3.9mg/g。由此看出，油脂类的反式酸含量跨度较大，每一种油脂均可以达到反式酸较低的含量，说明油脂的反式酸含量与其生产过程的条件控制有重要的相关性，可以通过控制精炼条件达到低反式酸含量的目的。

⑥ 油炸食品：炸薯条中 TFA 含量为总脂肪酸的 35%。

⑦ 氢化油：奶油、蛋糕、面包和丹麦糕中的 TFA 含量为其总脂肪酸的 37%，而单位质量食品的反式酸含量，其中蛋糕为 53mg/g，干酪 36～57mg/g，冰激凌 26～60mg/g，而人造奶油更是高达 164mg/g。

此外，还有一些研究测定了婴儿配方奶粉和母乳中 TFA 的含量，结果显示奶粉中 TFA 含量占总脂肪酸的 0.16%～4.5%（宋伟等，2005）。

6.4　反式脂肪酸的流行病学及健康隐患

过去营养学研究较多的是饱和脂肪酸对人体的有害作用，然而 TFA 对人体的健康影响方面却相对较少。关于 TFA 安全问题的争论已持续半个多世纪，随着国内外对 TFA 进行了广泛而深入的研究，直到 20 世纪 90 年代后期，"TFA 有害论"才获得国际学术界认可，结果显示反式酸对人体的危害性可能更大（王瑞元等，2011）。

已有研究表明 TFA 能引起血清总胆固醇和低密度脂蛋白的升高，较小程度降低高密度脂蛋白，因而促进动脉硬化（Ascherio，2002）；TFA 还可增加血液凝聚力，导致血栓形成，从而诱发心血管疾病。流行病学调查结果显示，增加 2％的 TFA 摄入量，患心脏疾病的危险性相应上升 25％。此外，摄入 TFA 显著增加妇女患 Ⅱ 型糖尿病的危险（Watts et al，1996）。哺乳期妇女如果大量摄入氢化植物油，TFA 可以通过乳汁进入婴幼儿体内，使其被动摄入 TFA，通过多种途径影响或干扰婴幼儿的生长发育等（沈建福等，2005）。

6.4.1　心血管疾病

TFA 对心血管系统的不利影响，是目前研究最为广泛，也是结论最肯定的一个方面。国际上几个大的人群研究或跟踪研究均证明了摄入 TFA 对心血管系统的不利影响。

6.4.1.1　促进动脉硬化

研究人员发现，在降低血胆固醇方面，TFA 不如顺式脂肪酸效果好，含有丰富 TFA 的脂肪表现出能促进动脉硬化作用。具体表现在 TFA 在提高低密度脂蛋白胆固醇（LDL-C，被称为坏胆固醇）水平的程度与饱和脂肪酸相似；此外，TFA 会降低高密度脂蛋白胆固醇（HDL-C，被称为好胆固醇）水平，这说明 TFA 比饱和脂肪酸更有害。对美国护士健康调查结果也表明，人造黄油摄入量越多，患心脏病危险就越大（张贺兰等，2011）。

6.4.1.2　提高冠心病等发病率

一个著名的实验，美国护士健康研究，在对 80082 名 34～59 岁妇女进行的为期 14 年的跟踪实验中，实验者发现，当膳食中碳水化合物 5％的能量由饱和脂肪代替时，其心脏病的相对危险性为 1.17；当 2％的能量由反式不饱和脂肪酸代替时，心脏病的相对危险性为 1.93（雷雨等，2009）。美国一项权威调查表明，TFA 的摄入量仅仅增加 2%，就会导致患心脏病的风险增加 25%（沈建福等，2005）。

此外，1990 年，荷兰科学家的一项研究表明，人造奶油中的 TFA 可使高密度脂蛋白降低、低密度脂蛋白含量升高，从而增加心血管疾病的发病风险，这一重大发现在国际上引起重视（杨辉等，2010）。TFA 对低密度脂蛋白和高密度脂蛋白的作用与摄入量直接相关（王杉等，2010）。一项包括了对 4 个前瞻性队列研究的 meta 分析表明，在近 14 万名研究对象中，每增加 2% 的 TFA 能量摄取，冠心病的发病率将增加 23%（Mozaffarian et al，2006）。此外，对另 3 个回顾性病例的分析研究也证实 TFA 的摄入量与非致死性心肌梗死间明显相关，血脂异常、系统性炎症反应和内皮细胞功能障碍均是心血管疾病的重要影响因素，它们都与冠心病和心血管相关疾病的发生有着极其密切的关系，TFA 可以通过影响胆固醇酯酶活性和白细胞介素、损伤动脉的舒张性以及破坏血管内皮细胞的完整性等，最终对心血管系统产生不利影响（田雨等，2011）。

6.4.1.3 促进血栓形成

TFA 有增加血液黏稠度和凝聚力的作用。有实验证明，摄食占热量 6% TFA 的人群的全血凝集程度比摄食占热量 2% TFA 的人群增加，因而容易使人产生血栓（张贺兰等，2011）。

6.4.2 糖尿病

糖尿病已成为当今社会影响人类生活质量的主要疾病之一，膳食脂肪和碳水化合物的类型和数量与糖尿病之间的关系存在很多争议。TFA 可降低胰岛素敏感性，摄入过多会导致增加妇女患 Ⅱ 型糖尿病的概率，这可能也与 TFA 进入内皮细胞，导致内皮细胞功能障碍，影响与炎症反应相关的信号传导有关（谢明勇等，2010）。例如在美国护士健康研究中，在控制其他影响因素后，TFA 摄入最多的一组人的糖尿病患病比最低摄入组高 39%，表明 TFA 的摄入水平与糖尿病的发病率显著相关（Hu et al，2001）。

Salmeron 等在长达 14 年的研究中分析了 84000 多例妇女的资料，在此期间共有 2507 例被诊断为 Ⅱ 型糖尿病（Hu et al，2001）。分析结果表明，虽然与碳水化合物的热量相比，她们摄入的脂肪总量、饱和脂肪或单不饱和脂肪均和患糖尿病无关，但摄入的 TFA 却显著增加了患糖尿病的危险（雷雨等，2009）。

膳食、营养与糖尿病之间的关系被全世界广泛关注，膳食中脂肪的摄入量和类型与糖尿病的发生发展是否存在必然的联系还是一个有争议的话题。美国近年来居民膳食脂肪摄入量保持稳定甚至有所下降，但其肥胖和糖尿病患者却仍在增加，Bray 等学者总结后认为，这可能与膳食中脂肪的种类有关（Bray et al，2002）。近几年部分研究也表明，TFA 可增加患糖尿病的危险性。美国在对84204 名 34～59 岁最初无糖尿病、心脏病、癌症的妇女进行为期 14 年的跟踪后，共有 2507 名受试者发展为Ⅱ型糖尿病，分析结果证明，总脂肪摄入量以及饱和、单不饱和脂肪摄入量与糖尿病发生没有相关性，而 TFA 及多不饱和脂肪酸的摄入量与糖尿病发生显著相关。TFA 提供的能量增加 2％，Ⅱ型糖尿病的相对危险性为 1.39；多不饱和脂肪酸提供的能量增加 5％，糖尿病的相对危险性为 0.63，因此研究者估计膳食中用多不饱和脂肪酸代替 TFA 可显著减少糖尿病的发生（Hu et al，1997）。

但目前还有一些研究认为 TFA 摄入对糖尿病没有影响甚至有益，如在爱荷华州对 35988 名老年妇女进行的一项前瞻性队列研究，经过长达 11 年的跟踪调查后，研究者认为糖尿病发生率与 TFA 的摄入量成负相关。其他的研究也有类似报道，因此 TFA 与糖尿病关系的研究还有待今后进一步深入（杨月欣等，2007）。

6.4.3　癌症

目前还没有研究证实 TFA 的摄入是否与癌症有关，关于 TFA 与癌症的关系论述很少，以及相关关系的研究也不多，有几项研究证明 TFA 可增加癌症（如结肠癌、前列腺癌、乳腺癌等）和其他一些疾病的危险性，但是目前还不确定。美国的一项 TFA 与结肠癌关系的研究中，研究者选取了犹他州、北加利福尼亚州和明尼苏达州 1993 名结肠癌患者和 2410 名健康人进行了病例-对照研究，在平衡了年龄、体重、体力活动、服用药物与否及其他膳食因素后，发现女性受试者中 TFA 摄入与结肠癌有弱相关性，在老年患者中也存在这种相关性。妇女绝经后，膳食中高 TFA 摄入引发结肠癌的危险性与低 TFA 摄入者相比增加 2 倍（Slattery et al，2001）。

TFA 是否有致癌效应尚存在争议。此外，至于反刍动物脂肪组织和乳与乳制品中的 TFA 是否与氢化植物油中 TFA 一样具有上述危害，目前还不很清楚。但是，陆续有研究证实，自然产生的一些 TFA，如反刍动物的牛奶中的一种称为共轭亚油酸的特殊 TFA 具有许多优点，比如增强免疫力和抗癌作用等（沈建福等，2005）。

6.4.4 其他方面的影响

6.4.4.1 对婴幼儿的影响

早在 1997 年，Carlson 等（1997）就总结回顾了 TFA 与胎儿、婴幼儿生长发育的关系，认为根据目前的资料，虽然不能直接证明 TFA 与婴幼儿生长发育的因果关系，但部分实验结果已经证明 TFA 可通过干扰必需多不饱和脂肪酸的代谢影响机体发育（Decsi et al，1995），而且母亲血清 TFA 含量与早产儿出生体重之间有一定相关。动物实验也发现 TFA 对胎儿生长发育有一定的影响（杨月欣等，2007）。研究证实，TFA 可以通过母亲传送给胎儿，如果孕妇和乳母大量摄入氢化植物油，TFA 还可以通过乳汁进入婴幼儿体内（Assumpção et al，2004；Innis，2006）。婴儿通过以上方式摄入 TFA，可能会对生长发育产生不良影响，主要作用机制是，TFA 能够干扰必需脂肪酸的代谢并抑制其功能，从而使胎儿和新生儿更易患必需脂肪酸缺乏症；TFA 能结合大脑中的脂质，抑制体内长链多不饱和脂肪酸的合成，从而对婴儿中枢神经系统的发育产生不良影响；TFA 能抑制母体中前列腺素，通过母乳作用于婴儿，影响婴儿胃酸分泌、平滑肌收缩和血液循环等功能（杨辉等，2010）。

6.4.4.2 其他风险

TFA 摄入过多会增加患非酒精性脂肪性肝炎的概率，同时可降低体脂中脂肪含量。Tsai 等用 14 年的时间，对 45912 名男性进行 TFA 与胆石症相关关系的前瞻性队列研究，结果发现摄入 TFA 最高的人群发生胆石症的相对危险性较高（谢明勇等，2010）。研究人员通过动物实验以及流行病学跟踪调查研究表明，大量摄入含 TFA 食品的人，血液中胆固醇含量明显偏高，导致大脑动脉硬化，从而造成大脑认知功能的衰退。

6.5 反式脂肪酸的风险评价及政策监管

6.5.1 暴露评估

不同的饮食传统对 TFA 的摄入量有很大影响，因此各国居民 TFA 的摄入量有很大的不同。在美国，每人每天 TFA 平均摄入量是 3.0～4.0g，占总能量的 2.6%，占总脂肪的 7.4%，其中 95% 来自氢化植物油，而 5% 来自反刍动物。在意大利，每人每天 TFA 摄入量为 3.0～8.0g，使用橄榄油的地中海人的 TFA

摄入量比北欧的居民少。西班牙儿童和青少年饮食中，总脂肪中含有一定比例的饱和脂肪酸和 TFA，其中 TFA 主要来自氢化植物油，少部分来自反刍动物。日本和韩国的传统食品中含有很少的 TFA，其中韩国居民的 TFA 摄入量 0.37g/d、日本为 0.1～0.3g/d。1998 年对欧洲 14 个国家 TFA 日摄入量的研究表明，欧洲国家的 TFA 摄入量比以前有所下降。其中，TFA 摄入较少的国家是葡萄牙、希腊、西班牙，为 1.4～2.1g/d；TFA 摄入较多的国家是德国、芬兰、丹麦、瑞典、法国、比利时、挪威、荷兰和冰岛，为 2.1～5.4g/d。由摄入反刍动物产品带来的 TFA 摄入量在各国都不超过 2.0g/d，因此，减少 TFA 的摄入量应从焙烤食品、小吃、快餐以及氢化油脂的生产和消费方面进行严格控制。

2009 年南昌大学的邓泽元和刘东敏根据中国现有最具代表性的第三次"中国居民营养与健康状况调查"数据和 17 类主要食物中 50 种代表性食物的消费比例，换算得到中国居民各代表性食物的消费量，并依此计算出 TFA 摄入量。

调查显示，1982 年、1992 年和 2002 年中国居民 TFA 摄入量显著升高。2002 年已达到 0.555g/d，农村居民为 0.487g/d，城市居民高达 0.729g/d。2002 年中国居民的 TFA 摄入量与 1992 年相比，增加了 13.5%，与 1982 年相比，增加了 70.7%。如果按每 10 年 113.5% 的增长率计算，现在中国居民的 TFA 摄入量接近 0.630g/d，而城市居民接近 0.827g/d，虽然摄入水平不及欧美国家，但高于韩国和日本。人体从食物中摄入的 TFA 一部分来自每天的膳食，另一部分来自休闲食品和方便食品。在这些代表性食物中，畜肉、油脂和乳制品中 TFA 含量较高，内脏和植物性食物含量较低，腌菜中 TFA 含量低。若算入随机摄入的油炸食品、西式快餐的 TFA，那么中国居民的 TFA 摄入量会更高，而且城乡差距会更加明显（邓泽元等，2010）。

6.5.2　各国的政策监管

自 1993 年研究指出 TFA 导致心脏病的发病率增加以来，　国际以及各国相关责任组织设定了一些强制要求并提出了合理化建议。丹麦是最早开始关注 TFA 问题的国家，1994 年在其《TFA 对健康的影响》第一版中指出"膳食中 TFA 可增加冠心病危险性"。2003 年 6 月 1 日起开始实施：禁售 TFA 含量超过 2%（以所含脂肪为基准）以上的油脂（动物脂肪中天然存在的 TFA 不在此限制之列）；TFA 的含量不超过总脂肪 1% 的食品，准予标识无 TFA，这些规定对丹麦本国和国外生产的产品都生效。2003 年 7 月 11 日，美国食品与药品管理局（FDA）发布强制性法规，要求食品生产商在 2006 年 1 月后必须在产品包装上标明 TFA 的含量，若每份食物中其含量不足 0.5mg，则可标为零。美国纽约自

2008 年 7 月 1 日起，禁止所有快餐店、餐厅、饼店等使用 TFA，成为第一个限制 TFA 的城市。加拿大和巴西都强制 TFA 标示于营养标签，采用强制性食品标签系统，并鼓励用健康食品代替含 TFA 较高的动、植物油。德国在证实了人造奶油与患肠道慢性炎症克罗恩病因果关系后，限制了人造奶油的使用。亚洲方面，韩国 2007 年开始要求包装上标示 TFA 含量，成为亚洲第一个对 TFA 作出明确规定的国家。随后日本厚生劳动省要求控制人造奶油脂肪含量在 80％以下，并提醒消费者减少 TFA 和饱和脂肪酸（SFA）的摄取，消费者厅要求食品企业对 TFA 含量进行自主公开，但对是否标示无特殊规定。国际食品法典委员会（CAC）指定的《营养标签指导通则》（2003 年版）中也要求，在总脂肪的标识中要明确不同脂肪的含量，包括 SFA、TFA、单不饱和脂肪酸和多不饱和脂肪酸等。

　　我国也在 2008 年出台了关于动植物油脂、植物油中 TFA 检测的国家标准，并于 2010 年出台了多项关于婴儿配方食品、较大婴儿和幼儿配方食品、婴幼儿谷类辅助食品、婴幼儿罐装辅助食品的相关国标，明确规定了 TFA 限量标准和氢化油使用标准。几个主要国家和地区对 TFA 的限量标准如表 6-1 所示。

表 6-1　几个主要国家和地区关于 TFA 的法规要点

国家或地区	实施时间	最高限量	标识	定义为"0"的限量
丹麦	2003-12-01	所有市售食物≤2g/100g 油脂		≤1g/100g 油脂
瑞士	2008-04-01	烹调用植物油中≤2g/100g 油脂		
奥地利	2009-09-01	脂肪≤20％时,TFA 低于总脂肪的 4％；脂肪≥20％时,TFA 低于总脂肪的 2％		
美国	2006-01-01		强制	≤0.5g/份
加拿大	2005-12	建议 2009 年 6 月 20 日之前植物油和餐桌奶油低于 2％,其他食用油脂低于 5％	强制	≤0.2g/份
巴西	2007-07-31		强制	≤0.2g/份
韩国	2006-12-01		强制	
新加坡	2010-06-01	食品原料中不超过 2g/100g 油脂,零售食用油脂中不超过 2g/100g 油脂,并标识含量		≤0.5g/100g 油脂
中国台湾地区	2008-01-01		强制	≤0.3g/100g 食品
中国香港地区	2010-07-01		强制	≤0.3g/100g 食品
中国大陆			强制	≤0.3g/100g 食品

6.6　反式脂肪酸的分析及检测方法

　　由于 TFA 存在多种双键位置和空间构型不同的异构体，对其定量和定性分析比较困难。目前，测定食品中 TFA 的方法主要包括：气相色谱法（GC）和气相色谱-质谱法（GC-MS）、红外光谱法（IR）、薄层色谱法（TLC）、液相色谱法（HPLC）和毛细管电泳法（CE）。美国油脂化学家学会（American Oil Chemist Society，AOCS）与官方农业化学家协会（Association of Official Analytieal Chemist，AOAC）指定使用红外光谱（IR）与气相色谱（GC）对 TFA 含量进行分析，二者均能准确测定其含量，灵敏度较高，目前应用较多。

6.6.1　气相色谱法

气相色谱法是利用待分离的各组分-定相流动相中的分配系数不同进行分离，其定性依据为色谱峰的保留时间，定量依据为色谱峰高或峰面积，是目前脂肪酸检测普遍采用的方法，一般采用氢火焰离子化检测器（FID）测定。毛细管气相色谱法在检测 TFA 中应用较多，该法分析 TFA 的关键限制是顺/反式烯酸的不能完全分离。分析复杂的脂肪酸时，根据各组分碳链长度、不饱和程度、空间构型和不饱和双键位置的不同，采用较长的高极性毛细管柱能够大大提高分离度。由于该方法检测下限低，能有效分离定量不同 TFA，其根据保留时间和峰面积确定脂肪酸的组成及含量结果比较准确，因此是美国食品与药品管理局（FDA）推荐使用的方法，是目前在脂肪酸分析中应用最广的方法（Ratnayake et al，2002）。

美国油脂化学家学会（AOCS）所推荐采用的标准方法（996.01）：长度为 100m 的毛细管柱，内标物采用 $C_{21:0}$，填充物为 SP2560、CP-Sil88 或 BPX-70，再根据出峰的时间和峰面积来确定脂肪酸的种类及含量。在我国，气相色谱法也常用于 TFA 的检测，如国标法 GB/T 22110—2008《食品中 TFA 的测定——气相色谱法》，用有机溶剂提取食品中的植物油脂，提取物在碱性条件下与甲醇进行甲酯化反应生成脂肪酸甲酯，经过气相色谱法分离顺式脂肪酸甲酯与 TFA 甲酯，依据内标法进行定量。又如国标法 GB 5413.36—2010《婴幼儿食品和乳品中 TFA 的测定》，试样中的脂肪用溶剂提取，提取物在碱性条件下与甲醇反应生成脂肪酸甲酯，用配有 FID 的气相色谱仪分离顺式脂肪酸甲酯和 TFA 甲酯，外标法定量。GC 分析前，根据样品中脂肪种类的不同，应采用适当的方法将脂肪衍生为易挥发的脂肪酸甲酯（GB/T 17376—2008/ISO 5509：2000）。

6.6.1.1　脂肪的甲酯化

由于甘油三酯的降解产物脂肪酸极性较强，是一种热敏性物质，在高温下不稳定，容易发生聚合、脱羧、裂解等多种副反应，所以脂肪酸如若直接进行气相色谱分析，则会因汽化温度高而发生副反应，而且过高的检测温度也会造成色谱柱固定相的流失、保留时间不重复、色谱峰拖尾或假峰现象，进而影响后续检测结果的准确性（张博等，2003）。由于受到气相色谱工作原理及条件的限制，脂肪酸一般不直接进行气相色谱分析，在进行气相色谱分析前通常需要进行衍生化预处理，目的就是为了将高沸点、不易汽化挥发的脂肪酸酯（甘油三酯）及其降解产物脂肪酸以及样品中本身包含的游离脂肪酸均转化为低沸点、易挥发汽化的物质，从而降低各种油脂的汽化温度，提高色谱分离效果（康长安等，2009）。脂肪甲酯化方法主要有氢氧化钾-甲醇法、浓硫酸-甲醇法、三氟化硼-甲醇法。

氢氧化钾-甲醇法是一种在常温下进行的碱处理方法。其原理是将油脂降解为甘油和脂肪酸，脂肪酸与甲醇结合生成脂肪酸甲酯。氢氧化钾-甲醇法不需冷凝回流，常温下酯化效果好，组分分离完全，适用范围广，可用于分析动植物油脂、食品中油脂、藻类和微生物类脂肪酸，不能用于酯化游离脂肪酸。其反应时间短，水解、甲酯化一步完成，是一种快捷、简便的分析方法，特别适合于相对量分析（寇秀颖等，2005）。

浓硫酸-甲醇法是需要冷凝回流的一种在高温下进行的酸处理法。其原理是在强酸作用下将油脂中的主要成分甘油三酯降解，降解产物脂肪酸与甲醇结合生成脂肪酸甲酯，完成衍生化处理。浓硫酸-甲醇反应体系中，脂肪酸在酸性条件下与甲醇发生酯化反应，但是因为体系中水的存在抑制了反应进一步发生的可能，同时可能存在硫酸使甲醇脱水生成甲醚的副反应，同样其反应也不完全（魏丽芳，2008）。

三氟化硼-甲醇法与浓硫酸-甲醇法相似，也需进行冷凝回流，高温条件下，将油脂分解并充分甲酯化。称取一定量的脂肪酸样品，加入三氟化硼-甲醇溶液，在装有氯化钙干燥管的回流冷凝器中加热微沸回流一段时间后室温放置冷却，然后用石油醚和饱和食盐水的混合溶液振荡萃取，弃去水层，留下石油醚层，浓缩后即可得到色谱分析用样品（郭婧，2011）。三氟化硼-甲醇法中脂肪酸同样在三氟化硼的诱导下发生亲核取代反应，在反应过程中生成了一定量的水，体系中的水同样抑制了反应的进一步发生，与浓硫酸-甲醇法测定结果相近（黄峥等，2013）。

6.6.1.2 色谱柱的选择

色谱分离中色谱柱是决定分离效果的最核心部件，选择合适的色谱柱可显著改善分离度和分离效率（杨春英等，2013）。脂肪酸的碳链长度、不饱和度和双键的几何构型等结构上的差异，使脂肪酸在气相色谱柱上的保留时间有所不同。

脂肪酸在非极性气相色谱柱上的保留时间主要由碳链长度决定；在极性气相色谱柱上的保留时间由极性和碳链长度共同决定，因此极性气相色谱柱对不饱和脂肪酸的分离更有效。目前常用于脂肪酸的顺、反式异构体分析的气相色谱柱型号有 CP-Sil 88、SP-2560、SP-2340 和 BPX-70，均以高极性的氰丙基为固定相，但由于氰丙基的含量不同导致极性有所差别（AOCS Official Method Ce 1f-96，2001）。目前，CP-Sil88 柱的应用较为广泛，同时研究证明 100m 或 120m 长的色谱柱较 50m 或 60m 长的色谱柱有更好的分离效果（Wolff，1995；Kramer et al，2002）。

6.6.1.3　柱温的选择

选择合适的柱温，是实现各种脂肪酸良好分离的关键。根据文献报道，TFA 中常见的含量较大的最重要的组分是 $9t\text{-}C_{18:1}$ 脂肪酸（Hulshof et al，1999），占 TFA 总量的 $80\%\sim90\%$，更重要的是 $9t\text{-}C_{18:1}$ 脂肪酸也是已发现的对人体有害的 TFA，所以对 $9t\text{-}C_{18:1}$ 脂肪酸的准确检出就非常重要且具有意义。按 Subramaniam 选用的柱温一级程序升温方法，脂肪酸 $C_{16:0}$ 与 $C_{20:0}$ 之间的出峰时间间距太近，这两种脂肪酸之间的脂肪酸 $C_{16:1n\text{-}9}$（cis）、$C_{16:1n\text{-}9}$（$trans$）、$C_{18:0}$、$C_{18:1n\text{-}6}$（cis）、$C_{18:1n\text{-}9}$（cis）、$C_{18:1n\text{-}11}$（cis）、$C_{18:1n\text{-}6}$（$trans$）、$C_{18:1n\text{-}9}$（$trans$）、$C_{18:1n\text{-}11}$（$trans$）、$C_{18:2n\text{-}9,12}$（cis）和 $C_{18:2n\text{-}9,12}$（$trans$）等 11 种脂肪酸过于拥挤、分离效果不好（Satchithanandam et al，2002）。黄杰采用三级程序升温方法，目的是在第二级程序升温中降低色谱柱的升温速度，扩大脂肪酸 $C_{16:0}$ 与脂肪酸 $C_{20:0}$ 之间的出峰时间间距，使得 11 种脂肪酸达到更好的分离（黄杰，2005）。在升温程序下，α-亚麻酸和 γ-亚麻酸的顺、反式异构体也会出现峰重叠现象，且乳脂中部分 $C_{18:3}$ 的位置异构体会在 $C_{20:1}$ 区域出峰。研究发现采用等温条件分析时，上述脂肪酸峰重叠现象可得到解决（Wolff et al，1995；Ratnayake et al，2002），但并不能改善 $C_{18:1}$ 的位置异构体的分离效果，且等温洗脱比较耗时，不适用于食品标签的常规分析。Chen 等采用以下升温程序顺利分离测定了 52 种脂肪酸甲酯标品：初温 60℃，保持 5min，以 11.5℃/min 升至 170℃，保持 25min；再以 5℃/min 的速率升至 200℃，保持 5min；最后以 2℃/min 升温至 215℃，保持 20min（Chen et al，2014）。

6.6.1.4　TFA 的定性定量分析

GC 检测食品中 TFA 一般通过与标准品的保留时间对照来定性，脂肪酸甲酯的毛细管气相色谱分析结果表明，保留时间与碳链长度、不饱和度及顺、反构型等因素有关。具体表现在（宋志华等，2006）：①不同碳链长度的饱和脂肪酸

甲酯的保留时间由其碳数决定，碳数小的脂肪酸甲酯先出峰，即保留时间 $C_{16:0}$
$< C_{18:0} < C_{20:0}$；②同碳数的脂肪酸甲酯不饱和度越大，保留时间越长，即保留
时间 $C_{18:0} < C_{18:1} < C_{18:2} < C_{18:3}$；③相同碳数、相同不饱和度的脂肪酸甲酯，反
式构型的脂肪酸甲酯比顺式构型的脂肪酸甲酯的保留时间短，即保留时间为
$\Delta 9t\text{-}C_{18:1} < \Delta 9c\text{-}C_{18:1}$，$\Delta 9t$，$12t\text{-}C_{18:2} < \Delta 9c$，$12t\text{-}C_{18:2}$，$\Delta 9t$，$12c\text{-}C_{18:2} < 9c$，
$12c\text{-}C_{18:2}$；④相同碳数、相同构型的脂肪酸甲酯的保留时间受到双键位置的影
响，双键离酯酰基的位置越远，保留时间越长，即保留时间 $\Delta 5 < \Delta 6 < \cdots < \Delta 16$。

　　气相色谱法检测食品中的 TFA 主要通过峰面积定量，主要包括面积百分比
法、外标法和内标法。

6.6.2　气相色谱-质谱法

　　随着联用技术的发展，GC-MS 发展很快。GC-MS 具有宽的检测范围和较高
的检测水平，且不会降解目标分析物，此方法重现性好，回收率也高，并且准确
可靠，节省时间，适合大标本量的检测。GC-MS 是将质谱仪作为气相色谱的检
测器，MS 检测器可对气相色谱柱上不能完全分离的部分组分进行定量。由于脂
肪酸组成复杂及脂肪酸标准品种类有限，使得传统的火焰离子化检测器（FID）
很难对一些未知色谱峰进行判别，而 GC-MS 在一定程度上可弥补 GC 的不足。
近年来已有不少应用 GC-MS 对脂肪酸进行测定的报道（Huang et al，2006；
Kandhro et al，2008；Ecker et al，2012；Tang et al，2013）。随着谱图解析工
作的进一步发展（如建立较完善的谱图库）和 MS 的普及应用，GC-MS 技术的
优势将更加明显。

　　Priego-Capote 等采用超声波萃取、气相色谱-质谱联用（GC-MS）法测定面
包产品中的 TFA。结果表明，检测限和定量限分别在 $0.98 \sim 3.93\text{mg/kg}$ 和
$3.23 \sim 12.98\text{mg/kg}$ 之间，线性范围在最小检出限 $0.98 \sim 12000\text{mg/kg}$ 之间，具
有宽的检测范围和较高的检测水平（Priego-Capote et al，2007），且采用超声波
萃取可缩短萃取时间，同时又不会降解目标分析物，是一个准确、可靠的方法。
吴惠勤等用石油醚提取食品中的脂肪，经甲酯化反应后，采用 HP-88（$100\text{m} \times$
0.25mm，$0.33\mu\text{m}$）弹性石英毛细管柱分离脂肪酸甲酯的同系物及异构体，并
探讨了不同链长脂肪酸的同系物及异构体的气相色谱出峰顺序，得到其保留时间
规律（吴惠勤等，2007）。但是由于选择的色谱柱大都是 100m 长，价格昂贵，
分析时间也比较长，增加了实验经费，降低了实验效率，因此从经济、简便、可
靠的角度出发还应当研究更有效的分析检测方法。

6.6.3　红外光谱法

红外光谱（IR）是记录分子吸收红外光辐射的能量后发生振动和转动能级跃迁信息的谱图。通过分析 IR 中吸收峰的位置、形状与强度，可以推知化合物分子的化学结构、混合物的成分组成及其各组分的含量等（Rodriguez-Saona et al，2011）。近红外光谱区的波长范围是 $2500\sim770nm$，其频率范围是 $13000\sim4000cm^{-1}$，该谱区承载的分析信息主要是分子含氢基团振动的倍频与合频特征信息（严衍录等，2013）。

红外吸收光谱法的原理是基于不同基团或同一基团在不同化学环境中的近红外吸收波长与强度的差别，建立光谱与待测参数之间的对应关系即分析模型，建立分析模型需建立对样品 TFA 含量定值精确定量分析方法。近红外光谱分析常用的化学计量学方法通常为多元校正法，主要包括：多元线性回归（multivarate linear regression，MLR）、主成分分析（principle component analysis，PCA）、主成分回归（principle component regression，PCR）、偏最小二乘法（partial least squir，PLS）（李文辉，2014）。MLR、PCR 和 PLS 方法，主要用于样品质量参数与变量间呈线性关系的关联。主成分分析（PCA）可以消除众多信息中的重叠信息。偏最小二乘法（PLS）方法则不同，它采用降维的方式，对光谱数据进行降维的同时引入应变量信息。目前在光谱的分析处理中 PLS 方法应用最为广泛，并且具有如下特点：可以使用全谱段或者部分光谱数据进行建模分析，数据矩阵分解和交互结合为一步，得到的特征向量直接与被测物质或者性质相关，不是与数据矩阵总变化最大的变量相关，PLS 模型相对于其他模型更加稳定，同时可以应用与分析复杂的体系。

TFA 的反式构型的双键由于其 C—H 的平面外振，使得 TFA 在 $966cm^{-1}$ 处存在最大吸收，而顺式构型的双键和饱和脂肪酸在此处却没有吸收，因此利用这一原理可以确定油脂中是否存在 TFA，并进行定量分析。傅里叶变换红外光谱法（FTIR）是快速检测 TFA 含量的方法，其原理就是利用反式双键在 $966cm^{-1}$ 有吸收进行红外光谱分析（Priego-Capote et al，2004）。随红外光谱技术的发展，其在测定 TFA 方面的应用经历了 FTIR 和 ATR-FTIR 两个阶段。傅里叶变换近红外光谱法（FT-NIR）可快速分类定量饱和脂肪酸、顺式/反式单不饱和脂肪酸和所有的 n-6 和 n-3 多不饱和脂肪酸。衰减全反射（ATR）FT-NIR 法可提供完整的脂肪酸图谱。FT-NIR 的定量模型是以气相色谱法准确定量不同脂肪和油脂作为基础数据，结合 FT-NIR 的图谱信息，利用化学信息解析学分析进行模型校准。

FTIR 的官方方法 AOCS Cd 14-95 和 AOAC 965.34 都是采用二硫化碳作为溶剂来测定 TFA 甲酯，在测定时应注意以下几点：①体系中共轭双键含量不能大于 1%（共轭双键的最大吸收在 $950\sim990cm^{-1}$ 之间）；②测定时需将油样首先进行甲酯化处理，消除体系中游离的羧基和甘油羟基的影响（O—H 的平面外振动最大吸收在 $935cm^{-1}$ 处）；③由于采用 CS_2 为溶剂，不可避免地产生基线的漂移，因此样品中 TFA 含量应不低于 5%，否则测定结果的误差较大，精度不高（AOAC International Method 965.34，1997；AOCS Official Method Cd 14-95，1999）。

ATR-FTIR 的官方方法 AOCS Cd 14d-99 和 AOAC 2000.10 测定 TFA 与 FTIR 法相比，分析时间更短（5min），油脂样品不用甲酯可以直接测定，样品用量更少，在测定时采用不含 TFA 的油样作参比，避免了有毒溶剂 CS_2 的使用，从而消除了基线的漂移，所得 TFA 谱图在 $966cm^{-1}$ 处呈现对称峰形，提高了红外光谱法测定值的精度，扩大了其在 TFA 测定时的应用（AOAC International Method 2000.10，1997；AOCS Official Method Cd 14d-99，1999）。ATR-FTIR 方法的局限是要用零含量 TFA 的油样作为参照，且在测定反式含量大于 5% 的样品时才有很高的再现性（Mossoba et al，2001）。

当前国际上对食品中 TFA 的限量标准却在 5% 以下（郭桂萍等，2005），灵敏度低，限制了红外光谱法的应用。如果能够改善灵敏度，红外光谱法在食品中 TFA 的测定领域的应用价值将大大提高。建立负二阶导数水平衰减全反射傅里叶变换红外光谱法，－2D 分析法在 ATR-FTIR 技术测定油脂中 TFA 是完全可行的，与传统的红外光谱方法相比，负二阶导数法操作简便，直接以空气为背景采集光谱，无需参比油样；光谱特征增强，分辨率大大提升，能有效识别和消除共轭脂肪酸和饱和脂肪酸等产生的光谱干扰，其在日常检测及在线检测 TFA 含量应用前景十分广阔（于修烛等，2008）。

哈尔滨商业大学的王立琦建立了用近红外光谱分析技术检测油脂中 TFA 含量（王立琦等，2009）。通过以下步骤来实现：①校正集样本光谱的建立；②光谱数据的预处理；③基础数据的测定；④校正模型的建立；⑤校正模型的验证；⑥待测样本的分析。用此方法对食用油脂中 TFA 含量进行检测，可有效缩短检测周期，且整个过程在计算机的控制下，实现数据的采集、存储、显示和处理功能。

陶建等建立了基于水平衰减全反射傅里叶变换红外光谱的食品中 TFA 的快速测定方法（陶健等，2011），采用负二阶导数水平衰减全反射傅里叶变换红外光谱法（－2D-HATR-FTIR），使用带有水平衰减全反射（HATR）附件的傅里叶变换红外光谱仪,采集三反油酸甘油酯标样在 $1050\sim900cm^{-1}$ 波段范围的吸收光谱,并求得负二阶导数谱。根据 TFA 中孤立的反式双键在 $966cm^{-1}$ 处的特征吸收与混合标样中 TFA 的含量符合比尔定律的原理,构建定标方程。根据定标方程测定食品样品中 TFA 含量。在试验条件下,定标方程为 $Y=3359.2X-0.6175$,相关系数 0.9997,检出限 0.27%,回收率 78.06%~112.65%。该方法准确可靠、快速、简便,克服了现有红外光谱法灵敏度低的缺点,适用于食品中较低含量(5%以下)TFA 的快速测定。

6.6.4　Ag⁺-TLC/HPLC

由于银离子的 d 轨道与顺式双键的 π 电子存在着微弱的作用力,结合强度随双键数的增加而增强,随链长的增加而减弱,可形成较稳定的配合物,而与反式双键几乎不发生作用,从而实现对顺式和 TFA 的分离。因此研究脂肪酸顺、反式异构体组成时,为了获得全面的异构体信息及提高测定结果的准确性,常需使用 Ag⁺-TLC 或银离子高效液相色谱(Ag⁺-HPLC)等方法对其进行预分离,再结合气相色谱进行定量分析,使 TFA 得到更好的分离。

将银离子薄层色谱和气相色谱分析技术联用(Ag⁺-TLC/GC),以 Ag⁺-TLC 对样品中顺、反异构体进行预分离,用溶剂提取 Ag⁺-TLC 上的异构体,再用 GC 对 TFA 进行定性和定量分析,可解决顺、反式位置异构体在气相色谱图上的重叠问题,提高分析的准确度。有研究利用银离子交换柱和 GC 联合使用,将所有脂肪酸甲酯组成的混合物溶于二氯甲烷,并注入 BondElutSCX 银离子交换柱进行置换,优化洗脱条件,最终用 GC 分析,实现了顺、反异构体的基线分离(Ravi et al,2013)。

由于 Ag⁺-TLC 中的银离子的真实浓度难以确定,在薄板的浸渍过程中,银离子易氧化且不易被均匀地吸收,因此 Ag⁺-TLC 对操作技术要求较高。因 Ag⁺-TLC 法的样品容量小,分离后的斑点较分散,定量也比较困难(宋志华等,2006),因此近年来人们用 Ag⁺-HPLC 代替 Ag⁺-TLC 分离脂肪酸的顺、反式异构体。Dance 等采用 Ag⁺-HPLC 及二极管阵列检测器(DAD)研究了不同的衍生方法对牛油中共轭亚油酸衍生效果的影响(Dance et al,2010)。使用单柱 Ag⁺-HPLC 对顺、反式异构体的分离并不理想,将多根色谱柱串联时其分离效果逐步提高,通常 2 根或 3 根色谱柱串联完全可以满足大多数分析的要求,但检测费用较高(Adlof et al,1998)。Juanéda 等采用 Ag⁺-HPLC 分析亚麻酸的顺、反式异构体,UV 检测器的检测波长为 238nm,其检测结果与 GC 方法的检测结果一致(Juanéda et al,1994)。

6.6.5 毛细管电泳法（CE）

CE 是以毛细管为分离通道、以高压直流电场为驱动力的分离技术。对扩散系数小的生物大分子而言，其柱效要比 HPLC 高得多，与普通电泳相比，由于其采用高电场，因此分离速度要快得多。CE 是近年来发展起来的一类以高压直流电场为驱动力的新型液相分离技术，通过检测器得到按时间分布的电泳图谱（陈毅挺，2003）。

Otieno 等（2008）采用间接 UV 检测器（224nm）对氢化油中的 10 种脂肪酸（$C_{12:0}$、$C_{13:0}$、$C_{14:0}$、$C_{16:0}$、$C_{18:0}$、$C_{18:1c}$、$C_{18:1t}$、$C_{18:2cc}$、$C_{18:2tt}$、$C_{18:3ccc}$）进行 CE 分析，在优化条件下将上述 10 种脂肪酸于 12min 内基线分离；该研究对模拟样品在高温、高压下长时间氢化反应后，可以检出反式 $C_{18:1}$，具有快速定量检测的特点，但分离效果远不及 GC 和 Ag^+-HPLC（deOliverira et al，2003）。deCastro 等建立了一种快速检测 TFA 总量的 CE 法，使用该方法测定氢化植物油样品中的总脂肪酸含量，其结果与 AOCS 所推荐的 GC 法得到的检测结果比较并无显著性差异（deCastro et al，2010）。

比较不同的 CE 模式分析油脂与 GC 分析油脂的优缺点可知，CE 法多采用含水电解质，所以影响油脂的溶解度，且 UV 检测器灵敏度较低，进而使得 CE 在油脂分析中的应用受到限制（Otieno et al，2008）。目前 CE 在 TFA 分析中的应用并不多。毛细管电泳法具有高效、快速、样品用量少、环境污染小的优点；但毛细管内径极小，使得有效光程较短，如何增加检测器的灵敏度，同时又不造成明显的区带展宽是目前亟待解决的问题（王婵等，2014）。

6.7 反式脂肪酸的控制及抑制措施

6.7.1 食品热加工过程中的控制

6.7.1.1 优化与控制热加工工艺

食品在加工过程中，食用油加热温度、时间和循环加热次数都会影响食用油中 TFA 种类和含量。通过优化热加工条件（加热时间、加热温度等）可以直接达到抑制 TFA 的效果。TFA 的含量随着加热温度的升高和加热时间的延长而增加，因此选择合理的加热温度，避免长时间加热，可以有效地抑制 TFA 的形成（Bansal et al，2009；Tsuzuki，2010）。研究表明：高温、长时间加热、反复加热均会使 TFA 含量增加，尤其是在 210℃后 TFA 含量和种类有明显变化；在煎炸时在一定温度范围和加热时间内，TFA 含量增加并不明显（黄丹丹等，2012）。在实际应用中，应注意尽可能在保持食品原有风味和感官特性的前提下优化热加工参数，应注意减少高温加热时间、避免食用油的反复使用。

　　TFA 的形成与变化还因 TFA 的种类不同而存在差异：在各种 TFA 中，高不饱和度的 TFA 比低不饱和度的 TFA 更容易生成或变化；在相同碳数、相同不饱和度的 TFA 中，反式异构数量越少的 TFA 越容易生成，对称性越高的 TFA 越容易生成（苏德森等，2011）。食用油中 TFA 的形成与变化还与油的种类有关：TFA 的生成与食用油中的不饱和脂肪酸组成及含量密切相关；食用油中某种顺式脂肪酸含量高的，其相应的 TFA 含量也高；低不饱和度 TFA 同时还受到高不饱和度脂肪酸的影响（苏德森等，2011）。因此，油炸过程中选择合适种类的油也可以降低 TFA 的生成。

6.7.1.2　使用抗氧化剂

　　抗氧化剂对 TFA 形成的抑制作用是目前研究的热点，不同种类及浓度的抗氧化剂的使用对 TFA 的形成具有不同的抑制作用（Tsuzuki W，2010；Filip et al，2011）。Tsuzuki 在其研究中指出抗氧化剂和氮气可以同步抑制顺式双键的氧化和异构化，并指出热氧化过程中产生的中间物质可能是热诱导异构化的反应物。在热诱导脂质氧化过程中，不饱和脂肪中的顺式双键脱氢形成自由基，由于该自由基的热不稳定性，很快与空气中的氧结合形成过氧自由基。而抗氧化剂可与过氧自由基反应形成稳定的化合物，从而中断脂质的进一步氧化。当采用氮气环境时，氧气不能与顺式双键形成的自由基结合，阻断了过氧自由基的形成，进而中止自由基链反应。因此，加入抗氧化剂及采用氮气环境可抑制脂质自由基的形成，从而抑制热诱导反式异构化的进行。

6.7.2　油脂氢化过程中的控制

6.7.2.1　传统工业氢化

　　传统的植物油氢化是发生在搅拌间歇式高压釜中，在浆料温度为 110～190℃中的镍催化剂的作用下反应，且氢气压力为 0.07～70psi，镍催化剂含量为 0.01%～0.15%（质量分数）（Veldsink et al，1997），一般需要硅藻土、二氧化硅-氧化铝或者炭做载体（Grau et al，1988）。这种氢化反应温度高，而且是气、液、固三相反应，反应比较复杂，对反应中间体及基团化合物、最终产物控制难度大，易导致大量 TFA 的生成。通常情况下植物油中的 TFA 含量较少，按照传统氢化方式生成的氢化油则含 TFA 较多，平均占脂肪的 30% 左右，如氢化大豆油、色拉油和人造奶油中的 TFA 含量一般在 5%～45%之间，最高可达 65%（Bhanger et al，2004）。氢化反应速度，氢化反应器内的压力、温度、搅拌速度、催化剂的类型、颗粒度与用量等都能影响氢化反应的进程和 TFA 的生成量（左青，2006）。

通过降低反应温度、增加氢气压力、提高搅拌速度和提高催化剂浓度等传统氢化工艺条件均能一定程度上降低产物中 TFA 的含量。但由于降低反应温度同时也会降低氢化反应速度，而增加氢气压力、提高搅拌速度和提高催化剂浓度仅能小幅度降低 TFA 含量，故仅通过控制传统氢化工艺条件对降低 TFA 作用并不大（马传国，2002）。

金属镍最早用于制备油脂加氢催化剂，镍基催化剂由于其活性高且制造成本低，是目前工业上使用量最大的加氢催化剂，但镍基催化剂虽然活性高，但其选择性差（张玉军等，2002），且在氢化过程中导致大量的反式异构体的生成。故通过改变催化剂的类型也能够控制氢化过程中 TFA 的生成。

采用贵重金属催化剂替代传统的 Ni 催化剂氢化油脂时所生成的 TFA 量大大减少。由于 Ni 催化剂在低于 120℃时不活泼，而贵重金属在低温下如 70℃就很活泼，因此贵重金属催化氢化可在低温下进行，从而降低反式异构体的含量。钯、铂和铑等都是很有研究潜质的贵重金属催化剂，其中钯是一种性能良好的贵重金属（Jang et al，2005），如表 6-2 所示。

表 6-2 几种贵重金属催化剂性能比较

特　性	贵重金属催化剂
活性	Pd＞Rh＞R＞Ir＞Ru＞Os
选择性	Pd＞Rh＞Pt＞Ru＞Ir
顺/反异构比	Pd＞Rh＞Ru＞Ir＞Pt
双键转化能力	Pd＞Rh＞Ru＞Os＞Ir＞Pt

表 6-2 中所列的几种贵重催化剂活性和选择性都比镍强。一方面是由于贵重金属催化剂特有的表面结构和活性位点吸附能力；另一方面是由于贵重金属催化剂的天然化学结构会促使被吸附的氢与不饱和脂肪酸双键在催化剂表面形成平衡分布浓度（Kitayama et al，1996）。

采用传统的铜、镍催化剂通过与其他金属或非金属结合形成多元复合催化剂，能够在较低的温度下催化油脂氢化反应的进行并且能够增强催化剂的氢化选择性，减少 TFA 的产生。Kitayama 等研究了 Ni-B 对大豆油氢化的影响，结果表明：相比于传统 Ni 催化剂，产物中 TFA 的量只有一半左右且更加倾向于生成饱和脂肪酸（Kitayama et al，1996）。孟丹等制备得到的催化剂 Cu-Ni-Ru 比进口催化剂 9910 和催化剂 2021 具有更高的反应选择性，在相同氢化条件下生产的 TFA 含量更低（孟丹等，2013）。

采用均相催化剂体系氢化油脂也可得到低 TFA 含量的氢化油，均相催化剂多为贵金属配合物，如阴离子型铑膦配合物等，其优点是活性高、选择性好、用量少，氢化温度和压力较低，催化剂可回收重复使用并且产物中 TFA 含量较少（张斌，2007）。这种催化剂是可能实现食用油脂加氢工业化生产应用的均相催化剂，但还必须进一步对其回收和再利用技术进行研究。

采用特殊新型载体，例如沸石负载的催化剂也可以达到降低油脂氢化过程 TFA 含量的效果。由于沸石孔径及形状能有效抑制反应物及产物分子之间的转移，因此以沸石作为催化剂的载体被认为应该能成为一种零含量 TFA 油脂氢化的可行方法。有研究者采用沸石作为催化剂载体研究了其对油脂氢化的影响，实验中发现，以 ZSM-5 为载体 Pd-CuO-ZnO 催化剂在乙醇中氢化亚油酸甲酯时，没有形成反式异构体（Dijkstra，2006）。

6.7.2.2　新型氢化方法

（1）低温电化学催化氢化

采用低温电化学催化氢化食用油能够得到低含量 TFA 的氢化油，其反应原理是以氢化催化剂作为阴极在电化学氢化反应器中进行氢化反应，水或质子在电解反应介质中还原，并在催化剂表面生成氢原子，氢原子与甘油三酯不饱和脂肪酸反应。催化剂表面氢浓度取决于电解电流大小，所以在电化学氢化反应中，对温度和压力的要求大大降低，故异构化和热解反应显著减少，生成的 TFA 量相较于传统工业氢化油脂明显降低（An et al，1998）。具体反应步骤如下（Yusem et al，1992）：

$$2H^+ + 2e^- \longrightarrow 2Hads \tag{6-1}$$

$$2Hads + RCH = CHR' \longrightarrow RCH_2CH_2R' \tag{6-2}$$

在这个反应过程中会发生不必要的副反应，吸附的氢原子通过化学结合或者电化学还原生成氢气，但并不影响氢化产物的生成。

$$2Hads \longrightarrow H_2 (gas) \tag{6-3}$$

$$Hads + H^+ + e^- \longrightarrow H_2 (gas) \tag{6-4}$$

电化学氢化反应器包括两个电极：一个阴极和一个阳极。阴极发生还原反应，阳极发生氧化反应。对于水基电解质系统，阳极发生的反应如下：

$$H_2O \longrightarrow 1/2O_2 + 2H^+ + 2e^- \tag{6-5}$$

比较两种氢化机理可以发现，传统的氢化工艺中活化态氢（H）的来源是依靠催化剂吸附氢分子解离成氢原子而后进行氢化反应，而电化学氢化机理是依靠氧化还原反应，使水分子（或固体电解质）在电极表面上分解产生原子态氢（H）后进行氢化反应，两种机理的氢源显然不同（张玉军等，2002）。

List 等在 70～90℃，常压下分别以 Pd/Co、Pd/Fe 为阴极对大豆油进行氢化，当碘值为 90～110 时，得到的部分氢化油含 TFA 为 6.4%～13.8%。传统的人造奶油含 8%～12% TFA，而电化学氢化生成的人造奶油只含 4% TFA（List et al，2007）。Kanchan 等在温和条件下对大豆油进行氢化，研究表明在达到相同氢化程度时，该电化学氢化过程 TFA 生成量比商业的气体氢化过程降低 80%（Kanchan et al，2008）。

（2）超临界催化氢化

超临界催化氢化是近年来发展起来的新工艺之一，是油脂在超临界流体提供的均相环境中进行的催化氢化，从而得到低 TFA 含量的氢化油。超临界流体是指在临界温度和临界压力以上的流体，物理性质界于流体和气体之间，兼有液体的溶解度和气体扩散的双重性（张镜澄，2000）。传统氢化过程中，通常是 H_2 与植物油及固体催化剂混合，反应中涉及多种界面传质阻力。H_2 在大多数有机溶剂中的溶解度很低，但在超临界状态下，H_2 能与超临界流体混溶。在均相环境中，催化剂表面氢气和底物浓度较为充足，氢气反应可以在较低温度下进行，可减少高温副产物的生成，提高反应的选择性；除此之外，超临界流体还可以减轻催化剂表面的积炭现象，大大延长催化剂的寿命。超临界流体使油脂、氢气形成均相体系，大大增加催化剂表面氢原子的浓度，且传质传热速率加快，油脂很快达到氢化温度并进行热交换，使得反式酸形成的概率大大降低（Härröda et al，2001）。

超临界氢化与传统氢化方法相比既有优点又有缺点，主要优点有（刘军海等，2003）：①TFA 生成量更少，减少了对人体健康的危害；②反应时间更短；③氢气用量更少，超临界流体降低了油的黏度，改善了氢气在油中的溶解性，使得氢气利用率更高；④能耗更低，超临界流体的传质和传热速率更快，可使油脂快速达到氢化温度。主要缺点有：①超临界流体氢化设备与传统氢化设备相比，要求更高，投资巨大；②超临界流体氢化在超临界压力下进行，氢化压力比传统氢化更高，危险系数更大；③超临界流体氢化使工艺流程加长，且更复杂。因此要利用超临界流体氢化工艺获得低 TFA 的部分氢化油，还需做更多的研究来改善它（King et al，2001）。

（3）超声波氢化

超声波氢化也是一种生产低 TFA 氢化油脂的新型氢化技术。超声波是频率

为 $2 \times 10^4 \sim 10^9$ Hz 的声波，超声波在传播的过程中与媒质相互作用，使超声波的相位和幅度等发生变化，从而提高化学反应产率或获得新的化学反应物质（刘军海等，2003）。大豆油氢化可以在无水体系即液体油/H_2/催化剂中进行，超声波可以提高催化剂的活性，且使得油脂氢化过程反式异构体的形成降低。

Moulton 等研究了超声波能对连续反应装置中 Cu-Cr 或 Ni 催化剂催化大豆油氢化的影响（Moulton et al，1983）。研究发现，借助超声波作用后 Cu-Cr 或 Ni 催化剂氢化大豆油的速率可增加到原来的 100 倍以上。归其原因，超声波提高了工业催化剂，尤其是 Cu-Cr 催化剂氢化油脂的活性。生成的 TFA 百分含量低于间歇式氢化。氢化速率明显增加可能是由于超声波较高定位温度和压力相结合，改善了氢气/油/催化剂的接触和提高了氢气扩散速率。

在此基础上，Wan 等研究了超声波能对间歇式反应器中大豆油氢化的影响（Wan et al，1992）。研究发现，在有超声波能存在下，平均氢化反应速率加快约 5 倍。当采用超声波时，氢化反应速率随氢气压力增加而增加，但增加速率实质上是呈波形而非线形的。反式异构体的形成速率在高氢气压力下较低，而在低压力下选择性较好。

（4）膜反应器催化技术

膜反应器催化技术是近年来才发展起来的一项新型催化技术，是反应系统与膜分离系统的联合。具有分离功能的膜组成的反应器与普通的反应器相比，具有反应转化率高、选择性高和反应速率快等优点。反应物可在膜两侧流动，不通过膜进行反应。

Singh 等通过采用 Pt 修饰了的高聚膜反应器氢化大豆油，以期将 TFA 的含量控制在最低范围内（Singh et al，2009）。结果发现采用此反应器氢化得到的部分氢化油含 TFA 为 4%，而在相同氢化条件下传统氢化方法得到的部分氢化油 TFA 含量高于 10%。膜反应器只需在 65psi 压力和 70℃ 条件下即可进行氢化反应，使得氢化条件比传统氢化更加温和。

（5）添加外源物质

在氢化反应中添加外源物质也可改变氢化过程及控制其 TFA 的生成。据英国专利介绍，添加 4% 醇类化合物（异丁醇、山梨醇等）可提高亚油酸选择性。其原理可能是加入添加剂与甘油三酯中单烯酸竞争催化剂表面活性位点，因而降低催化剂表面单烯酸分子浓度并导致其反应速率下降，从而会出现高选择性氢化结果，同时单烯酸异构体和饱和脂肪酸生成量也会相应减少。在油脂氢化过程中添加游离脂肪酸同样会显著减少反式异构体生成量；游离脂肪酸比甘油三酯表现出更强化学吸附性能，也会与其竞争催化活性位点；若添加诸如氨基酸、尿素、胺等一些含氮化合物也会提高氢化反应选择性且反应异构化指数很高，很适宜生产低 TFA 产品 (Cahen，1979)。

　　另有研究表明，在催化剂中添加甘氨酸镁可降低部分氢化葵花籽油中 TFA 的生成。甘氨酸镁是一种阳性的金属盐，它可改变催化剂表面的电子状态，增加它们和贵金属之间的相互作用，一方面使催化剂吸附氢的强度发生变化；另一方面可与甘油三酯中单烯酸竞争催化剂表面的活性位点，降低催化剂表面单烯酸分子浓度并导致其反应速率下降，从而出现高选择性，反式异构体和饱和脂肪酸生成量也会相应减少 (Tonetto et al，2009)。

　　但目前大部分关于添加外源物质的研究只限于非食用领域，因此需找具有类似作用的可食用外源添加物非常重要。

　　(6) 磁场氢化技术

　　磁场氢化技术也能够提高氢化反应的选择性和减少氢化过程中 TFA 的生成。传统氢化工艺中以镍为催化剂氢化油脂，而磁场具有一种特殊能量，能够作用在镍催化剂上而改变其微观结构，从而影响其物理化学性质，使得镍表面氢浓度降低，从而影响亚油酸的选择性。Aage 对磁场下的芝麻油和大豆油的氢化反应进行研究，发现对氢化体系施加交流电场之后对选择性氢化有利 (Aage，1997)。这可能是由于镍表面较低的氢浓度和振动现象共同作用的结果。实验证明，在氢化反应过程中，镍表面氢的浓度能够对氢化选择性产生影响。同时，由于磁场催化剂表面的氢浓度较低，所以磁场将降低氢化反应速度。在交流磁场中氢化芝麻油和大豆油，得到的亚油酸选择比和亚麻酸选择比高于无磁场的氢化，这是因为镍颗粒质点的磁化减少了催化剂表面氢浓度。

6.8　低反式脂肪酸食品的生产技术

6.8.1　酯交换

　　酯交换技术通过改变甘油三酯中脂肪酸的位置分布而改变油脂的物理性质和化学性质，获得具有特定熔点的饱和及不饱和脂肪酸的混合脂肪，提高油脂稳定性，是改善脂肪功能特性的有效手段，并且不会产生 TFA，同时能改善基料油的品质，因此在制造零含量/低含量 TFA 人造奶油中得到广泛应用，是一种效果较好且更为健康的加工技术 (柴丹，2008)。油脂酯交换反应是一种酯与脂肪酸、醇或其他酯类作用，引起酰基交换或分子重排生成新酯的反应。根据酰基供体的不同可分为酸解 (脂肪酸-TAG)、醇解 (甘油-TAG) 及转酯 (TAG-TAG)

3 种类型。酯交换改性油同氢化油相比具有风味好、异构体少、原料脂肪酸尤其是人体必需脂肪酸组成不变和不产生 TFA 等优点，可生产出较高营养价值的塑性脂肪（柏云爱等，2012）。

目前，酯交换反应分为化学法和酶法两大类。化学法通常采用金属醇化物作为催化剂，是指 TAG 分子内部（分子内酯交换）以及分子之间（分子间酯交换）的脂肪酸部分相互移动，直至达到热动力平衡的一种技术，化学酯交换又分为随机型和导向型（唐传核等，2002）。酶法酯交换是以特异性的固定化脂肪酶为催化剂进行的酯交换反应，它可使脂肪酸羧基仅在 1,3 位予以重排。酯交换是油脂改性的重要手段之一。酯交换可以有效提高油脂的可塑性，既改变油脂物理性状，又不产生 TFA，保持了油脂的营养特性，因此成为目前的研究热点。

6.8.1.1 化学酯交换

化学酯交换是利用碱金属、碱金属氢氧化物及碱金属烷氧化物等作为催化剂的酯交换反应，使用最为广泛的催化剂是碱金属烷氧化物，如甲醇钠和乙醇钠，一般在 120~160℃的高温下使用，与甘油共同作用可提高催化效果（魏翠平等，2011）。化学酯交换是一种随机酯交换，其在油脂间的酯酯交换反应中通常具有一种随机性，在反应过程中，其甘油酯上的脂肪酸经随机重排而改变其键位的位置。其反应一般分为两种，如图 6-8 所示，一种是分子内的酯交换反应，另一种是分子间的酯交换反应（毕艳兰，2011）。

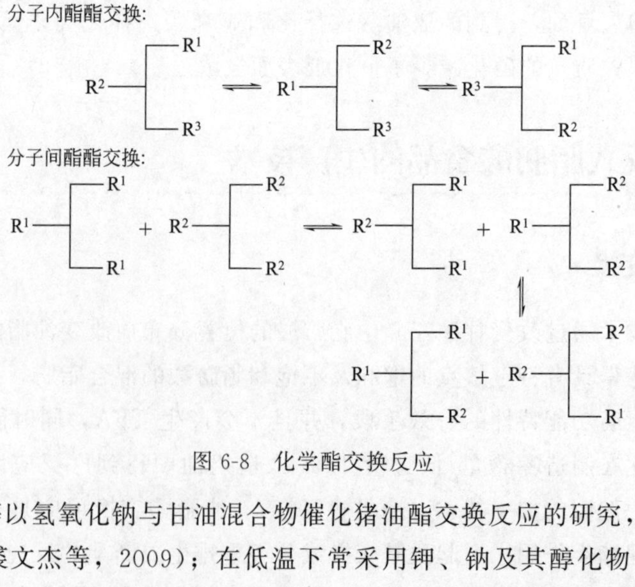

图 6-8 化学酯交换反应

裘文杰等以氢氧化钠与甘油混合物催化猪油酯交换反应的研究，酯交换程度达 97.6%（裘文杰等，2009）；在低温下常采用钾、钠及其醇化物，如甲醇钠，通常甲醇钠在 50~70℃较低温度下反应。在化学酯交换反应过程中，所有甘油三酯分子随机重排，最终按概率规则达到一个平衡状态。Silva 等利用甲醇钠催化橄榄油与棕榈硬脂进行酯交换反应，较好地改善了棕榈硬脂的熔点以及固体脂肪含量等（Silva et al，2010）。Hazirah 等利用甲醇钠催化棕榈硬脂、棕榈仁油以及大豆油进行酯交换反应，制备出了与人造奶油相似熔点以及固脂含量的酯交换油脂，较好地改善了混合油脂的物理化学性质（Fauzi et al，2012）。化学催化剂使用时可以直接使用干粉或者是将干粉溶解到溶剂中再使用，操作简单、价格便宜；但是水分或其他过氧化物能使催化剂中毒，因此原料油脂在使用前必须严格精制与干燥。化学酯交换反应相对于氢化反应，其反应进程不容易控制，只能通过它来改变油脂的熔点，提升油脂的稳定性，且化学酯交换反应一般在高温条件下进行，容易造成油脂脂肪酸中不饱和双键的断裂，同时对油脂中的生物活性成分造成破坏（李冬梅等，2006）。此外，化学酯交换易产生大量难分离的副产物，对环境造成污染等。

6.8.1.2 酶法酯交换

酶法酯交换是利用微生物、植物、动物等提取的脂肪酶作为酯交换催化剂。常用的脂肪酶如米黑根毛霉脂肪酶（Lipozyme RM IM）、米曲霉脂肪酶（Lipozyme TL IM）、南极假丝酵母脂肪酶（Novozyme 435）、洋葱伯克霍尔德菌 PS-C 脂肪酶（Lipase PS-C）和洋葱伯克霍尔德菌 PS-D 脂肪酶（Lipase PS-D）。酶法酯化反应是一个连续的过程，没有催化剂残留被释放到环境中；且反应可在较低的温度，如 75℃左右（化学过程一般在 100℃以上）进行，亦有助降低能源成本（何川，2003），因此是常用的零反式油脂研究方法。与化学酯交换相比，酶法酯交换有如下优点（阮霞，2013）：①反应条件比较温和、安全性高；②具有很强的专一性；③催化效率高；④催化剂可回收，环境污染小；⑤副产物少。

酶法酯交换在油脂改性应用中，脂肪酶和原料油的选择是关键（惠菊等，2011）。在对脂肪酶的选择上，一般都采用 1，3-特异性脂肪酶，广泛使用的是 Lypozyme TL IM。对于原料油的选取，一般考虑产品应用要求和成本。就产品应用性而言，人造奶油有一定的硬度要求，棕榈硬脂、极度氢化大豆油可以赋予人造奶油这一应用特性。同时，人造奶油需要有一定的熔融性能，能满足要求的有棉籽油和葵花籽油等不饱和度较高的油脂。就成本而言，在一般人造奶油配方中，油相通常占 80% 以上，在成本中费用最大，所以基料油的选择很重要。常用的油脂有大豆油、菜籽油和棕榈油等，这还与各地的资源相关。此外，产品的营养性也需要考虑，在原料油的选择上是可以有所体现的，如玉米油、稻米油和橄榄油等富含油酸、亚油酸的油脂。因此合理选择原料油脂，既降低了成本，又保证了产品的品质。

在油脂酶法酯交换中，脂肪酶是底物油脂与改性油脂间最重要的媒介。脂肪酶的来源很多，而通常来源不同的脂肪酶具有的氨基酸残基数也不同，一般为270~640不等，并且亲水氨基酸残基要比疏水氨基酸残基少（Jaeger et al，2002）。虽然来源不同的脂肪酶分子量大小不一，但是它们都有着共同的结构特点，即都含有α/β折叠结构：具有被α螺旋包围的活性位点和β折叠状的核，该活性位点由His-Ser-Asp（Glu）构成，而其活性位点常常被脂肪酶中α螺旋片段所组成的"盖子"覆盖，通常在脂肪酶分子处于活性构象时，"盖子"就会自动打开（崔玉敏等，1999；Reetz，2002）。酶促酯交换的反应通常分两步完成，首先"盖子"打开，然后脂肪酶Ser-OH基团进攻底物酯中的酰基碳，形成酶-酰基复合物，然后在水的作用下，酶将酰基转移到酰基受体上，生成产物，同时酶也恢复原状（郭玉宝等，2001；陈志锋等，2006）。此外，由于一些脂肪酶的活性中心的结构特点，其对甘油三酯中的sn-1,3位置具有特异识别作用，酯交换反应时会优先作用于甘油三酯1位和3位上的脂肪酸，因此很多研究利用特异性sn-1,3位脂肪酶生产母乳脂肪替代品、结构脂质以及代可可脂等（Svensson et al，2011）。

在酶法酯交换反应中，酶首先与甘油三酯作用，生产脂肪酸-酶复合物和双甘酯，当体系中水含量较少时，一部分脂肪酸-酶复合物会进一步与双甘酯发生反应，生成新的甘油三酯，而当体系中水含量较多时，脂肪酸-酶复合物会水解生产脂肪酸（胡和兵等，2006）。目前，在酶法酯交换反应中所使用的酶都需要进行固定化。与游离态的酶相比，固定化酶易于回收，热稳定性好，可以多次重复利用并且部分固定化的酶还具有较高的催化活性（何川，2003）。因此，通过固定化的方式，可以扩大脂肪酶在油脂改性工业中的应用范围，降低酶的使用成本。

冀聪伟等人将猪油和棕榈油硬脂进行混合，以LipozymeRMIM作为酶催化剂，考察温度、时间、酶添加量这三个因素对反应的影响（冀聪伟等，2012）。结果表明，酯交换后两种油脂的相容性明显改善，混合体系的晶型由β型转为了β'型占主导。Pande等进行了棉籽油（CO）和棕榈油硬脂（PS）酶法酯交换，制取零含量TFA人造黄油的研究（Pande et al，2013）。以硬脂酸的插入率为指标，考察了RSM实验设计的四个变量：底物摩尔比（PS：CO＝2~5）、温度（50~65℃）、时间（6~22h）及脂肪酶（Lipozyme TL IM与Novozym435）。采用最优反应条件所得到的结构脂质，其在25℃时的SFC值均比相同比例的物理混合值要低，同时具有理想的FA组成、β'型等物化性质，适宜用作人造黄油基料油，且其 TFA 含量低于检测限，大大低于市售黄油。

6.8.2 油脂的分馏/分提

油脂的分提是指根据甘油三酯熔点及溶解度的不同，通过低温冷却、控制冷却速率、结晶温度、养晶时间等因素，使高熔点组分析出结晶，后采用过滤或离心分离处理得到熔点各有差异的组分。分提是物理改性方法，分提得到的两种或多种组分，性质或用途不一，满足不同的食品工业需求。主要有干法分提、溶剂分提、表面活性剂分提等。通过油脂分提，可以使固体脂肪得到充分开发和利用，生产人造奶油、起酥油、代可可脂等，同时也能改善液体油的低温储藏性能，生产色拉油等。

干法分提是物理改性过程，生产中无 TFA 生成、无催化剂污染，因而其应用前景广阔。干法分提是基于不同类型的甘油三酯的熔点或在不同温度下互溶度的不同，通过油脂冷却结晶达到固液分离的目的，是最简单和最经济的分提工艺（刘军海等，2003）。干法分提工艺包括 3 个主要过程：①液体或熔化的甘油三酯冷却产生晶核；②晶体成长；③固液相分离、离析和提纯。

溶剂分提是一种分离效果比较好的分提方法，该法分离出的甘油三酯组分纯度高，但分提的成本相应也比较大。其主要是将油脂溶解在有机溶剂中（丙酮、异丙醇、正己烷等），在一定温度下，使溶解度低的甘油三酯先结晶析出，从而达到固液分离的目的（谷克仁等，2001）。该法液体油得率高、分离效果好，但因加入有机溶剂，设备要求密封，投资费用较大，安全管理要求严格（王宏平等，2004）。

表面活性剂分提又称为乳化分提或湿法分提，它是油脂经冷却结晶后，添加表面活性剂，改善油与脂的表面张力，借助脂与表面活性剂间的亲和力，形成脂在表面活性剂中呈悬浮液，促进脂晶离析的工艺（蔡丽丽等，2006）。表面活性剂分提得率比干法分提的高，因不使用溶剂，相对安全，设备费用低，操作方便。但由于产生废水排放，对环境保护不利（赵国志等，2007）。

参 考 文 献

GB 5413.36—2010，婴幼儿食品和乳品中反式脂肪酸的测定.

GB/T 17376—2008/ISO 5509：2000 动植物油脂脂肪酸甲酯的制备.

GB/T 22110—2008 食品中反式脂肪酸的测定——气相色谱法.

安雪松，宋春风，袁洪福，等. 2013. 含反式脂肪酸食品近红外光谱快速无损识别方法研究. 光谱学与光谱分析，33（11）：36-40.

柏云爱，梁少华，刘恩礼，等. 2012. 油脂改性技术研究现状及发展趋势. 中国油脂，36（12）：1-6.

毕艳兰. 2011. 油脂化学. 北京：化学工业出版社.

蔡丽丽，钱林. 2006. 油脂分提工艺研究进展与应用. 粮食与油脂，（10）：22-25.

柴丹. 2008. 以大豆油为原料制备零反式脂肪酸人造奶油/起酥油的研究. 无锡：江南大学.

陈双，刘祥，付睿，等. 2008. 气相色谱法及气相色谱-质谱法检测食品中反式脂肪酸的研究进展. 江西食品工业，21（4）：19-22.

陈毅挺. 2003. 毛细管电泳技术. 闽江学院学报，24（2）：92-94.

陈银基，周光宏，鞠兴荣. 2008. 蒸煮与微波加热对牛肉肌内脂肪中脂肪酸组成的影响. 食品科学，29（2）：130-136.

陈银基，周光宏. 2006. 反式脂肪酸分类、来源与功能研究进展. 中国油脂，31（5）：7-10.

陈志锋，吴虹，宗敏华. 2006. 固定化脂肪酶催化高酸废油脂酯交换生产生物柴油. 催化学报，27（2）：146-150.

崔玉敏，魏东芝. 1999. 非水介质中酶促酯化反应机制及醇抑制动力学. 华东理工大学学报：自然科学版，25（4）：363-366.

邓泽元，刘蓉，刘东敏，等. 2010. 中国居民膳食中原料食物的各种反式脂肪酸的调研. 中国食品学报，10（4）：38-47.

杜慧真，程振倩，王晓华. 2010. 反式脂肪酸与健康. 达能营养中心第十三届学术研讨会"膳食脂肪与健康"论文集.

谷克仁，张君杰. 2001. 脱油大豆磷脂的溶剂分提. 中国油脂，26（6）：48-50.

桂宾，徐国恒. 2008. 食物中的反式脂肪酸. 生物学通报，42（9）：20-22.

郭桂萍，王均. 2005. 反式脂肪酸的来源、危害和各国采取的措施. 中国食物与营养，（11）：58-59.

郭婧. 2011. 气相色谱法测定食品中反式脂肪酸含量. 武汉：华中农业大学.

郭玉宝，徐霞. 2001. 酶促酯交换制备定向结构脂质研究. 粮食与油脂，（8）：31-33.

何川. 2003. 酶法酯交换与化学酯交换. 粮食与油脂，（5）：24-25.

何仔颖，吴超. 2011. 食品中反式脂肪酸的风险评价. 食品与机械，（4）：94-97.

胡和兵，王牧野，吴勇民，等. 2006. 酶的固定化技术及应用. 中国酿造，7（4）：4-8.

黄丹丹，袁亚，池金颖，等. 2012. 食品加工条件对于产品反式脂肪酸含量的影响. 食品工业，（6）：76-78.

黄杰. 2005. 甲酯化-气相色谱法检测食品中反式脂肪酸. 中国卫生检验杂志，15（9）：1054-1056.

黄峥，盛灵慧，马康，等. 2013. 5 种脂肪酸甲酯化方法的酯化效率研究. 中国油脂，38（9）：86-88.

惠菊，王满意，杨佳. 2011. 酯交换技术应用在零/低反式脂肪酸人造奶油的研究状况. 农业机械，32（7）：37-40.

冀聪伟，陆健，孟宗，等. 2012. 猪油与棕榈硬脂酶法酯交换制备零反式脂肪酸起酥油的研究. 中国油脂，36（12）：20-24.

康长安，周鸿，何娟，等. 2009. 油脂中反式脂肪酸的检测. 现代仪器，（1）：15-17.

寇秀颖，于国萍. 2005. 脂肪和脂肪酸甲酯化方法的研究. 食品研究与开发，26（2）：46-47.

雷雨，苏琛琛，周如琪. 2009. 油脂中反式脂肪酸的安全风险评估. 经营管理者，（1）：31.

李冬梅，王婧，毕良武，等. 2006. 提取方法对茶油中活性成分角鲨烯含量的影响. 生物质化学工程，40（1）：9-12.

李静，邓泽元，范亚苇，等. 2006. 油炸食品中反式脂肪酸的研究. 食品工业科技，27（5）：49-50.

李文辉. 2014. 健康煎炸油探索及基于 FTIR-ATR 光谱的煎炸油品质评价. 海口：海南大学.

刘军海，裘爱泳. 2003. 植物油氢化技术的研究进展（Ⅱ）. 中国油脂，28（8）：22-25.

刘军海，裘爱泳. 2003. 植物油氢化技术研究进展（Ⅰ）. 中国油脂，28（8）：13-17.

刘军海，裘爱泳. 2003. 油脂干法分提及应用. 中国油脂，28（10）：14-16.

刘林. 2011. 食品中反式脂肪酸的形成机制和安全性研究. 安徽农业科学，39（16）：9851-9853.

刘元法，王兴国. 2008. 油脂脱色过程对反式酸形成和不饱和度的影响. 中国油脂，32（12）：13-16.

马传国. 2002. 油脂深加工及制品. 北京：中国商业出版社.

孟丹，张玉军，许元栋，等. 2013. 油脂加氢催化剂 Cu-Ni-Ru 和进口催化性能比较的研究. 广东化工，40（7）：23-24.

倪昕路，韩丽，王传现，等. 2008. 傅立叶变换红外光谱法分析食品及油脂中反式脂肪酸. 中国卫生检验杂志，18（2）：248-249.

钦理力. 2000. 核磁共振仪在油脂及油料分析中的应用. 西部粮油科技，25（1）：44-45.

裴文杰，岳启楼，杨胜波，张谦益. 2009. 氢氧化钠与甘油混合物催化猪油酯交换反应的研究. 粮食与食品工业，（1）：14-18

任仲丽，徐尔尼，刘薇，等. 2008. 共轭亚油酸的生理功能及微生物合成研究进展. 中国酿造，27（15）：4-8.

阮霞. 2013. 茶油基酶促酯交换制取零反式人造奶油的研究. 南昌：南昌大学.

沈建福，张志英. 2005. 反式脂肪酸的安全问题及最新研究进展. 中国粮油学报，20（4）：88-91.

宋立华，李云飞，汤楠. 2007. 食品中反式脂肪酸的分析方法研究进展. 上海交通大学学报：农业科学版，25（1）：80-85.

宋伟，杨慧萍，沈崇钰，等. 2005. 食品中的反式脂肪酸及其危害. 食品科学，26（8）：500-504.

宋志华，单良，王兴国. 2006. 毛细管气相色谱法测定精炼和氢化大豆油中的反式脂肪酸. 中国油脂，（12）：37-42

宋志华，单良，王兴国. 2006. 反式脂肪酸分析方法的研究进展. 粮油加工，（11）：51-55.

苏德森，陈涵贞，林虹. 2011. 食用油加热过程中反式脂肪酸的形成和变化. 中国粮油学报，26（1）：69-73.

孙攀峰，姚建红，刘建新. 2007. 瘤胃十八碳不饱和脂肪酸氢化的研究进展. 动物营养学报，19（z1）：508-514.

唐传核，彭志英. 2002. 酯交换技术及其在油脂工业中的应用. 中国油脂，27（2）：59-62.

陶健，蒋炜丽，丁太春，等. 2011. 基于水平衰减全反射傅里叶变换红外光谱的食品中反式脂肪酸的测定. 中国食品学报，11（8）：154-158.

田雨，赵连成. 2011. 反式脂肪酸与人体健康. 中国预防医学杂志，12（10）：894-898.

王婵，张彧，徐静，等. 2014. 反式脂肪酸的研究及检测技术进展. 食品安全质量检测学报，（6）：1661-1672.

王宏平，徐斌，李健. 2004. 油脂分提工艺的进展与应用. 中国油脂，29（7）：23-25.

王立琦，王铭义，于殿宇，等. 2009-08-12. 基于近红外光谱技术快速检测食用油脂中反式脂肪酸含量、中国，CN101504362.

王瑞元，王兴国，金青哲，等. 2011. 科学、全面、正确认识反式脂肪酸安全问题. 中国油脂，36（1）：

1-4.

王杉，邱伟华. 2010. 反式脂肪酸的研究进展. 江西食品工业，（4）：47-52.

魏翠平，王瑛瑶，栾霞. 2011. 人造奶油研究现状及其制备技术. 中国食物与营养，17（6）：32-35.

魏丽芳. 2008. 反式脂肪酸检测方法的建立及应用. 重庆：西南大学.

吴惠勤，黄晓兰，林晓珊，等. 2007. 脂肪酸的色谱保留时间规律与质谱特征研究及其在食品分析中的应用. 分析化学，35（7）：998-1003.

武丽荣. 2005. 反式脂肪酸的产生及降低措施. 中国油脂，30（3）：42-44.

谢明勇，谢建华，杨美艳，等. 2010. 反式脂肪酸研究进展. 中国食品学报，10（4）：14-26.

邢立民. 2009. 天然油脂同分异构现象研究. 内蒙古科技与经济，（24）：78-79.

严衍录，陈斌，朱大洲，等. 2013. 近红外光谱分析的原理、技术与应用. 北京：中国轻工业出版社.

杨春英，刘学铭，陈智毅. 2013. 15 种食用植物油脂肪酸的气相色谱-质谱分析. 食品科学，34（6）：211-214.

杨虎，阳长敏，吴雪琴，等. 2006. 食品中反式脂肪酸的研究. 食品与发酵工业，32（4）：107-110.

杨辉，李宁. 2010. 反式脂肪酸及各国管理情况介绍. 中国食品学报，10（4）：8-13.

杨滢，陈奕，张志芳，等. 2012. 油炸过程中 3 种植物油脂肪酸组分含量及品质的变化. 食品科学，33（23）：36-41.

杨月欣，韩军花. 2007. 反式脂肪酸——安全问题与管理现状. 国外医学：卫生学分册，34（2）：88-93.

于修烛，杜双奎，岳田利，等. 2008. 衰减全反射傅里叶变换红外光谱（ATR-FTIR）技术测定油脂中反式脂肪酸. 中国粮油学报，23（2）：189-193.

张斌. 2007. Pricat 镍催化剂氢化大豆油的研究. 无锡：江南大学.

张博，司芝坤，李素真，等. 2003. 脂肪酸甘油酯的色谱分析. 山东化工，（6）：27-29.

张贺兰，高桂萍. 2011. 油脂中的反式脂肪酸安全问题探讨. 经营管理者，（3）：395.

张恒涛，肖韦华，王旭峰，等. 2006. 食品中反式脂肪酸的研究现状及其进展. 肉类研究，（4）：28-32.

张镜澄. 2000. 超临界流体萃取. 北京：化学工业出版社.

张玉军，艾宏韬，黄道惠. 1991. 油脂氢化进展. 郑州工程学院学报，（4）：45-52.

张玉军，陈杰瑢. 2002. 油脂加氢催化剂研究现状及发展趋势. 工业催化，10（6）：23-26.

张玉军，胡静波. 2002. 油脂的传统氢化与电化学催化氢化. 郑州工程学院学报，23（1）：55-57.

章海风，周晓燕，李辉，等. 2013. 3 种食用油在油条煎炸过程中的品质变化比较. 食品科学，34（22）：160-164.

赵国志，刘喜亮，刘智锋. 2007. 油脂改性技术开发动向（Ⅰ）. 粮食与油脂，（7）：5-9.

周雪巍，郑楠，韩荣伟，等. 2014. 国内外农产品质量安全风险预警研究进展. 中国农业科技导报，16（3）：1-7.

左青. 2006. 植物油的营养和如何在加工中减少反式酸. 中国油脂，31（5）：11-13.

Aage J. 1997. The magnetic as an additional selectivity parameter in fat hydrogenation. Journal of American Oil Chemists' Society，74：615-617.

Adlof R，Lamm T. 1998. Fractionation of *cis-* and *trans*-oleic, linoleic, and conjugated linoleic fatty acid methyl esters by silver ion high performance liquid chromatography. Journal of Chromatography A，799：329-332.

An W，Hong J K，Pintauro P N，et al. 1998. The electrochemical hydrogenation of edible oils in a solid polymer electrolyte reactor. Ⅰ. Reactor design and operation. Journal of the American Oil Chemists' Socie ty, 75: 917-925.

AOAC International Method 2000. 10, Official Methods of analysis, 17th edition, Gaithersburg, MD, 1997.

AOAC International Method 965. 34, Official Methods of Analysis, 17th edition, Gaithersburg, MD, 1997.

AOCS Official Method Cd 14-95, American Oil Chemists' Society, Official Methods and Recommended Practices, 5th edition, eds., Firestone, D., Champaign, IL, 1999.

AOCS Official Method Cd 14d-99, American Oil Chemists' Society, Official Methods and Recommended Practices, 5th edition, ed., Firestone, D., Champaign IL, 1999.

AOCS Official Method Ce 1f-96. Determination of *cis*- and *trans*-fatty acids in hydrogenated and refined oils and aats by capillary GLC. 2001.

Ascherio A. 2002. Epidemiologic studies on dietary fats and coronary heart disease. The American Journal of Medicine, 113: 9-12.

Assumpção R P, Duarte Dos Santos F, Andrade P D M M, et al. 2004. Effect of variation of trans-fatty acid in lactating rats' diet on lipoprotein lipase activity in mammary gland, liver, and adipose tissue. Nutrition, 20: 806-811.

Bansal G, Zhou W, Tan T, et al. 2009. Analysis of *trans* fatty acids in deep frying oils by different approaches. Food Chemisty, 116: 535-541.

Bhanger M I, Anwar F. 2004. Fatty acid (FA) composition and contents of trans unsaturated FA in hydrogenated vegetable oils and blended fats from Pakistan. Journal of the American Oil Chemists' Society, 2004, 81: 129-134.

Bray G A, Lovejoy J C, Smith S R, et al. 2002. The influence of different fats and fatty acids on obesity, insulin resistance and inflammation. The Journal of Nutrition, 132: 2488-2491.

Cahen R M. 1979. Hydrogenation process, Google Patents.

Carlson S E, Clandinin M T, Cook H W, et al. 1997. Trans Fatty acids: infant and fetal development. The American Journal of Clinical Nutrition, 66: 717S-736S.

Chatgilialoglu C, Ferreri C, Lykakis I N, et al. 2006. Trans-Fatty acids and radical stress: What are the real culprits. Bioorganic and Medicinal Chemistry, 14: 6144-6148.

Chen Y, Yang Y, Nie S, et al. 2014. The analysis of *trans* fatty acid profiles in deep frying palm oil and chicken fillets with an improved gas chromatography method. Food Control, 44: 191-197.

Cook R. 2002. Thermally induced isomerism by deodorization. Inform, 13: 71-76.

Dance L J E, Doran O, Hallett K, et al. 2010. Comparison of two derivatisation methods for conjugated linoleic acid isomer analysis by Ag1-HPLC/DAD in beef fat. European Journal of Lipid Science and Technology, 112: 188-194.

de Castro P M, Barra M M, Costa Ribeiro M C, et al. 2010. Total *trans* fatty acid analysis in spreadable cheese by capillary zone electrophoresis. Journal of Agricultural and Food Chemistry, 58: 1403-1409.

de Oliverira M A L, Solis V E S, Giolelli L A, et al. 2003. Method development for the analysis of *trans*-fatty acids in hydrogenated oils by capillary electrophoresis. Electrophoresis, 24: 1641-1647.

Decsi T，Koletzko B. 1995. Do trans fatty acids impair linoleic acid metabolism in children. Annals of Nutrition and Metabolism，39：36-41.

Destaillats F，Angers P. 2005. Thermally induced formation of conjugated isomers of linoleic acid. European Journal of Lipid Science and Technology，107：167-172.

Dijkstra A J. 2006. Revisiting the formation of trans isomers during partial hydrogenation of triacylglycerol oils. European Journal of Lipid Science and Technology，108：249-264.

Ecker J，Scherer M，Schmitz G，et al. 2012. A rapid GC-MS method for quantification of positional and geometric isomers of fatty acid methyl esters. Journal of Chromatography B，897：98-104.

Fauzi S H M，Rashid N A，Omar Z. 2012. Effects of chemical interesterification on the physicochemical，microstructural and thermal properties of palm stearin，palm kernel oil and soybean oil blends. Food Chemistry，137：8-17.

Ferreri C，Kratzsch S，Brede O，et al. 2005. Trans lipid formation induced by thiols in human monocytic leukemia cells. Free Radical Biology and Medicine，38：1180-1187.

Filip S，Hribar J，Vidrih R. 2011. Influence of natural antioxidants on the formation of *trans*- fatty-acid isomers during heat treatment of sunflower oil. European Journal of Lipid Science and Technology，113：224-230.

Grau R J，Cassano A E，Altanás M A. 1988. Catalysts and network modeling in vegetable oil hydrogenation processes. Catalysis Reviews Science and Engineering，30：1-48.

Härröda M，Machera M，van den Harka S，et al. 2001. Hydrogenation under Supercritical Single-phase Conditions. High Pressure Process Technology：Fundamentals and Applications，Bertucco A，Vetter G. Elsevier，

Hu F B，Manson J E，Stampfer M J，et al. 2001. Diet，lifestyle，and the risk of type 2 diabetes mellitus in women. New England Journal of Medicine，345：790-797.

Hu F B，Stampfer M J，Manson J E，et al. 1997. Dietary fat intake and the risk of coronary heart disease in women. New England Journal of Medicine，1997，337：1491-1499.

Huang Z，Wang B，Crenshaw A A. 2006. A simple method for the analysis of trans fatty acid with GC-MS and ATe-Silar-90 capillary column. Food Chemistry，98：593-598.

Hulshof K F，van Erp-Baart M A，Anttolainen M，et al. 1999. Intake of fatty acids in western Europe with emphasis on trans fatty acids：the trans fair study. European Journal of Clinical Nutrition，53：143-157.

Innis S M. 2006. Trans fatty intakes during pregnancy，infancy and early childhood. Atherosclerosis Supplements，7：17-20.

Jaeger K E，Eggert T. 2002. Lipases for biotechnology. Current Opinion in Biotechnology，13：390-397.

Jang E S，Jung M Y，Min D B. 2005. Hydrogenation for low trans and high conjugated fatty acids. Comprehensive Reviews in Food Science and Food Safety，4：22-30.

Juanéda P，Sébédio J L. 1994. Complete separation of the geometrical isomers of linolenic acid by high performance liquid chromatography with a silver ion column. Journal of High Resolution Chromatography，17：321-324.

Kanchan M，Shashi L. 2008. Low temperature soybean oil hydrogenation by an electrochemical process.

Journal of Food Engineering, 84: 526-533.

Kandhro A, Sherazi S T H, Mahesar S A, et al. 2008. GC-MS quantification of fatty acid profile including trans FA in the locally manufactured margarines of Pakistan. Food Chemistry, 109: 207-211.

King J W, Holliday R L, List G R, et al. 2001. Hydrogenation of vegetable oils using mixtures of super-critical carbon dioxide and hydrogen. Journal of the American Oil Chemists' Society, 78: 107-113.

Kitayama Y, Muraoka M, Takahashi M, et al. 1996. Catalytic hydrogenation of linoleic acid onnickel, copper andpalladium. Journal of the American Oil Chemists' Society, 73: 1311-1316.

Kramer J K G, Blackadar C B, Zhou J Q. 2002. Evaluation of two columns (60-m SUPELCOWAX 10 and 100-m CP Sil 88) for analysis of milk fat with emphasis on CLA, 18: 1, 18: 2 and 18: 3 isomers, and short- and long-chain FA. Lipids, 37: 823-835.

List G R, Warner K, Pintauro P, et al. 2007. Low-trans shortening and spread fats produced by electro-chemical hydrogenation. Journal of the American Oil Chemists' Society, 84: 497-501.

Mossoba M M, Adam M, Lee T. 2001. Rapid determination of total trans fat content- an attenuated total reflection infrared spectroscopy international collaborative study. Journal of AOAC International, 84: 1144-1150.

Moulton K J, Koritala S, Frankel E N. 1983. Ultrasonic hydrogenation of soybean oil. Journal of the American Oil Chemists' Society, 60: 1257-1258.

Mozaffarian D, Katan M B, Ascherio A, et al. 2006. Trans fatty acids and cardiovascular disease. New England Journal of Medicine, 354: 1601-1613.

Otieno A C, Mwongela S M. 2008. Capillary electrophoresis-based methods for the determination of lipids-A review. Analytica Chimica Acta, 624: 163-174.

Pande G, Akoh C C, Shewfelt R L. 2013. Utilization of enzymatically interesterified cottonseed oil and palm stearin-based structured lipid in the production of trans-free margarine. Biocatalysis and Agricultural Bi-otechnology, 2: 76-84.

Priego-Capote F, Ruiz-Jiménez J, de Castro M D L. 2007. Identification and quantification of trans fatty acids in bakery products by gas chromatography - mass spectrometry after focused microwave Soxhlet ex-traction. Food Chemistry, 100: 859-867.

Priego-Capote F, Ruiz-Jiménez J, Garcéa-Olmo J, et al. 2004. Fast method for the determination of total fat and trans fatty-acids content in bakery products based on microwave-assisted Soxhlet extraction and medi-um infrared spectroscopy detection. Analytica Chimica Acta, 517: 13-20.

Ratnayake W M, Plouffe L J, Pasquier E, et al. 2002. Temperature-sensitive resolution of cis-and trans-fatty acid isomers of partially hydrogenated vegetable oils on SP-2560 and CP-Sil 88 capillary columns. Jour-nal of AOAC International, 85: 1112-1118.

Ravi K C, Reshma M V, Sundaresan A. 2013. Separation of cis/trans fatty acid isomers on gas chromatog-raphy compared to the Ag-TLC method. Grasas Y Aceites, 64: 95-102.

Reetz M T. 2002. Lipases as practical biocatalysts. Current Opinion in Chemical Biology, 6: 145-150.

Rodriguez-Saona L E, Allendorf M E. 2011. Use of FTIR for rapid authentication and detection of adultera-tion of food. Annual Review of Food Science and Technology, 2: 467-483.

Satchithanandam S, Fritsche J, Rader J I. 2002. Gas chromatographic analysis of infant formulas for total fatty acids，including trans fatty acids. Journal of AOAC International，85：86-94.

Silva R C D，Soares D F，Lourenço M B，et al. 2010. Structured lipids obtained by chemical interesterification of olive oil and palm stearin. LWT-Food Science and Technology，43：752-758.

Singh D，Rezac M E，Pfromm P H. 2007. Partial hydrogenation of soybean oil with minimal trans fat production using a Pt-decorated polymeric membrane reactor. Journal of the American Oil Chemists' Society，86：93-101.

Slattery M L，Benson J，Ma K，et al. Trans-fatty acids and colon cancer. Nutrition and Cancer，39：170-175.

Svensson J，Adlercreutz P. Effect of acyl migration in Lipozyme TL IM- catalyzed interesterification using a triacylglycerol model system. European Journal of Lipid Science and Technology，2011，113：1258-1265.

Tang B K，Row K H. Development of gas chromatography analysis of fatty acids in marine organisms. Journal of Chromatographic Science，2013，51：599-607.

Tonetto G M,，Sánchez J F，Ferreira M L，et al. Partial hydrogenation of sunflower oil：Use of edible modifiers of the cis/trans-selectivity. Journal of Molecular Catalysis A：Chemical，2009，299：88-92.

Tsuzuki W. *Cis-trans* isomerization of carbon double bonds in monounsaturated triacylglycerols via generation of free radicals. Chemistry and Physics of Lipids，2010，163：741-745.

Tsuzuki W，Matsuoka A，Ushida K. Formation of *trans* fatty acids in edible oils during the frying and heating process. Food Chemistry，2010，123：976-982.

Tsuzuki W. Effects of antioxidants on heat-induced *trans* fatty acid formation in triolein and trilinolein. Food Chemistry，2011，129：104-109.

Veldsink J W，Bouma M J，Schöön N H，et al. Heterogeneous hydrogenation of vegetable oils：a literature review. Catalysis Reviews，1997，39：253-318.

Wan P J，Wa Muanda M，Covey J E. Ultrasonicvs nonultrasonic hydrogenation in a batch reactor. Journal of The American Oil Chemist's Society，1992，69：876-879.

Watts G F，Jackson P，Burke V，et al. Dietary fatty acids and progression of coronary artery disease in men. The American Journal of Clinical Nutrition，1996，64：202-209.

Wolff R L，Bayard C C. Improvement in the resolution of individual *trans*-18：1 isomers by capillary gas-liquid chromatography：Use of a 100-m CP-Sil 88 column. Journal of the American Oil Chemists' Society，1995，70：1197-1201.

Yilmaz I，Geçgel U. Effects of gamma irradiation on trans fatty acid composition in ground beef. Food Control，18：635-638.

Yusem G J，Pintauro P N. 1992. The electrocatalytic hydrogenation of soybean oil. Journal of the American Oil Chemists' Society，69：399-404.

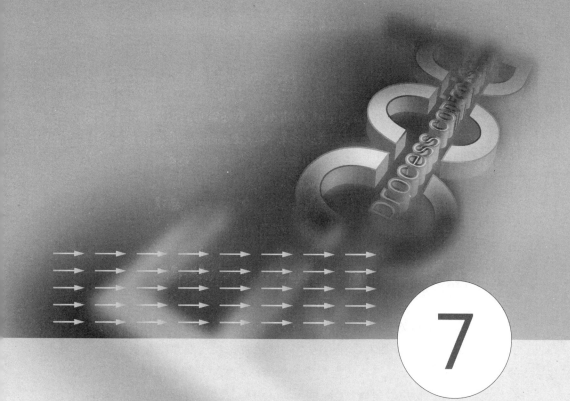

7

羟甲基糠醛

　　羟甲基糠醛（hydroxymethylfurfural），也称为 5-羟甲基糠醛、5-羟甲基-2-呋喃甲醛、5-羟甲基-2-糠醛、5-(羟甲基)-2-呋喃甲醛、5-羟基甲基糠醛、5-羟基甲基呋喃甲醛等。是重要的工业生产用材料，化学结构见图 7-1。因为羟甲基糠醛含有一个醛基和一个羟甲基，可发生多种化学反应，可用作生产用途广泛的化合物和新型材料。

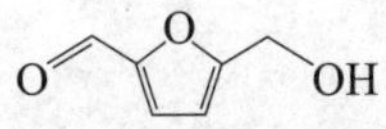

图 7-1　羟甲基糠醛结构式

7.1　热加工食品中的羟甲基糠醛及暴露评估

　　很多食品在热处理、发酵等加工过程中会产生羟甲基糠醛（张玉玉等，2010），其主要来源于加工过程中所发生的美拉德反应及焦糖化反应。羟甲基糠醛具有增香调色功能，因为随着羟甲基糠醛的产生，羟甲基糠醛继续发生反应还会产生很多棕色物质及呈香成分（Capuano et al，2008，2009）。食品加工环境中的诸多因素如 pH 值、压力、温度等和食物组成成分对羟甲基糠醛生成量具有显著影响，比如在反应温度、时间、压力、pH 值、氧含量等关键因素改变时，非还原糖转换为还原糖等，都会影响羟甲基糠醛反应的进程，因此通过控制这些因素可以有效调控羟甲基糠醛反应的进程。

　　工业上生产羟甲基糠醛，主要利用富含糖类的生物质材料或农业废料，即它们在提取、加工和保存过程中降解生成戊糖、己糖等单糖，继而在受热、氧化或酸性环境发生水解、裂解、脱水反应，产生羟甲基糠醛。

7.1.1　羟甲基糠醛的基本性质

　　羟甲基糠醛纯品呈针状结晶、暗黄色液体或粉末，具有甘菊花味，因其具有吸湿性，故比较容易液化。羟甲基糠醛的 CAS 号为 67-47-0，分子式为 $C_6H_6O_3$，相对分子质量为 126.11，熔点为 28～34℃，沸点为 114～116℃，密度为 1.243g/mL，储存条件为 2～8℃。羟甲基糠醛的化学性质比较活泼，可以发生加氢、酯化、聚合、卤化、水解、氧化脱氢等化学反应。羟甲基糠醛是一种呋喃类化合物，是美拉德反应的一种中间产物，它可以在食品热处理过程中的酸性条件下由糖（焦糖）直接水解产生。羟甲基糠醛不能与强碱、强氧化剂、强还原剂共存。加热时释放出干燥刺激性的烟雾，燃烧和分解时释放一氧化碳和二氧化碳。羟甲基糠醛易溶于水、甲醇、乙醇、丙酮、乙酸乙酯、甲基异丁基甲酮、二甲基甲酰胺等，可溶于乙醚、苯、氯仿等，微溶于四氯化物，难溶于石油醚。

羟甲基糠醛本身具有药物活性，是很多中药的有效成分。由羟甲基糠醛出发制备的一系列呋喃衍生物也具有不同的功能，包括合成医药和农药方面的先导化合物，作为合成单位合成具有光学活性、可生物降解等特性的高分子材料，还可以合成具有强配位能力的大环化合物。

7.1.2 热加工食品中羟甲基糠醛的含量及分布

在我国国家标准（GB 2760—2007《食品添加剂使用卫生标准》）中，糠醛归属于食品香料类，功能是用于调配食品香精，使食品增香，如配制面包、奶油硬糖、咖啡等香精。中国、国际食品法典委员会、欧盟、美国、日本的食品添加剂标准和法规中规定允许糠醛作为香料使用。大鼠的经口半数致死量为 65mg/kg（以体重计）。其在美国香味料和萃取物质制造者协会编号为 2489，在一些食品中的限量为软饮料 4.0mg/kg、冷饮 13.0mg/kg、糖果 12.0mg/kg、焙烤食品 17.0mg/kg、布丁类 0.8mg/kg、胶姆糖 45.0mg/kg、酒类 10.0mg/kg、糖 30.0mg/kg（凌关庭等，2003）。

羟甲基糠醛是葡萄糖等单糖化合物在高温或弱酸等条件下脱水产生的醛类化合物。羟甲基糠醛主要存在于可能发生糖降解反应和美拉德反应的食品和植物中，如蜂蜜、婴儿乳品、葡萄干及水果，另外在烘焙食品、麦芽、果汁、咖啡和醋中也存在羟甲基糠醛。

在我国，羟甲基糠醛是含葡萄糖等单糖注射剂中需要严格控制的杂质。《中华人民共和国药典》从 1985 年版开始对葡萄糖注射液中羟甲基糠醛的含量作出了限量规定，葡萄糖氯化钠注射液中羟甲基糠醛的含量其吸光度不得大于 0.25（伦心强等，2004）。对葡萄糖注射液中羟甲基糠醛含量的检测发现，其生成量与灭菌时间、灭菌温度、灭菌方法、药液本身羟甲基糠醛的含量有关。羟甲基糠醛在食品中的检出量与富含碳水化合物的食品热加工过程直接相关，羟甲基糠醛的另外一个来源是食品中添加的焦糖或蜂蜜等物质。目前，研究者对羟甲基糠醛检测的研究，主要集中在检测牛乳、醋、蜂蜜、酒类等各类食品中羟甲基糠醛的含量。也有学者研究了 38 种含有水果和糖的果酱，以及 18 种以水果为基料的婴儿食品的 pH 值、干物质含量和羟甲基糠醛的含量，结果发现所有的 56 种样品中都含有一定数量的羟甲基糠醛，检测结果从痕量到 7.17mg/100g 不等，平均含量为 1.35mg/100g。尽管在某些系列的食品中，如干制水果、焦糖、醋中的羟甲基糠醛含量相当高，但是面包和咖啡是羟甲基糠醛的最主要膳食摄入方式。

羟甲基糠醛作为许多中药和复方以及食品的共有成分不断被人们发现。熟地黄、五味子、板蓝根、东北铁线莲、肉桂、知母、沙棘果实、狗脊、乌梅、石斛小菇、玄参、柚皮、牛膝、北苍术、石菖蒲、手掌参、西南忍冬、槐树等许多中药材都含有羟甲基糠醛这一成分。果汁和日本黄杏、咖啡、蜂蜜、啤酒、葡萄干、婴儿乳制品等食品中，羟甲基糠醛也被大量发现。

羟甲基糠醛也来源于不同中药的配伍，研究发现，麦冬和五味子的水煎液中产生羟甲基糠醛，羟甲基糠醛的含量随着麦冬数量的增加而增加，煎煮时间1.5h，煎煮两次，羟甲基糠醛含量最高。

7.1.3 羟甲基糠醛的暴露评估

Zhang 等对中国人群中羟甲基糠醛的膳食暴露进行了研究，其日常羟甲基糠醛摄入量计算如下：

$$E = \frac{\sum F \times C}{W \times 1000}$$

式中，E 为人均暴露量，mg/(kg bw·d)；F 为人均每天摄入量，kg/d；C 为食品中羟甲基糠醛的含量，mg/kg；W 为参考体重，60kg。

Zhang 等采用超高速液相色谱法测定了中国市场上 227 种食品中的羟甲基糠醛含量。除海苔和奶粉外，其余食品中均含有羟甲基糠醛。因食品种类的不同，羟甲基糠醛含量也有较大差异，原因在于食品原材料和加工方法对于羟甲基糠醛形成的影响较为显著（$p < 0.05$）。大米制品、水果和蔬菜制品、调味品、茶叶和咖啡中的羟甲基糠醛平均含量高于 20mg/kg，果脯中羟甲基糠醛含量最高，平均值达到 409.6mg/kg。这表明像果脯类富含糖类的原材料会形成大量的羟甲基糠醛（Zhang et al，2014）。

实验调查中，中国居民膳食羟甲基糠醛平均暴露量为 0.12mg/(kg bw·d)。不同种类食品对羟甲基糠醛摄入量的贡献量如图 7-2。大米制品和面粉制品分别为 41.2% 和 30.3%。其他食品的贡献量较小。

研究表明，一定浓度的羟甲基糠醛被人体吸收，会对肝、肾脏、心脏和其他器官造成负面影响；羟甲基糠醛还对眼黏膜、上呼吸道黏膜等产生刺激作用。然而，人类摄入的羟甲基糠醛量是否会对健康产生危害还不确定。关于羟甲基糠醛的毒理学结果多是建立在动物实验的基础上。JECFA 公布的最大膳食摄入量为 0.54mg/(kg bw·d)，欧洲食品安全委员会将该摄入量调整为 26.7mg/(kg bw·d)。

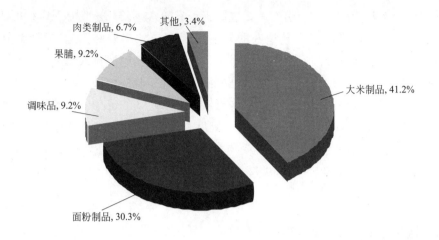

图 7-2　不同种类食品对羟甲基糠醛膳食摄入的贡献量

7.2　羟甲基糠醛的毒性

近年来，一些研究表明羟甲基糠醛具有抗氧化、改善血液流变学等对人体有利的作用。最近研究发现羟甲基糠醛能延长小鼠在严重低氧条件下的存活时间，提高细胞存活率，但其抗氧化损伤作用及机制尚不明确。

7.2.1　羟甲基糠醛的代谢

将羟甲基糠醛用^{14}C标记后大鼠经口给药，8h后发现^{14}C主要集中在肾脏和膀胱，其次是肝脏，胃肠道较少，可见肾排泄是羟甲基糠醛的主要排泄方式。在大鼠给药8h后的尿液中检测到了两种呋喃环的成分——5-羟甲基-2-糠酸（HM-FA）和HMFA的甘氨酸结合物（HMFG），并且尿液中的^{14}C含量达到85%，给药24h后其含量大大降低。由此可见，羟甲基糠醛在大鼠体内主要经肾排泄，且代谢速度较快。

7.2.2　羟甲基糠醛的毒性

羟甲基糠醛会以吸入或肌肤接触被机体吸收，对眼睛、上呼吸道、皮肤和黏膜等会产生刺激作用（谭俊杰等，2010）；同时对机体横纹肌和内脏也具有损伤作用，同时还会产生神经毒性，并且能够与机体蛋白质反应进而引起蓄积毒性，因此在含葡萄糖或其他单糖的产品中十分有必要作为一种关键物质加以抑制。有关研究表明羟甲基糠醛可能会引发并促进结肠小囊异常生长，还具有一定程度的基因毒性，食用含过多的羟甲基糠醛的食品可能会导致突变和引起 DNA 链断裂。目前，对羟甲基糠醛的安全性争议很大，但在羟甲基糠醛对人类是否具有致癌性方面还没有充分的理论依据，大多是大鼠等动物实验的结果。

有研究表明，羟甲基糠醛的每日允许摄入量为 30~60mg。在对啮齿类动物研究羟甲基糠醛致癌作用时，发现在大鼠结肠内，羟甲基糠醛能够诱导和促进畸形腺窝灶（肿瘤出现前的病变，ACP）。也有研究表明羟甲基糠醛能够诱导小鼠肠道肿瘤。美国国家毒理学项目（NTP）做了一项研究，对雌鼠进行两年的羟甲基糠醛喂养，发现雌鼠肝细胞腺瘤的发生率明显增加。

7.2.3 羟甲基糠醛的毒理学

用 H_2O_2 诱导 PC12 细胞氧化损伤，研究羟甲基糠醛的抗氧化损伤作用及其作用机制（张建宏，2009）。以不同浓度的羟甲基糠醛处理细胞，在不同的时间点检测细胞存活率，寻找到合适浓度的羟甲基糠醛。再用此浓度的羟甲基糠醛预处理 PC12 细胞，以 H_2O_2 处理细胞后检测细胞存活、细胞形态学变化及 DNA 氧化损伤情况，研究发现羟甲基糠醛具有明显的抗 H_2O_2 引起的氧化损伤作用。同时，研究者研究了不同浓度羟甲基糠醛对细胞存活率的影响，用 $50\mu g/mL$、$100\mu g/mL$、$200\mu g/mL$ 和 $400\mu g/mL$ 的羟甲基糠醛分别处理 PC12 细胞 2h、6h 和 24h 后，用 MTT 检测细胞存活率，发现 $200\mu g/mL$ 和 $400\mu g/mL$ 的羟甲基糠醛作用 6h 和 24h 后，细胞存活率明显下降，而 $50\mu g/mL$ 和 $100\mu g/mL$ 的羟甲基糠醛在作用 24h 后细胞存活率仍未受影响。在研究 H_2O_2 对细胞存活的影响及羟甲基糠醛的作用时，分别用 $50\mu g/mL$ 和 $100\mu g/mL$ 羟甲基糠醛预处理细胞 30min 后，再用 $400\mu mol/L$ H_2O_2 处理 1h，MTT 检测细胞存活率，结果表明 H_2O_2 处理后细胞存活率降低，$50\mu g/mL$ 和 $100\mu g/mL$ 羟甲基糠醛则能明显提高 H_2O_2 氧化损伤后的细胞存活率。对细胞形态学进行观察，进一步用倒置相差显微镜观察细胞形态学上的变化，发现 $400mol/L$ H_2O_2 处理后细胞皱缩变小，细胞数目明显减少，$50\mu g/mL$ 和 $100\mu g/mL$ 羟甲基糠醛预处理后能减缓 H_2O_2 引发的形态学改变。

对于羟甲基糠醛的致癌性而言，流行病学研究表明，羟甲基糠醛会引发肿瘤危害人体健康。也有研究表明羟甲基糠醛具有潜在的引起结肠癌变的可能。

研究发现，在以焦糖为着色剂的各种食物中，羟甲基糠醛的含量可以达到 1%。为了证实蔗糖加热后可以产生结肠小囊异常生长（ACF）的作用，利用结肠致癌剂造模的 45F344 雌性大鼠进行实验。造模 1 周后，将动物随机分成 4 组，并分别在正常饮食中加入未加热的蔗糖、加热后的蔗糖、加热后蔗糖的丁醇提取物（去除羟甲基糠醛）和1％的羟甲基糠醛进行饲养。结果显示，蔗糖加热组和1％的羟甲基糠醛组均出现明显的ACF，而丁醇提取物组大鼠未出现ACF。进一步实验还证实羟甲基糠醛能直接导致ACF的产生，并呈剂量依赖性。由此得出结论，对糖进行加热后（包括家庭烹制）如能产生含量为1％的羟甲基糠醛，就有可能引发并促进结肠小囊异常生长。另外，羟甲基糠醛可产生一定程度的基因毒性，推测其机制为羟甲基糠醛在体内经过硫化和氯化的过程而产生致突变作用（耿放等，Zhang et al，1993；Surh et al，1994）。

也有研究表明羟甲基糠醛并不具有某些毒副作用。羟甲基糠醛对家兔的一般毒理和特殊毒理学考察的结果表明，家兔体重、血红蛋白、白细胞数、血小板、血浆蛋白、血浆-丙氨酸-转氨酶、碱性磷酸酶、肝细胞坏死、肝脂肪化程度等指标均未改变；连续5h静脉注射200mg羟甲基糠醛的等渗NaCl溶液后，并未增加对静脉的刺激，而此时的给药剂量要远远大于葡萄糖注射液中产生的羟甲基糠醛的量。另有研究表明，在对8种碳水化合物的热降解产物对小鼠皮肤癌的作用研究中发现，羟甲基糠醛并未显示出诱导和促进皮肤癌的作用。通过羟甲基糠醛对蛋白质损伤和影响谷胱甘肽活性的研究，得出结论，羟甲基糠醛虽然能够使正常细胞内谷胱甘肽活性受到一定影响，但远远不会给人体带来严重的损害（Rasmussen et al，1982；Miyakawa et al，1991；Janzowski et al，2000）。

羟甲基糠醛对血细胞也有一定影响（Ulbricht et al，1984）。对老鼠进行毒理学试验，得到羟甲基糠醛的半数致死量为3.1g/kg，羟甲基糠醛剂量超过75mg/kg会导致肝脏的酶和酶活性增加，进而导致血清蛋白发生改变。

7.2.4　羟甲基糠醛药理作用研究现状

羟甲基糠醛在中药和复方中有很明显的药理作用。对早生脉散这一复方的研究中发现，其药效的物质基础是这一复方的三味药在煎煮中产生的羟甲基糠醛这一新成分，它与衰老及免疫系统疾病有很大联系。

由于羟甲基糠醛的广泛存在性，其药理作用是人们的研究重点。但羟甲基糠醛的作用产生机制仍未明晰，目前还停留在一个推测、争论的阶段。作为糖的热降解产物，羟甲基糠醛的研究已涉足医药业、糖业、食品业等领域，尤其医药领域意义重大。多年来，虽然其相关研究有一定程度的积累，但还没有公认的结论，尤其是药理作用还存在争议。

7.2.4.1　改善血液流变学、抗衰老的作用

熟地黄可以通过改善红细胞变形能力、红细胞集合体形成等红细胞动态，并

通过使纤溶系功能增强而改善血液流变学；而生地黄、干地黄未显示此作用。此化学成分差异表现为熟地黄中羟甲基糠醛是生地黄、干地黄的 20 倍。熟地黄中羟甲基糠醛有增进红细胞变形作用的功能。

7.2.4.2　抗心肌缺血的作用

生脉饮中的抗心肌缺血作用的药效物质基础就是羟甲基糠醛。

7.2.4.3　对脑缺血小鼠学习记忆及脑部自由基的影响

通过对脑缺血模型小鼠的 Morris 水迷宫实验和跳台实验，羟甲基糠醛可以改善小鼠脑缺血再灌注引起的记忆障碍，其机制可能与恢复脑组织清除自由基的酶活力抗自由基损伤有关。

7.2.4.4　对 CCl_4 损伤的肝组织的保护作用

从山茱萸提取的羟甲基糠醛的高、中、低剂量（相当于原酒山茱萸剂量 10g/kg、5g/kg、2.5g/kg），均对急性肝损伤小鼠肝细胞具有保护作用。抗氧化作用可能是其具有保护作用的机制之一。

7.2.4.5　对血管内皮细胞的保护作用

$0.1 \sim 100 \mu g/mL$ 羟甲基糠醛对 H_2O_2 所致血管内皮细胞损伤具有保护作用。$0.1 \sim 1 \mu g/mL$ 羟甲基糠醛对被葡萄糖损伤的血管内皮细胞具有保护作用。

7.2.4.6　影响甘草酸代谢

将羟甲基糠醛给家兔口服给药，能抑制甘草次酸氧化为 3-脱氢甘草次酸，增加甘草酸在体内的吸收，从而促进甘草和甘草次酸的抑制肿瘤、抗炎、降低血中胆固醇的作用。

7.2.5　羟甲基糠醛的安全性评价

研究表明，磺化的羟甲基糠醛会对实验鼠产生致突变和致癌性（Miller，1994；Janzowski et al, 2000）。欧盟食品安全委员会食品添加剂、香料、加工助剂及食品接触材料科学小组以修正理论加权最大日摄入量（modified theoretical added maximum daily intake，mTAMDI）法为基础进行研究，认为每人每天摄入羟甲基糠醛的上限为 1.6mg，远高于联合食品添加剂专家委员会（Joint FAO/WHO Expert Committee on Food Additives，JECFA）在 1996 年通过大量急性和亚急性动物毒理实验所得到的每人每天 $540 \mu g$ 的标准（JECFA，1996；

European Food Safety Authority，2005）。大鼠结肠小囊异常生长的羟甲基糠醛剂量，为口服单剂量 $0 \sim 300 \text{mg/kg}$。小鼠经过局部摄入 $10 \sim 25 \mu\text{mol}$ 的羟甲基糠醛后，可以诱导皮肤乳头状瘤。另外，在大鼠皮下注入 200mg/kg 羟甲基糠醛后，会引起其肾脏脂肪瘤样肿瘤的发生。

羟甲基糠醛对癌细胞 A375 和 SW480 增殖的抑制作用大于正常肝细胞 L02，且对 A375 具有最大活性。通过倒置显微镜观察细胞形态变化，与对照组相比，经不同浓度羟甲基糠醛处理之后，细胞皱缩变圆，并随着羟甲基糠醛浓度的增加，细胞数目逐渐减少，死亡数目逐渐增多，表明羟甲基糠醛具有抑制细胞增殖的作用。通过对 3 种细胞抑制作用的比较看出，随着羟甲基糠醛浓度的增加，癌细胞 A375 和 SW480 数量明显减少，细胞皱缩变圆的程度较大，而对正常肝细胞 L02 的影响不明显。

有学者认为羟甲基糠醛不会对健康产生影响，即使在特定食品中羟甲基糠醛含量较高，也在细胞系统中的生物效应浓度范围之内。研究人员建立脑缺血再灌注小鼠模型，以 Morris 水迷宫和跳台实验观测小鼠学习记忆能力，研究结果表明，羟甲基糠醛口服给药可改善脑缺血再灌注小鼠的学习记忆障碍，其机制可能与恢复脑组织清除自由基的酶活力抗自由基损伤有关（赵玲等，2007）。研究人员提出羟甲基糠醛可能会被作为中药中一个新的活性成分加以研究，并认为它对阐明中药的作用有着重要意义。

7.3　食品中羟甲基糠醛的分析方法

7.3.1　紫外分光光度法

紫外光谱法，是测定物质分子在紫外光区吸收光谱的分析方法。分光光度法是通过测定被测物质在特定波长处或一定波长范围内光的吸收强度或发光强度，对该物质进行定性和定量分析的方法。用紫外光源测定无色物质的方法，称为紫外分光光度法，一般波长范围为 $200 \sim 400 \text{nm}$ 之间。

利用紫外光谱快速测定生物质提取液中的羟甲基糠醛时，在浓的冰醋酸介质中，276nm 是羟甲基糠醛的吸收点波长。生物质预提取液中的酸溶木素是测定羟甲基糠醛光谱的主要干扰。酸溶木素在 250nm 到 500nm 的光谱范围内均有吸收，而羟甲基糠醛在 325nm 后便没有吸收，因此酸溶木素的影响可以通过其在 325nm 的吸光度值乘上一个系数加以矫正。基于羟甲基糠醛的等吸收波（276nm）以及酸溶木素在 325nm 处的波长，采用简单的三波长法就可定量检测出生物质提取液中的羟甲基糠醛含量。该方法测定前无需加入有毒的酚类物质作为显色剂，且简单、快速，测定羟甲基糠醛相对偏差及回收率较好，因此很适合于生物质精炼中木质生物质与提取半纤维素领域的研究（张翠等，2010）。

闫智培等开发了利用紫外光谱法快速测定两相葡萄糖水解液中羟甲基糠醛的方法。在无水乙醇溶液中，羟甲基糠醛在 281nm 处具有最大吸收峰，因此，可用该方法对羟甲基糠醛进行定量检测。该方法简单、快速，具有较好的精密度和准确性，适于生物质水解生产羟甲基糠醛的快速定量分析（闫智培等，2009）。

冯红伟等采用紫外分光光度法测定甘蔗糖蜜中羟甲基糠醛含量，以羟甲基糠醛为标准品，在 284nm 波长处对糖蜜样品进行了定量分析。测定精密度 RSD 为 11.27%，重现性良好，平均回收率为 97.2%（冯红伟等，2010）。

7.3.2　液相色谱分析法

王兰等建立了用外标法测定葡萄糖注射液中羟甲基糠醛含量的简单高效液相色谱方法（王兰等，2009）。采用 C_{18} 色谱柱（250mm×4.6mm，5μm）；流动相为甲醇：水（10:40，体积比）；检测波长为 284nm，进样量为 10μL，流量为 0.6mL/min，温度为 35°C。结果表明，羟甲基糠醛在 1.02～20.40μg/mL 浓度范围内线性关系良好（$R^2=0.999$），平均回收率为 98.4%，回收率的 RSD 为 0.5%。本测定方法简便快速，灵敏度高，准确度好，可用于葡萄糖注射液中羟甲基糠醛的含量测定。

吴黎明等建立了蜂王浆中羟甲基糠醛含量的固相萃取-反相高效液相色谱法（吴黎明等，2008）。蜂王浆样品用水溶解提取，提取液用亚铁氰化钾溶液和乙酸锌溶液沉降蛋白质后，再用 C_{18} 固相萃取小柱净化。羟甲基糠醛用甲醇从 C_{18} 小柱上洗脱，氮吹浓缩至近干，残渣用流动相溶解，过 0.45μm 滤膜后，用高效液相色谱仪在 285nm 测定。本方法线性范围为 0.1～20mg/L，线性相关系数 $R^2=0.9993$；在 0.2～10mg/kg 添加水平时，回收率在 87.2%～93.1% 之间，相对标准偏差为 0.9%～3.4%，方法检出限为 0.2mg/kg。

张燕等建立了检测各类食品中羟甲基糠醛含量的高效液相色谱方法（张燕等，2010）。采用离子交换固相萃取柱代替传统的 C_{18} 固相萃取柱进行前处理，与高效液相色谱联用，提高了方法的回收率和精密度。在 0.01～12mg/L 质量浓度范围内，羟甲基糠醛质量浓度和色谱峰面积线性关系好（$R^2=0.9998$），方法检出限为 3.42μg/L。在 0.1mg/kg、0.5mg/kg、1mg/kg 3 种质量浓度添加水平内，羟甲基糠醛的添加回收率为 85%～103%，RSD 为 0.31%～3.83%。采用该方法对 13 种样品进行测定，结果表明该方法能够用于食品中羟甲基糠醛含量测定。

浓缩苹果汁、浓缩梨汁和水果果糖中的羟甲基糠醛也可以采用高效液相色谱法进行检测。样品用甲醇溶解后，经水稀释，InetrsilODS-3C$_{18}$（250mm × 4.6mm，5μm）色谱柱分离，紫外检测器在 282nm 处进行检测，羟甲基糠醛在 1.0～25.0mg/L 范围内线性关系良好，相关系数为 0.9998，回收率为 82.2%～103.3%，精密度（RSD）为 0.62%～1.25%，方法的检出限（LOD）为 0.2mg/kg。本方法具有快速、简单、灵敏度高、适用范围广等特点，可以满足果汁中羟甲基糠醛的分析要求。

7.3.3 超高速液相色谱分析方法

超高速液相色谱法是目前色谱分离技术的最新发展。超高速液相色谱的特性使其在应用上更具优势。因为超高速液相色谱中色谱柱的体积更小，所以在较高的柱压下，流动相可以采用较小的流速。同时还具有高速、高分辨率和高敏感性的特点。与紫外检测器相比，二极管阵列检测器（photo-diode array，PDA）具有实时输出三维图像和色谱图的优势，同时色谱图具有更加纯的峰和更高的分辨率。

Zhang 等对 12 个种类共 227 种食品中的羟甲基糠醛进行测定，食品种类分别为传统西式谷物食品、传统中式谷物食品、海苔、调味料、巧克力、可乐、茶叶、土豆制品、水果和蔬菜制品、蜂蜜制品、咖啡和婴儿食品等。将样品粉碎后，精确量取 1.00g 样品置于 15mL 离心管中，加入 9mL 去离子水，旋转振荡 1min 使样品和水充分混合，之后再超声 10min 以有利于羟甲基糠醛充分析出。分别加入 0.5mL Carrez Ⅰ 和 Ⅱ，同时加入 1.0mL 正己烷用于除去样品中的脂肪，振荡混合，离心 10min，取上层澄清液过膜备用。实验仪器为岛津超高速液相色谱仪（UHPLC-30A），配备脱气装置、自动进样器、高压泵和 PDA 检测器；柱子型号为 Shim-pack 柱（2.0mm×50mmID，岛津，日本）；流动相为水和甲醇（95:5），流速为 0.3mL/min，柱温为 30℃，进样量为 5μL，检测器波长为 283nm。实验中采用最低检出限（LOD）、定量限（LOQ）、线性度、回收率、日内（6 次）和日间（18 次）重复率作为羟甲基糠醛测定的方法学评价内容。采用标准羟甲基糠醛水溶液进行仪器质量参数的测定，采用不含羟甲基糠醛的橙汁进行方法质量参数的测定。以标准水溶液为基质进行测定，LOD 和 LOQ 分别为 0.15mg/kg 和 0.5mg/kg；以橙汁为基质进行测定，LOD 和 LOQ 分别为 0.35mg/kg 和 1.20mg/kg，标准曲线线性度较好（$R^2 = 0.999$）。采用两个浓度

（LOQ 和 40mg/kg）进行日内和日间重复率测定；当浓度为 LOQ 时，日内和日间重复率的相对标准偏差分别为 1.91% 和 3.67%，当浓度为 40mg/kg 时，日内和日间重复率的相对标准偏差分别为 3.26% 和 10.12%。仪器质量参数和方法质量参数的回收率分别为 95.8% 和 85.60%。以饼干和果酱为样品进行测定，回收率分别为 93.7% 和 92.5%。该方法适用于绝大多数食品中羟甲基糠醛的含量测定。

刘学芝等开发了测定浓缩石榴汁中羟甲基糠醛的超高效液相色谱检测方法（刘学芝等，2013）。样品用水溶解后，用 Bond ElutENV 固相萃取柱净化，UPLC HSS T3 色谱柱分离，乙腈-水（8：92，体积比）为流动相，检测波长为 285nm，外标法进行定量。羟甲基糠醛的检出限为 0.02mg/L，在 0.1～10.0mg/L 的浓度范围内标准溶液的浓度与峰面积线性关系良好，在 10mg/kg、20mg/kg、50mg/kg 三个添加水平下，回收率为 80.8%～110.8%，相对标准偏差（RSD）低于 8.1%。该方法简便、快速、准确，可用于浓缩石榴汁中羟甲基糠醛的检测。

7.3.4　液相色谱-串联质谱分析方法

液相色谱-串联质谱分析方法的基本原理是待测物质经过液相色谱分离后，通过联用接口完成溶液的汽化和样品分子的电离，串联质谱采用不同的操作模式对电离离子进行定性定量分析，将被分析物电离产生碎片离子，收集并根据这些特征离子对化合物进行定性定量分析。

液相色谱-串联质谱分析方法是最近发展较快的一种先进的分析技术，对于高极性、热不稳定性、难挥发的大分子有机化合物，使用 GC-MS 有困难，而液相色谱的应用不受沸点的限制，并能对热稳定性差的试样进行分离、分析。然而，液相色谱的定性能力较弱，因此液相色谱与质谱的联用，其意义是显而易见的。液相色谱-串联质谱联用对分析技术和仪器的要求高，但它是一种很有利用价值的高效率、高可靠性分析技术。

目前对于食品中的羟甲基糠醛多采用高效液相色谱法进行测定。由于糠醛类化合物在 280nm 到 285nm 波长处有强吸收，这些技术采用的都是 UV 检测。但是，许多天然存在的或在食品加工中形成的化合物也可能在这段波长下有吸收。这些化合物的色谱分离差，可能对 UV 检测中羟甲基糠醛的定量有影响。为了快速可靠地测定食品中的羟甲基糠醛，可以采用液相色谱/质谱（LC/MS）方法。方法包括：用水溶液提取羟甲基糠醛，固相萃取（SPE）净化，用 LC/MS 分析，为了缩短色谱分离时间，采用窄径柱进行分离。

LC/MS 实验在 Agilent 1100 系列 HPLC 系统上进行分析，该系统包括二元泵、自动进样器、柱温箱，连接 Agilent 1100 的 MS 检测器，配备大气压化学电离接口（APCI）。数据采集采用离子检测（SIM 模式），接口参数为干燥气体（N_2，100psi），流量为 4L/min，雾化器压力为 60psi，干燥器温度为 325℃，选择汽化室温度为 425℃，毛细管电压为 4kV，电晕电流为 $4\mu A$，碰撞诱导解离电压为 55cV，驻留时间为 439ms。羟甲基糠醛监测离子 m/z 109 和 m/z 127。根据 m/z 109 离子信号的响应进行定量（Agilent，分析方法）。

样品制备方法为：称取研细的样品（1g）置 10mL 带塞的玻璃离心管中。将 15g 铁氰化钾和 30g 硫酸锌分别溶于 100mL 水中，配制成 Carrez Ⅰ 和 Ⅱ 溶液。将 $100\mu L$ Carrez Ⅰ 和 $100\mu L$ Carrez Ⅱ 溶液加入样品中，并加 0.2mmol/L 醋酸至 10mL，用漩涡混合器混合试管 3min 提取羟甲基糠醛，并于 0℃、5000r/min 离心 10min。上清液用 Oasis HLP SPE 小柱进一步净化。使用前，SPE 小柱用一个 2mL 塑料注射器，以大约每秒钟两滴的速度，先用 1mL 甲醇处理，再用 1mL 水平衡 SPE 柱，用 2mL 空气赶出剩余的水。将 1mL 水提取物注入预先处理过的小柱，使用塑料注射器，流速大约为每秒一滴，弃去洗脱液。用 0.5mL 水冲洗小柱，再用缓和的氮气流吹干小柱。最后用一个 2mL 塑料注射器以大约每秒一滴的速度，用 0.5mL 乙醚将羟甲基糠醛从小柱上洗脱下来。洗脱液收集在一个尖底玻璃试管中，在 3psi 氮气流下于 40℃水浴蒸干。残渣立刻溶于 1mL 水中，用漩涡混合器混合 1min，取 $20\mu L$ 样品溶液注入 HPLC 系统。

羟甲基糠醛的正离子模式 APCI-MS 分析表明，既有母离子 [M+1]，也有从质子化的分子上丢失水后的特异性离子 $[C_6H_5O_2]$。在 SIM 模式中，用 m/z 127 和 109 这些特征离子对羟甲基糠醛进行监测。用这些离子的比值（127 离子的响应/109 离子的响应＝1.12）确证羟甲基糠醛峰的纯度。两个离子的信号响应在 0.05～2.0μg/mL 浓度范围内呈线性，相关系数大于 0.99。以信噪比为 3 进行测定，m/z 127 和 m/z 109 离子检出限（LOD）分别为 0.005μg/mL 和 0.006μg/mL。配备 APCI 的 LC/MS 是一种功能强大的工具，可以灵敏而精确地测定羟甲基糠醛。

色谱分离在 ZORBAX Bonus RP 窄径柱（2.1mm×100mm，3.5μm）上进行，流动相采用含 0.2%甲醇水溶液的 0.01mmol/L 醋酸，流速为 0.2mL/min，温度为 40℃。使羟甲基糠醛在柱上与共提物的干扰基质完全分离，增加了 MS 检测的离子化。在此条件下，羟甲基糠醛于 5.087min 洗出，保留时间重复性良好。

从固体食品基质中提取游离羟甲基糠醛的一般方法是，先用水提取，然后再用 Carrez Ⅰ 和 Ⅱ 试剂进行净化。将水相提取物直接进行 LC/MS 分析，显示存在干扰物。Oasis HLB 小柱填充了大孔径亲脂的二乙烯苯和亲水的 N-乙烯基吡咯烷酮聚合物，因此，可用于 LC 分析前的提取。让净化的水相提取物通过预处理的小柱，提取物中存在的羟甲基糠醛与吸附材料发生强烈相互作用，而大部分共提取的物质不发生作用。羟甲基糠醛被保留在小柱上，然后用乙醚洗脱。经测定，0.5mL 乙醚就可以使小柱上的羟甲基糠醛完全洗脱。通过 SPE 净化，对 MS-SIM 模式的检测有明显改善。总离子流色谱图显示样品中有三个主要峰。通过对比保留时间和质谱数据，鉴定出了羟甲基糠醛峰，同时采用 $m/z127$ 和 $m/z109$ 特征离子的比值可以确定羟甲基糠醛峰的纯度。$m/z109$ 化合物特征离子 $[C_6H_5O_2]$ 比化合物母离子选择性更强，因此，采用这个离子的信号响应对羟甲基糠醛进行定量。

　　对谷类婴儿食品中标准添加标样的样品进行分析，从而验证方法的准确度。每个标准添加样品进行四次羟甲基糠醛分析，以测定方法的回收率，添加浓度范围为 $0.25\sim5.0\mu g/g$，所有浓度水平的样品平均回收率超过 90%。

　　科学界对羟甲基糠醛的潜在毒性越来越关注，需要努力建立测定真实基质中羟甲基糠醛的快速、可靠而灵敏的新方法。以前常用的方法所分析的食品中羟甲基糠醛含量偏高，常用的提取方法不能在 LC 分析之前除去可能的干扰化合物，干扰化合物的存在可能造成一些问题，尤其是在测定婴儿食品等羟甲基糠醛浓度低的样品时，LC 分离后的 UV 检测过程中。

7.4　食品中羟甲基糠醛的形成途径及影响因素

7.4.1　形成途径

　　羟甲基糠醛作为糖的热解产物，在高压灭菌的过程中，葡萄糖注射液的储存过程中，或糖含量高的食品，如蜂蜜、甜酒、甜面酱等食品的储存过程中，都会产生羟甲基糠醛。一般认为糠醛反应的底物是单糖化合物，但也陆续有相关研究报道了不同的结果，在高于 250℃ 条件下烘烤饼干，若将葡萄糖或果糖置换为蔗糖，则会产生大量的羟甲基糠醛，这可能是由于蔗糖在高温条件下产生了具有较高活性的呋喃果糖基离子造成的（张玉玉等，2012）。

　　目前，在酸催化条件下六碳糖脱水生成羟甲基糠醛的反应机理也不是十分清楚。一般认为六碳糖在酸催化过程中第一步会生成烯醇互变结构体这样的中间产物，再进一步脱水生成羟甲基糠醛，反应过程主要经历异构化、双键断裂和脱水这三个步骤（在以葡萄糖为反应物时）。除此之外，在六碳糖脱水生成羟甲基糠醛的过程中，还伴有其他副反应，同时生成很多复杂的反应副产物，例如 2-羟基乙酰呋喃、呋喃甲醛、5-氯甲基糠醛、甲酸、乙酰丙酸等。在反应进程中，这些副产物容易发生聚合反应，生成可溶的聚合物以及不溶的黑色物质。

反应温度和反应压力对羟甲基糠醛的生成有着非常重要的影响。较高的温度与压力都可以加快反应速率，因为在较高的反应温度和反应压力下，烯醇缩合反应以及相关的水解和脱水反应均比较容易进行。此外，pH 值对羟甲基糠醛的产生也有一定影响，有研究称随着面团 pH 值的升高，羟甲基糠醛会呈现降低的趋势。微波加热能够增加羟甲基糠醛的生成量，在微波的电场中，六碳糖以酮糖的结构形式存在，这是对羟甲基糠醛的生成有利的分子存在方式。

己糖在不同反应条件下，其糠醛产生的路径不同。在溶液中，己糖先异构化成 1,2-烯二醇（1,2-enediol），烯醇式结构被认为是生成羟甲基糠醛的决定性步骤。己糖在酸性催化剂作用下首先脱水形成羟甲基糠醛，再在水溶液中，羟甲基糠醛继续与水结合，产生乙酰丙酸和甲酸，反应过程如图 7-3 所示。

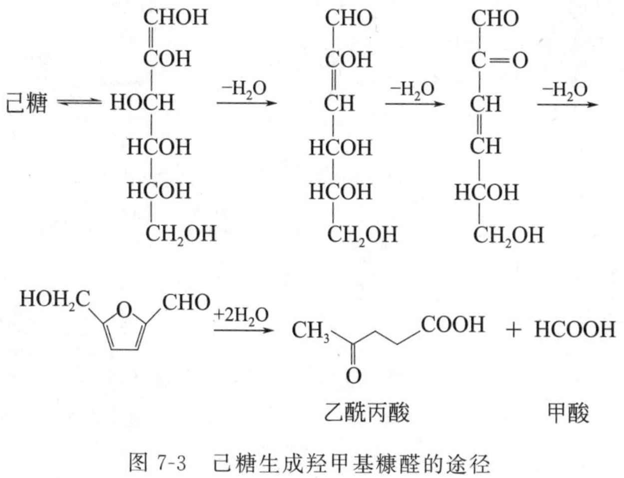

图 7-3　己糖生成羟甲基糠醛的途径

葡萄糖的降解过程十分复杂，早期在研究各种金属硫酸盐催化葡萄糖生成羟甲基糠醛时，认为葡萄糖降解主要是因为金属离子与葡萄糖半缩醛上的氧形成配合物，促使 C3 和 C4 位的羟基在质子的作用下脱离生成共轭二烯，然后羟醛缩合生成羟甲基糠醛，如图 7-4 所示。

也有研究表明果糖降解由呋喃环的结构开始，其最后一步环状中间体脱水的降解机理如图 7-5 所示。

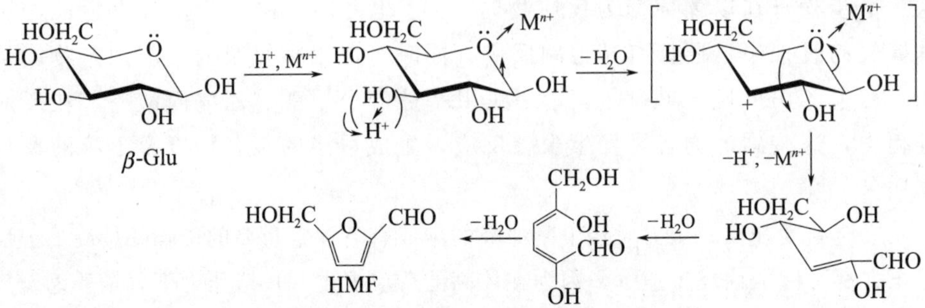

图 7-4   葡萄糖生成羟甲基糠醛的途径

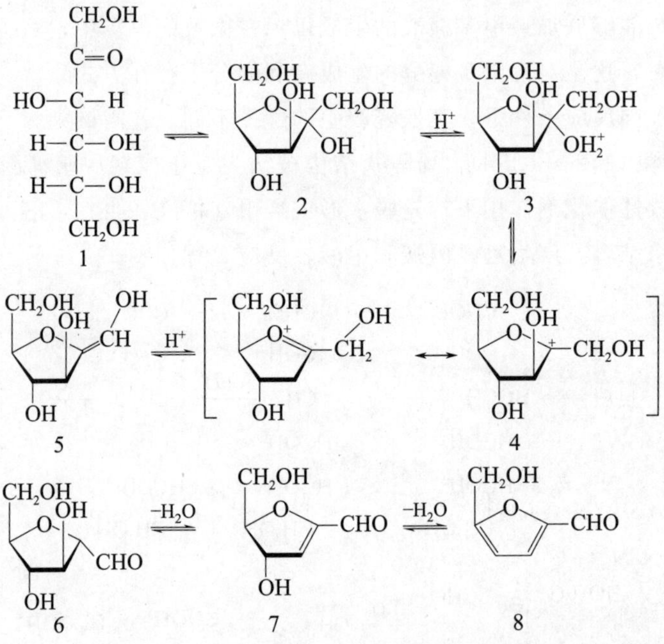

图 7-5   果糖生成羟甲基糠醛的途径（1）

1—果糖；2—呋喃型果糖；3,4—呋喃果糖阳离子；5—2,3-二羟基-5-羟甲基-2-呋喃甲烯醇；

6—3,4-二羟基-5-羟甲基-2-呋喃甲醛；7—4-羟基-5-羟甲基-2-呋喃甲醛；8—羟甲基糠醛

  其他观点认为果糖降解是从开链结构开始的，在最后一步才完成环化，如图 7-6。

  3-脱氧邻酮醛糖是羟甲基糠醛形成的关键中间体。羟甲基糠醛的含量随着储藏或加热处理温度的升高而明显增加，但在酸性条件下，羟甲基糠醛也可在低温条件下形成。在干燥和热解的情况下，果糖和蔗糖均可生成羟甲基糠醛，并在反应过程中形成高活性的呋喃果糖基阳离子，这种阳离子可以直接并有效地形成羟甲基糠醛。

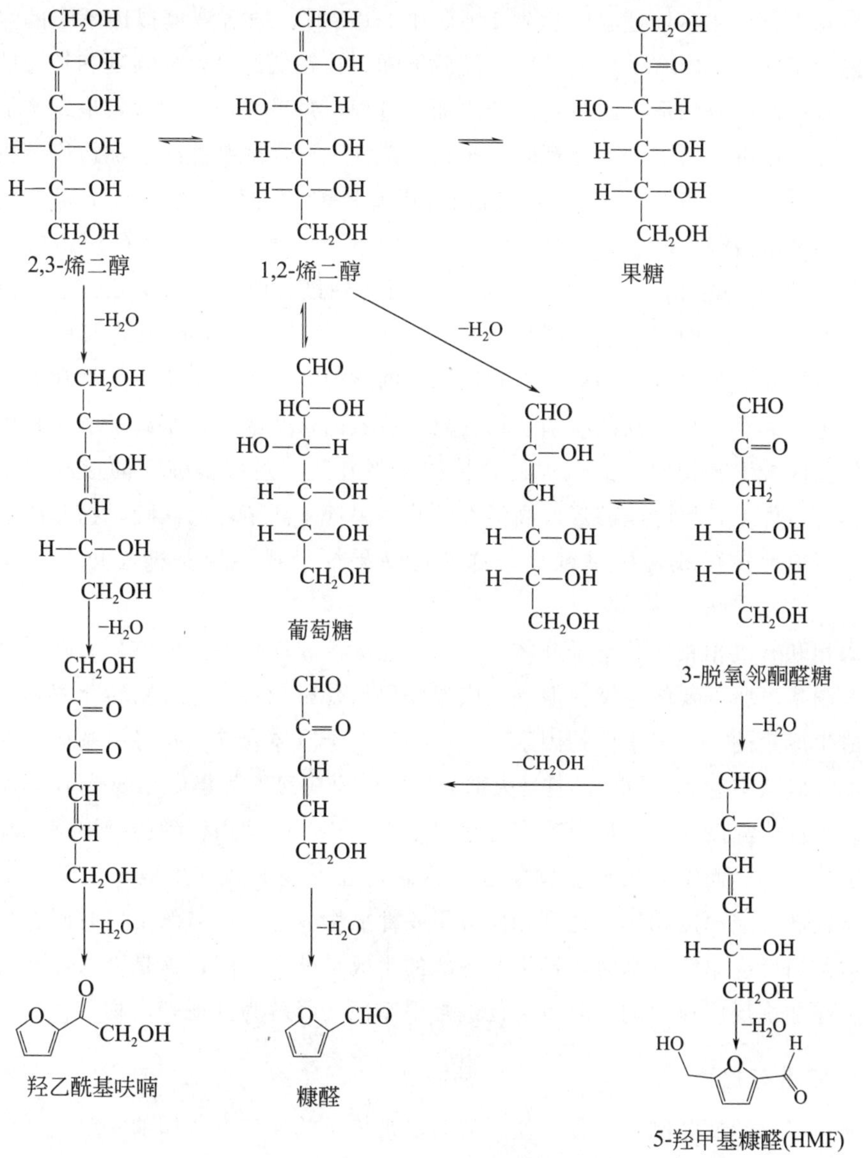

图 7-6　果糖生成羟甲基糠醛的途径（2）

7.4.2　羟甲基糠醛制备过程中的影响因素

7.4.2.1　反应温度

反应温度对羟甲基糠醛的生成有非常重要的影响。较高的温度可以加快反应速率，因为在较高的反应温度条件下，烯醇缩合反应以及相关的水解和脱水反应均比较容易进行。在热处理温度达到 140℃和 160℃时，糖溶液模拟体系中的羟甲基糠醛含量在 10h 内有一个最大值，随后下降。在较低的热处理温度和较短的时间内，羟甲基糠醛的形成始终是一个累加的过程，羟甲基糠醛的含量呈现增加的趋势；在温度继续增加和热处理时间延长的条件下，羟甲基糠醛会加快聚合或分解反应，使得形成量小于消耗量，所以羟甲基糠醛的含量就会呈现下降的趋势。不同的糖溶液羟甲基糠醛达到最大值的时间不同，葡萄糖在 160℃，6h 时达到最大值 1679.07mg/kg；果糖在 160℃，4h 时达到最大值 26634.90mg/kg；而半乳糖在 160℃，5h 时羟甲基糠醛形成量达到最大值 2371.29mg/kg，其中羟甲基糠醛含量最高的为果糖。果糖为具有还原性的酮糖，这可能是由于果糖在高温条件下产生了具有较高活性的呋喃果糖基离子造成的，呋喃果糖基离子能够直接高效地转化成羟甲基糠醛，这就促使果糖体系更有利于羟甲基糠醛的形成和累积。在热解条件下，果糖能够形成高活性的呋喃果糖基离子，而呋喃果糖基离子能够直接高效地转化成羟甲基糠醛，这就促使果糖形成羟甲基糠醛更加快速有效。

与水相和有机相相比，离子液体（作为反应溶剂或催化剂）能够显著降低羟甲基糠醛制备时所需要的温度，但是反应温度仍然是影响碳水化合物转化率和羟甲基糠醛生成量的一个很重要的因素。人们利用离子液体介导制备羟甲基糠醛的反应温度一般从室温到 140℃，但是大部分研究的反应温度都集中在 80～120℃。通常来讲，反应温度较低时反应速率也相对较慢，相同时间内得到的羟甲基糠醛生成量也较低；然而随着反应温度的逐渐升高，羟甲基糠醛的生成量也随着上升，且与较低反应温度相比，达到相同羟甲基糠醛生成量时所需的反应时间也会更短；但是当反应温度过高时，羟甲基糠醛的生成量就会下降，这是因为过高的反应温度在加快反应速率的同时也会促进羟甲基糠醛降解为其他副产物。

7.4.2.2　加热方式

目前，羟甲基糠醛制备过程中使用的大多是传统的加热方式如油浴等，这种加热方式由于是靠物质传导性能加热，在加热时很容易导致局部温度过高并伴随有反应体系受热不均匀的情况出现，进而影响羟甲基糠醛的生成量。微波加热方式是从反应体系内部加热，加热速度快且均匀，克服了传统加热方式的不足，现已逐渐被应用于羟甲基糠醛的制备过程中。有学者研究结果表明，以葡萄糖为原料，采用微波方式加热，400W 反应 1min，羟甲基糠醛的生成量就高达 91%；而采用油浴方式加热，100℃反应 1h，羟甲基糠醛的生成量却只有 17%。同样以葡萄糖为原料，采用微波方式加热，120℃反应 5min，羟甲基糠醛的生成量为

67%；而采用油浴方式加热，羟甲基糠醛的生成量只有 6%。由此可以看出：与传统加热方式相比，采用微波方式加热不仅能加快反应速率，缩短反应时间，还能提高羟甲基糠醛的生成量。随着科学技术的不断发展，大型的微波加热设备很有可能被应用于羟甲基糠醛的大规模生产中。

7.4.2.3　反应时间

在一定反应条件下，羟甲基糠醛的生成量一般随着反应时间的延长而逐渐增加，然而当羟甲基糠醛的生成量达到最大值后，如果接着延长反应时间，那么羟甲基糠醛的生成量将会逐渐降低，因为这时羟甲基糠醛降解的速率大于羟甲基糠醛形成的速率。在最初设定反应时间时，也可以将反应体系的颜色变化作为指示器，因为随着反应的不断进行，反应体系的颜色将由浅黄色逐渐变为褐色，而反应体系的颜色一旦变为黑色就说明羟甲基糠醛已经开始降解或聚合产生相应的副产物。

7.4.2.4　起始物浓度

在羟甲基糠醛的实际生产过程中，较高的起始物浓度不仅代表着较大的生产量，而且是降低生产成本的一个重要手段，是人们所期望的。众多研究表明：当起始物的浓度超过一定限度时，羟甲基糠醛的生成量就会逐渐降低，这是因为过高的起始物浓度会导致起始物与起始物之间和起始物与生成的羟甲基糠醛之间发生聚合反应。从目前的技术水平来看，这种聚合反应是不可避免的。所以，要想从较高的起始物浓度出发获得较高的羟甲基糠醛生成量将面临着很大的挑战。

7.4.2.5　水分含量

在碳水化合物转化为羟甲基糠醛的过程中，水起着相当重要的作用，一方面水可以使羟甲基糠醛发生水合生成乙酰丙酸和甲酸等副产物，从而降低了羟甲基糠醛的生成量；另一方面，水也可以作为反应物参与纤维素等多糖的水解。此外，虽然水可以降低离子液体的黏度，有利于传质，但是当水超过一定量时，也会造成纤维素的析出，不利于进一步的反应。水对于葡萄糖和果糖等单糖制备羟甲基糠醛来说有着非常不利的影响，应该尽量减少反应体系中的水分含量；而对于纤维素等多糖制备羟甲基糠醛来说，可以使反应体系中含有一定量的水。总之，羟甲基糠醛制备体系中的水分含量应该根据不同反应物而严格控制。

7.4.2.6　其他影响因素

pH 值对羟甲基糠醛的生成也有影响。葡萄糖和果糖脱水降解生成羟甲基糠醛是一个典型的酸催化反应。在酸性条件下羟甲基糠醛生成量较多。

糖液组成也影响羟甲基糠醛的生成。在酸性条件下，酮糖、果糖比醛糖、葡萄糖更容易发生脱水反应进而形成羟甲基糠醛。

7.5 抑制热加工食品中羟甲基糠醛的方法

目前在各国科学家的共同努力下，对食品中羟甲基糠醛的研究取得了较快的进展，由于其在食品中存在广泛，因此，我们要有意识地降低食品中羟甲基糠醛的含量。目前对于控制食品中羟甲基糠醛含量的方法，主要集中在配方改进、加工工艺改进及加工前阻止其生成等方法，这些消除途径可以认为主要从阻止羟甲基糠醛形成和消除已经形成的羟甲基糠醛这两个方面（Anese et al，2013）。

7.5.1 阻止羟甲基糠醛形成

改变加工参数，如加热条件、配方调整都是有效减少羟甲基糠醛的方法。

7.5.1.1 改变加工参数

羟甲基糠醛的形成，是随着时间和温度的增加而有所增加（Gökmen et al，2007），适当的加工条件对于羟甲基糠醛的减少具有重要的意义。但是，通过改变加工参数来控制羟甲基糠醛的含量，要考虑加工方法对产品品质和感官特性的影响。有研究表明，将微波辅助热空气加热方式结合，可以显著减少羟甲基糠醛的含量且对产品的颜色没有影响（Akkarachaneeyakorn et al，2010）。还有研究采用巴氏杀菌和高频加热相结合的方法对番茄泥进行处理，可显著减少羟甲基糠醛的含量，并且可以提高产品的营养品质（Felke et al，2011）。单独采用电介质加热法或将其与其他传统加热方法联合使用，可以作为食品中羟甲基糠醛控制的有效技术。电介质加热法可以提供很多优势，与传统的微波相比，具有更强的穿透性，设备投资低，节省能源，并且与自动生产线有一定的兼容性（Zhao et al，2000）。

Saldo 等研究发现，苹果汁加工中采用超高压均质处理可以显著降低产品中的微生物数量和羟甲基糠醛的形成，而采用巴氏杀菌处理的苹果汁中羟甲基糠醛要比超高压均质处理的产品高 100 倍左右（Saldo et al，2009）。

同样，超静水压处理也可有效减少羟甲基糠醛的含量。Vervoort 等研究表明，通过对比超静水压处理和热处理加工的胡萝卜产品的微生物指标和产品质量等参数，发现仅在热处理的胡萝卜中发现了可检测的羟甲基糠醛，说明超静水压处理可以减少羟甲基糠醛的含量（Vervoort et al，2012）。

7.5.1.2　改变产品配方

　　由于配方涉及羟甲基糠醛生成的前体物质，因此调整生产配方，对于消除或减少羟甲基糠醛应该具有一定效果。改变产品配方可以从两方面对羟甲基糠醛消除起到作用：其一，可以减少羟甲基糠醛生成的前体物质，或采用其他原料取代生成羟甲基糠醛的前体物质；其二，增加食品添加剂，可以抑制羟甲基糠醛的生成或者和前体物质发生竞争反应。

　　还原糖对于羟甲基糠醛的形成具有重要影响，在食品配方中以非还原糖全部或部分取代还原糖对模拟体系和焙烤饼干体系中羟甲基糠醛的控制效果显著。在橙汁体系中，去除还原糖之后，产品检测不出羟甲基糠醛的含量了（Shinoda et al，2005）。但是，采用这种方法要注意，去除还原糖可能对终产品的美拉德反应有影响，最终影响产品的颜色和气味。所以，对于无色产品或轻度褐变的产品，可以选择此方法控制羟甲基糠醛的含量。

　　在配方中，也可以添加一些添加剂，如碳酸氢铵、磷酸盐、β-胡萝卜素等来减少产品中羟甲基糠醛的含量。Gökmen 等，（2007）研究发现，以碳酸氢钠替代碳酸氢铵可以有效减少焙烤饼干中的羟甲基糠醛的含量，而以非还原性的蔗糖代替葡萄糖，羟甲基糠醛的降低速率更高。该研究结果说明，使用碳酸氢钠会使饼干体系呈现偏碱性的环境（pH 值约为 9.0 左右），在这种情况下，会抑制蔗糖的水解，进而减少生成羟甲基糠醛的还原糖等前体物质。尽管这些作者在实验中发现，使用碳酸氢钠对产品的表面颜色没有明显影响，但是对工业生产而言，由于其风味变化、密度改变及质地会有所改变，对于消费者的接受度仍然受到影响。而且，以钠盐代替铵盐，又与 WHO 关于减少钠盐摄入以控制高血压和心脏疾病的目的相违背。

7.5.2　生成羟甲基糠醛后的阻断途径

　　也有研究通过在成品中采取一定的手段和措施的办法，以控制产品中的羟甲基糠醛的含量，包括一些物理方法和发酵等操作。

7.5.2.1　物理方法

　　真空处理目前已经在饼干及马铃薯条体系中作为减少丙烯酰胺、羟甲基糠醛和糠醛类物质而有所应用（Anese et al，2010；Quarta et al，2012）。根据这些研究结果，真空处理的有效性取决于分子特性和食品中水分的含量。由于食品体系的复杂性，采用真空处理的效果在不同食品之间具有很大的差异。

7.5.2.2　发酵处理

在前期研究中，Akillioglu 等研究发现，当麦芽汁被 *Saccaromyces cerevisiae* 发酵之后，羟甲基糠醛的含量下降，其下降的程度甚至达到指数级，发酵介质中的糖含量可以增加酵母的活性。现有研究说明酵母发酵可以作为发酵食品中羟甲基糠醛控制手段。但是，该方法真正的工业化应用仍需要很长的时间，仍需要关于最优工艺参数（如酵母浓度、培养时间及温度、糖的类型及浓度）等方面的筛选，以达到最佳抑制效果（Akillioglu et al，2011）。

参　考　文　献

安捷伦分析方法. 用液相色谱-质谱法（LC-MS）快速测定食品中的羟甲基糠醛.

冯红伟, 扶雄. 2010. 紫外分光光度法测定糖蜜中 5-羟甲基糠醛含量. 食品工业科技, 31（3）：365-366.

耿放, 王喜军. 5-羟甲基-2-糠醛（5-hydroxymethyl-2-furfural）的研究现状. 中国科技论文在线.

凌关庭, 唐述潮, 陶民强. 2003. 食品添加剂手册. 第 3 版. 北京：化学工业出版社, 312.

刘学芝, 何强, 孔祥虹, 等. 2013. 固相萃取-超高效液相色谱法测定浓缩石榴汁中羟甲基糠醛含量. 食品工业科技,（10）：62-64.

伦心强, 莫益三. 2004. 含糖平衡注射液中 5-羟甲基糠醛的限量检查. 中国药业, 13（7）：43.

谭俊杰, 柴建国, 张善飞, 等. 2010. 参麦注射液中 5-羟甲基糠醛含量的高效液相色谱测定. 时珍国医国药, 21（7）：1624-1625.

王兰, 徐春明. 2009. 反相色谱法测定葡萄糖注射液中 5-羟甲基糠醛的含量. 中国医疗前沿,（13）：113-114.

吴黎明, 田文礼, 薛晓锋, 等. 2008. 效液相色谱法测定蜂王浆中羟甲基糠醛含量. 食品科学, 29（3）：412-414.

闫智培, 林鹿, 张俊华. 2009. 紫外光谱法快速测定两相葡萄糖酸水解反应体系中的羟甲基糠醛. 分析仪器,（5）：45-47.

张翠, 柴欣生, 罗小林, 等. 2010. 紫外光谱法快速测定生物质提取液中的糠醛和羟甲基糠醛. 光谱学与光谱分析, 30（1）：247-250.

张建宏. 2009. 5-HMF 抗氧化损伤作用及其作用机制的初步探讨. 北京：中国人民解放军军事医学科学院。

张燕, 郭天鑫, 于姣, 等. 2010. 离子交换固相萃取高效液相色谱联用法检测食品中的 5-羟甲基糠醛. 食品科学, 31（18）：212-215.

张玉玉, 孙宝国, 冯军, 等. 2010. 不同发酵时间的郫县豆瓣酱挥发性成分分析. 食品科学, 31（4）：166-170.

张玉玉, 宋弋, 李全宏. 2012. 食品中糠醛和 5-羟甲基糠醛的产生机理、含量检测及安全性评价研究进展. 食品科学,（33）：275-280.

赵玲, 张兰, 李雅莉, 等. 2007. 5-羟甲基糠醛对脑缺血再灌注模型小鼠学习记忆及脑部自由基的影响. 中国药房,（13）：974-976.

Akillioglu H G，Mogol B A，Gökmen V. 2011. Degradation of 5-hydroxymethylfurfural during yeast fermentation. Food Additives and Contaminants，28：1629-1635.

Akkarachaneeyakorn S，Laguerre J C，Tattiyakul J，et al. 2010. Optimization of combined microwave-hot air roasting of malt based on energy consumption and neo-formed contaminants content. Journal of Food Science，74：E201-E207.

Anese M，Suman M，Nicoli M C. 2010. Acrylamide removal from heated foods. Food Chemistry，119，791-794.

Anese M，Suman M. 2013. Mitigation strategies of furan and 5-hydroxymethylfurfural in food. Food Research Internation，51：257-264.

Capuano E，Ferrigno A，Acampa I，et al. 2008. Characterization of Maillard reaction in bread crisps. European Food Research and Technology，228：311-319.

Capuano E，Ferrigno A，Acampa I，et al. 2005. Effect of flour type on Maillard reaction and acrylamide formation during toasting of bread crisp model systems and mitigation strategies. Food Research International，42：1295-1302.

European Food Safety Authority. 2005. Opinion of the scientific panel on food additives，flavourings，processing aids and materials in contact with food（AFC）on a request from the commission related to flavouring group evaluation 13：furfuryl and furan derivatives with and without additional side-chain substituents and heteroatoms from chemical group 14. EFSA Journal，215：1-73.

Felke K，Pfeiffer T，Eisner P，et al. 2011. Radio-frequency heating. A new methods for improved nutritional quality of tomato puree. Agro Food Industry Hi-tech，22：29-32.

Gökmen V，Açarö Ç，Köksel H，et al. 2007. Effects of dough formula and baking conditions on acrylamide and hydroxymethylfurfural formation in cookies. Food Chemistry，104；1136-1142.

Janzowske C，Glaad V，Samimi E，et al. 2000. 5-Hydroxymethylfurfural：assessment of mutagenicity，DNA-damaging potential and reactivity towards cellular glutathione. Food and Chemical Toxicology，38：801-809.

Joint FAO/WHO Expert Committee on Food Additives. 1996. Toxicological evaluation of certain food additives. The forty-fourth meeting of the Joint FAO/WHO Expert Committee on Food Additives and contaminants. Geneva：WHO Food Additives Series.

Miller J A. 1994. Recent studies on the metabolic activation of chemical carcinogens. Cancer Research，54：1879-1881.

Miyakawa Y，Nishi Y，Kato K，et al. 1991. Initiating activity of eight pyrolysates of carbohydrates in a two-stage mouse skin tumorigenesis model. Carcinogenesis，12：1169-1173.

Quarta B，Anese M. 2012. Furfurals removal from roasted coffee powder by vacuum treatment. Food Chemistry，130：610-614.

Rasmussen A，Hessov I，Bojsen-Moller M. 1982. General and local toxicity of 5-hydroxymethyl-2-furfural in rabbits. Acta Pharmacology and Toxicology，50：81-84.

Saldo J，Suarez-Jacobo A，Gervilla R，et al. 2009. Use of ultra-high-pressure homogenization to preserve apple juice without heat damage. High Pressure Research，29：52-56.

Shinoda Y，Komura H，Homma S，et al. 2005. Browning of model orange juice solution：factors affecting the formation of decomposition products. Bioscience，Biotechnology，and Biochemistry，2005，69：

2129-2137.

Surh Y J，Tannenbaum S R. 1994. Activation of the Maillard reaction product 5-(hydroxymethyl)-furfural to strong mutagens via allylic sulfonation and chlorination. Chemical Research Toxicology，7：313-318.

Ulbricht R J，Northup S J，Thomas J A. 1984. A review of 5-hydroxymethylfurfural (HMF) in parenteral solutions. Fundamental and Applied Toxicology，4：843-853.

Vervoort L，van der Plancken I，Grauwet T，et al. 2012. Thermal versus high pressure processing of carrots：a comparative pilot-scale study on equivalent basis. Innovative Food Science and Emerging Technologies，15：1-13.

Zhang H J，Wei L，Liu J B，et al. 2014Detection of 5-hydroxymethyl-2-furfural levels in selected Chinese foods by ultra-high-performance liquid chromatograph analytical method. Food Analytical Methods，6：181-188.

Zhang X M，Chan C C，Stamp D，et al. 1993. Initiation and promotion of colonic aberrant crypt foei in rats by 5-hydroxymethyl-2-furaldehyde in thermolyzed sucrose. Carcinogenesis，14：773-775.

Zhao Y，Flugstad B，Kolbe E，et al. 2000. Using capacitive (radio frequency) dielectric heating in food processing and preservation—A review. Journal of Food Processing and Engineering，23：25-55.

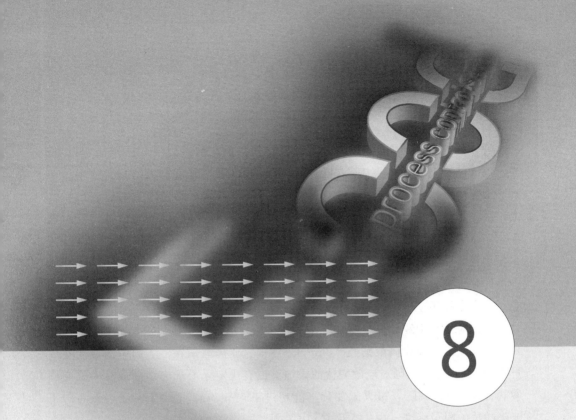

8

亚硝酸盐及亚硝胺

8.1 食品中的亚硝酸盐

亚硝酸盐，一类无机化合物的总称，主要指亚硝酸钠。亚硝酸钠是一种工业盐，属于胺类，分子式为 $NaNO_2$，为白色至淡黄色、微黄色斜方晶体，易溶于水和液氨中，水溶液稳定，微溶于甲醇、乙醇、乙醚。可从空气中吸收氧气，变成硝酸钠，既有还原性，又有氧化性。亚硝酸盐若加热到 320℃以上则发生分解反应，生成氧气、氧化氮和氧化钠。接触有机物易燃烧爆炸。亚硝酸盐主要用于织物染色的媒染剂，丝绸、亚麻的漂白剂，金属热处理剂，钢材缓蚀剂，氰化物中毒的解毒剂，实验室分析试剂等，另外在肉类食品加工中用作发色剂、防腐剂等，具有多种用途。

各国对食品中亚硝酸盐添加量均有严格限量。世界卫生组织规定每日允许摄入量为亚硝酸钾或亚硝酸钠≤0.2mg/kg 体重，亚硝酸钠在午餐肉中的最大使用量为 125mg/kg。我国对亚硝酸盐的添加量也有规定，要求肉制品成品中的亚硝酸盐含量≤30mg/kg，最大添加量不能超过 150mg/kg。表 8-1 为我国食品对于亚硝酸盐的限量标准（中华人民共和国卫生部，2012）。

表 8-1　食品中亚硝酸盐限量指标

食品类别(名称)	亚硝酸盐(以 $NaNO_2$ 计)限量/(mg/kg)
蔬菜及其制品	
腌渍蔬菜	20
乳及乳制品	
生乳	0.4
乳粉	2.0
饮料类	
包装饮用水(矿泉水除外)	0.005mg/L(以 $NaNO_2$ 计)
矿泉水	0.1mg/L(以 $NaNO_2$ 计)
婴幼儿配方食品	
婴儿配方食品	2.0(以粉状产品计)
较大婴儿和幼儿配方食品	2.0(以粉状产品计)
特殊医学用途婴儿配方食品	2.0(以粉状产品计)
婴幼儿辅助食品	
婴幼儿谷类辅助食品	2.0
婴幼儿罐装辅助食品	4.0

8.1.1 食品中亚硝酸盐的来源

8.1.1.1 氮肥的使用

化学合成的氮肥在作物农田的施用量要多于其他肥料。氮素肥的种类主要包括尿素、硫酸铵、氯化铵、硝酸铵和碳酸铵等，在土壤中以硝态氮和铵态氮形式存在。铵态氮在土壤中硝化细菌的作用下，被氧化为硝态氮，作物从土壤中主要吸收硝态氮，可增加其体内硝酸盐和亚硝酸盐的蓄积（赵文，2006）。蔬菜施用过多硝酸铵和其他硝态氮肥后，未被蔬菜吸收利用的过剩硝态氮则以硝酸盐的形式储藏在蔬菜中，硝酸盐在其后的储藏、加工、食用过程中，在细菌的作用下易转化为亚硝酸盐，如绿色蔬菜中的甜菜、莴苣、菠菜、芹菜及萝卜等最为严重（于世光等，1988）。

8.1.1.2 添加在肉制品中作发色剂

肉制品亚硝酸盐来源于加工过程中人为添加，这类食品包括香肠、红肠、火腿、午餐肉、腌腊肉等肉制品及肉类罐头食品。亚硝酸盐是肉制品加工中常见的食品添加剂，具有多种功能，可以作为肉制品中主要的发色物质，能抑制细菌生长繁殖和肉毒梭状芽孢杆菌神经毒素的产生，它还能发挥抗氧化的作用，从而延迟肉品劣化的发生，延长了肉制品的保存时间，并且还能使肉制品产生特殊的腌肉风味（赵立东，1993）。其作用为动物肌肉中色素蛋白质和亚硝酸钠发生化学反应，形成鲜艳的亚硝基肌红蛋白和亚硝基血红蛋白，这种化合物在烧煮时变成稳定的粉红色，使肉呈现鲜艳的色泽。亚硝酸盐类物质在肉制品中除了有发色作用外，还对抑制微生物的增殖有着特殊的作用，亚硝酸盐（150～200mg/kg）可显著抑制罐装碎肉和腌肉中梭状芽孢杆菌的生长，尤其是肉毒梭状芽孢杆菌。pH值在5.0～5.5时，亚硝酸盐比其在较高的pH值（6.5以上）时能更有效地抑制肉毒梭状芽孢杆菌，这也是在肉制品加工中使用亚硝酸盐的重要理由。亚硝酸盐使用的另一个理由是能够增强腌肉制品的风味，它主要通过氧化作用对腌肉风味和感官性状产生重要影响（蔡丽等，2010）。

8.1.1.3 蔬菜加工中亚硝酸盐的含量会增加

腌制过程中青菜的亚硝酸盐含量可达到78mg/kg，远超过我国对腌制品的亚硝酸盐的限量标准（20mg/kg）。蔬菜在腌制过程中亚硝酸盐的含量同盐浓度和温度密切相关，食盐为5%～10%时，温度愈高，所产生的亚硝酸盐亦愈多；而盐浓度达到15%时，温度在15～20℃或37℃，亚硝酸盐的含量均无明显变化。在腌制过程中亚硝酸盐的浓度随时间的延长也发生相应变化，最初2～4d亚硝酸盐含量有所增加，7～8d时，含量最高，9d后则趋于下降。所以，食盐浓度在15%以下时，初腌的蔬菜（8d以内）容易引起亚硝酸盐中毒。

烹调熟化的白菜等蔬菜，其营养成分易被微生物吸收利用，随着存放时间的延长，菜肴中亚硝酸盐细菌含量增多，硝酸盐就会并逐渐被还原成亚硝酸盐。

8.1.1.4 蔬菜变质腐烂会导致亚硝酸盐含量迅速增高

亚硝酸盐在蔬菜中浓度一般较低，我国蔬菜中亚硝酸盐含量基本在 1.0mg/kg 左右，近年来有上升的趋势。凡有利于某些还原菌，例如大肠杆菌、摩根氏变形杆菌、产气杆菌和革兰氏阳性球菌等生长和繁殖的各种因素（温度、水分、pH 值和渗透压等），都可促进硝酸盐还原成亚硝酸盐。蔬菜保持新鲜状态，放置一定时间后，亚硝酸盐的含量无明显变化；如果存放条件不好，蔬菜开始变质腐烂，其含量就会明显增高，并且随腐烂程度的增加而迅速增高。因此，霉变蔬菜的亚硝酸盐含量一般较高。

8.1.1.5 水体污染

水体中亚硝酸盐的含量一般不太高，但它的毒性却是硝酸盐的 10 倍，而且近年来，有些水域的亚硝酸盐含量明显升高，特别是春季亚硝酸盐的含量更高于其他季节。最近还发现了土壤中亚硝基化合物合成的可能，而且证明了被污染的水体可能产生亚硝基化合物。

8.1.2 食品中亚硝酸盐的含量和分布

多国科学家分别对本国亚硝酸盐的情况进行了调查，我国研究者进行了中国642 种食品中亚硝酸盐含量的检测（Yuan et al，2010），包括米及米制品、面及面制品、豆及豆制品、蔬菜、水果、腌渍蔬菜、肉制品、乳制品、水产品、盐及酱油。结果表明，不同食品种类中亚硝酸盐变化范围比较广，从 ND（未检出）到 19.7mg/kg，亚硝酸盐的最高含量出现在肉制品中，其平均含量为 14.3mg/kg，其次为腌渍蔬菜，平均含量为 4.1mg/kg。而我国消费者亚硝酸盐的平均膳食暴露量为 0.03mg/(kg bw·d)，主要的贡献率为肉制品，其次为蔬菜类产品。

韩国科学家 Chung 等调查研究了韩国蔬菜中亚硝酸盐的含量，结果表明蔬菜中的亚硝酸盐平均含量为 0.6mg/kg。而亚硝酸盐的平均膳食暴露量为 1.12mg/(kg bw·d)，远高于中国居民的相关贡献量（Chung et al，2003）。

不同种类食品中亚硝酸盐的含量不同，肉类食品、蔬菜、水和火锅食品中的亚硝酸盐含量分别如下（徐银等，2008）。

肉制品、肉类罐头等肉类食品，在其加工过程中加入一定量的亚硝酸盐，亚硝酸盐即可改善风味，稳定色泽，抑制肉毒梭菌的生长和繁殖，而且至今没有发现任何一种添加剂能够代替亚硝酸盐的这些功能。因此，亚硝酸盐使用过量、残留超标事件也时有发生。一般该类食品中的亚硝酸盐检出量在 20mg/kg 左右。

蔬菜中亚硝酸盐含量随时间变化，新鲜蔬菜随着存储期的延长，亚硝酸盐随之发生变化。存储 72h 前，因蔬菜保存完好，其亚硝酸盐含量无显著变化，72h 后，蔬菜开始腐烂变质，其产生的亚硝酸盐有明显的提高，其原因是混杂其中的微生物如大肠杆菌、副大肠杆菌、放线菌及霉菌中的青霉，均可利用其自身的硝酸盐还原酶，在一定的条件下将蔬菜中的硝酸盐还原成亚硝酸盐。完全腐烂后亚硝酸盐含量可高达 300mg/kg。新鲜蔬菜腌制后，其所含的亚硝酸盐会有所变化。以居民家庭腌制酸菜为例，随着发酵时间的延长，酸菜中亚硝酸盐含量不断上升，第 6 天时升至最高，随后会逐渐下降，20d 后基本彻底分解。因此，腌渍菜具有一定的安全食用期。

有些地区饮用水中含有较多的硝酸盐，用这样的水烹调食物，并在不洁灶具中放置过久，硝酸盐易在细菌作用下还原为亚硝酸盐。

火锅类食品中亚硝酸盐的含量与底锅种类、就餐时间有关。火锅的就餐时间一般在 45～90min，就餐的时间越长，尾汤中亚硝酸盐含量就越多。研究表明，酸菜底汤中亚硝酸盐含量 1.6mg/L，就餐 90min 时，尾汤中亚硝酸盐含量达 1573mg/L，增加了近 1000 倍。选用酸菜底汤、海鲜底汤、骨头底汤、鸳鸯底汤就餐 90min 后，酸菜底汤中的亚硝酸盐含量增加最多，海鲜底汤其次，骨头底汤增加最少，增加约 2.88 倍。

8.1.3　食品中亚硝酸盐对人体的危害

8.1.3.1　亚硝酸盐的急性中毒

人的血液中主要物质血红蛋白是由环蛋白与亚铁血红素结合成的，是亚铁离子用 5 个配位轨道和卟啉环蛋白质结合而成的混配配合物。亚硝酸盐在生物体内可以破坏金属配合物的正常状态而引起病变。亚硝酸盐进入人体后，能与血红蛋白中的亚铁离子发生氧化还原反应，使低铁血红蛋白氧化为高铁血红蛋白，而高铁血红蛋白则没有携氧功能。正常人体内存在高铁血红蛋白还原酶，这种酶可将高铁血红蛋白还原为亚铁血红蛋白。当亚硝酸盐的使用量不超过高铁血红蛋白还原酶的还原能力时，不发生病变；当人体血液内的亚硝酸盐的量超过高铁血红蛋白还原酶的还原能力时，使血液中高铁血红蛋白的量增加，失去携氧功能，造成组织缺氧。中毒主要特点是头痛、头晕、无力、胸闷、气短、心悸、恶心、呕吐、腹痛、腹泻及口唇、指甲、全身皮肤、黏膜紫绀等。全身皮肤及黏膜呈现不同程度青紫色（高铁血红蛋白血症引起的紫绀）。严重者出现烦躁不安、精神萎靡、反应迟钝、意识丧失、惊厥、昏迷、呼吸衰竭甚至死亡。一般人体摄入 0.3～0.5g 的亚硝酸盐就可引起中毒，超过 3g 则可导致死亡。另外，亚硝酸盐能够透过胎盘进入胎儿体内，6 个月以内的婴儿对亚硝酸盐特别敏感，对胎儿有致畸作用。

8.1.3.2　亚硝酸盐的致癌性（皇甫超申等,2009）

　　饮水中的亚硝酸盐可以直接吸收入血，对肿瘤的影响比较明显，高亚硝酸盐和低维生素 C 摄入与胃癌、食管癌的发生有关。孕妇亚硝酸盐暴露可以导致后代胶质瘤发病率增加。大部分动物实验用单纯的亚硝酸钠饲喂老鼠，无论暴露剂量和时间如何变化，均未发现鼠恶性肿瘤发病率的增加，只有个别报道单纯亚硝酸钠暴露可引起淋巴瘤和肺癌发病率增加。先用致癌剂饲喂动物，再喂含有亚硝酸钠的饮用水，则发现肿瘤发病率明显增加。一定剂量的亚硝酸钠体外作用肿瘤细胞株，可以导致细胞增殖，促进恶性表型转化。

　　根据许靖华院士的观点，肿瘤细胞的不正常是一种基因共生进化的结果，在肿瘤形成以前，癌细胞已经从具有厌氧代谢功能的人体共生细菌中获得了相应的反硝基化基因组，并以肿瘤干细胞形式存在下来。在特定的环境下，肿瘤干细胞迁移到肿瘤部位，具有反硝基化的基因被激活，它们选择低等生物常用的亚硝酸盐呼吸，以适应体内肿瘤微环境。亚硝酸盐在致癌方面可能不是主要的，作为癌细胞的营养物质或增殖信号分子来源，促进其生长可能是亚硝酸盐对肿瘤细胞的真正作用，也就是说，肿瘤生长和恶性表型转化是亚硝酸盐呼吸的结果，亚硝酸盐可能不是一种致癌剂，而是一种促癌剂。

　　反应过程可能是亚硝酸盐与人体吸收食物或水中的次级胺（仲胺、叔胺、酰胺及氨基酸）结合，形成强致癌物质亚硝胺，引起核酸代谢紊乱或突变，从而诱发消化系统癌变，主要引起食管癌、胃癌、肝癌和大肠癌等（王凤英等，2007）。上海首届胃肠道癌学术会议的统计资料显示，在我国全部癌症死亡病例中有近 25％死于胃癌，胃癌已成为我国位居前列的恶性癌瘤。此外，亚硝胺还具有致畸、致甲状腺肿等危害（孙彭力等，1995）。因此严格控制饮食中亚硝酸盐的摄入量对保证人体的健康十分必要。尽管亚硝酸盐对人体不利，目前无更好的物质代替，仍在使用。

8.1.3.3　其他

　　饮水或食物中硝酸盐、亚硝酸盐含量高，会干扰机体对维生素 A 的利用，从而导致维生素 A 缺乏症；较大量的亚硝酸盐进入机体，可导致血液质量下降，抑制中心迷走神经，致使心动过速（孙彭力等，1995）。

　　但是王思谦研究发现，亚硝酸盐对小鼠慢性酒精性肝损伤有细胞保护作用，有预防和阻滞小鼠酒精性肝硬化发展的作用，亚硝酸盐预防肝纤维化与减少肝组织活性氧产生、提高抗氧化酶活性、减少缺氧诱导因子-1α 的表达有关（王思谦，2013）。

8.1.4　食品中亚硝酸盐的检测方法

随着分析化学新方法和新技术的不断出现和发展，食品中亚硝酸盐的检测方法也更加多元化，新的检测方法层出不穷，到目前为止主要有以下几种：①光度法，包括可见分光光度法、催化（褪色）分光光度法、荧光法和原子吸收光谱法等；②电化学法；③色谱法；④毛细管电泳法等（郭金全等，2009）。我国的国标提出的食品中亚硝酸盐的检测方法为离子色谱法和分光光度法。

8.1.4.1　色谱法

色谱法测定亚硝酸根首先通过分离将可能对亚硝酸根测定不利的离子和亚硝酸根分开，然后以紫外-可见光分光光度仪或电导仪等为检测器测定其含量。目前应用较多的色谱法主要有高效液相色谱法和离子色谱法。离子色谱法是我国推荐的亚硝酸盐测定国标方法。亚硝酸根在 200～220nm 处具有紫外吸收，样品通过色谱柱的分离后可以用紫外检测器直接检测。然而紫外直接检测法选择性差，对色谱的分离度要求比较高，另外在 210～220nm 处，还易受到氯离子的干扰。将亚硝酸根进行柱前衍生化处理可以减少氯离子的干扰。有实验利用酸性条件下，亚硝酸根离子和 N-乙酰半胱氨酸反应，生成 S-亚硝基-N-乙酰半胱氨酸，然后通过测定 333nm 处产物的吸光度，从而计算亚硝酸根离子的量，提高了准确性。衍生化处理和 HPLC 技术的结合，拓宽了亚硝酸盐测定样品的多样性，使其能够测定一些更为复杂的样品，如生物液体，是检测技术研究的热点之一（朱新鹏，2011）。

离子色谱法是 20 世纪 70 年代中期发展起来的一项新的液相色谱技术，它不仅能同时测定硝酸盐和亚硝酸盐，还可以根据不同的要求，同时测定多种阴离子组分的含量，如氟、氯、甲酸、乙酸、草酸等离子，以满足同一样品多阴离子组分的同时定量测定。离子色谱法同时测定苹果汁中的亚硝酸盐、硝酸盐和硫酸盐的含量，提出了用离子色谱/电导检测法来进行测定。在 2010 年国标方法中（中华人民共和国卫生部，2010），试样经沉淀蛋白质、除去脂肪后，采用相应的方法提取和净化，以氢氧化钾溶液为淋洗液，阴离子交换柱分离，电导检测器检测，以保留时间定性，外标法定量。对于不同的食品样品，样品前处理方法稍有差别，新鲜蔬菜和水果，需将试样用去离子水洗净，晾干后，取可食部分切碎混匀，将切碎的样品用四分法取适量，用食物粉碎机制成匀浆备用。对于肉类、蛋、水产及其制品，则采用四分法取适量或取全部，用食物粉碎机制成匀浆备用。乳粉、豆奶粉、婴儿配方粉等固体乳制品，将试样装入能容纳 2 倍试样体积的带盖容器中，通过反复摇晃和颠倒容器使样品充分混匀直到使试样均一化。发酵乳、乳、炼乳和其他液体乳制品，通过搅拌或反复摇晃和颠倒容器使试样充分混匀。对于干酪样品，取适量的样品研磨成均匀的泥浆状，为避免水分损失，在研磨过程中应避免产生过多的热量。提取过程是使亚硝酸根离子充分溶解的过程，对结果的准确性影响较大，一般可以采用超声和热水提取结合的办法进行提取，之后采用固相萃取柱对提取液进行净化处理。离子色谱分析时，一般选择高容量阴离子交换柱，如 Dionex IonPac AS 11-HC，4mm×250mm（带 IonPac-AS11-HC 型保护柱，4mm×50mm）。流动相选择浓度为 6～70mmol/L 的氢氧化钾溶液，洗脱梯度为 6mmol/L 30min，70mmol/L 5min，6mmol/L 5min，流速为 1.0mL/min。检测器采用电导检测器，检测池温度为 35℃。

8.1.4.2　光度法

光度法测定亚硝酸盐占据了重要的地位。目前，光度法测定亚硝酸盐的方法除经典的格里斯试剂比色法及其改良法外，又有一些新方法如催化（褪色）光度法、流动注射系统-分光光度法、顺序注射系统-分光光度法、导数光度法等（郭金全等，2009）。

（1）可见分光光度法

2010 年国标中亚硝酸盐分析的第二法即为可见分光光度法，试样经沉淀蛋白质、除去脂肪后，在弱酸条件下亚硝酸盐与对氨基苯磺酸重氮化后，再与盐酸萘乙二胺偶合形成紫红色染料，该物质在 538nm 处有最大吸收，采用外标法即可测得亚硝酸盐含量（中华人民共和国卫生部，2010）。

工业用水中的亚硝酸盐也可以采用可见分光光度法进行检测，在 pH 值 1.9 和磷酸的存在下，试料中的亚硝酸盐与 4-氨基苯磺酸胺试剂发生反应生成重氮盐，再与 N-(1-萘基)-1,2-乙二胺二盐酸盐溶液（与 4-氨基苯磺酸胺试剂同时加入）反应形成一种粉红色的染料，在 540nm 处测量其吸光度，可以得到工业用水中亚硝酸盐的含量。

（2）催化（褪色）分光光度法

催化（褪色）分光光度法的原理是基于亚硝酸根在稀磷酸溶液中催化伊文思蓝-氯酸钾氧化还原反应，利用硫酸介质中亚硝酸根催化氧化氯酸钾氧化吖啶橙的褪色反应，建立了微量亚硝酸根的催化光度法，用于肉制品中亚硝酸盐的测定，与国家标准方法比较相符。该方法适用范围广、无毒、灵敏度高、选择性好，而且设备简单，操作方便，改变了现行国家标准中使用 α-萘胺致癌物做显色剂的不利现状。一般来说，影响催化（褪色）分光光度法的主要因素有酸度、反应温度、反应时间、溴酸钾和吖啶用量及其他共存离子。催化分光光度法也同样适用于测定水中痕量亚硝酸盐含量。

（3）荧光法

由于亚硝酸盐既具有氧化性又具有还原性，利用亚硝酸盐的氧化性，于娟研究了间接荧光法检测亚硝酸盐的方法。在碱性溶液中，以亚硝酸盐为氧化剂，将维生素 B_1 氧化成具有荧光性的硫色素，通过测定硫色素的荧光强度间接测定亚硝酸盐含量。同时还对此方法中不同表面活性剂的增敏增溶效果进行了研究，确定了硫胺素-亚硝酸盐-曲拉通 X-100 荧光体系测定痕量亚硝酸盐含量的最佳条件。该方法的检出限为 0.202mg/L，RSD 为 2.11%，相关系数 $R^2=0.9955$。用于测定火腿肠和环境水样中亚硝酸盐含量时，其平均标加回收率为 92.1%～106%之间。此方法克服了以前荧光光谱法测定中操作复杂的缺点，简便快速，灵敏度较高，选择性好，且所选用试剂均为无毒害试剂，是一种比较理想的检测方法（于娟，2007）。

（4）原子吸收光谱法

于娟同时研究了两种原子吸收光谱法测定亚硝酸盐含量的方法：第一种，利用亚硝酸盐的还原性，使亚硝酸盐定量地将 Mn（Ⅳ）还原成可溶性的 Mn（Ⅱ），通过测定 Mn（Ⅱ）间接测定亚硝酸盐的含量；第二种是根据亚硝酸根与钴离子所形成的配合物，加入 K^+ 后沉淀析出，通过测定剩余钴离子的吸光度间接测定亚硝酸盐的含量。这两种方法可用于腌制咸菜和火腿肠中亚硝酸盐含量的测定，其测定结果与国标测定结果相比较，相对误差分别在 96.6%～104%、93.2%～107%（于娟，2007）。

8.1.4.3 电化学法

极谱分析法是指在特殊条件下进行电解分析以测定电解过程中所得的电流-电压曲线来做定量定性分析的电化学方法。示波极谱法是新的极谱技术之一，该方法的优点是灵敏度高、适用范围广、检出限低和测量误差小等。示波极谱法的原理是将样品经沉淀蛋白质、去除脂肪后，在弱酸条件下亚硝酸盐与对氨基苯磺酸重氮化后，在弱碱性条件下再与 8-羟基喹啉偶合成染料，该偶合染料在汞电极上还原产生电流，电流与亚硝酸盐浓度成线性关系，可与标准曲线定量。在示波极谱仪上采用三电极体系，即以滴汞电极为工作电极、饱和甘汞电极为参比电极、铂电极为辅助电极进行测定。测定时要注意显色条件的严格控制、8-羟基喹啉溶液的配制及样品的前处理。采用单扫描示波极谱法测定香肠中的亚硝酸盐含量，测定结果与分光光度法测定的结果基本一致。该法的检测限为 3×10^{-9} g/mL（郭金全等，2009）。

　　戴玮研究了壳聚糖修饰掺硼金刚石（BDD）薄膜电极与壳聚糖修饰碳纳米管（CNT）电极在亚硝酸盐分析中的应用。在实验的研究中，分析了掺硼金刚石电极和碳纳米管电极的电化学性能。金刚石电极具有良好的电化学稳定性，电化学窗口宽，很低的背景电流，是一种非常有开发潜力和应用价值的电极。碳纳米管电极具有良好的导电性、催化活性和较大的比表面积，能够大幅度降低过电位，同样可以很好地应用于电化学分析。将这两种电极作为基体电极，结合化学修饰电极的灵敏度高和选择性好的优点，电极的性能会大幅度提高。在实验中，采用热丝化学气相沉积（HFCVD）法，在预处理后的金属钽片表面沉积出掺硼金刚石薄膜。将制备好的掺硼金刚石薄膜电极进行氧化处理，采用共价键合法，在紫外线照射条件下，分别使用壳聚糖和半胱氨酸对金刚石电极成功地进行了化学修饰。在 0.1mol/L、pH 值 5.0 的 KCl 底液中，壳聚糖修饰掺硼金刚石电极对 NO_2^- 具有良好的选择性与很高的灵敏度，峰电流与 NO_2^- 的浓度在 $5.0 \times 10^{-7} \sim 2.0 \times 10^{-3}$ mol/L 范围内呈良好的线性关系，检测限可达 1.0×10^{-7} mol/L。对于碳纳米管电极的制备，则采用等离子体增强化学气相沉积（PECVD）系统，以甲烷和氢气为气源，在预处理好的不锈钢（SS）衬底上沉积出非定向的碳纳米管。将制备好的 CNT/SS 薄片作为基体电极，进行化学修饰。同样采用共价键合法，使用壳聚糖修饰碳纳米管电极。通过阳极溶出伏安法验证了该电极的电化学性能，结果表明：在 0.1mol/L、pH=6.0 的 KCl 底液中，该电极有很好的电化学性能，在浓度为 $2.0 \times 10^{-6} \sim 1.0 \times 10^{-3}$ mol/L 范围内，峰电流的变化与 NO_2^- 的浓度呈良好的线性关系，检测限可以达到 3.0×10^{-7} mol/L。壳聚糖修饰掺硼金刚石电极的灵敏度最好，线性范围最宽，能够快速准确地分析亚硝酸盐，并且具有稳定性好、使用寿命长的优势，在食品行业中具有很好的应用前景（戴玮，2009）。

8.1.4.4　毛细管电泳法

　　李珊研究了采用毛细管电泳紫外检测法同时测定蔬菜中的硝酸根和亚硝酸根的方法，采用反相高压电场法使检测端位于高压的正极端，用十六烷基三甲基溴化铵（CTAB）改变电渗流方向以加快分析速度，最终可以在 6min 内实现硝酸根和亚硝酸根的同时分析，方法的回收率分别为 $95.6\% \sim 104.3\%$ 和 $98.4\% \sim 107.8\%$，具有分离时间短、杂质干扰更少、操作简便等优点（李珊，2003）。

8.1.4.5 亚硝酸盐的快速检测法

近年来，快速检测技术在亚硝酸盐的检测领域取得了突出的发展。吉大小天鹅仪器有限公司开发了基于国标 GB/T 5009.33—2003《食品中亚硝酸盐与硝酸盐的测定》的食品亚硝酸盐快速测定仪，该检测仪由主机、前处理装置、试剂包等构成，整箱包装，仪器体积小、重量轻，操作简单。其光路系统采用固体发光器件既作光源又作单色器，光源/单色器、比色槽、传感器一体化，无可动部件，脉冲供电方式，光源使用寿命达 10 万小时，与传统分光系统相比，光学系统结构简单，增强仪器抗震、抗潮性能，大大提高了仪器的精度、灵敏度和可靠性。仪器具有内置工作曲线，无需配制标准溶液，只需要用配套试剂进行零点校正后，即可实现样品的快速定量测定。通过专用的预制试剂，大大缩短试剂配制时间，操作简单，使用方便。加入专用试剂包显色后，仅需零点校正即可实现被测物的测定，非常适于现场及实验室检测使用。

8.1.5 腌制蔬菜中亚硝酸盐形成的影响因素

8.1.5.1 食盐浓度对亚硝酸盐含量的影响

大量有关蔬菜腌制的研究表明：腌制发酵初期，由于乳酸生成量较少，食盐的抑菌作用成为主要因素。食盐浓度低的时候不能抑制硝酸还原菌的生长，则亚硝酸盐生成较快；高浓度的食盐可以不同程度地抑制那些对食盐耐受能力较差的微生物，使硝酸还原过程变慢。乳酸菌的活动能力随盐液浓度的增高而减弱。故而随乳酸菌发酵的旺盛进行，低盐度的腌渍液主要依赖其较高的酸度而抑制那些不耐酸的细菌，从而使硝酸还原受到抑制，亚硝酸盐含量趋于下降。根据以上原理，可以得出在腌渍液食盐浓度一定时，在蔬菜腌制过程中，其中亚硝酸盐的含量是呈现出先缓慢上升，达到一定值后又缓慢下降的趋势。在改变腌渍液食盐浓度时，一些已有的相关报道表明：采用低腌渍液浓度时，亚硝酸盐含量的峰值出现得要比采用高腌渍液浓度时早，并且采用高腌渍液浓度时最终产品中的亚硝酸盐含量要高（传统的蔬菜高盐分长时间腌制所采用的食盐浓度在 5%～10%之间）（郑桂富等，2000；蒲朝文等，2001；梁新红，2001）。

8.1.5.2 腌渍液温度对亚硝酸盐含量的影响

腌渍液温度对亚硝酸盐的生成量及生成期有着明显的影响。有关这一方面的实验研究也已得出在一定盐浓度、不同室温的条件下，腌制产品中亚硝酸盐含量随腌制时间的变化关系：温度高，亚硝酸盐生成早、含量低；温度低，亚硝酸盐生成较晚且含量高（李基银，1998）。出现这些现象的原因是温度较高时乳酸发酵能顺利进行，迅速升高的酸度使硝酸还原菌的活动受到抑制，也就是在继续生成亚硝酸盐的过程中，由于受到乳酸菌的作用而在未达到更高值时就被抑制。另一方面，已生成的亚硝酸盐被旺盛发酵所形成的酸性环境分解破坏一部分，因此其亚硝酸盐含量必然减少。温度较低时由于微生物生长受到抑制，发酵产酸速度变慢，虽然硝酸还原菌的活动同样受到抑制，但其还原过程仍在进行，这种亚硝酸盐生成与分解的缓慢过程形成了量的积累，至一定时间而达到高峰。所以，低温腌制的蔬菜产品中亚硝酸盐含量要高。在实际生产时，为使产品中亚硝酸盐含量降低，应该尽量根据乳酸菌自身特性，采用适当的发酵温度使乳酸菌处于较高的活性状态（一般先将温度控制在 15～20℃，等到发酵进入旺盛期时再下降至 10℃以下），这样，尽早形成的酸性环境有利于亚硝酸盐的进一步分解，还对缩短生产周期有一定的帮助。

8.1.5.3　酸度对亚硝酸盐含量的影响

根据大量研究报道，保持一定室温、一定食盐浓度，在蔬菜腌制过程中，添加一些物质（如碳酸钠、醋酸等）改变其酸碱度，其结果是酸度越高，亚硝酸盐浓度越低（施安辉等，2002）。这是因为较高的酸度除能抑制有害微生物外，还能分解破坏亚硝酸盐。作用机理为：亚硝酸盐与乳酸等作用，产生有利的亚硝酸，亚硝酸不稳定，进一步分解产生 NO。

8.1.5.4　腌渍液中含糖量对亚硝酸盐含量的影响

根据乳酸菌自身的特征，研究发现腌制蔬菜时，腌渍液含糖量与最终产品中的亚硝酸盐含量有密切的关系。同样，在保持前述几个条件不变的情况下，添加一些糖类物质（如葡萄糖）来改变腌渍液的含糖量。结果表明，加糖量多的样品中亚硝酸盐峰出现得较早且峰值较低。因此在腌渍液中根据蔬菜自身含糖量的不同（例如，白菜含糖量为 3％，萝卜 6％），适当地添加一些糖类物质可以取得与改变腌渍液酸度一样的效果（王坤范，1996）。

8.1.5.5　杂菌繁殖与厌氧程度对亚硝酸盐含量的影响

蔬菜腌制中，亚硝酸盐的形成主要是与细菌的还原作用有关，具有硝酸还原酶的细菌是其产生大量亚硝酸盐的一个决定性因素（李基银，1998）。所以在生产过程中应尽量避免使用不干净的容器、水质、蔬菜；另一方面，硝酸还原菌的生长需要消耗氧气，属需氧菌，而乳酸菌的生长活动不需要消耗氧气，属厌氧菌，因此保持厌氧环境是降低腌制蔬菜中亚硝酸盐含量的一个重要措施。

8.1.6　食品中亚硝酸盐的控制技术

目前，各国科学家研究了多种食品中亚硝酸盐的控制技术，包括采用亚硝酸盐替代物、控制加工工艺、原料预处理及酶法处理等（陈惠音等，1994；张华，1997；庞杰等，2000；李金红，2002；唐爱明等，2004；马鹏飞等，2005；张洁等，1998，2010；张少颖，2011；相茜，2013）。

8.1.6.1　采用亚硝酸盐替代物

亚硝酸盐在肉制品加工中起到发色、抑菌、抗氧化等作用，找到一种亚硝酸盐的替代物已经成为了一件迫在眉睫的任务。对亚硝酸盐替代物的研究经历了从减少亚硝酸盐的使用量到利用其他化合物抑制亚硝胺的形成，再到完全不使用亚硝酸盐等几个阶段。迄今为止还没有找到一种完全能替代亚硝酸盐的物质，只是发现有一些物质加入产品中后，可以得到类似的发色、抑菌等效果。大量资料和实验认为可利用亚硝酸盐代替物有两类：一类是替代亚硝酸盐的添加剂；另一类是在常规亚硝酸盐的浓度下使用一些添加物降低含硝量来阻断亚硝胺的形成。

（1）发色剂替代物

在有亚硝酸盐的肉制品的发色过程中，亚硝酸被还原生成 NO，从而使肉制品变成诱人的鲜红色。现在一般直接添加到肉制品中代替亚硝酸盐使用的色素有红曲色素、甜菜红、熟制腌肉色素（血红素、CCMP）等。另外研究发现抗坏血酸可以很好地稳定肌肉色泽，具有很强的还原作用，对肉制品的发色、防止褪色及防止亚硝胺的形成效果显著。现在国外已研究出一种新型的肉类发色剂，可以取代传统的硝酸盐或亚硝酸盐。这种新型发色剂是在五碳糖和碳酸钠组成的混合物中，再添加一定量的烟酸酰胺，就能完全得到与硝酸盐或亚硝酸盐相同的发色效果，发色后肉类呈现的颜色很好，并且还具有延缓肉类褪色的功能。

（2）抗菌剂替代物

抗菌剂在肉制品中起到抑制有毒梭菌生长及其毒素的产生。目前，肉类保存中使用的有机酸包括乙酸、甲酸、柠檬酸、乳酸及其钠盐、抗坏血酸、山梨酸及其钾盐、磷酸盐等，已经有许多实验证明了这些酸单独或者配合使用时，对延长肉类货架期均有一定效果；天然抗菌剂包括茶多酚（主要成分是儿茶素及其衍生物）、香辛料提取物（大蒜中的酸辣素和蒜氨酸、肉桂中的挥发油以及丁香中的丁香油等）、细菌素（乳酸、乳酸菌及乳酸链球菌素）等。研究发现利用生物发酵技术，把乳酸菌接种到原料肉中，不仅能使肉发色、抑制其他菌类生长，还可以降低成本和含硝量，经试验证明亚硝酸盐的添加量仅为原来的 0.01%～0.06%。

（3）亚硝胺生产阻断剂

利用抗坏血酸及其衍生物和 α-生育酚能抑制亚硝胺的形成，另外一些天然产品，如大蒜、姜汁、猕猴桃、刺梨等能明显阻断亚硝胺的生成。

（4）抗氧化替代物

亚硝酸盐虽然有抗氧化作用，但是它并不是唯一的抗氧化剂。抗氧化剂分为油溶性抗氧化剂和水溶性抗氧化剂两大类。油溶性抗氧化剂能在油脂或含脂肪的食品中均匀地分布，发挥其作用，包括乙基羟基茴香醚（BHA）、二丁基羟基甲苯（BHT）、没食子酸丙酯（PG）、生育酚（VE）混合浓缩物等；水溶性抗氧化剂主要有 L-抗坏血酸及其钠盐、异抗坏血酸及其钠盐、茶多酚、异黄酮类、迷迭香抽提物等。

8.1.6.2　控制加工工艺

（1）蔬菜腌制制品采用乳酸菌纯种发酵技术

根据一些报道，乳酸菌大多（个别种类如植物乳杆菌在 pH 值 6.0 以上有些菌株有还原硝酸盐的能力）不能使硝酸盐还原成为亚硝酸盐，因为它们不具备细胞色素氧化酶系统；乳酸菌大多也不具备氨基酸脱羧酶，因而不能产生氨，故在纯培养条件下是不会产生亚硝酸盐和亚硝胺的。此外，乳酸菌在发酵过程中能够产酸、生香、脱臭和改善营养价值，且赋予产品一种特有的风味，具有特殊的抗癌、抗冠心病及调理肠胃等食疗作用。我国的纯种乳酸菌发酵工业起步较晚，目前主要还局限于乳制品发酵方面，而乳酸菌发酵蔬菜未受到足够的关注。事实上，纯乳酸菌发酵蔬菜，即通过人工接种乳酸菌纯种培养物，能使乳酸菌在发酵过程中一开始就占优势，抑制有害菌引起的异常发酵，从而缩短了发酵周期，维生素不被破坏，亚硝酸盐含量极低，产品风味纯正，香脆鲜嫩，色泽好，酸度适中，纯天然，不使用任何化学添加剂，尤其适合生食，适应当代饮食潮流。乳酸菌在蔬菜加工储藏中的应用，既可以提高某些蔬菜的营养保健作用，又可以使蔬菜增效增值。虽然从成本的角度考虑，可能比传统加工法要高，但随着社会进步，人们的饮食习惯和内容与科学的结合发展，当今世界食品发展的潮流是营养保健食品，不仅要具有一般食品的营养和色、香、味，而且还需具有调节人体生理功能的作用。这种蔬菜加工方法的特点正好符合时代的要求，且纯菌种发酵的亚硝酸盐变化规律更容易掌握，这为工业化生产控制亚硝酸盐的生成提供了依据，所以它的应用一定会有光辉的前景。

（2）超低盐多种纯种乳酸菌发酵蔬菜技术

由于蔬菜采用传统腌制方法时通常选用食盐浓度为 5%～10%，这种产品食用过多会对人体某些器官造成永久性损坏。在日本已经出现低盐、有酸、少糖腌制技术。虽然会出现变色、变味、软化、气胀等，但经过一系列的改革后已经有了一套较好的腌制系统。这种方法就是采用食盐以外的物质（如氯化钙、氯化钾等）来代替大部分食盐，选育出优良的微生物纯种，人为创造最适的生长条件，加强乳酸发酵作用，以达到既抑制了有害微生物的入侵活动又实现了快速发酵腌制的目的。可以说这是纯种乳酸菌发酵技术的进一步发展。与传统腌制蔬菜方法相比，超低盐的发酵性蔬菜可以任意调配成各种宜人的味道，如密封袋装产品可调配成酸甜味、鲜咸味、甜辣味等。作为工业化生产，剩下的蔬菜汁液还可以调配成蔬菜汁乳酸饮料，既解决了综合利用问题，又增添了一个新型产品。

（3）蔬菜腌制制品采用亚硝酸盐高效清除菌种发酵技术

对于蔬菜发酵制品而言，选育对亚硝酸盐有高效清除作用的菌种，可以从自然发酵蔬菜中众多的乳酸菌菌株中筛选具有清除亚硝酸盐能力的菌株，进行分离，也可以定向诱导，从而得到对亚硝酸盐消除具有显著作用的菌种。在满足微生物安全性的基础上，也可对其他菌种对亚硝酸盐的清除能力进行研究，例如酵母菌等。接种发酵，并非是单靠接入的菌来完成发酵的全过程，而是通过增强发酵系统中乳酸菌的种群优势从而调整为生物的种群结构，形成有利于乳酸菌生长的环境，使蔬菜上种类丰富的乳酸菌得以大量繁殖。有研究表明，以引入纯种乳酸菌或混合乳酸菌对发酵蔬菜中的亚硝酸盐进行降解与单一菌种比较，在发酵蔬菜中引入混合菌株能明显降低亚硝酸盐的含量。将植物乳杆菌、肠膜明串珠菌和短乳杆菌混合接入发酵蔬菜中，可以加快发酵速度，减少亚硝酸盐的产生。在蔬菜的发酵过程中，通常在发酵初期亚硝酸盐含量会持续增长，达到一个峰值后逐渐下降。这个峰值通常称为"亚硝峰"。由于不同种类的蔬菜营养成分不尽相同，尤其是由于蛋白质和氨基酸的含量不同，在发酵过程中亚硝峰的形成时间和峰值也会不同。甚至有的蔬菜在发酵过程中不仅出现一次高峰，多到出现两到三次亚硝峰。通常在自然发酵的条件下，蔬菜大约会在腌渍后一周左右出现亚硝峰，峰后亚硝酸盐含量会缓慢降低，在腌渍后二十天左右降到极低，此时泡菜才可以完全安全地食用。因此，蔬菜发酵的时间也是保证发酵蔬菜产品质量的关键因素之一。

（4）肉制品加工工艺控制

对于肉制品而言，原料的肥瘦比、新鲜程度、腌制时间和温度、加工工序和包装条件都对亚硝酸盐的含量有一定影响。在一级腊肠（猪肉的肥瘦比例为3：7）和特级腊肠（猪肉的肥瘦比例为2：8）的原材料中，分别加入等量（0.1g/kg）的亚硝酸钠，生产出来的成品经检验，亚硝酸钠的残留量均值为18.2mg/kg、16.5mg/kg，可见含瘦肉多的特级肠的亚硝酸钠残留量较少。这是因为亚硝酸钠可以与肌肉中的乳酸发生反应，产生出游离的亚硝酸，亚硝酸不稳定，会分解产生出 NO，NO 与肌红蛋白结合，形成对热稳定的亚硝基肌红蛋白（呈玫瑰红色），从而起到发色的作用。当原材料的瘦肉比例较大时，不但能产生大量的乳酸，而且能提供足够的肌红蛋白与 NO 发生反应，也就是说这一种原材料可以更加充分地与亚硝酸钠产生发色反应，那么相应地，成品（特级腊肠）中的亚硝酸钠的残留量也就减少。

原材料新鲜，则肉制品中亚硝酸钠的残留量就低；原材料不新鲜，则成品中的亚硝酸钠的残留量就高。实验证明：分别用新鲜的猪肉和冷冻超过 1 年以上的猪肉制成腊肠（一级），在生产过程中亚硝酸钠的添加量为 0.1g/kg，经过检测，成品中的亚硝酸钠残留量均值分别为 16.5mg/kg 和 30.4mg/kg，显然，与国家标准（≤20mg/kg）作比较，后者超标。造成这一结果的主要原因是由于不新鲜的猪肉碱性较大，因而亚硝酸钠无法与猪肉充分完成发色过程，导致亚硝酸钠的残留量超标。另外，不新鲜肉中含有大量微生物，它们的还原作用也是导致亚硝酸钠残留量超标的原因之一。

原材料的腌制时间和腌制温度不合理，也可导致亚硝酸钠残留量的超标。在常见温度 10～30℃ 范围内，在亚硝酸钠添加量和原材料新鲜的条件下，腌制的温度越高，时间（0～30h）越长，原料中亚硝酸钠的残留量越低。

在加工过程中，原料搅拌不均匀也会造成同批产品不同检样中亚硝酸钠残留量的差异，在熟肉制品加工中，不同的加工程序，成品中亚硝酸钠的残留量也不相同。举例（在亚硝酸钠投放剂量相同的情况下）：A 工序，生肉＋（卤水＋$NaNO_2$）腌制→冲洗生肉→加工煮熟；B 工序，（卤水＋$NaNO_2$）＋生肉＋水→煮熟。经检验证明，A 工序的熟肉制品的亚硝酸钠的残留量明显低于 B 工序生产出来的熟肉，B 工序生产出来的熟肉很容易超标。另外，肉汤的反复使用也会造成亚硝酸钠残留量超标。

同温度下，密封储藏下的肉制品亚硝酸盐含量比不密封的低。这可能与密封储藏下，肉制品中水分含量高，而亚硝酸盐遇到还原性物质的分解及亚硝酸盐与含巯基的物质的反应均需一定量的水作介质有关。

8.1.6.3 原料预处理

在蔬菜发酵过程硝酸还原酶（NR）活性是导致亚硝酸盐含量上升的一个重要因素。采用调节发酵起始 pH 值、发酵前微波、二氧化氯（ClO_2）浸泡等处理方法可以明显降低蔬菜储藏过程中的 NR 活性和亚硝酸盐含量。ClO_2 具有很强的氧化作用，是一种性能优良、应用广泛的杀菌保鲜的 A1 级安全消毒剂。研究证实了适宜浓度的 ClO_2 处理可使泡菜发酵中的 NR 活性及其亚硝酸盐含量明显下降，这可能与其强氧化特性对蔬菜叶片上的还原性杂菌的生理抑制或杀灭有关。除此之外，ClO_2 还能直接氧化清除亚硝酸盐。当然，ClO_2 杀菌作用同样也使植物乳酸菌的数量减少，导致发酵缓慢。因此，要采用适宜的处理浓度或人工接种方法进行泡菜生产。泡菜发酵过程中，体系 pH 值不断下降，而亚硝酸盐峰值一般出现在 pH 值 4.0 时。调节发酵起始的 pH 值，能有效降低泡菜发酵中的 NR 活性。其原因在于较低的 pH 值有利于抑制有害微生物生长，有利于分解、破坏亚硝酸盐，有利于亚硝酸盐酶催化亚硝酸盐还原以及亚硝酸盐的进一步歧化分解。通过微波预处理的热效应有效抑制或杀死原料表面的杂菌，使乳酸菌作为优势菌进行发酵，减少由还原性杂菌产生的亚硝酸盐含量。

8.1.6.4　酶处理法

亚硝酸盐还原酶大多数是胞内酶，所以在细胞内能有效地发挥作用，在细胞外效果较差。亚硝酸盐还原酶是一种氧化还原酶，需要电子传递体参与催化反应。Moir 等提纯了一种含铜蛋白，能在体外将电子传递给亚硝酸盐还原酶。Rosa 等从 Haloferax 中分离出亚硝酸盐还原酶，利用还原型甲基紫精（methyl viologen，MV）和铁氧化还原蛋白作为电子供体。酶活在有氧环境下受到抑制，因此在实际应用中亚硝酸盐还原酶具有一定的局限性。

8.2　食品中的 N-亚硝胺类化合物

8.2.1　食品中的 N-亚硝胺类化合物的种类和理化性质

8.2.1.1　种类

N-亚硝胺是含有 N—NO 官能团的胺类衍生物，结构如图 8-1，食品中常见的亚硝胺见表 8-2，其中 R^1 与 R^2 可以是烷基和环烷基，也可以是芳香环和杂环取代基。自从发现 N-二甲基亚硝胺能使动物产生肝癌以来，亚硝基化合物日益成为人们十分重视的致癌物，目前已经发现的 N-亚硝基化合物有 120 多种，其中 80% 具有较强的致癌性。在亚硝胺类化合物中，最简单而又常见的是 N-二甲基亚硝胺、N-二乙基亚硝胺，其次是 N-吡咯烷亚硝胺、N-二丙基亚硝胺、N-甲基戊基亚硝胺以及 N-二苯基亚硝胺。

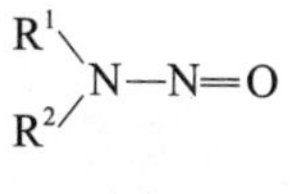

$$R^1 \atop R^2 \!\!\!\diagdown \!\! N\!-\!N\!=\!O$$

图 8-1　N-亚硝胺类物质结构

表 8-2　常见食品中亚硝胺的 CAS 编号、英文名、缩写、中文名、分子式和结构

亚硝胺 CAS 编号	英文名	缩写	中文名	分子式	结构
62-75-9	N-nitrosodimethylamine	NDMA	N-亚硝基二甲基胺，N-二甲基亚硝胺	$C_2H_6N_2O$	
10595-95-6	N-nitrosomethylethylamine	NMEA	N-亚硝基甲乙胺，N-亚硝基-N-甲基乙胺	$C_3H_8N_2O$	
55-18-5	N-nitrosodiethylamine	NDEA	N-亚硝基二乙基胺，N-二乙基亚硝胺	$(C_4H_{10})N_2O$	
930-55-2	N-nitrosopyrrolidine	NPYR	N-亚硝基吡咯烷，N-吡咯烷亚硝胺	$C_4H_8N_2O$	
621-64-7	N-nitrosodi-n-propylamine	NDPA	N-亚硝基二丙基胺	$C_6H_{14}N_2O$	
100-75-4	N-nitrosopiperidine	NPIP	N-亚硝基哌啶	$C_5H_{10}N_2O$	
924-16-3	N-nitrosodi-n-butylamine	NDBA	N-亚硝基二丁基胺	$C_8H_{18}N_2O$	
86-30-6	N-nitrosodiphenylamine	NDpheA	N-亚硝基二苯胺	$C_{12}H_{10}N_2O$	
76014-81-8	4-(methylnitrosamino)-1-(3-pyridyl)-1-butanol	—	4-(甲基亚硝胺)-1-(3-吡啶基)-1-丁醇	$C_{10}H_{15}N_3O_2$	

8.2.1.2　理化性质

亚硝胺由于 N—NO 官能团能够吸收一定波长的光，所以多数 N-亚硝胺为黄色。低分子量的 N-亚硝胺，如 N-二甲基亚硝胺（NDMA），在常温下为油状液体；高分子量的 N-亚硝胺多为固体。N-二甲基亚硝胺可溶于水及有机溶剂，其他则不能溶于水，只能溶于有机溶剂。在通常情况下，N-亚硝胺不易水解。在中性和碱性环境中较稳定，但在特定条件下也发生水解、加成、还原、氧化等反应。

8.2.2　食品中的亚硝胺类化合物的来源

食品在加工、储藏过程中都有可能形成 N-亚硝胺类化合物。鱼、肉制品或蔬菜在加工过程中，常添加硝酸盐作为防腐剂和护色剂，而这些食品都含有丰富的胺，如鱼肉中二甲胺、三甲胺及氧化三甲胺的含量都很高，特别是海产鱼类三甲胺及氧化三甲胺的浓度可高达 $100\sim185\mathrm{mg/kg}$，氧化三甲胺在加热时会转变成二甲胺，这些前体物质在腌制、油炸、煎烤等加工工程中，会生成 N-亚硝胺类化合物（马俪珍等，2005）。

食品在明火中用热空气干燥会促使 N-亚硝胺的形成。啤酒中含有 N-二甲基亚硝胺，这主要是因为空气中的氮气在燃烧火焰中被高温氧化成氮氧化合物，后者与啤酒中的生物碱（如大麦芽碱）反应形成 N-二甲基亚硝胺。其他食品如果采用明火直接干燥也会形成 N-二甲基亚硝胺，只是污染水平较麦芽低，如奶粉在干燥过程中形成微量的 N-二甲基亚硝胺，污染水平在 $0.1\sim5\mathrm{\mu g/kg}$。此外，在婴儿配方食品、大豆蛋白浓缩物、汤料和方便面调料等食品中，也可以检出微量的 N-二甲基亚硝胺（马俪珍等，2005）。

食品包装材料或容器也会含有 N-亚硝胺类化合物，食品或人体与之直接接触，都可能使人体健康受到威胁。人们日常生活中经常接触橡胶制品，如婴儿奶嘴、乳胶手套、球类等，而橡胶制品在高温成型的过程中会释放出仲胺，后者与空气中氮氧化合物结合生成稳定的 N-亚硝胺类化合物。另外，大多数食品包装材料含有吗啉，而吗啉很容易发生 N-亚硝化反应形成亚硝基吗啉（NMOR），从而可以迁移到食品中（马俪珍等，2005）。

某些食品添加剂含有挥发性 N-亚硝胺类化合物，当这些物质作为原料加入食品中时，N-亚硝胺就随之进入食品中，如腌肉预混剂中含有较高含量的 N-亚硝基哌啶（NPIP）。此外，食品工业用水如果使用离子交换树脂，也会带入少量亚硝胺，一般污染水平在 $1\mathrm{\mu g/kg}$ 以下（马俪珍等，2005）。

8.2.3　不同食品中亚硝胺的含量

亚硝胺可以通过多种方法检测出来，目前多国科学家均对本国食品中亚硝胺水平进行了检测分析，其中肉制品是检测最多的品种之一。经常检出的挥发性亚硝胺为 N-二甲基亚硝胺（NDMA）、N-二乙基亚硝胺（NDEA）、N-亚硝基二丁胺（NDBA）、N-亚硝基吡咯烷（NPYR）、N-亚硝基哌啶（NPIP）。而且 N-二甲基亚硝胺在培根、腌肉、香肠等肉制品中经常检出，报道的最大含量分别为 $17\mu g/kg$、$22\mu g/kg$、$12\mu g/kg$。N-二甲基亚硝胺在香肠中也检测出来，其最大含量为 $10\mu g/kg$。N-亚硝基吡咯烷在油炸培根、香肠、腌熏肉和西式火腿中的最大含量分别为 $100\mu g/kg$、$45\mu g/kg$、$10\mu g/kg$ 和 $36\mu g/kg$。N-亚硝基哌啶在香肠、五香烟熏肉中的报道的最大浓度为 $50\mu g/kg$、$9\mu g/kg$。N-亚硝基二丁胺在肉制品中不经常检测到，且含量较低，这是因为它本身不是由肉制品内在生成，而是从捆绑肉的橡皮网中迁移到肉中去的。Yurchenko 等人对爱沙尼亚 2001～2005 年间 386 个肉制品样品进行了 5 种挥发性亚硝胺的分析，这些肉制品包括六大类，分别是原料肉、油炸肉、腌熏肉、腌渍肉、烤肉和罐头肉，N-二甲基亚硝胺、N-二乙基亚硝胺、N-亚硝基吡咯烷、N-亚硝基哌啶和 N-亚硝基二丁基胺分别在 88％、27％、90％、65％ 和 33％ 的样品中检出，它们的平均水平分别为 $0.85\mu g/kg$、$0.36\mu g/kg$、$4.14\mu g/kg$、$0.95\mu g/kg$ 和 $0.37\mu g/kg$，总的挥发性亚硝胺的平均含量为 $3.97\mu g/kg$（Yurchenko，2007；邢必亮，2010）。

中国台湾有科学家采用 GC-MS 方法对五种肉制品中七种亚硝胺含量进行了测定，在多种肉制品中均检出亚硝胺的存在，其中 N-二甲基亚硝胺、N-亚硝基哌啶和 N-亚硝基二丁基胺在五种肉制品中全部检出，中国猪肉香肠中含有最高含量的 N-亚硝胺（Huang et al，2013）。

爱沙尼亚的科学家检测了从 2001 年至 2005 年间 294 种鱼肉样本和 77 种食用油样品中的亚硝胺含量，冷熏鱼制品中总的平均 N-亚硝胺含量为 $1.92\mu g/kg$，热熏鱼制品中为 $4.36\mu g/kg$，煎鱼制品中为 $8.29\mu g/kg$，腌制鱼制品中为 $5.37\mu g/kg$，咸鱼中为 $3.16\mu g/kg$，干制鱼制品中为 $3.81\mu g/kg$，在新鲜鱼中没有检测出亚硝胺的存在，说明加工方法对亚硝胺的含量具有显著影响（Yurchenko et al，2006）。

8.2.4　食品中的亚硝胺类化合物的危害

8.2.4.1　N-亚硝胺的代谢

以 N-二甲基亚硝胺为例，介绍 N-亚硝胺在机体内的代谢过程及致癌机理。

目前普遍被人们接受的代谢途径有两条：①α-羟基化途径；②去亚硝基化途径。

两条代谢途径都由同一个中间自由基 $[CH_3(CH_2 \cdot)N—N=O]$ 出发，该自由基由细胞色素 P450 单加氧酶（主要是 CYP2E1）催化 N-二甲基亚硝胺生成。在 α-羟基化途径中，N-二甲基亚硝胺经过两步氧化过程生成 α-羟甲基亚硝胺。第一步氧化过程由 CYP2E1 催化，产生中间自由基；第二步氧化机理还不清楚。生成的 α-羟甲基亚硝胺经过非酶解反应分解成单甲基亚硝胺和甲醛，后者最终转化成 CO_2。而单甲基亚硝胺是一种不稳定的化合物，在 pH 值 7.4 的环境中，半衰期小于 10s。它经过重排后转化成甲基重氮氢氧化物，再经过质子化作用生成甲基重氮离子，后者能够使 DNA、RNA 及蛋白质发生甲基化作用，从而使机体发生癌变。在另一条途径中，中间自由基通过去亚硝基化作用产生甲胺和亚硝酸盐。这两条竞争性途径的共同点是都由同一个中间自由基出发，而且都产生甲醛。其中，α-羟基化途径占 N-二甲基亚硝胺代谢的 80%～90%，去亚硝基化途径占 10%～20%。通过体外实验表明，去亚硝基化途径不会对机体产生毒性。研究表明，N-亚硝胺本身并没有致癌性，它的强致癌作用是在动物体内通过细胞色素 P450 单加氧酶的作用和一系列的转化，最终生成了烷基化试剂——烷基重氮离子，后者能使 DNA、RNA 及蛋白质发生烷基化作用，从而使机体产生癌变。图 8-2 为 N-二甲基亚硝胺的代谢途径（马俪珍等，2005；Karl-Otto，2007；朱雨霏，2008；魏法山，2008）。

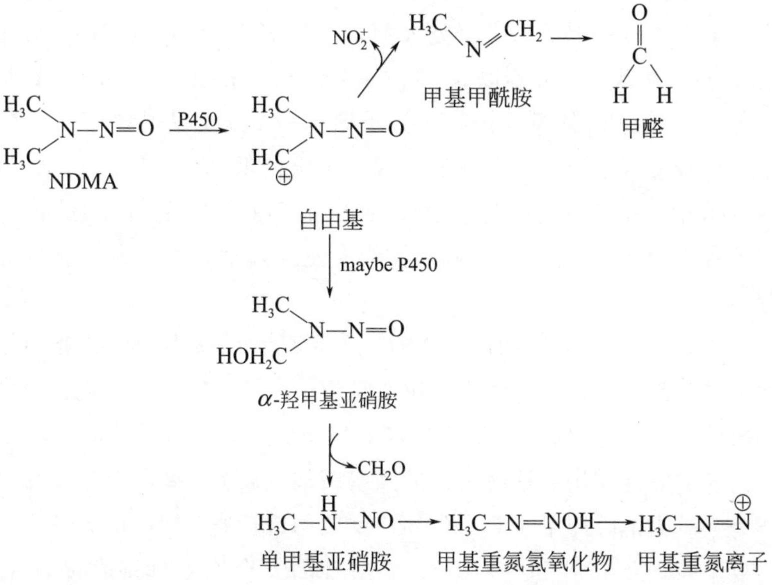

图 8-2　N-二甲基亚硝胺的代谢途径

8.2.4.2　*N*-亚硝胺的致癌性（朱雨霏, 2008; 魏法山, 2008）

对 130 多种 *N*-亚硝胺进行毒理学试验发现，约有 80% 具有致癌性，其中 *N*-二甲基亚硝胺和 *N*-二乙基亚硝胺已被 IARC 列为可能对人体致癌物（2A 类致癌物）。在所试验的动物中，还没有一种具有抵抗 *N*-亚硝胺致癌的能力。而且动物实验表明，*N*-亚硝胺还可以通过胎盘屏障使其下一代致癌。与一般致癌物相似，*N*-亚硝胺致癌也存在器官特异性，所不同的是，它同时还具有诱发其他器官发生肿瘤病变的能力，例如，*N*-二甲基亚硝胺主要引起肝脏肿瘤，但同时也会引起肾脏、膀胱、肺发生癌变。表 8-3 列出了各种 *N*-亚硝胺致癌的器官特异性。

表 8-3　*N*-亚硝胺的作用器官

化合物	作用器官
$R^1 = R^2$（如 *N*-二甲基亚硝胺、*N*-二乙基亚硝胺、*N*-二丁基亚硝胺等）	主要是肝脏（肾脏、膀胱、肺）
$R^1 \neq R^2$（如甲基苄基亚硝胺）	主要是食道（前胃、肺、肝脏）
环状（如 NPYR、NPIP）	肝脏、食道、鼻腔
酰烷基亚硝胺（如甲基亚硝基脲）	中央和周围神经系统
R^1 或 R^2 具有的官能团（—OH、—COOH 等）	肝脏、膀胱、食道

试验研究表明 *N*-亚硝胺在人类身上的生化能力与在实验动物身上并没有实质上的区别，相反，对于动物试验来说，通常高剂量单一的 *N*-亚硝胺暴露于动物从而诱导癌症，而人类癌症是通过不同途径（比如消费的产品、食物以及烟草）在不同的浓度范围内暴露导致的结果。

用实验动物进行的剂量反应研究表明，*N*-二乙基亚硝胺、*N*-亚硝基吗啉和 *N*-二甲基亚硝胺在饮水中分别以 0.075mg/kg、0.07mg/kg 和 0.01mg/kg 浓度，并按照每天 0.01mg/kg 体重饮用，充分诱导了一个显著的肿瘤事件。在动物癌症试验中，没有发现较低无效阈值的出现，单个的低 *N*-亚硝胺浓度如预料的那样不能独自诱导癌症反应，但是低浓度的 *N*-亚硝胺在一起就有协同致癌作用，这些说明了食物中几种不同的 *N*-亚硝胺的多元暴露对人类来说可能具有强有力的致癌危险。

在食物基质中 *N*-亚硝胺的前体物质（如可硝化的胺类物质和亚硝化试剂）、催化剂和抑制剂都会存在。在体内（主要是胃内）环境中，亚硝化也会发生，导致内源形成的 *N*-亚硝胺暴露。在亲器官性和癌变方面，微量营养的缺乏也会改变亚硝胺诱导的癌症作用。这些复杂的因素在某方面会导致判定单个化合物暴露和食物作为强有力危险因素引起人类癌症反应的流行病学研究的失败。

鉴于亚硝胺的潜在致癌性，2012 年的食品安全国家标准食品污染物限量（中华人民共和国卫生部，2012）对亚硝胺中的 *N*-二甲基亚硝胺进行了限量指标，见表8-4，但其他亚硝胺没有做限量要求。

表8-4   食品中 N-二甲基亚硝胺限量指标

食品类别	限量/(μg/kg)
肉及肉制品(肉罐头除外)	3.0
水产制品(水产品罐头除外)	4.0

8.2.5 食品中的亚硝胺类化合物的检测方法

N-亚硝胺类化合物种类繁多，其热分解、化学分解反应和光化学性质是分析、确定该类物质的基础。随着近代分析化学的发展和新仪器的不断投入使用，亚硝胺的测定方法也层出不穷，主要有气相色谱法（GC）、高效液相色谱法（HPLC）、分光光度法、毛细管电泳法等（郭金全等，2009）。

8.2.5.1 亚硝胺检测的样品前处理

N-亚硝胺是一类化学结构和性质极为多样的化合物，正是由于这类物质的性质和结构的差异性，就决定了不能采取简单、划一的分析方法。同时，食品样品种类繁多，包括动物性、植物性、蔬菜、烟草、饮用水等，这就使分析前的样品制备工作复杂化，因此在 N-亚硝胺分析的样品制备方面出现了多种类型的操作方法。

（1）水蒸气蒸馏法

国标 GB/T 5009.26—2003 食品中 N-亚硝胺类的测定中提出了采用水蒸气蒸馏法测定酒类、肉及肉制品、蔬菜、豆制品、茶叶等食品中 N-二甲基亚硝胺、N-二乙基亚硝胺、N-二丙基亚硝胺及 N-亚硝基吡咯烷的方法，经粉碎的试样，置于水蒸气蒸馏装置（图8-3）的蒸馏瓶中（液体试样直接加入蒸馏瓶中），加入水（液体试样不加水），摇匀，在蒸馏瓶中加入氯化钠，充分摇动，使氯化钠溶解，将蒸馏瓶与水蒸气发生器及冷凝器连接好，并在锥形接收瓶中加入二氯甲烷及少量冰块，收集馏出液。将馏出液以二氯甲烷萃取四次，合并有机层，经无水硫酸钠脱水后，浓缩至1mL，准备上样分析（中华人民共和国卫生部，2003）。

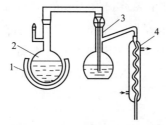

图 8-3   水蒸气蒸馏装置示意图

1—加热器；2—2000mL 水蒸气发生器；3—1000mL 蒸馏瓶；4—冷凝器

（2）固相微萃取提取

固相微萃取（SPME）技术与气相色谱仪相结合检测亚硝胺是目前正在逐渐发展的方法之一。固相微萃取是在固相萃取基础上发展起来的，保留了其所有的优点，具有简单、费用少、易于自动化等一系列特点。摒弃了其需要柱填充物和使用溶剂进行解吸的弊病，它能直接从液体或气体样品中采集挥发和非挥发性的化合物，可以直接在 GC、GC-MS 和 HPLC 上分析。在进行亚硝胺分析时，主要有直接进入时萃取（DI-SPME）、顶空萃取（HS-SPME）和膜保护萃取等几种方式（何红春，2013）。Andrade 等利用顶空固相微萃取技术（HS-SPME）与气相色谱-热能分析仪（GC-TEA）检测技术，以香肠为研究对象，对固相微萃取条件进行了优化选择。参数选择包括平衡时间、离子浓度、食盐浓度、萃取温度、萃取时间以及两种不同的萃取头（PDMS-DVB、PA），对四种亚硝胺（N-二甲基亚硝胺、N-二乙基亚硝胺、N-亚硝基哌啶以及 N-亚硝基吡咯烷）进行了测定，并且采用正交旋转设计分析确定最优参数（Andrade et al，2005）。Ventanas 等采用 SPME-DED（direct extraction device）装置，选择两种不同萃取头对模拟状态下的食品基质中的亚硝胺进行萃取，利用气质联用仪测定。研究了不同萃取时间（分别为 15min、30min、60min、120min、180min）和不同萃取温度（4℃、25℃）对最终测定结果的影响。结果发现，15min 的萃取时间既能够保证提取效果又节省实验时间，25℃的温度下萃取效果较 4℃好（Ventanas et al，2005）。Ventanas 等利用 SPME-DED 装置与 GC-MS 联用，对模拟状态下食品基质中的 9 种亚硝胺进行了测定，并且对萃取头的选择进行了优化，包括 DVB/CAR/PDMS 和 CAR/PDMS 等几种不同的萃取头（Ventanas et al，2006）。

（3）多方法联合提取

Huang 等采用微波辅助提取技术（MAE）和分散固相微萃取技术联合应用于肉制品中 N-亚硝胺类物质的提取。首先，混合均匀的肉样品以 0.025mol/L 氢氧化钠溶液在 100℃条件下微波提取 10min，将 Carboxen^{TM}1000 加入微波提取液中用于分散固相微萃取提取。样品经 30min 剧烈振荡后，以二氯甲烷溶解 N-亚硝胺类物质，然后通过 GC/MS 方法进行检测，该方法的定量限为 0.03 ~ 0.36ng/g，在所检测的样品中，NDMA 的含量最高，变化范围为 0.8 ~ 3.2ng/g（Huang et al，2013）。

8.2.5.2 气相色谱法

由于很多亚硝胺具有挥发性，因此气相色谱法检测挥发性亚硝胺是目前应用最广泛的一种方法，常用的监测器有氢火焰离子化监测器（FID）和热能分析仪（TEA）等。国标方法中采用的是热能分析仪，其原理是首先利用气相色谱分离柱对含有 N-亚硝胺的样品进行分离，再由载气将其送入快速催化加热器或裂解器中，在真空条件下，N—NO 键断裂，释放出亚硝酰基（NO·），后者与臭氧反应生成激发态的 $NO_2·$，当激发态返回基态时发射出近红外光线（$600\sim2800nm$）。产生的近红外区光线被光电倍增管检测（$600\sim800nm$），由于特异性催化裂解与冷阱或 CRT 过滤器除去杂质，使热能分析仪仅能检测 NO 基团，而成为亚硝胺的特异性检测器。该方法选择性强，灵敏度高，其最低检测限可达 ng/kg，被很多国家应用于食品中 N-亚硝胺类物质的分析。FID 检测器检测 N-亚硝胺成本低，但是样品需要经过复杂的前处理，得到除所测定的成分外基本无其他杂质的样品，而且灵敏度和选择性差。与 FID 检测器相比，NPD 检测器在检测含有氮、磷元素的化合物时灵敏度要高出 1000 多倍，专一性好，很多烟草及橡胶中亚硝胺的测定就使用该检测器。ECD 检测器在 20 世纪 70 年代以前，常用来测定食品、环境中的亚硝胺。

陶燕飞开发了多种基于气相色谱的 N-亚硝胺分析方法，如采用毛细管柱顶空气相色谱-微池电子捕获检测器检测啤酒中的 N-二乙基亚硝胺、N-亚硝基吡咯烷、N-亚硝基二丁基胺。研究了 HS-GC 的最佳萃取条件，在优化后的气液相平衡条件下即采用 NaCl 作盐析剂，气液相比为 1/1，平衡温度为 85℃，平衡时间为 40min，0.25mL 顶空气体进样。该方法对挥发性亚硝胺的检测线性范围在 $100\sim1500\mu g/L$ 之间，线性相关系数 R^2 在 $0.9913\sim0.9952$ 之间，检测限量 NDEA 为 $30\mu g/L$、NPYR 为 $40\mu g/L$、NDBA 为 $20\mu g/L$；NDBA 回收率范围为 $66.1\%\sim92.3\%$，相对标准偏差为 $4.2\%\sim6.9\%$。该方法是可行的，但还需要进一步降低检测限（陶燕飞，2003）。

8.2.5.3　气相色谱-质谱法

国标方法中采用气相色谱与热能分析仪联用的方法进行测定，但是 TEA 应用范围相对较窄，而且价格昂贵，普通实验室不配备该仪器。但是气相色谱-质谱联用技术（GC-MS）同时具备气相色谱有效的分离能力和质谱仪对于分子结构判定的能力，对于定量定性分析复杂多种组成成分混合物效果较好，是现阶段公认的最为有效的检测系统之一。另一方面从食品或其基质中分离提取的亚硝胺类物质含量通常较低不易检测，使用气质联用方法测定灵敏度可以达到 10^{-9} 水平，满足检测需求，是目前国际公认的检测方法之一。国内外有很多使用气质联用技术检测亚硝胺的报道。除了上述化学电离源质谱外，亚硝胺的检测也使用到一些高分辨率质谱（HRMS）和二级质谱（GC-MS/MS）。

赵华等建立了GC-MS快速测定腌制水产品中挥发性 N-亚硝胺含量的分析方法，采用GC-MS测定了 N-二甲基亚硝胺、N-二乙基亚硝胺、N-亚硝基二丙基胺、N-亚硝基吡咯烷、N-亚硝基哌啶及 N-亚硝基二丁基胺六种亚硝胺的含量，该方法主要通过超声提取、活性炭固相萃取净化等样品前处理方法，在10～1000μg/L 范围内，重现性良好，相对标准偏差小于 8%，回收率可达 79%～105%，灵敏度高，检出限低，除 NDPA 为 0.03μg/kg 外，其余 5 种 N-亚硝胺为 0.05μg/kg（赵华等，2013）。

8.2.5.4　液相色谱法

高效液相色谱法测定亚硝胺，虽然没有气相色谱法应用广泛，但是该方法具有高效、灵敏、选择性强的特点，此外还可以测定非挥发性亚硝胺，这是气相色谱不能测定的。HPLC法测定亚硝胺时通常需要通过化学反应或光学反应把这类物质分解成亚硝酸根离子和胺，然后用衍生化试剂对亚硝酸根离子进行衍生化处理，用相应的检测器测定所得的衍生物。选择紫外检测器进行检测时，N-亚硝胺类化合物是可紫外降解的，这可能导致结果产生偏差。液相色谱与热能分析仪联用可避免此局限性，对食品中非挥发性的亚硝胺类检测具有广泛的应用前景。

Lee 等开发了采用紫外检测器进行水样中 N-亚硝胺类物质分析的液相色谱分析方法，通过光解固相萃取作为样品前处理技术，方法的检出限为 4～28ng/L。采用该方法检测游泳池中水中的亚硝胺含量，发现 N-亚硝胺类物质的含量在 6.1～48.6nmol/L 之间，N-二甲基亚硝胺基本上在所有样品中都有检出（Lee et al，2013）。

8.2.5.5　液相色谱-串联质谱法

实验采用 LC-MS/MS 方法优化水中痕量 N-二甲基亚硝胺的测定条件，采用 ESI 源检测，优化梯度洗脱获得良好的分离效果，仪器最低检测浓度达到 1μg/L。试样通过粉末活性炭固相萃取小柱萃取浓缩，在浓缩 500 倍的条件下，NDMA 回收率可达 81%～108%，方法检出限为 2ng/L。该方法检测浓度水平低、精度高、操作简单，完全可满足水中痕量 N-二甲基亚硝胺的要求。另外有实验建立了超高效液相色谱串联质谱测定饮用水中 9 种 N-亚硝胺的新方法。UPLC-MS/MS 直接进样方法对 N-二甲基亚硝胺定性和定量检测限分别为 0.1ng/L 和 1.0ng/L，N-亚硝基二丙基胺为 2.5ng/L 和 10ng/L，其他 7 种 N-亚硝胺的定性和定量检测限均为 0.5ng/L 和 2.0ng/L。该方法中 N-亚硝胺的检测限低于美国环保局规定的水中最大容许浓度（罗茜等，2011）。LC-MS-MS 检测 N-亚硝胺类化合物在烟草中研究较多，对饮用水方面的研究已经开始，但在食品方面的研究较少，同时，由于 LC-MS-MS 价格较昂贵，使用成本较高，应用受到一定的限制。

8.2.6 肉品中的亚硝胺类化合物的形成途径

研究发现（孙敬等，2008）许多食品中含有的亚硝基化合物是由于加工过程中形成了弱酸环境，$NaNO_2$ 和氮氧化物与一些前体物如氨基酸和胺类等反应形成的。例如 N-二甲基亚硝胺是由广泛存在于环境中的二甲胺和亚硝酸盐作用形成的。碱性条件下，对于胺类与 ONO 基团作用，一般认为需要催化剂，如甲醛、自由氯和 CO_2 等。目前食品中已检测出的亚硝胺可分为两大类：①由仲胺亚硝基化形成的特有的亚硝胺；②亚硝基氨基化合物或 N-亚硝基脲和 N-亚硝基胍的更为细致的衍生物。

$$NaNO_2 + H^+ \longrightarrow HNO_2 + Na^+$$
$$HNO_2 + H^+ \longrightarrow NO_2 + H_2O$$
$$2HNO_2 \longrightarrow N_2O_3 + H_2O$$
$$N_2O_3 \longrightarrow NO + NO_2$$
$$NO + M^+ \longrightarrow NO^+ + M$$
$$RNH_2 + NO^+ \longrightarrow RNH-N=O + H^+ \longrightarrow ROH + N_2$$
$$R_2NH + NO^+ \longrightarrow R_2N-N=O + H^+$$
$$R_3N + NO \longrightarrow 形成亚硝胺类化合物$$

图 8-4 N-亚硝胺形成途径

图中 M、M^+ 代表类似于 Fe^{2+}、Fe^{3+} 的金属离子

亚硝胺由胺类和亚硝酸盐在较高温度下形成。但是由图 8-4 可看出一些前提条件：首先胺类必须存在，在鱼肉中只有微量的胺类，包括肌酸、肌酸酐、脯氨酸和羟脯氨酸的自由氨基酸和一些氨基酸的脱羧产物，在老化和发酵的过程中形成更多的胺类；其次只有二级胺才能形成稳定的亚硝胺，伯胺会立即降解为乙醇和氨，叔胺不能反应；pH 值需要足够低；可以生成 NO^+ 或者金属离子必须参与形成 NO^+。

8.2.6.1 酸度

尽管肉中亚硝胺的形成机制未能完全了解，但利用模型研究时已经确定 pH 值为亚硝基化反应中的重要参数。对于仲胺和叔胺，反应最快的环境是酸性 pH 值 3～3.4，然而反应最有效的 pH 值是在 4～4.5 范围内。在较低的 pH 值环境中离解出 NO^+ 以及胺类物质的存在能够使得亚硝基化反应得以进行。新鲜肉中含有较微量的胺，包括肌氨酸、肌氨酸酐和自由氨基酸如脯氨酸和羟基脯氨酸及

一些氨基酸的去羧基产物等。随着肉的成熟和发酵将产生更多的胺。存在的胺类大多为 α-氨基酸衍生形成的伯胺。

现今的各种加工过程使亚硝酸钠和氨基化合物及目前食品中存在的前体物如蛋白质、缩氨酸和氨基酸（脯氨酸、氨基乙酸、乙酰胆碱和甜菜苷）的反应处于弱酸环境中，这将为亚硝基化反应形成提供极为可能的条件。

8.2.6.2　前体物质

发生亚硝基化反应需要存在一定的前体物质，其来源主要包括：原料肉本身胺的含量以及在加工烹饪过程中蛋白质的高温分解等。在加工过程中会释放氨基酸，如脯氨酸和精氨酸；另外还含有稳定硝基基团的胺类，例如吡咯烷和哌啶等。当硝酸盐和亚硝酸盐存在时，高温会促进亚硝胺类的合成。另外肉中存在易亚硝基化的自由氨基酸，例如脯氨酸、氨基乙酸、丙氨酸、缬氨酸，以及生化活性物，如腐胺和尸胺等生物胺。前体物质还包括肌氨酸（肌肉组织中的基本成分）和动物组织中常见的四铵盐，如乙酰胆碱和三甲胺乙内酯等。

8.2.6.3　微生物

自然界中自养和异养型有机体参与亚硝基化的生化和化学作用，这将会与多种细菌共同对硝化和反硝化作用的生化过程有积极作用。当环境中硝酸根离子存在时，微生物的新陈代谢将起到重要作用，因为它们中的一些会促进亚硝基化反应并且提高亚硝胺水平。

目前实验已证明肠菌属和梭菌属细菌具有合成亚硝胺的能力，而一些细菌能够促进亚硝胺的形成。细菌在亚硝胺的形成过程的作用包括将硝酸盐还原为亚硝酸盐，蛋白质降解为仲胺，产生一种酶能促进亚硝基化反应并形成稳定的反应环境如酸性环境。亚硝胺的合成反应中一些霉菌类具有生物催化活性，主要包括青霉菌和根霉菌属。

8.2.7　食品中的亚硝胺类化合物的控制措施

由于 N-亚硝胺类化合物具有强烈的致癌性，因此控制和降低食品中 N-亚硝胺的含量成为目前食品安全领域研究的热点，根据 N-亚硝胺类物质的形成途径，可以通过减少 N-亚硝胺前体物质含量抑制 N-亚硝胺的生成、控制加工过程及合理使用添加剂等方法，其中在食品加工过程中添加亚硝基化反应的抑制剂或者人体直接摄入这些抑制剂是防止 N-亚硝胺致癌的有效途径。现已发现，维生素类（抗坏血酸、生育酚）、酸类物质（山梨酸、没食子酸、绿原酸、咖啡酸）、酚类物质（茶多酚、苯酚、槲皮素）以及醇类、柑橘精油、香辛料精油、各种植物粗提物等都具有抑制 N-亚硝胺生成的能力（张建斌等，2008；张庆乐等，2008；姜慧萍，2009；赵甲元等，2010）。

8.2.7.1　控制加工过程

肉制品原料会影响亚硝胺形成的水平，如猪肉和牛肉会形成较多的亚硝胺，这主要是由于食物链累积较高的亚硝酸盐从而形成较高水平的亚硝胺。当存在易亚硝基化的自由氨基酸，例如脯氨酸、氨基乙酸、丙氨酸、缬氨酸，以及生化活性物，如肉中存在的腐胺和尸胺等生物胺，另外在相关微生物及酶类的作用下，从而形成了 N-二甲基亚硝胺和 N-二乙基亚硝胺（赵甲元等，2010）。肉中蛋白质转变为亚硝基化的衍生物的程度依赖于肌球素和血色素的含量及硝酸盐和亚硝酸盐的浓度。对鱼类制品进行不同加工方式研究时发现，新鲜鱼中未检测出亚硝胺类，热熏和油炸时含量比冷熏时含量明显增多。同时，腌渍鱼及干腌鱼时亚硝胺水平也较高（Yurchenko et al，2006）。另外认为在一些肉制品中亚硝胺水平的增加是由于热加工。油炸咸肉比未经过油炸加工的咸肉其亚硝胺含量有显著提高。亚硝胺的含量会随着油炸温度和时间而升高。大部分腌制过的肉中的 N_2O_3 与不饱和脂质结合形成加合物，当温度升高时这些衍生物降解并且释放氮氧化物，后者与存在的自由胺类反应。孙敬研究了腌制时间、煮制温度和煮制时间对蒸煮火腿中 N-二乙基亚硝胺形成的影响，结果表明，煮制温度和煮制时间是影响 N-二乙基亚硝胺形成的重要因素，而天冬氨酸、甘氨酸、苏氨酸、精氨酸、丙氨酸和酪氨酸的含量变化与 N-二乙基亚硝胺形成量的相关性较高（孙敬，2008）。因此控制原料及温度等条件可以降低亚硝胺含量。

8.2.7.2　使用食品添加剂

肉制品中的添加剂会对亚硝胺的形成有潜在的影响，主要包括：$NaNO_2$（$NaNO_3$）添加量水平、食盐添加量、抗坏血酸钠水平、多聚磷酸钠水平和蔗糖含量及其他辅料等。

（1）$NaNO_2$ 添加量水平

大量研究表明，肉制品加工过程中加入的 $NaNO_2$ 含量显著影响肉成品中 N-亚硝胺类物质的含量，$NaNO_2$ 添加量的降低会伴随着亚硝胺含量的减少。在法兰克福鸡肉香肠中添加不同水平的亚硝酸钠，通过微波、蒸煮或熏烤进行加热，表观的亚硝胺水平随着亚硝酸钠含量的增加而升高。因此，控制 $NaNO_2$ 的添加量对于控制亚硝胺的含量有积极意义。

（2）天然或合成物质（张建斌等，2008；张庆乐等，2008；姜慧萍，2009）

目前已发现多种天然或合成的食品中的组分对亚硝胺的形成有重要的影响。抗坏血酸是最大的阻断者（阻断率能达到90%），其次是异抗坏血酸、山梨酸、羟基丁酸、没食子丙酸（在合成的食品添加剂中）及咖啡酸和单宁酸（天然的酚类化合物）。这七种物质对亚硝胺的阻断率均＞50%。相反，chlorogenic acid（咖啡的酚类成分之一）对亚硝酸盐的亚硝基化起促进作用。平常食品中既有亚硝基化的阻断剂也含有促进剂，在评价亚硝胺的形成时需考虑食品添加剂对亚硝基化反应的调节作用。另外醇类、维生素类、酸类以及香辛料都对亚硝胺形成有影响。

研究发现，当pH值为3.0时，亚硝化反应体系中如果含有10%以上的乙醇就能够有效地抑制N-亚硝胺的生成，当乙醇浓度小于5%时抑制效果不明显；而当pH值为5.0时，任何浓度的乙醇都能促进N-亚硝胺的合成。除乙醇外，其他含有醇羟基的化合物，包括甲醇、正丙醇、异丙醇及蔗糖等也有相似的效果。

在酸性的水溶液中，抗坏血酸将亚硝酸还原成NO，减少了亚硝化反应的前体物，自身转变成脱氢抗坏血酸。当O_2存在的条件下，产生的NO会再次被氧化成NO_2，它在水溶液中重新产生，因此在反应体系中加入过量的抗坏血酸可以减少这种情况的发生。抗坏血酸在水相中抑制亚硝化反应的能力比在油相中强，这也是因为产物NO容易再次生成亚硝酸根，从而使油相中未质子化的亲脂性胺发生亚硝基化反应生成N-亚硝胺。而当pH值为1～2时，抗坏血酸会催化弱碱性胺，如N-甲基苯甲、二苯胺发生亚硝基化反应，因为在该酸性条件下生成了更强的亚硝基化试剂——连二次硝酸。α-生育酚又名维生素E，它能够将亚硝酸还原成NO，从而有效地抑制油脂及乳制品的亚硝基化反应。但是α-生育酚酯（尤其是其醋酸盐）只有在体内被脂肪酶水解后才能发挥抑制活性。

酸类包括没食子酸、山梨酸、绿原酸、咖啡酸都具有抑制亚硝基化反应的能力。由于没食子酸和绿原酸都具有酚羟基结构，这种结构使得它们能够和亚硝基化试剂反应形成酮类衍生物，进而抑制N-亚硝胺的生成。虽然咖啡酸也具有酚羟基结构，但是它和亚硝基化试剂反应的机理并不同于前两者。咖啡酸是通过其苯环上的侧链和亚硝基化试剂反应，形成氧化呋喃及苯并噁嗪衍生物，从而抑制N-亚硝胺的生成。

酚类化合物在酸性条件下易被亚硝酸根离子氧化成醌类化合物，同时亚硝酸根离子被还原成一氧化氮，阻断了亚硝基化试剂的产生，从而抑制N-亚硝胺的生成。研究较多的是茶多酚，主要是表儿茶素（EC）、表没食子儿茶素（EGC）、表儿茶素没食子酸（ECG）、表儿茶素没食子酸酯（EGCG）。当 pH 值为 3 时，其抑制率大小依次是：EGCG＞EGC＞ECG＞EC。另外植物黄酮粗提物也具有清除亚硝酸盐、抑制 N-亚硝胺生成的能力，例如槲皮素等。

香辛料是一些具有浓郁香气、滋味和风味的植物，品种繁多，主要用于食品的调味与增香。香辛料富含多不饱和脂肪酸、硫化物、酚类和黄酮类等抗氧化物质，它们可与亚硝基化反应的前体物质——亚硝酸盐发生氧化还原反应，由此达到阻断亚硝胺合成的目的。大量研究显示，大蒜对亚硝胺的体内外合成均具有明显的抑制作用，已经证实大蒜中含有的硫化物和苯二羧酸类是其产生阻断作用的主要活性成分。这些物质能与亚硝酸盐结合生成硫代亚硝酸酯，从而抑制亚硝基化反应的发生。洋葱加入量大于 4％或小于 2％均能促进亚硝胺的形成，这可能是加入量过少时，洋葱中含有的能够促进亚硝胺形成的硫氰酸盐起主要作用；当加入量过大时，在一些亚硝基化反应促进剂的作用下，亚硝胺合成作用得到加强；当加入量适宜时，洋葱中的维生素 C 和维生素 E、酚类、还原糖和其他硫化物等抗氧化物质的作用占据主导地位，表现为抑制亚硝胺的合成。

（3）食盐等添加量

尽管抗坏血酸钠和异抗坏血酸钠是腌制液中的两种重要添加物，但腌制液中存在的其余几种成分如 NaCl、蔗糖和多聚磷酸钠也可能对亚硝胺形成有一定影响。研究肉制品（以猪肉基质为模型体系）盐腌液中各溶解质成分对亚硝胺形成的影响：异抗坏血酸和抗坏血酸能有效降低亚硝胺水平，当 NaCl 在腌制液中以高浓度状态存在时与亚硝胺形成量呈现一定相关性。未添加 NaCl 的样品中亚硝胺含量比加工中添加 1.5％NaCl 的样品要高 50％。腌制液中高浓度的钠盐如 NaCl 会改变亚硝酸盐与相应亚硝基化前体物反应的离子环境从而在亚硝胺的形成反应中起到重要作用。在肉中添加 2％NaCl 相比较未加盐腌的肉其亚硝胺（NDMA 和 NDEA）水平降低。添加 NaCl 和抗坏血酸钠混合物时其 NDMA 和 NDEA 水平相比较单独添加 NaCl 或抗坏血酸钠的样品含量降低量更大。腌制液中盐类物质如多聚磷酸钠作为缓冲剂在水相溶液中易调节离子环境，会对亚硝胺形成有一定影响。实验发现多聚磷酸钠使蒸煮火腿中 $NaNO_2$ 的残留量增加并随后增加 NDEA 的形成量，添加 0.1％的三聚磷酸钠的样品组中 N-二乙基亚硝胺含量比对照组增加了 12.4％，因此控制三聚磷酸钠的使用，也有助于减少肉制品中亚硝胺的形成。

参 考 文 献

蔡丽，崔艳. 2010. 硝酸盐和亚硝酸盐对食品的污染及控制. 内蒙古农业科技，(1)：64-65.

陈惠音，杨汝德. 1994. 超低盐多菌种快速发酵腌菜技术. 食品科学，(5)：18-22.

戴玮. 2009. 化学修饰掺硼金刚石薄膜电极检测亚硝酸盐. 天津：天津理工大学.

郭金全，李富兰. 2009. 亚硝酸盐检测方法研究进展. 当代化工，38 (5)：546-549.

何红春. 2013. 食品中 N-亚硝胺类化合物及其检测方法研究进展. 安徽农学通报，19 (4)：132-134.

皇甫超申，许靖华，秦明周，等. 2009. 亚硝酸盐与癌的关系. 河南大学学报：自然科学版，39 (1)：35-41.

姜慧萍. 2009. 黄酮类化合物体外抑制 N-亚硝基二乙胺生成的研究. 杭州：浙江工商大学.

李基银. 1998. 蔬菜腌渍过程亚硝酸盐生成规律与危害防治. 食品科学，(3)：1-6.

李金红. 2002. 低盐软包装酱腌菜生产工艺. 江苏调味副食品，75：12-13.

李珊. 2003. 某些农药残留及硝酸盐、亚硝酸盐的毛细管电泳和电化学分析研究. 福州：福州大学.

梁新红. 2001. 酸白菜腌制中亚硝酸盐的动态观察研究. 江苏调味副食品，(1)：12-13.

罗茜，王东红，王炳一，等. 2011. 超高效液相色谱串联质谱快速测定饮用水中 9 种 N-亚硝胺的新方法. 中国科学：化学，41 (1)：82-90.

马俪珍，南庆贤，方长发. 2005. N-亚硝胺类化合物与食品安全. 农产品加工，(12)：8-14.

马鹏飞，马林，孙君社，等. 2005. 减少食品中亚硝酸盐危害的研究进展. 食品科学，26：170-172.

庞杰，石雁. 2000. 抗坏血酸对酱菜亚硝酸盐含量的影响. 中国果菜，(5)：27.

蒲朝文，夏传福，谢朝怀，等. 2001. 酱腌菜腌制过程中亚硝酸盐含量动态变化及消除措施的研究. 卫生研究，30 (6)：352-354.

施安辉，周波. 2002. 蔬菜传统腌制发酵工艺过程中微生物生态学的意义. 中国调味品，(5)：11-15.

孙敬，詹文圆，陆瑞琪. 2008. 肉制品中亚硝胺的形成及其影响因素分析. 肉类研究，(1)：18-23.

孙敬. 2008. 蒸煮火腿中亚硝胺形成影响因素的研究. 无锡：江南大学.

孙彭力，王慧君. 1995. 氮素化肥的环境污染. 环境污染与防治，17 (1)：38-41.

唐爱明，爱延斌. 2004. 肉制品中亚硝酸盐降解方法、机理及研究进展. 食品与机械，20 (2)：35-44.

陶燕飞. 2003. 气相色谱法分析啤酒中 N-亚硝胺的方法研究. 武汉：华中师范大学.

王凤英，李文娟. 2007. 浅谈亚硝酸盐及其危害. 集宁师范学院学报，29 (4)：72-74.

王坤范. 1996. 蔬菜腌制品的食用安全性. 中国食品工业，(2)：28-29.

王思谦. 2013. 亚硝酸盐对慢性酒精性肝纤维化的干预作用. 郑州：河南大学.

魏法山. 2008. 挥发性 N-亚硝胺在如皋火腿加工过程中的动态变化及控制研究. 南京：南京农业大学.

相茛. 2013. 快速降解亚硝酸盐的菌种选育及亚硝酸盐还原酶的分离纯化研究. 长春：吉林农业大学.

邢必亮. 2010. 腌肉中挥发性 N-亚硝胺的形成与控制研究. 南京：南京农业大学.

徐银，盖圣美，刘登勇. 2008. 食物中亚硝酸盐的来源及其控制. 农技服务，25 (9)：168-169.

于娟. 2007. 间接荧光法与间接原子吸收法测定痕量亚硝酸盐的研究. 天津：同济大学.

于世光，刘志城，守洋. 1988. 常见蔬菜阻断 N-亚硝基化合物（NC）形成的研究. 营养学报，10 (1)：26-34.

张华. 1997. 乳酸菌在蔬菜加工贮存中的作用. 辽宁农业科学，(5)：44-45.

张建斌，马俪珍，孔保华. 2008. 香辛料对二甲基亚硝胺形成的抑制作用. 食品与机械，24 (2)：93-96.

张洁，贾树彪. 1998. 乳酸菌在蔬菜加工中的应用. 中国调味品，(3)：7-9.

张洁，于颖，徐桂花. 2010. 降低肉制品中亚硝酸盐残留量的方法及研究进展. 肉类工业，(2)：49-52.

张庆乐，李静，党光耀. 2008. 黄酮类化合物在阻断亚硝胺合成中的应用. 食品科技，33 (8)：165-167.

张少颖. 2011. 不同处理方法对泡菜发酵过程中亚硝酸盐含量的影响. 中国食品学报，11 (1)：133-138.

赵华，王秀元，王萍亚，等. 2013. 气相色谱-质谱联用法测定腌制水产品中的挥发性 N-亚硝胺类化合物. 色谱，31（3）：223-227.

赵甲元，贾冬英. 2010. 亚硝胺体内外合成阻断作用的研究进展. 食品与发酵科技，46（1）：35-38.

赵立东. 1999. 肉制品中亚硝酸盐测定方法的改进. 技术监督实用技术，（3）：31.

赵文. 2006. 食品安全性评价. 北京：化学工业出版社.

郑桂富，许晖. 2000. 亚硝酸盐在雪里蕻腌制过程中生成规律的研究. 四川大学学报：工程科学版，32（3）：85-87.

中华人民共和国卫生部. GB 2762—2012. 食品安全国家标准食品污染物限量

中华人民共和国卫生部. GB 5009. 33—2010. 食品安全国家标准食品中亚硝酸盐与硝酸盐的测定.

中华人民共和国卫生部. GB/T 5009. 26—2003. 食品中 N-亚硝胺类的测定.

朱新鹏. 2011. 食品中亚硝酸盐检测的研究进展. 保鲜与加工，11（3）：48-51.

朱雨霏. 2008. 亚硝胺类化合物的致癌作用及预防. 环境保护与循环经济，25（4）：34-35.

Andrade R，Reyes F G，Rath S. 2005. A method for the determination of volatile N-nitrosamines in food by HS-SPME-GC-TEA. Food Chemistry，91：173-179.

Chung S Y，Kim J S，Kim M，et al. 2003. Survey of nitrate and nitrite contents of vegetables grown in Korea. Food Additives and Contaminants，20：621-628.

Huang M C，Chen H C，Fu S C，et al. 2013. Determination of volatile N-nitrosamines in meat products by microwave-assisted extraction coupled with dispersive micro solid-phase extraction and gas chromatography-chemical ionization mass spectrometry. Food Chemistry，138：227-233.

Karl-Otto H. 2007. The use and control of nitrate and nitrite for the processing of meat products. Meat Science，78：68-76.

Lee M，Lee Y，Soltermann F，et al. 2013. Analysis of N-nitrosamines and others nitro（so）compounds in water by high-performance liquid chromatography with post-column UV photolysis/ Griess reaction. Water Research，47：4893-4903.

Ventanas S，Martin D. 2005. Analysis of volatile nitrosamines from a model system using SPME-DED at different temperatures and times of extraction. Food Chemistry，99：842-850.

Ventanas S，Ruiz J. 2006. On-site analysis of volatile nitrosamines in food model systems by solid-phase microextraction coupled to a direct extraction device. Talanta，70：1017-1023.

Yuan Y，Zhang T，Zhuang H，et al. 2010. Survey of nitrite content in foods from north-east China. Food Additives and Contaminants：Part B，3：39-44.

Yurchenko S，Mölder U. 2006. Volatile N-nitrosamines in various fish products. Food Chemistry，96：325-333.

Yurchenko S. 2007. The occurrence of volatile N-nitrosamines in Estonian meat products. Food Chemistry，100：1713-1721.

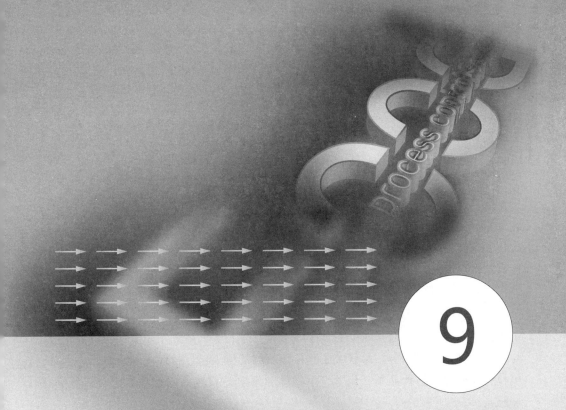

9

食品中晚期糖基化终末产物

非酶糖基化反应由 20 世纪最著名的法国化学家 Maillard 于 1912 年首次发现，所以又称为美拉德反应（李铭，2013）。Maillard 在研究中发现，在食品加工过程中，营养物质之间会产生一系列复杂的反应。1953 年，Hodges（1953）对食品体系中非酶糖基化的反应过程作出详细描述。1955 年，Kunkel 和 Wallenius（1958）在实验中观察到糖基化血红蛋白的生成，表明在人体内亦存在非酶糖基化反应。此后几十年，科学界对非酶糖基化反应的研究热情与日俱增，非酶糖基化反应与人类健康的关系也得到了进一步揭露。美拉德反应并非一个简单的化学反应，而是一系列复杂的生物化学变化的总称，包括许多分解反应和交叉反应，其反应的本质为蛋白质赖氨酸的氨基和还原糖的醛基之间发生非酶糖基化反应（刘毅，2012）。

自 1979 年第一届国际美拉德反应大会以来，这一由国际美拉德反应学会（International Maillard Reaction Society，IMARS）组织的系列会议已成功举办了十届，会议吸引了众多研究者前来参加，越来越多的研究结果表明美拉德反应与人类的健康密切相关。尽管关于美拉德反应的研究已经持续了一百多年，但是美拉德反应仍然是食品学、化学、生物学和医学等领域的研究热点之一（程璐，2014）。

美拉德反应在食品科学与技术中起着非常重要的作用，一方面，可以改善食品的颜色、风味和质地，并产生有益的活性物质，如美拉德反应常产生一些类黑素（melanoidin）、麦芽酚（maltol）和精氨酸双糖苷（argininyl fructosyl glucose，AFG）等抗氧化和抗肿瘤产物；另一方面，该反应也会产生对人体有害的晚期糖基化终末产物 AGEs，是体内美拉德反应中碳水化合物与蛋白质发生的不可逆反应产物的结果，一般包括嘧啶、吡咯、吡嗪、咪唑、萘啶氯化物及它们的复合物，它们游离存在或结合到蛋白质等其他生物分子上。研究表明它们与人体老化性疾病如白内障、动脉硬化、阿尔茨海默氏病、糖尿病、肾炎、网膜症、神经障碍和心脑血管等疾病的发生密切相关，被认为是老年性疾病发病机制的重要因素之一（刘翼翔等，2010）。一般认为糖基化终产物可通过直接的病理作用及与受体结合的间接作用导致机体的病理变化。身体中的眼晶体蛋白、胶原蛋白等寿命长的蛋白质中累积的糖基化终产物含量较高。这些糖基化终产物不仅来自于组织中的糖基化，还来自于日常饮食，所以在组织中的含量会随着时间而增加。人体环境适宜的温度和复杂的物质体系为美拉德反应的发生创造了良好的条件。在此环境下，机体内的糖和蛋白质等会发生非酶促褐变反应，使功能蛋白质发生化学修饰，改变其生物功能，是参与许多疾病发生过程的化学反应之一。体内美拉德反应的实质是蛋白质上的亲核基团（如赖氨酸、精氨酸、组氨酸和半胱氨酸残基）与糖、脂质及其衍生物（如羟醛、二羰基化合物及环氧化合物等）的亲电子基团之间的反应（刘翼翔等，2010）。

AGEs 是美拉德反应的产物之一。20 世纪 60 年代在糖尿病病人体内检测到一种非酶糖基化产物，这种产物就是 AGEs 的前体（兰山等，2013）。1984 年，Vlassara 等首先提出了晚期糖基化终产物这一概念，用以描述体内糖和蛋白质之间 Maillard 反应中产生的黄褐色荧光产物（刘毅，2012）。AGEs 能够引起多种老化疾病的发生，在医学领域研究得较多，如今人们对食品安全和人体健康愈加关注，在食品领域内对 AGEs 结构、检测方法和产生机理的研究也越来越多，但一般仅局限于模拟体系。动物试验和人体试验表明，食源性 AGEs 被机体吸收后能极大限度地促进体内 AGEs 的形成，可能对人体健康造成不利影响。

9.1 食品中晚期糖基化终末产物的结构及来源

9.1.1 结构

美拉德反应是食品加热或储存过程中，还原糖中羰基（来源于糖或油脂氧化酸败产生的醛和酮）和蛋白质的氨基或游离氨基酸经缩合、聚合反应生成类黑色素的反应。晚期糖基化末端产物是美拉德反应的产物之一。此外，脂质过氧化和葡萄糖氧化也可以产生一定含量的 AGEs。有研究者认为在食品和生物体系内美拉德反应的早期产物 3-脱氧葡萄糖（3-deoxylucosone，3DG）是进一步生成 AGEs 的重要前体物。

AGEs 是在持续的高糖环境（糖类）作用下，脂质、蛋白质经过非酶促糖基化反应（此反应不可逆）的作用而形成的聚合物（蔺杰，2012）。

AGEs 呈棕黄色，具有荧光特性、不可逆性、特征性荧光光谱以及同蛋白质等大分子形成交联的能力（交联性），具有不易被降解、结构异质性、对酶稳定等特性，是一类结构复杂的化合物（刘毅，2012）。由于它的生成途径复杂，种类多样，而且分离时比较困难，AGEs 的结构并不十分明确。从目前研究来看，AGEs 可以分为三大类：有荧光的交联 AGEs，如戊糖素、交联素；没有荧光的交联 AGEs，如精氨酸-赖氨酸咪唑复合物；没有荧光没有交联的 AGEs，如羧甲基赖氨酸（CML）、CEL 等（程璐，2014）。已经确定的 AGEs 的组分有 CML、戊糖苷、吡咯素、3-脱氧葡萄糖酮酸、咪唑咙、氢化咪唑咙、苯妥西定、吡咯醛、乙二醛、咪唑酮、交联素等（胡徽祥，2012）。戊糖苷是一个赖氨酸和一个精氨酸残基与一个咪唑-[4，5b]-吡啶翁环的结合物（刘毅，2012）。图 9-1 为几种 AGEs 的结构（程璐，2014）。

其中，CML 是一种典型的常见的 AGEs，它是果糖和赖氨酸氧化裂解的产物。在生物医学领域，内源性 CML 是含量最多的一种 AGEs，常被选为 AGEs 的标志性物质，用以研究 AGEs 的毒理、形成和检测等规律。在食品领域，CML 于 20 年前首先在牛奶中发现，是第一种被发现的食品中的 AGEs，也是起主要作用的一种 AGEs（兰山等，2013；程璐，2014）。

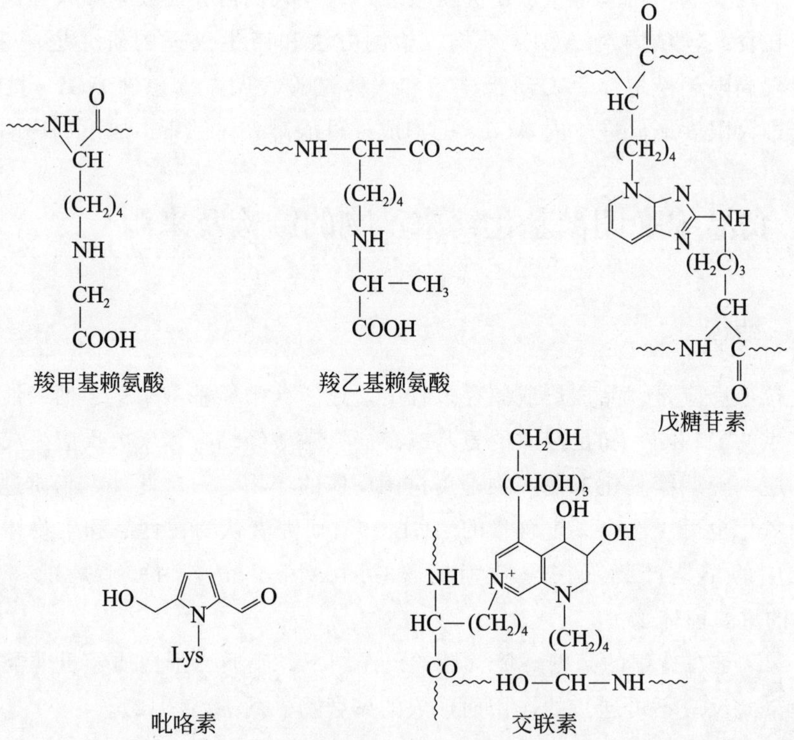

羧甲基赖氨酸　　　　　羧乙基赖氨酸　　　　　　　　戊糖苷素

吡咯素　　　　　　　　　　　　　　交联素

图 9-1　几种典型的 AGEs 的化学结构

CML 存在于多种生物组织中，在小鼠的血清和尿液、人类皮肤胶原蛋白等组织中均有发现，在糖尿病等慢性病患者体内含量较高。CML 在食品体系中也广泛存在，分为游离型和结合型，在多种食品加工过程中可以产生，特别是在加热处理过程中（兰山等，2013）。相比较其他种类的 AGEs，CML 更加常见和稳定，检测方法也较成熟，常作为食品和生物体系中 AGEs 含量的指标（程璐，2014）。

9.1.2　晚期糖基化终末产物在食品中的含量及分布

AGEs 广泛存在于各种食品中，例如肉类、牛奶、饼干、酱油等日常食品中都含有一定量的 AGEs。表 9-1 列举了一些食品样品中的 CML 含量（Assar et al，2009），检测方法为 UPLC-MS/MS。

表 9-1　食品样品中 CML 含量

食品样品	CML/(nmol/nmol 赖氨酸)	CML/(mg/kg)
生牛奶	0.08±0.03	0.3
消毒脱脂牛奶	0.09±0.02	0.35
奶酪	0.20±0.05	5.8
黄油	0.32±0.02	0.37
白面包皮	15.2±0.63	37.1
白面包心	1.25±0.24	2.58
生牛肉	0.21±0.06	5.02
煎炸牛肉	0.47±0.12	11.2

　　食品中 AGEs 含量与食品本身所含的营养成分、水分活度、加工工艺有很大的关系。AGEs 在食品中的含量高低与食品原料本身的营养成分有着一定的联系，富含脂肪和蛋白质的动物性食品中 AGEs 含量比富含碳水化合物类的食品要高很多，如各种肉类、全脂奶制品、黄油、乳酪和蛋黄酱、巧克力等食品中 AGEs 的含量就远远高于脱脂奶制品、全麦类谷物、新鲜的水果和蔬菜及豆类，这种食源性 AGEs 被称为 dAGEs（dietary AGEs）（兰山等，2013）。动物性食品中 AGEs 含量高的原因可能是高脂、高蛋白质食品在热加工过程中发生美拉德反应和脂肪酸氧化反应产生大量的自由基，而这些自由基催化含有氨基的脂质糖基化，从而形成大量的 AGEs（程璐，2014）。如表 9-1 所示，生牛奶和消毒脱脂牛奶的 CML 量最低，而消毒全牛奶则达到前者的两倍，黄油和奶酪都是由牛奶加工制得，故其 CML 量与牛奶样品处于同一数量级。

　　此外，水分活度对 AGEs 的形成也有一定的影响，新鲜的水果、蔬菜中 AGEs 含量低，其原因可能是水果、蔬菜中水分充足，并且含有较多抗氧化成分和维生素等，可以减少 AGEs 进一步形成（程璐，2014）。在这些食品中，虽然其碳水化合物总量较高，但大多数多糖通常由非还原糖构成，由于缺少参与反应的羰基自由基，而使其 AGEs 形成较少（房红娟，2013）。

　　人们日常食用的食品大多经过了加工处理，目的是为了杀菌和改进食品的色香味，满足消费者的需求，而正是经过这些处理后，食品中的 AGEs 含量迅速增加，尤其是经过高温、低湿、长时间加热，如烧烤、焙烤、油煎、油炸等，食品中的 AGEs 含量急剧增加。研究发现，食物经过高温加热后，会形成大量的 AGEs，大约 30% 的 AGEs 能够被消化吸收进入体内，被认为是引起糖尿病、肾病患者体内 AGEs 升高的一个重要原因。面包皮中 CML 的量大约是面包心中的 10 倍，同时煎炸后的牛肉中 CML 含量也远高于生牛肉中的 CML 含量，原因是这些食品经过热处理后，CML 含量显著增加。在所有检测样品中，面包皮中 CML 含量最高，这是因为面包烘焙过程中，外表皮温度可达 200℃ 以上，促进了多种合成 CML 的二羰基中间产物的生成，从而形成较多的 CML（兰山等，2013）。

9.2 晚期糖基化终末产物与人类健康的关系

9.2.1 食品加工过程中最重要的反应之一——美拉德反应

美拉德反应是一种常见于食品加工过程的非酶褐变反应，几乎所有的食品均含有羰基（来源于糖或油脂氧化酸败产生的醛和酮）和氨基（来源于蛋白质），因此都可能发生美拉德反应或称羰氨缩合反应。该反应除产生类黑精外还会生成还原酮、醛和杂环化合物，这些物质是食品色泽和风味的主要来源，因此，美拉德反应已经成为与现代食品工业密不可分的一项技术，在食品烘焙、咖啡加工、肉类加工、香精生产、制酒酿造等领域广泛应用。美拉德反应产物中的呈色成分赋予了食品不同的色泽（浅黄色、金黄色、浅褐色、红棕色和深棕黑色等色泽），如面包皮的金黄色、烤肉的棕红色、熏干的棕褐色、松花皮蛋蛋清的茶褐色、啤酒的黄褐色、酱油和陈醋的褐黑色等均与其有关。此外，美拉德反应产物中的有些风味物质能赋予食品迷人的香味，如烘焙面包时产生的香气、烤肉时产生的烤肉香味等。

9.2.2 美拉德反应的不利方面及其伴生危害物

虽然美拉德反应在食品的色泽、风味、营养及安全等方面都有重要意义，但由于其反应底物是糖和蛋白质等，从营养学角度看，会造成食品中营养成分的损失。许多氨基酸都易与糖类发生美拉德反应而失去其功能，尤其是必需氨基酸 L-赖氨酸的损失最大，若反应不当，甚至会产生有毒物质。如美拉德反应的中后期多会发生糖与蛋白质的交联，生成晚期糖基化终末产物（AGEs）。研究表明，AGEs 对人体健康有影响，从食品摄入的 AGEs 进入体内会降低机体免疫系统的防御功能，人体食用含有大量 AGEs 的食物后，血液和尿液中的 AGEs 含量会升高，将增加糖尿病及其并发症（如肾病、心血管疾病、视网膜病变等慢性疾病）的风险，因此，可以说美拉德反应是一把双刃剑。

9.2.3 晚期糖基化终末产物的生化特性

"晚期糖基化终末产物（advanced glycation end-products，AGEs）"一词最早是由 Brownlee 等在 1984 年"关于非酶褐变对纤维蛋白酶影响作用的研究"中提出来的（Tessier，2010），是指在非酶促条件下，蛋白质、氨基酸、脂类或核酸等大分子物质的游离氨基与还原糖（葡萄糖、果糖、戊糖等）的醛基经过缩合、重排、裂解、氧化修饰后产生的一组稳定的终末产物（Singh et al，2001），是一类通过美拉德反应形成的内源性的化学危害物。

AGEs 具有高度异质性，在食品以及生物体内以多种不同的形式存在。目前已发现的 AGEs 化合物有 20 多种，结构已确认的如羧甲基赖氨酸（CML）、羧乙基赖氨酸（CEL）、戊糖苷素、吡咯素和交联素等（许良元等，2009）。部分 AGEs 具有特有的荧光，结构式不同其特征光谱也不同，如戊糖苷素的特征性荧光光谱为发射波长（λ_{em}）/激发波长（λ_{ex}）＝335nm/385nm，糖基化胶原特征性荧光光谱为 $\lambda_{ex}/\lambda_{em}$＝370nm/440nm。部分 AGEs 化合物，如 CML 则不具有荧光性（Singh et al，2001）。虽然 AGEs 化合物的结构不同，但它们均可与蛋白质等大分子物质发生稳定及长时间的结合，形成分子量极大的交联结构，且对酶稳定，不易被降解，具有不可逆性（Singh et al，2001）。

9.2.4 晚期糖基化终末产物在人体内的细胞受体

AGEs 在许多细胞表面具有特异性受体，如巨噬细胞、神经细胞、系膜细胞和内皮细胞，通过这些受体影响细胞的功能，进而导致多种病理反应（Singh et al，2001）。目前，已知的 AGEs 受体包括巨噬细胞清道夫受体 I 和 II、RAGE（receptor for AGE）、寡糖转移酶 48（AGE-R1）、80K-H 磷酸蛋白（AGE-R2）以及半乳糖凝集素-3（AGE-R3）（Singh et al，2001）。

RAGE 首先从肺中被发现，是一种跨膜片段受体，属免疫球蛋白超家族成员之一，但目前关于 RAGE 的研究大多还局限于其外周的免疫调节作用（孟志艳等，2010）。RAGE 可表达于内皮细胞、血管平滑肌细胞、神经细胞、单核巨噬细胞、肾系膜细胞、心肌细胞等多种细胞表面（程璐，2014），细胞上的 RAGE 通过识别它们自己的致病配体来激活细胞，在 AGEs 与疾病的相互作用中起着重要的信号转导功能，它们引起蛋白质的周转、组织重构、细胞氧化应激、自由基产生和炎症因子产生等结果（Thornalley，1998）。与其他细胞的 RAGE 作用不同的是，血管内皮细胞的 RAGE 对 AGEs 的作用主要表现在跨膜转运方面。AGEs 与 RAGE 结合后细胞内多个信号传导途径可被激活。同时，AGEs 与 RAGE 的结合还参与内皮细胞、单核巨噬细胞等不同种细胞中（孟志艳等，2010）。

RAGE 作为一种信号转导受体可与 AGEs、β-淀粉样蛋白（β-amyloid peptides，Aβ）、S100/钙粒蛋白家族、高迁移率族蛋白（high mobility group box protein，HMGB）、Mac-1 等多种配体结合，激活细胞内多种信号转导机制，在糖尿病、阿尔茨海默病（AD）、多发性硬化症、缺血/再灌注（schemic-reperfusion I/R）损伤、全身炎症反应综合征（systemic inflammatory response syndrome，SIRS）、癌症及视网膜病变等病理过程中起着重要作用。对 RAGE 结构和功能的认识可能为这些疾病的防治提供新靶点（孟志艳等，2010）。

9.2.5 食品中晚期糖基化终末产物在体内的代谢

AGEs 分为两类：内源性 AGEs 和外源性 AGEs。其中机体自身产生的 AGEs 称为内源性 AGEs，人体从外部摄入（如烟草）或从食物中摄入的 AGEs 称为外源性 AGEs。而机体内的 AGEs 大部分来源于膳食。

食品中 AGEs 的吸收和代谢已经引起了医学、营养学等领域科学家的关注。Ceissler 等发现 5-羟甲基-2-碳醛-新戊基吡咯是通过缩氨酸转运蛋白 hPEPTI 吸收的，该研究结果首次回答了 AGEs 的代谢问题，但更多的 AGEs 代谢机制还需进一步研究（李巨秀等，2011）。目前，大部分有关食品中 AGEs 的生物利用度、消化吸收机制和代谢途径的相关研究均集中于 CML、吡咯素和戊糖苷素，一些研究者已经提出了关于 AGEs 可能的吸收、生物分布和代谢机理。短期临床实验证实，健康人群食用椒盐卷饼后有 50% 的吡咯素被吸收，咖啡饮品中有 60% 的游离戊糖苷素被排出（Förster et al，2005）。健康的青少年人体实验证明食源性 CML 的含量会极大地影响人体 CML 的吸收率以及排泄物中 CML 的水平。据研究，通过膳食摄入的 AGEs，大约有 10% 进入血液循环，仅有 1/3 通过肾脏排出体外，其余 2/3 潴留，通过共价键与组织结合蓄积于体内，从而对人体造成伤害，诱发糖尿病慢性并发症、衰老、动脉粥样硬化、高血压、老年痴呆、肿瘤等多种疾病的发生（李铭，2013）。食源性 CML 的代谢转运可能取决于自身的化学结构以及其与蛋白质结合的方式，两者可能会影响 CML 在体内的微生物降解、吸收机制和新陈代谢，尽管食源性 CML 没有进行同位素示踪研究，但被血浆和肾脏吸收的 CML 似乎是通过尿液和/或粪便排出体外的。

在生理条件下，AGEs 的形成需要经过几周乃至数月的时间。对机体大部分细胞和血浆蛋白质来说，因其寿命较短，通常并不能有效完成糖基化产物的后期转换过程，因此机体组织中 AGEs 含量很低；但当蛋白质半衰期较长或者蛋白质更新延迟，如发生淀粉样变和机体衰老，以及持续高血糖状态，如糖尿病及其血中活性羰基化合物水平增高时，则蛋白质非酶糖基化增加，可自发地不断形成AGEs（孙圣婴等，2009）。

　　AGEs 一经形成便具不可逆性，其清除途径主要是通过单核巨噬细胞的吞噬作用，降解为可逆性的低分子糖基化终末产物（low molecular weight AGEs，LMW-AGEs），再经肾脏排出。LMW-AGEs 的水平与肾脏功能密切相关，正常人 LMW-AGEs 的清除率为 0.72mL/min。此外，AGEs 也可与单核巨噬细胞表面的 AGE 受体（RAGE）相互作用而被清除和降解（孙圣婴等，2009）。

　　正常机体内的 AGEs 含量应保持动态平衡，生成的 AGEs 会及时经过体内代谢最终由肾脏等组织清除排出体外。但如果 AGEs 的生成高于清除量时，动态平衡会被打破，导致 AGEs 在体内不断积累（刘翼翔等，2010）。机体许多组织细胞表面的 RAGE 可以与 AGEs 结合成 AGE-RAGE，作为细胞内一系列反应的激活信号，同时 AGEs 与 RAGE 的结合也会产生大量的活性氧自由基（ROS），进一步促进 AGEs 的生成，导致恶性循环，所以 AGEs 在机体内的降解途径尤为重要。人体内的单核巨噬细胞可以通过非特异性结合后的吞噬作用将AGEs 降解为 AGEs 多肽。正常情况下人体内的 AGEs 都以 AGEs 多肽的形式存在的，可以通过肾脏排出体外（胡徽祥，2012）。

9.2.6　食源性晚期糖基化终末产物对人类健康的影响

9.2.6.1　食源性晚期糖基化终末产物的致病机理

　　近年来的许多研究表明，AGEs 与糖尿病和机体老化密切相关，是重要的风险因子，如肾功能减退、神经系统疾病、阿尔茨海默症、皮肤老化、视网膜病变、白内障、心血管疾病和动脉硬化等。对于糖尿病患者或衰老人群来说，过度摄入高 AGEs 含量的饮食会产生氧化应激、炎症反应等一系列病理生理改变，从而引发糖尿病及其并发症。其致病机制主要包括两方面：其一为葡萄糖等糖类物质直接与蛋白质和脂质发生糖基化并形成交联结构，破坏蛋白质甚至组织的结构和功能；另一方面为 AGEs 与其受体结合，激活一系列信号通路，增加炎症因子等的表达，最终改变组织细胞的功能，甚至产生组织破坏（杨秀颖等，2011）。

　　AGEs 易积累于长寿命的组织蛋白（如胶原蛋白和晶状体蛋白）中，这些蛋白质易受 AGEs 的化学修饰。AGEs 相互之间凭借蛋白质的赖氨酸残基进行共价结合而形成交联，AGEs 交联的形成与年龄和血糖水平呈正相关，提示交联与衰老和糖尿病有关。交联可捕获低密度脂蛋白胆固醇，并使之易被巨噬细胞吞噬，促进动脉粥样硬化发生。交联的形成还使细胞间质中的胶原蛋白稳定性增加,胶原纤维弹性减低,从而降低血管壁和心肌的弹性。AGEs 交联还使肾小球血管壁通透性增加,基底膜增厚,从而加速肾小球硬化(王平等,2002)。

9.2.6.2　AGEs 与衰老的关系

随着人们的年龄变大,AGEs 在血浆和组织中不断地积累,通过修饰一些胶原蛋白来影响人们的生理功能,使得人机能下降,表现出衰老现象,因此 AGEs 常作为研究衰老的生物标志性成分。AGEs 导致衰老的病理作用比较复杂,包括通过非酶糖基化反应对生物大分子如蛋白质和脂质进行修饰,使其理化性质发生改变,生理功能受限,从而引起组织器官的衰老病变(李铭,2013)。

机体内的糖基化反应会使蛋白质的交联性受到破坏,反应发生在氨基酸残基(尤其是赖氨酸、精氨酸)上,使正常的蛋白质结构趋于老年化。同时还会造成酶的活性下降、代谢功能紊乱、所供能量减少、免疫功能降低等一系列的机体老化过程(胡徽祥,2012)。

组织变硬是人体衰老的一个重要特征,其与胶原蛋白的糖基化修饰密不可分。研究表明,胶原蛋白可与体内含量较高的还原糖发生非酶糖基化反应,形成共价交联的 AGEs,导致胶原蛋白溶解性下降,热稳定性下降,对胶原蛋白酶的抗性加强,抗氧化酶和 DNA 修复酶等功能的损伤,从而致使体内关键器官如心、肺和血管、关节等部位的组织硬化,使心肺及其他重要器官功能衰退,与衰老密切相关(李铭,2013)。

AGEs 可修饰含有游离氨基的脂质,产生脂溶性 AGEs。脂质的氧化与非酶糖基化密不可分,在反应过程中生成大量自由基,引发一系列组织损伤。生成的交联脂蛋白使胆固醇从细胞内排除的能力下降,导致胆固醇在体内大量积累,产生病变和衰老。交联脂蛋白对巨噬细胞表面的受体的识别能力下降,使交联脂蛋白的清除率下降。还原糖亦可与核苷酸和核酸发生非酶糖基化反应,由于 DNA 在体内的半衰期很长,使得 AGEs 得以在体内长期累积;而 RNA 的代谢速度较快,其受非酶糖基化的影响不显著(李铭,2013)。

相关研究表明,随着人的年龄的增加,胶原蛋白中的 AGEs,如 CML、CEL 等的含量会越来越高,褐色及荧光效应也随之增加。研究发现人体软骨中 AGEs 的含量随年龄的升高而增加,在小于 20 岁时,人软骨中的 AGEs 含量非常低,但在 20~80 岁,软骨中的 CML 和 CEL 可以分别增加 27 倍和 6 倍,而褐色及荧光效应则可以分别增加 3 倍和 5 倍。可以看出,AGEs 在衰老过程中与组织形态改变密切相关,与自由基在诱导衰老过程中起着同样重要的作用(刘翼翔等，2010）。

9.2.6.3　AGEs 与糖尿病及其并发症的关系

糖尿病（diabetes mellitus，DM）是一种由血液中胰岛素绝对或相对不足或外周组织对胰岛素不敏感而引起的以糖代谢紊乱为主，同时伴有脂肪、蛋白质、水及电解质等多种代谢紊乱的全身性疾病。糖尿病是由遗传、环境等多因素相互作用而引起的全身性疾病，它对心血管系统的危害是十分严重的（蔺杰，2012）。

调查显示，全球 $1\%\sim2\%$ 的人口正在受到糖尿病的困扰。糖尿病患者往往产生并发症，如视网膜病变、白内障、动脉粥样硬化、神经病变和肾病等。糖尿病人的平均寿命只有一般人群的 2/3。高糖血症已经在糖尿病患者长期的发病机制中占据了重要的角色，而不良的血液血糖控制尤其带来巨大的风险。此外，在一系列的器官并发症中，神经系统、心脏、肾脏和小血管等器官中细胞在胰岛素浓度很低的情况下对葡萄糖摄取，导致这些细胞内葡萄糖浓度过高，从而引发高糖血症。高糖血症的引发和糖尿病及其长期并发症的发病机理仍然在研究之中，而蛋白质的糖基化成为一个有吸引力的假说并且在学术界引起了相当大的兴趣（李铭，2013）。

AGEs 能改变蛋白质的结构和功能，影响脂质代谢，修饰核酸及诱导氧化应激，这是糖尿病及其并发症发生的主要原因（陈绍红，2012）。AGEs 与糖尿病病人患病程度明显相关，阻止 AGEs 生成可不同程度减少或减轻糖尿病及其并发症的发展（李铭，2013）。有研究报道，AGEs 引起糖尿病的机制可能有以下几方面：第一是 AGEs 在细胞外基质的积累，导致异常的蛋白质交联，降低了血管的弹性，使其血管壁加厚；第二是 AGEs 与 AGEs 受体在生物细胞表面相结合，影响生物信号的传导途径，以至于改变蛋白质基因表达的程度；第三 AGEs 在细胞内的大量积累抑制了机体内一氧化氮的生物活性；第四是 AGEs 可以与肾素-血管紧张素（RAS）相互交联反应，从而调控 RAS 的途径，各种细胞因子被刺激，导致糖尿病患者体内代谢与血流动力学发生变化。上述因素在糖尿病患者的致病机理中起着关键作用（胡徽祥，2012）。

如糖尿病视网膜病变是引发人类失明的重要原因之一。AGEs 被证明可促发糖尿病视网膜病变，其可使血管分生扩散，发生病理性堵塞梗死，造成血管破裂出血，从而导致视网膜的感染病变。研究表明，AGEs 使周皮细胞和血管内皮细胞中 RAGE 和糖化 mRNA 的水平提高，RAGE 的上调可能会通过 AGEs 导致增加转导信号刺激并可能加剧在糖尿病视网膜病变中周皮细胞的损失。而事实上，周皮细胞的凋亡和血管变化通常预示着早期视网膜病变。视网膜细胞在 AGEs

的作用下有丝分裂素分泌增加，血管内皮细胞生长因子（VEGF）的浓度也通过增加 VEGF 的基因表达而增加。VEGF 可刺激血管增生和新生血管形成，这两者都是增生性视网膜病变的病发原因。VEGF 也与血视网膜屏障的病变相关，而血视网膜屏障的病变与视网膜病变中微脉管的增加相关（席兴华，1999）。

体内 AGEs 的形成和积累，可引起视网膜毛细血管周细胞和内皮细胞增殖功能紊乱，使周细胞复制受到损害，减低其在糖尿病状态下保持与周细胞死亡同步的增长速度，导致周细胞的数量不断减少以致消失，最终发生糖尿病性视网膜病变。视网膜毛细血管周细胞和内皮细胞所存在的特异性 AGEs 受体 RAGE，则是将蛋白质的非酶糖化与糖尿病性视网膜病变及其有关组织细胞损害联系起来的重要媒介（蔺杰，2012）。

糖尿病肾病（diabetes nephropathy，DN）是糖尿病微血管并发症之一。糖尿病肾病的病症是基底膜的增厚，肾小球膜的膨胀，通透性的增加和蛋白尿的形成（李铭，2013）。糖尿病患者机体内持续性的高血糖状态可以导致一些组织器官的代谢异常，继而产生功能障碍及形态上的改变，引起糖尿病慢性并发症，如糖尿病肾病变、视网膜病变、神经病变、动脉粥样硬化等，其中尤以糖尿病肾病的发病率居高不下，是糖尿病最常见的并发症之一（农伟虎等，2012）。

AGEs 与肾脏有着密切的关系（农伟虎等，2012）：①肾脏血管、肾小球基膜、系膜等组织含有大量胶原蛋白，而胶原蛋白的寿命较长，易形成 AGEs；②肾脏富含 RAGE，RAGE 是目前已经确定的 AGEs 的众多受体之一，肾脏血管内皮细胞、平滑肌细胞、肾小管上皮细胞和系膜细胞均表达 RAGE；③肾脏是 AGEs 的清除器官，细胞通过内吞和细胞内降解，将 AGEs 形成低分子的 AGE 肽，然后释放到细胞间隙和血液，AGE 肽在近端肾单位被再吸收和进一步降解，其余的从尿中排出。④AGEs 通过与特异受体结合造成肾脏损害，主要引起细胞因子、生长因子产生和分泌，以及引起系膜增生（孙圣婴等，2009）。

研究证明肾脏组织中 AGEs 水平与糖尿病肾病的严重程度呈正相关。高糖血症和 AGEs 浓度的增加可促使 β-因子（TGF-β）的转化，使其含量上升，而 β-因子会刺激胶原蛋白基质的合成，从而部分地导致糖尿病肾病中基底膜的增厚。胶原蛋白基底膜中累积的 AGEs 具有很强的血浆蛋白捕获能力，也可以造成血浆蛋白对基底膜增厚，使肾脏膜的通透性增加，最终使肾小球功能受损。

糖尿病的心血管并发症已成为糖尿病患者致残和致死的主要原因之一。其中低密度脂蛋白（low density lipoprotein，LDL）经 AGEs 修饰后形成糖基化低密度脂蛋白（advanced glycation end product modified low density lipoprotein，AGE-LDL），AGE-LDL 在体内沉积后会促进动脉粥样硬化的发生与发展。心肌细胞是心脏主要的功能细胞，目前越来越多的研究表明细胞凋亡在一些心脏疾病如缺血性再灌注损伤、心肌梗死、心肌肥厚、心力衰竭及老化心脏中广泛存在，因此被认为是心脏由代偿性变化向病理性变化发展的细胞学基础，是引发心力衰竭的重要原因。在正常的生理条件下，机体大部分细胞和血浆蛋白寿命较短，因而不足以形成糖基化产物后期的转化过程，机体 AGEs 含量很低。但随着机体衰老（老年人）或伴随糖尿病时，由于蛋白质与糖的非酶糖基化反应及 AGEs 自身或其他大分子蛋白质与核酸发生交联使得 AGEs 产物逐渐增多。研究发现 AGEs 可以明显增加心肌细胞的凋亡率，并随着刺激时间、刺激浓度的增加而增加。机体高浓度的 AGEs 将通过影响心肌细胞内外的结构和功能，导致心力衰竭的发生，这也可能是老年人心力衰竭发生率高的重要原因之一（曾平等，2003）。

AGEs 与癌症也有密切关系。与传染性疾病（如脊髓灰质炎或天花等）不同，癌症是由基因突变引起的。研究表明，自由基和 AGEs 都参与了癌症发生的生化过程，不仅与黑色素瘤的生长有关，而且还与其扩散及转移密切相关（刘翼翔等，2010）。

9.2.6.4　非酶糖基化与老年痴呆症

研究表明，非酶糖基化与老年痴呆症有着极大的关联。非酶糖基化参与老年痴呆症的形成最早报道于 1994 年，老年斑和神经纤维缠结病理组织中吡咯素和戊糖素的含量呈阳性，且细胞内的 AGEs 含量上升了 95％。

AGEs 与神经系统疾病和神经性疾病如阿尔茨海默病、帕金森病及肌萎缩侧索硬化病等老年病的高发有关。与美拉德反应相关的蛋白质修饰所引起的蛋白质偶联是引起阿尔茨海默病的生化原因之一。淀粉质斑块和神经纤维元缠结是阿尔茨海默病患者大脑组织的形态学特征，其中含有大量的 AGEs。神经细胞和大脑微血管内表皮细胞能表达大量 RAGE，并与 AGEs 相互作用后，改变了这些细胞的功能，引起神经元变性死亡。肌萎缩侧索硬化病是超氧化物歧化酶 1（SOD1）基因突变所引起的一种家族性遗传病，研究表明，AGEs 对 SOD1 的修饰可以增加该基因的突变可能性。此外，经 AGEs 修饰的 SOD1 不能被溶酶体系统所消除，从而引起细胞毒性。因此，引发神经性疾病的机理之一是由美拉德反应引起的对相关蛋白质的修饰（刘翼翔等，2010）。

AGEs 与血红素氧合酶（HO-1）的结合产物在神经元缠结中亦存在。医学界普遍认为，活性氧自由基由 AGEs 与 HO-1 的结合产生，而氧自由基又可促发 HO-1 的生成，形成链式反应。体内试验证明，脱辅基蛋白 E 等物质的非酶糖基化使其与肝磷脂的结合能力受损。不过对于非酶糖基化与老年痴呆症的直接关系，目前学术界存在不同的看法（李铭，2013）。

9.3　晚期糖基化终末产物的检测方法

由于 AGEs 是一类含有数百种不同种类反应产物的混合物，将其中的物质进行完全分离鉴定十分困难，且一些产物反应活性较强，在分离检测过程中大量损失，影响检测结果，所以对于非酶糖基化反应产物学术界并无统一的检测标准，也没有通用的计量单位。目前为止，针对不同的生物样本和食品来源的晚期糖基化终末产物的种类，研究人员采用荧光法、ELISA 法、仪器法（液相色谱法、液质联用法、气相-质谱联用等）方法对部分 AGEs 化合物进行了测定，包括羧甲基赖氨酸、羧乙基赖氨酸、戊糖苷素、果糖赖氨酸等。

9.3.1　荧光法

由于 AGEs 具有自发棕色荧光的特性，因而可以用荧光分光光度计测定其荧光值来反映 AGEs 的含量水平。荧光光谱法检测 AGEs 也是目前文献报道最为常用的方法之一。用于测定 AGEs 的激发波长为 300～420nm 之间，发射波长为 350～600nm。目前采用最多的最佳激发波长为 370nm，发射波长为 440nm（房红娟，2013）。荧光光谱法检测 AGEs 从成本、操作方面考虑比较实用，而且灵敏度和重复性都较好，但是基于少数 AGEs（如戊糖苷素、交联素）具有自发荧光的特殊性质，可以使用紫外-可见分光光度法和荧光分光光度法对其进行测定（李铭，2013）。而多数 AGEs 没有自发荧光的特性（CML、CEL、吡咯素、3-DG-咪唑啉酮和 MGO-咪唑啉酮等），所以这两种方法并不具备特异性，只能为非酶糖基化反应进程的监控提供大致判断。

9.3.2　ELISA 法

ELISA 法即酶联免疫吸附测定法，是一种传统的检测抗原或者抗体的方法，原理是结合在固相载体表面的抗原或抗体仍保持其免疫学活性，酶标记的抗原或抗体既保留其免疫学活性，又保留酶的活性，根据被酶催化产生的有色产物的量来进行抗原或者抗体的定性或定量分析检测（兰山等，2013）。ELISA 法早期常用于临床检测，如测定血浆中的 AGEs 水平，由于其简单快速的优点，后来也应用于检测食品中的 AGEs。目前 ELISA 法检测食品中的 AGEs 主要有直接法和竞争法两种，其中竞争法是使用最为广泛的检测 AGEs 的 ELISA 法（胡徽祥，2012）。2004 年，Goldberg 等基于多克隆抗 CML 抗体的 ELISA 法测定了 250 种日常消费食品中 CML 的含量，评价了不同食品加工方式对 AGEs 产生的影响，研究结果表明，高脂肪和肉类食品中的 AGEs 含量相对最高，食品中 AGEs 的含量与加热温度、烹调时间、水分含量等因素有关。

由于 ELISA 法具有良好的灵敏度、重复性、特异性、操作简单和不需特殊设备的优点，故更适于临床推广应用。但是 AGEs 是一类物质，其结构性质较为复杂，ELISA 法检测每个化合物需要特异性抗体，抗体的制备比较麻烦，目前没有制备抗体的统一标准，并且容易受基质干扰，特异性降低，不易确保数据的可靠性，也没有统一的计量单位，无法进行实验室之间的数据比对，所以 ELISA 法并没有像仪器法那样广泛用于测定食品中的 AGEs 含量。

9.3.3　液相色谱及液质联用技术

色谱法是指混合物质多种成分通过色谱液体流动相和固定相的作用，由于保留系数的差异把混合物质分离成单一成分再进行检测分析的技术。由于 AGEs 具有特殊的结构，可以通过色谱分析法将戊糖苷素、精氨嘧啶、羟甲基糠醛和羧甲基赖氨酸等 AGEs 与其他物质分离，再进行定性、定量分析。目前常用于检测 AGEs 的色谱方法是高效液相色谱法，其具有分离效能好、灵敏度高、分析速度快等优点。但色谱分析法由于其标准物比较难以获得，价格相对昂贵，以至于使用范围有一定的局限性（胡徽祥，2012）。

高效液相色谱具有高效、高灵敏度、高分辨率的特点，在分析 AGEs 的结构方面有其独到之处，羧甲基赖氨酸为美拉德反应的标记物，可以通过离子吸附反相 HPLC 法、离子交换色谱法和毛细管区带电泳法等方法进行定量（李铭，2013）。Resmini 等（1990）以 6mol/L HCl 在 110℃水解乳品 23h 后，采用高效液相色谱，280nm 条件下测定了乳制品中的羧甲基赖氨酸的含量。江国荣等（2007）用带有荧光检测器的高效液相色谱仪构建流动注射分析系统（HPLC-FIA），检测了体外制备的 ACEs。

近年来，随着质谱分析技术的应用，色谱质谱联用技术逐渐成为检测 AGEs 的主要手段。液质联用技术是指将 HPLC 与质谱仪串联使用，把色谱的高分离能力与质谱的高选择性、高灵敏度及能提供相对分子质量和分子结构的信息结合的技术。该方法虽然预处理复杂，费用较高，但与 HPLC 技术相比较，也能提供更准确的实验结果。检测 AGEs 的液质联用技术常采用串联质谱技术，即 HPLC-MS/MS 技术，第一级质谱产生的分子离子裂解，有利于研究子离子和母离子的关系，进而给出该分子离子的结构信息；第二级质谱抽取有用数据，大大提高了质谱检测的选择性，从而能够测定混合物中的痕量物质（兰山等，2013）。研究人员采用 LC-MS/MS 的方法测定了乳品中早期和晚期糖基化终末产物中的赖氨酸异构体，包括果糖赖氨酸、羧甲基赖氨酸和吡咯赖氨酸，以研究糖基化产物是否可以作为快速和简单地评价牛奶中蛋白质糖基化的指标（蔡成刚等，2013）。研究人员采用高效液相色谱串联三重四极杆质谱仪（HPLC-MS/MS）对食品和饮料中 AGEs 含量进行了检测，结果表明，可乐产品含有低浓度的糖基化产物，巴氏杀菌奶和灭菌乳中含有高浓度的羧甲基赖氨酸和羧乙基赖氨酸。在对小鼠尿液中糖基化产物含量的检测中发现，仅有 10% 的 AGEs 物质被排泄出来（蔡成刚等，2013）。李玉婷等（2013）采用高效液相色谱-质谱对 33 种酱油中 CML 进行定量检测，并对其检测过程进行了优化。结果表明，游离态 CML 占酱油总 AGEs 含量的绝大部分，其在生抽、老抽中的含量分别为 $224.6130 \sim 954.1564 \mu g/mL$、$612.3727 \sim 821.0182 \mu g/mL$；结合态 CML 在生抽、老抽中的含量分别为 $1.3482 \sim 2.2832 \mu g/mL$、$1.8130 \sim 2.0922 \mu g/mL$。酱油中 CML 的含量将可能成为酱油生产中的重要质量指标。

为了进一步提高分离度和灵敏度，得到更好的结果，在液质联用技术中，可以用超高效液相色谱来代替普通液相色谱，即 UPLC-MS/MS 技术。研究者在 2009 年曾采用该技术对多种食品样品中的 CML 进行过定量检测。与 HPLC 相比，UPLC 的色谱柱具有更小的粒径（$1.7 \mu m$），可以承受更大的柱压（1000bar），所以 UPLC 的分辨率、分离速度和灵敏度会有显著提高（兰山等，2013）。

9.3.4　气质联用法

气质联用法是气相色谱-质谱联用（GC-MS）技术的简称，是将气相色谱仪器（GC）与质谱仪（MS）通过适当接口相结合，借助计算机技术，进行联用分析的技术。由于色谱仪的色谱柱具有高效的分离能力，把物质按保留时间大小进行分离，然后通过与标样保留时间进行对比的方法确定物质性质，因此对未知样品很难定性分析。而质谱仪是直接测定物质的质量数与电荷的比值（m/z），在定性分析方面既准确又快速。GC-MS 结合了二者的优点，使样品的分离、定性及定量成为了一个连续的过程（兰山等，2013）。因为它具有 GC 的高分辨率和 MS 的高灵敏度，在生物和食品研究中常用于 AGEs 的定性定量分析。对 CML 的定量过程中首先衍生化为三氟乙酸甲酯后，以 N-甲基鸟氨酸作为内标，采用气相色谱-质谱的方法进行定量。Charissou 等 (2007) 利用 GC-MS 法对食品样品中的 CML 进行了定量检测，并与传统的 ELISA 法进行了对比。实验采取了同位素内标法将实验重复性的相对误差由 5％降低到 1％。报道指出，两种方法相比，GC-MS 的相对误差更小，在对奶粉样品的测定中两种方法结果相近，但对于含脂肪量较高的食品（如烤肉），GC-MS 的结果更加可信。

9.4 晚期糖基化终末产物的形成途径

9.4.1 传统形成途径

AGEs 形成的传统途径是美拉德反应。美拉德反应的本质为蛋白质的氨基和还原糖的醛基之间发生非酶性糖基化反应。具体过程可分为三个阶段。

第一阶段：大分子末端的还原性氨基与葡萄糖等还原糖分子中的醛基或酮基进行加成形成席夫碱，但这个反应过程反应迅速且高度可逆。形成席夫碱的数量主要取决于葡萄糖的浓度，当葡萄糖被清除、浓度下降时，席夫碱将在数分钟内发生逆转。

第二阶段（钟武等，2005）：席夫碱结构很不稳定，经数天后，它可自动而缓慢地发生化学重排生成酮胺化合物，即为阿姆德瑞（Amadori）重排，此过程发生得较为缓慢，但快于其逆反应，因此 Amadori 产物能在蛋白质上积聚，并在数周内达到平衡。Amadori 产物的数量与葡萄糖的浓度相关。最为人知的 Amadori 产物是血红蛋白 A1c，它是血红蛋白链上缬氨酸的 N 端和葡萄糖的加成产物。Amadori 产物再经过一系列未知机理的脱氢、氧化和重排反应形成 AGEs，形成的 AGEs 能够跟相邻近蛋白质上游离的氨基以共价键结合形成 AGEs 交联结构。AGEs 和 Amadori 产物的主要区别在于 AGEs 及其蛋白质加成产物是很稳定、不可逆的。

上述两过程的产物统称为早期糖基化产物。

第三阶段：Amadori 产物在过渡金属元素（铜离子或者铁离子）和氧的共同存在下，再经过一系列脱水和重排反应产生高度活性的羰基化合物。羰基化合物，包括乙二醛（glyoxal，GO）、甲基乙二醛（丙酮醛，methylglyoxal，MG）和脱氧葡萄糖醛酮等（deoxyglucosone，DG），这些高活性的二羰基化合物的积累又称为"羰基应激"，与其母体糖相比具有更高的反应性，能够再次作为反应物与精氨酸、赖氨酸等化合物的功能基团反应，通过一系列的氧化、脱水、环化、重排以及共价结合，最后不可逆地形成棕色产物 AGEs（李铭，2013）。生成的 AGEs 能够跟相邻蛋白质上游离的氨基以共价键结合形成 AGEs 交联结构。AGEs 及其蛋白质加成产物是很稳定且不可逆的。

图 9-2 为美拉德反应生成 AGEs 的过程（胡徽祥，2012）。

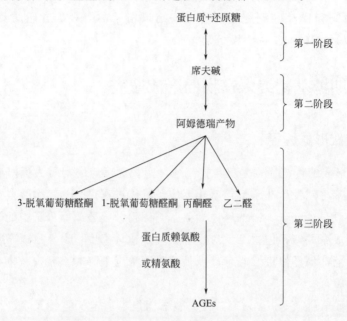

图 9-2　美拉德反应生成 AGEs 的反应途径

由于细胞内外还原糖成分的差异，产生的 AGEs 也有所不同（蔺杰，2012）。细胞外生成 AGEs 的基本条件是高浓度葡萄糖的存在。任何原因引起的细胞外葡萄糖浓度的升高，都可使暴露在高糖环境中的蛋白质与葡萄糖发生糖基化反应，生成蛋白质的糖基化产物。这种作用与还原糖的浓度呈正比（孙缅恩等，2002）。细胞内蛋白质可以与多种糖的衍生物发生糖基化反应。在细胞内，葡萄糖、果糖以及其他化学性质活泼的糖代谢产物，如乙二醛等，都可以与蛋白质快速发生美拉德反应，产生多种形式的蛋白质糖基化产物。葡萄糖与蛋白质发生糖基化反应生成 AGEs 的速度是所有天然糖中生成 AGEs 速度最慢的，因此，细胞内 AGEs 的产生速度要比细胞外快得多（孙缅恩等，2002）。除了葡萄糖以外，维生素 C、戊糖、木糖、果糖和核糖等还原性糖都是非常好的糖基化试剂，它们形成 AGEs 及其交联结构的能力不同，其中葡萄糖＜木糖＜核糖，而且磷酸化后的糖比未发生磷酸化的糖更易形成 AGEs。

9.4.2　非传统形成途径

除了经典的美拉德反应途径外，其他的途径也可以形成 AGEs。增强氧化应激是 AGEs 形成的另一个途径，如席夫碱氧化裂解后可生成二羰基化合物，糖类、脂类、氨基酸等的氧化作用也可以产生二羰基化合物，进而形成 AGEs。另外，二羰基化合物的衍生物，主要是 α-醛酮（乙二醛、丙酮醛和 3-脱氧葡萄糖醛酮）和一元酸反应形成 AGEs。另外一个研究较多的 AGEs 形成机制是多元醇途径，葡萄糖被醛糖还原酶转化成山梨醇，后又经山梨醇脱氢酶催化形成果糖。果糖代谢物（3-磷酸果糖）再转化成 α-醛酮，再与一元酸反应形成 AGEs（胡徽祥，2012）。正是由于 AGEs 生成的途径多样性，导致了 AGEs 种类多样、结构复杂，生成的 AGEs 还能够与相邻蛋白质上游离的氨基以共价键结合形成 AGEs 交联结构，AGEs 及其蛋白质加成产物一旦形成是非常稳定且不可逆的（程璐，2014）。

9.5 晚期糖基化终末产物的控制措施

AGEs 与人体的健康有着密切的关系，虽然生物体自身存在着应对非酶糖基化反应的保护机制，如 α-醛糖脱氢酶可使非酶糖基化中间产物 3-脱氧葡萄糖醛酮反应活性钝化从而阻止 AGEs 的形成。血浆中的氨基化合物亦可与其结合，对蛋白质的非酶糖基化产生竞争性拮抗作用。然而，当体内保护机制无法使 AGEs 降低到正常水平时，就会导致组织和器官发生一系列病变。此时，需要采取措施来抑制体内 AGEs 水平。随着 AGEs 的致病机理逐渐被揭示，研究者们发现很多合成或天然物质对 AGEs 有抑制作用，目前的研究已经发现多种抑制剂，并在体内或体外实验中得到证实。

9.5.1 添加外源抑制剂

AGEs 的抑制剂分为两类，即合成物质和天然物质，可能的抑制机制有如下几种（兰山等，2013）：①阻断糖和蛋白质的接触；②通过隔绝或清除一些中间产物来减弱糖基化或者氧化动力；③打破 AGEs 交联作用。

合成物质中有一部分是在 AGEs 形成初期起作用，如阿司匹林和双氯酚酸，前者通过乙酰化氨基酸阻断了糖基化过程，后者通过共价作用保护蛋白质。而大部分合成物质在糖基化末期起作用，它们具有很强的自由基清除能力或阻断 Amadori 产物生成的能力，如氨基胍、吡哆胺等。生物体内 AGEs 形成反应——美拉德反应的阻断，是有效控制 AGEs 介导的病理损伤的起始环节。无论是通过控制血糖水平来关闭反应源头，还是阻断美拉德反应中的任何一步，都将是行之有效的手段。氨基胍作为亲核肼类化合物，是第一个被广泛研究的合成抑制剂，通过捕获美拉德反应的中间产物二羰基化合物（如 3-脱氧葡萄糖醛酮），阻止其转化为 AGEs，主要在 AGEs 形成的早期阶段发挥抑制作用（庄秀园，2011；兰山等，2013）。氨基胍也能抑制酮胺转化为 AGEs，但这一作用较弱，还可抑制糖基化的可溶性血浆蛋白与胶原的交联和胶原自身的交联，以及破坏已形成的交联。氨基胍还能减少糖基化反应产生的氧自由基，减少 LDL-C 的氧化修饰，以及拮抗由氧化剂诱导的细胞凋亡（刘乃丰，2000）。大量的体内和体外实验证明氨基胍能有效防止 AGEs 的形成，减少 AGEs 介导的组织损伤，对糖尿病患者有一定的治疗作用，但对人体有一定的副作用，如引起胃肠道功能紊乱、破坏肺功能以及引起血管炎等疾病。因此，其他毒副作用相对较小的药物逐渐被开发出来，例如吡哆胺是维生素 B_6 的 3 种成分之一，在体外实验中对 AGEs 有抑制作用，并且随着浓度增大，抑制作用逐渐加强，最强时相对抑制率可达到 80% 以上，它能通过俘获低分子量的活性羰基前体而抑制 AGEs 的形成，对肾脏的毒副作用较小，已经被应用于临床研究（杨秀颖等，2011）。但是，这些药物都不能降解和破坏已经形成的 AGEs。

肌肽是在脊椎动物骨骼肌和大脑组织中发现的一种二肽，组成为 β-丙氨酰-L-组氨酸，不仅可以有效地抑制 AGEs 的形成以及蛋白质的偶联，还可以抑制脂质过氧化和自由基对细胞的氧化损伤，而且具有毒副作用小的优点。但是到目前为止还没有文献报道肌肽在临床实验上的应用。

近些年的研究也逐渐转向 AGEs 天然抑制剂。AGEs 的天然产物类抑制剂大致可分为以下几种（李铭，2013）。

（1）黄酮类化合物

黄酮类化合物指的是以 2-苯基色原酮为母核衍生出的一类色素，其中包括黄酮的同分异构体以及其氢化的加成产物，即以 C_6-C_3-C_6 为基本结构的一系列化合物，具有清除自由基、抗癌以及防治心血管疾病等功效（孙涛等，2014）。黄酮类化合物在生物界分布十分广泛，多与糖结合成苷类，也可以游离形式存在。具有抗氧化活性的多酚类和黄酮类化合物对 AGEs 有较好的抑制作用，目前经研究对蛋白质非酶糖基化有抑制作用的有槲皮素、芦丁、葛根素等及其相关衍生物。槲皮素与芦丁皆具有较强的自由基清除活性，可阻断自由基对生理大分子的破坏作用，抑制非酶糖基化末端产物的生成，对蛋白质、脂质等生理大分子起到有效的保护作用；而葛根素对食品体系非酶糖基化反应体系中二羰基化合物表现出较强的抑制作用（孙涛等，2014）。研究认为，黄酮类化合物对非酶糖基化的抑制作用可能与其自由基清除活性有关，如原花青素通过捕获活性羰基化合物而抑制 AGEs 的生成。此外，黄酮醇、黄烷酮和异黄酮对 AGEs 都有抑制作用且抑制能力依次降低，可能与黄酮类对自由基的清除活性有关（兰山等，2013）。

（2）生物碱类

川芎嗪被证明体外试验中可有效阻碍炎性介质诱发的蛋白激酶 C 活化，对蛋白激酶 C 通路有一定阻断作用，间接抑制蛋白质非酶糖基化反应。川芎嗪还具有调节血脂及载脂蛋白的作用，从而缓解 AGEs 对组织造成的损伤。山莨菪碱可对早期糖基化白蛋白产物培养下的周细胞增生产生有效的拮抗作用，抑制 DNA 的合成，阻止 AGEs 初级阶段产物的生成。

（3）蒽醌类物质

有研究表明，大黄醇提取物中存在的大量蒽醌类物质可以使链脲佐菌素诱导的糖尿病大鼠血糖、果糖胺和糖化珠蛋白水平降低，并且减少大鼠体内肾皮质中 5-羟甲基糠醛的含量，从而对糖尿病肾脏组织 AGEs 的形成有抑制作用。

（4）天然多糖

天然多糖也可以抑制 AGEs 的形成。天然多糖指的是自然界中广泛存在的纤维素及其衍生物、甲壳素类及海藻酸、淀粉等天然高分子材料。许多天然多糖对人类健康的意义重大，天然多糖类物质及其衍生物具有抗氧化、抗衰老、抗肿瘤、提高人体免疫力、降血糖等众多生物活性，具有相当大的研究开发潜力。研究发现，黄原胶碱降解寡糖对荧光性末端产物表现出较强的抑制作用，这为研究天然多糖及其衍生物对 AGEs 的抑制作用提供了一定的前景。

（5）天然植物提取物

研究表明，许多植物和浆果的提取物对 AGEs 的形成有抑制作用，与合成抑制剂相比，天然抑制剂副作用更小。常见的天然 AGEs 抑制剂如芥末、番茄、大蒜和茶叶都由于具有抗氧化能力而对 AGEs 的形成有抑制作用，这种抗氧化能力大多与植物提取物中的多酚类如黄酮类物质有关。有文献报道，豆类提取物对 AGEs 有抑制作用，研究者对绿豆、黑豆、黄豆的抑制能力进行比较，结果证明对 AGEs 的抑制能力大小与样品中的总多酚类呈正相关，其中绿豆抑制能力最强。陈绍红等人分别以体外和体内模型研究了苦瓜提取物对蛋白质非酶糖基化的抑制作用，研究表明，苦瓜提取物能显著降低血糖，有效抑制小鼠心、肝、肾组织非酶糖基化产物的生成，改善糖尿病小鼠抗氧化酶活性，减轻氧化应激水平，降低 MDA 的含量（陈绍红等，2012）。葡萄、草莓、蓝莓、黑莓等果实中含有丰富的花色苷和多酚化合物，经研究发现，这些果实的甲醇提取物通过清除丙酮醛等活性羰基化合物而起到抑制 AGEs 作用（张朝红等，2014）。桑椹花色苷对非荧光性 AGEs 形成有抑制作用，这可能是因为桑椹花色苷可以通过保护蛋白质巯基、抑制蛋白质羰基化、减少蛋白质交联及清除·OH等活性自由基来阻断AGEs的形成（张朝红等，2014）。水溶性和脂溶性竹叶抗氧化物（AOB-w、AOB-o）以及水溶性和脂溶性茶多酚（TP-w、TP-o）这四种天然抗氧化剂都能有效抑制曲奇中羧甲基赖氨酸和羧乙基赖氨酸的形成，尤其是当AOB-o的添加量为0.3g/kg时，曲奇中CML和CEL的抑制率都超过50%，可能与这四种植物提取物中含有的黄酮类化合物以及多酚类化合物的抗氧化活性和清除自由基的能力相关（程璐，2014）。

目前国外对AGEs抑制剂的研究较多，研究重点正逐渐转向天然抑制剂方面，相比人工合成抑制剂，天然抑制剂具有种类多、效果较好、副作用小和费用低等优点，因此合适的天然抑制剂有可能发展成为新的慢性病治疗药物，有广阔的研究前景。但目前的研究主要关注于是否具有抑制作用、抑制作用的大小以及抑制机制的初步探讨，限于未有AGEs的限量标准和临床实验的困难，AGEs的抑制剂并未正式应用于实际当中，仍需要进行大量工作（兰山等，2013）。

9.5.2　控制食品加工单元操作

食品本身是一个复杂的体系，AGEs的含量受加工方式、加工温度、加工时间及其蛋白质、脂肪、碳水化合物、矿物质、水分含量等多种因素的共同影响。

食物原料本身含有AGEs，不同加工方式对食品中AGEs生成有很大的影响，高温、低水分的加工方式（如煎、炸、烘、烤）比低温、高水分加工方式（如煮）能显著促进食品中AGEs的生成，且与空气接触面积大的加工方式可导致AGEs大量生成。因此，采用低温、高水分的加工方式可作为限制食品中新的AGEs形成的有效措施。可以通过采用低温煮、蒸、炖和高温煮沸等烹调方法来代替煎、炸、烘、烤等加工方法，且尽量缩短食品加工时间、降低食品加工温度、减少食品加工步骤，可有效减少食品中的AGEs；也可以对食品原料进行适当的预处理，如将食物原料用酸性调味汁（柠檬汁、醋）浸泡后再加工；通过加强鱼肉、豆类、低脂奶制品、蔬菜、水果和全谷物食品的摄入以及减少固体脂肪、肥肉、全脂乳制品和高度加工食品的消费可以明显减少AGEs的摄入（房红娟，2013）。

此外，健康的生活习惯，包括加强体育锻炼，限制糖的摄入，减少紫外线的照射，保持良好的心态，以及及时释放压力都可以有效地抑制AGEs的生成（刘翼翔等，2010）。

参 考 文 献

程璐. 2014. 曲奇中美拉德反应伴生危害物及控制技术研究. 杭州：浙江大学.

陈绍红，刘少彬，赵云涛，等. 2012. 苦瓜提取物抑制蛋白质的非酶糖基化. 中国实验方剂学杂志，18 (15)：211-213.

蔡成岗，张慧，李赫，等. 2013. 食品中高级糖基化终末产物的研究进展. 食品研究与开发，34 (24)：280-282.

房红娟. 2013. 食品加工过程中晚期糖基化末端产物形成及控制研究. 杨凌：西北农林科技大学.

胡徽祥. 2012. 食品天然抗氧化剂抑制晚期糖基化末端产物的研究. 杨凌：西北农林科技大学.

江国荣，朱荃，张露蓉，等. 2007. HPLC-FIA 法检测糖基化终末产物方法的建立. 抗感染药学，(4)：66-68.

兰山，郑宗平，何志勇，等. 2013. 食品体系中晚期糖基化终末产物的研究进展. 中成药，35 (9)：1997-2002.

李巨秀，房红娟，胡徽祥，等. 2011. 食品中晚期糖基化末端产物的研究进展. 食品科学，32 (21)：293-297.

李铭. 2013. 天然产物对非酶糖基化的抑制作用. 上海：上海海洋大学.

李玉婷，李琳，韩立鹏，等. 2013. 酱油中晚期糖基化产物的检测. 广东省生物物理学会 2013 年学术研讨会论文集.

蔺杰. 2012. 糖基化终末产物通过 NOTCH 信号通路对心肌微血管内皮细胞的影响及机制探讨. 西安：第四军医大学.

刘乃丰. 2000. 糖基化终末产物与心脑肾疾病的关系. 中国微循环，4 (2)：77-80.

刘毅. 2012. 晚期糖基化终末产物对心肌微血管内皮细胞及糖尿病心肌缺血再灌注损伤的影响及机制. 西安：第四军医大学.

刘翼翔，景浩. 2010. 体内美拉德反应及其产物的病理作用研究进展. 食品与生物技术学报，29 (2)：161-166.

刘志强，侯凡凡，王力舒，等. 2000. ELISA 法检测人血清晚期糖基化终末产物及在血液透析病人的应用. 解放军医学杂志，25 (6)：391-393.

孟志艳，李军，曹红，等. 2010. 晚期糖基化终末产物受体及其配体在中枢神经系统疾病中的作用. 第十四次长江流域、第八次华东地区、第十四次江苏省麻醉学术大会.

农伟虎，许惠琴. 2012. 糖基化终末产物与糖尿病肾病产生机制的研究进展. 南京中医药大学学报，28 (20)：195-197.

孙缅恩，杜冠华. 2002. 晚期糖基化终末产物的病理意义及其机制. 中国药理学通报，18 (3)：264-269.

孙圣婴，刘翠鲜，等. 2009. 晚期糖基化终末产物与糖尿病血管病变. 徐州医学院学报，29 (2)：128-130.

孙涛，李铭，谢晶，等. 2014. 槲皮素与葛根素对食品体系中非酶糖基化的抑制作用. 食品科学，35 (3)：47-49.

王培昌，赵琪彦，张建. 2006. 北京健康人群 AGEs 水平测定及其增龄性变化的研究. 中国老年学杂志，26 (6)：725-726.

王平，刘乃丰. 2002. 糖基化终末产物的药物干预. 中国新药与临床杂志，21 (12)：741-744.

席兴华. 1999. 非酶糖基化终末产物及其受体在糖尿病视网膜病变中的作用. 国外医学眼科学分册，23 (6)：344-348.

杨秀颖，杜冠华. 2011. 糖基化终末产物及相关药物研究进展. 中国药理学通报，27 (9)：1185-1188.

曾平，许顶立，李针，等. 2003. 晚期糖基化终末产物对心肌细胞细胞周期和凋亡的影响. 第一军医大学学报，23（1）：9-15.

张朝红，柏广玲，李巨秀，等. 2014. 桑椹花色苷对晚期糖基化末端产物抑制作用及其机制分析. 现代食品科技，30（5）：38-43.

钟武，王莉莉，崔浩，等. 2005. AGEs交联结构：研究防治血管硬化药物的新靶标. 药学学报，40（1）：91-96.

庄秀园. 2011. 沙棘籽渣黄酮对糖基化终末产物抑制作用研究. 上海：华东师范大学.

Assar S H，Shima H，Catherine M. 2009. Determination of N-(carboxymethyl) lysine in food systemsby ultra performance liquid chromatography-mass spectrometry. Amion Acids，36：317-326.

Charissou A，Ait-lmeur L. 2007. Evaluation of a gas chromatography/mass spectrometry method for thequantification of carboxymethvllvsine in food samples. Journal of Chromatography A，1140：189-194.

Goldberg T，Cai W，Peppa M，et al. 2004. Advanced glycoxidation end products in commonly consumed foods. Journal of the American Dietetic Association，104：1287-1291.

Hodges J E. 1953. Chemistry of browning reactions in model systems. Journal of Agricultural and Food Chemistry，1：928-943.

Kunkel H G，Wallenius G. 1955. New hemoglobin in normal adult blood. Science，122：288.

Resmini P，Pellegrim L，Batelli G. 1990. Accurate quantification of furosine in milk and dairy products by a direct HPLC method. Italian Journal of Food Science，2：173-183.

Singh，Barden A R，Mori T，et al. 2001. Advanced glycation end-products：a review. Diabetologia，44：129-146.

Tessier F J. 2010. The Maillard reaction in the human body. The main discoveries and factors that affect glycation. Pathologie Biologie，58：214-219.

Wu C H，Yen G C. 2005. Inhibitory effect of naturally occurring flavonoids on the formation of advanced glycation endproducts. Journal of Agricultural and Food Chemistry，53：3167-3173.

索 引